U0662838

新工科建设·电子信息类精品教材

信息论与编码

主　编　纪永刚
副主编　李　莉
参　编　张锡岭　丁淑妍　顾朝志

電子工業出版社
Publishing House of Electronics Industry
北京·BEIJING

内 容 简 介

本书重点介绍了信息论的基础理论，以及信源编码、信道编码理论与技术。本书共 7 章，在系统介绍信息的统计度量、信源与信源熵、信道及其信道容量的基础上，重点阐述了无失真信源编码定理、限失真信源编码定理及有噪信道编码定理等香农信息论的核心内容，介绍了常用的信源编码技术、信道编码技术的原理与应用。

本书在数学工具的运用上力求准确、简明，通过较多的例题和较浅的数学工具阐述基本理论、基本方法和基本技术，既有必要的数学分析，又重点强调物理意义的理解。为了便于教师教学和学生巩固对知识的理解，本书附有习题并配有相应的教学课件。

本书既可作为信息工程、通信工程及相关专业的本科生教材，也可作为从事相关专业的科研和技术人员的参考用书。

图书在版编目（CIP）数据

信息论与编码 / 纪永刚主编. -- 北京 : 电子工业出版社, 2024. 11. -- ISBN 978-7-121-49023-1

Ⅰ. TN911.2

中国国家版本馆 CIP 数据核字第 20243BQ184 号

责任编辑：杜　军
印　　刷：三河市鑫金马印装有限公司
装　　订：三河市鑫金马印装有限公司
出版发行：电子工业出版社
　　　　　北京市海淀区万寿路 173 信箱　　　　邮编：100036
开　　本：787×1092　1/16　印张：16.5　字数：422 千字
版　　次：2024 年 11 月第 1 版
印　　次：2024 年 11 月第 1 次印刷
定　　价：55.00 元

凡所购买电子工业出版社图书有缺损问题，请向购买书店调换。若书店售缺，请与本社发行部联系，联系及邮购电话：（010）88254888，88258888。

质量投诉请发邮件至 zlts@phei.com.cn，盗版侵权举报请发邮件到 dbqq@phei.com.cn。

本书咨询联系方式：dujun@phei.com.cn。

前　言

“信息论与编码”是电子信息类学科及相关专业的本科生、研究生的必修课程之一，也是一门理论性很强的课程，它指出了通信工程的一般性规律和理论极限，对实际通信系统的设计产生了深刻的影响，为通信技术的发展提供了重要的理论支撑；同时，信息论也是一门不断发展的应用学科，信源编码技术、信道编码技术、加密编码技术均是在各种工程实践中被广泛应用的技术，这些技术的应用和发展又反过来丰富了信息论与编码技术的理论内涵，这些理论对于从事相关领域研究和工程应用的科研人员具有极大的参考价值。

信息论基础部分理论严谨，概念较多且概念间的关系复杂、公式烦琐，对读者的数学基础有较高要求。对大部分电子信息类本科生和相关专业的工程技术人员而言，仅需要掌握信息论与编码的基础，并不需要从数学上系统严密地证明和论述信息论中的香农三大定理和相关理论。因此，对相关公式及概念的物理意义的深入理解是帮助他们掌握信息论与编码基础的关键。基于以上需求，本书紧抓“自信息量、互信息量、平均自信息量、平均互信息量”4个基本概念，围绕“无失真信源编码定理、有噪信道编码定理、限失真信源编码定理”香农三大定理，以信息传输的基本过程来阐述信息论的基础理论；以维拉图来描述基本概念之间的相互关系，形象化地描述其物理含义。本书力求在简化数学推导的基础上，以通俗的语言，融合实际应用的例子，深入浅出地介绍信息论与编码的基本概念、基本原理和基本方法，帮助读者清晰地掌握信息论与编码的理论脉络，进而能运用信息论中通信系统的模块化分析和数学建模的方法及理论，对通信系统中的各组成部分进行数学抽象和建模，并能对优化通信系统的有效性、可靠性的可行方案进行分析和评价。

本书由纪永刚主编，其中第 1 章、第 2 章由纪永刚编写，第 3 章、第 4 章和第 6 章由李莉编写，第 5 章和第 7 章由张锡岭、丁淑妍和顾朝志编写。

本书内容安排如下：

第 1 章绪论，介绍了信息论研究的对象、目的和内容，以及信息论的发展历史、研究和应用现状。

第 2 章信息的度量，介绍了离散情况下的自信息量、平均自信息量（熵）、互信息量和平均互信息量的概念、基本性质，以及它们的相互关系，也讨论了连续型随机变量的互信息量和熵。

第 3 章信源与信源熵，介绍了离散平稳无记忆信源、离散平稳有记忆信源及马尔可夫信源等各类离散信源的数学模型和信源熵的定义与计算方法，也介绍了连续信源的熵和最大熵定理，以及信源的相关性与冗余度，对信源输出信息的能力给出了定量的描述。

第 4 章信道及其信道容量，介绍了信道的数学模型、分类及信道容量的概念，阐述了单符号离散信道、离散无记忆信道的扩展信道和离散信道的组合信道及其信道容量的计算，也介绍了连续信道及其信道容量的计算，并讨论了信源与信道的匹配问题。

第 5 章信源编码，介绍了信源编码的定义和分类，讨论了无失真信源编码和限失真信源编码，并介绍了常用的语音压缩编码与图像压缩编码等。

第 6 章有噪信道编码，主要阐述了有噪信道编码的基本理论，在分析信道编码方法和译码规则对通信可靠性影响的基础上，重点讨论了最大后验概率译码准则和极大似然译码准则，以及信道编码的编码原则和有噪信道编码定理。

第 7 章纠错编码，介绍了纠错编码的基本概念，阐述了线性分组码的基本概念，包括生成矩阵、监督矩阵、伴随式和错误图样等；还介绍了循环码的特点、多项式描述及构造方法等，讨论了卷积码的基本原理、描述方法等；也介绍了 Turbo 码、LDPC 码及 Polar 码等接近香农极限的编码的原理与应用。

限于编者水平，书中难免存在疏漏，殷切希望广大读者批评指正。

编　者

目 录

第 1 章 绪论

信息论又称为通信的数学理论，是运用概率论与数理统计的方法研究信息的获取、传输、处理、存储和交换等问题的基础理论。信息论被广泛应用于通信系统设计、计算机网络、数据压缩、密码学、机器学习、自然语言处理等领域。同时，它的概念和方法也被应用于神经生物学、进化论、生态学、热物理、量子计算、语言学、管理学等众多领域，几乎涵盖了所有需要传输、处理和存储信息的行业和学科。

由信息论之父香农（C. E. Shannon）于 1948 年提出的香农信息论通常被认为是现代信息论的起点。香农信息论以概率论、随机过程为基本数学工具研究通信的整个过程，重点关注信息的度量、信源编码、信道编码及信道容量，旨在找到系统的最优性能及探讨如何达到该性能，为通信技术的发展奠定了坚实的理论基础。

香农揭示了通信系统传输的对象是信息，并且指出“通信的基本问题是在消息的接收端精确或近似地再现发送端所选择的消息。”而通信系统的中心问题是在噪声下如何有效且可靠地传输信息。然而，在实际通信系统中传输的是各种不同类型的信号，如声、光、电等不同形式的物理量。因此，我们首先需要明确在信息论中常用的信息、消息与信号这三个既有区别又紧密联系的核心概念。

1.1 信息、消息与信号

信息、物质和能量被认为是构成客观世界的三大要素。在香农信息论中，信息是对事物运动状态或存在形式的不确定性的描述，或者说信息是对于客观物质运动和主观思维活动状态的具体表达。信息的产生、传输、接收、存储及处理等都离不开物质的运动，但信息不是物质，它是事物状态和运动形式的表达，它能够消除接收者对事物状态和变化的不确定性。

以下是信息的一些主要性质。

（1）信息是客观存在的。虽然观察者的主观因素会对信息的获取、解释和利用产生影响，但信息本身是对事物状态和运动方式的客观描述，是客观存在的。

（2）信息是普遍存在的。只要有事物存在和运动，就会有信息的产生和传递，因此信息是无处不在的。它普遍存在于自然界的各个角落和社会的各个领域。

（3）信息是可度量的。香农基于“形式化假说”“非决定论”“不确定性”三个论点，为信息提供了定量的描述方法，从理论上解决了信息的度量问题。

（4）信息是可传递的。信息在时间和空间上是可传递的，通过语言、文字、图像等媒介，人们可以将信息传递给他人，实现信息的交流和共享。

（5）信息是可以被共享的。信息可以多次使用和传播，为多人所共享，而且不会因为被使用而减少或消失。

信息是通信系统中传输、处理和存储的对象。但信息是抽象的、无形的、看不见摸不着的，它包含在消息之中。消息是信息的载体，消息是具体的，但不是物理的。例如，消息可以是文字、符号、数据、语言、图像等能够被人们的感觉器官感知的形式，而信息则是这些消息所要传递的实质内容。消息中荷载有信息，但同一信息可以用不同具体形式的消息来荷载，而同一消息也可以包含不同的信息量。例如，我们可以通过文字短信给朋友发送新年问候。这条文字短信就是一个消息，它包含了我们对朋友的关心与祝福，即我们要传递的信息。同样我们也可以通过语音留言发送该问候，可见文字和语音都可以作为传递该信息的消息形式。

信号是消息的载体，是表示消息的物理量，是可测量、可显示、可描述的，消息只有被转换为信号后才能在信道中传输。在通信系统中，信号可以是电信号、光信号等。

通信的目的是有效可靠地传递信息，但信息是抽象的，无法直接传递，因此需要通过某种消息来荷载信息，然后将消息转换为某种具体的信号才能在通信系统中传递。也就是说，在通信系统中信号的传递就是为了传输发送端选择的消息中包含的信息。

例如，当我们打电话时，我们要传递的信息通过声音这种消息来荷载。在发送端声音被转换为电信号通过电话线传输到接收端，在接收端电信号再被还原为声音被接听者接收，从而实现了信息的传递。

综上所述，信息是抽象的概念，是消息中所包含的有意义的内容；消息是信息的载体，是信息的具体表现形式；信号则是消息的载体，是消息在信道中传输的物理形式。

1.2 通信系统的一般模型

在香农信息论中，采用一个经典的通信系统模型描述了点对点的单向通信传输过程，如图 1.1 所示。该模型由信源、编码器、信道、干扰源、译码器和信宿等基本部分组成。

1. 信源

信源是信息的源头，它产生并发送需要传递的消息。这些消息可以是任何形式的，如文字、图像、声音等。但信源发出的消息具有随机性，即事先无法确定发出的消息，否则该消息就无法提供任何信息量。通常可以用随机变量、随机变量序列或随机过程来描述信源发出的消息。在信息论中，信源研究的主要问题是描述信源发出的消息的统计特性及衡量信源输出信息的能力。

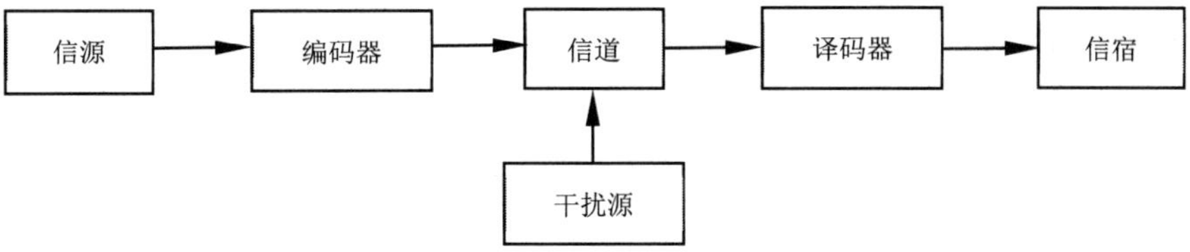

图 1.1 通信系统模型 1

2. 编码器

编码器的作用是将信源发出的消息转换成适合在信道中传输的信号。如图 1.2 所示，编码器可以根据其功能的不同，分为以下几个部分。

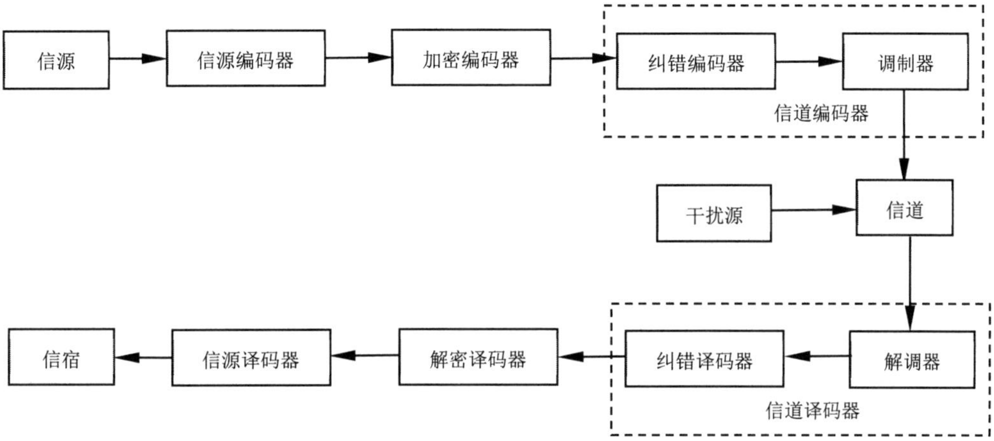

图 1.2 通信系统模型 2

1）信源编码器

信源编码器的作用就是将信源发出的消息按照一定的数学规则转换成适合信道传输的码序列，以提高信息传输的有效性。

2）加密编码器

加密编码器的作用是对信息进行加密处理，防止信息的泄露，以提升通信的安全性。

3）信道编码器

信道编码器包括纠错编码器和调制器。

（1）纠错编码器。纠错编码器的作用是对信源编码器输出的码序列，按一定规则加入用于校验信息码元在传输过程中是否出现错误的冗余码元，以提高信息传输的可靠性。

（2）调制器。调制器的作用是将纠错编码器的输出变为能在信道中更有效传输的信号形式。

在实际通信系统中的编码器不一定都包含以上所有的部分，可以根据通信的需求选择其中部分编码器。

3. 信道

信道通常指以传输媒介为基础的信号通道。信道的主要任务是确保信息能够准确、可靠地从发送端传输到接收端。狭义信道仅指传输媒介，包括架空明线、对称电缆、同轴电缆和光导纤维等有线信道，以及地波传播、短波电离层反射、超短波或微波无线电视距传输、卫星中继及各种散射信道等无线信道。

4．干扰源

为了研究的方便，通常将通信系统中各部分引入的噪声和干扰等效为一个干扰源，集中叠加在信道上。噪声和干扰的统计特性是决定信道传输能力的主要因素，而在信道的研究中最主要的问题就是如何分析信道的统计特性和传输能力。

在实际应用中，干扰通常分为加性干扰和乘性干扰。

加性干扰通常是由外界引入的随机干扰，它与输入信号的统计特性无关，信道的输出是输入信号和干扰的和。例如，通信系统中普遍存在的热噪声、散弹噪声及天电干扰等。

乘性干扰是信号在传输过程中由于物理条件变化引起信号参量的随机变化而构成的干扰，这时信道的输出是输入信号和干扰的乘积。当没有输入信号时，乘性干扰也就不存在了。

当不同类型的信号在不同的信道中传输时，受到的干扰和噪声也不同，因此要根据实际情况对干扰的统计特性进行分析，以评估干扰对信息传输能力的影响，进而采用相应的措施和方法对干扰进行抑制，从而提升通信系统的抗干扰能力。

5．译码器

译码器是编码器的逆过程，它的作用是将接收到的信号尽可能地恢复为信源发出的原始消息，并发送给信宿。如图 1.2 所示，与编码器相对应，译码器一般由解调器、纠错译码器、解密译码器、信源译码器组成。

6．信宿

信宿是通信系统中信息的接收者，它接收并处理译码器还原出来的消息，信宿可以是人或机器。

图 1.1 和图 1.2 中的通信系统模型只适用于单输入/单输出的单向通信系统，是最基本的通信系统模型。除此之外，还有单输入/多输出的单向通信系统，如广播通信系统；多输入/多输出的多向通信系统，如卫星通信网。这些通信系统模型都可以在以上单输入/单输出的单向通信系统模型的基础上修正得到。

可见，通信系统模型为信息论提供了一个清晰且系统的理论框架，人们可以在此框架上量化评估通信系统的性能，并且通过对比理论模型和实际系统的性能差异，发现系统的瓶颈和潜在优化点，从而有针对性地改进系统设计。基于通信系统模型，可以对通信系统的各部分进行优化设计，包括信源编码、信道编码、调制方式、信道选择等，从而提升整个通信系统的有效性和可靠性。

总体而言，信息论中的通信系统模型不仅是理论研究的基础，还能为实际应用提供有力指导，是帮助我们理解和优化通信系统的重要工具。

1.3 信息论的发展

信息论的起源可以追溯到 20 世纪 20 年代。1928 年，美国数学家哈特莱（R. V. L. Hartley）发表了论文《信息传输》，提出了消息是符号差异度或选择度的度量的概念，定义了等概率事件的信息量。20 世纪 40 年代，维纳（N. Wiener）将随机过程和数理统计引入了通信和控制系统，揭示了信息传输和处理过程的统计本质。

1948 年，香农发表了论文《通信的数学理论》，标志着信息论的诞生。1949 年，香农发表了论文《噪声下的通信》。在这两篇论文中，香农提出了信息的度量方法，即香农信息熵，并建立了通信系统的数学模型，为信息论的发展奠定了坚实的理论基础。香农信息论的核心思想是将信息看作一种可以度量的资源，并提出了信息传输和处理的数学模型。这些模型不仅为通信系统的设计提供了理论指导，还为数据压缩、密码学等领域的发展提供了重要的工具。香农还引入了噪声和干扰的概念，分析了它们对通信系统性能的影响，并提出了相应的抗干扰措施。

从 20 世纪 40 年代末到 60 年代初，信息论的核心理论得到了进一步的拓展和完善。数据的压缩算法、编码理论、信道编码等关键技术得到了深入的研究和发展，同时密码学得到了初步发展。信息论的应用范围扩展到计算机科学、数学和物理学等多个领域，除了信息的传输，信息的处理和存储也备受关注。在这一阶段，纠错编码的研究进入了一个活跃期，成为信息论的重要分支。1950 年，美国数学家理查德·卫斯里·汉明（Richard Wesley Hamming）发明了汉明码，这是第一种能够纠正单个错误的线性分组码。1955 年，彼得·埃利亚斯（P. Elias）首次提出了卷积码。1967 年，安德鲁·维特比（Andrew Viterbi）提出了维特比译码算法，这是一种高效的卷积码译码方法，有力地推动了卷积码的广泛应用。在这一阶段，其他学者也相继提出了 BCH 码、RS 码等多种具有优异性能的纠错码。

1948 年，香农提出了无失真信源编码定理，并在此基础上设计了香农编码。1959 年，香农发表了论文《保真度准则下的离散信源编码定理》，系统地提出了信息率失真理论，也就是限失真信源编码定理，成为现代数据压缩的数学基础。在此基础上，先后出现了哈夫曼编码、算术编码、游程编码、LZ 系列算法、差分脉冲编码调制（DPCM）和变换编码等多种数据压缩算法，信源编码的方式和效率得到了不断的优化和提升。

1961 年，香农发表了论文《双路通信信道》，该论文建立了双路通信信道的数学模型，探讨了如何有效利用双路通信信道进行信息传输的问题，开拓了多用户理论研究。20 世纪 70 年代以后，随着卫星通信、计算机网络的迅速发展，多用户理论成为这一阶段信息论研究的中心课题。

20 世纪 90 年代以后，多种纠错编码，如 Turbo 码、LDPC 码、Polar 码等都取得了重大突破，实现了接近香农极限的性能，被广泛应用于无线通信、光纤通信和卫星通信等领域。

进入 21 世纪，随着计算机和互联网的普及，信息论的应用范围得到了极大的扩展，在通信、计算机网络、大数据处理、人工智能等领域的应用越来越广泛。同时，随着量子计算、量子通信等量子信息技术的兴起，研究者开始广泛关注量子信息的传输、处理和存储等问题，并开始探索新的信息处理方法和技术。

目前，随着信息论的不断发展，它与其他学科的交叉融合也越来越紧密。在生物信息学、神经科学、经济学等领域，信息论的理论和方法都得到了广泛的应用。例如，在生物信息学中，信息论被用于分析基因序列、蛋白质结构等生物数据；在神经科学中，信息论被用于研究神经元之间的信息传递和处理机制等。

可见，信息论的发展过程是一个不断创新和深化的过程。它不仅推动了通信技术的发展，还对许多学科，如物理学、生物学、遗传学、控制论、计算机科学、数理统计学、语言学、心理学、教育学、经济管理和保密学等都有一定的影响和作用。未来，随着技术的不断进步和应用领域的不断拓展，信息论将继续发挥重要作用，推动人类社会的发展和进步。

第 2 章

信息的度量

建立信息量的概念，度量信息量的大小，是对通信系统进行定量研究的基础。在信息论中，信源是通信系统中发出消息的源头。信源发出的消息随机，即具有不确定性，如果信源每次发出的消息均是确定的，那么该信源发出的消息不能提供任何信息。通信就是通过某些方法减小信源的不确定性，从而从信源中获取信息的过程。随机事件包含的信息与其不确定性密切相关，这种不确定性不能使用确定函数进行描述，需要使用数理统计的方法对其进行研究。

本章首先讨论离散情况下的非平均信息量、平均自信息量和平均互信息量的定义，以及它们的基本性质和相互关系，然后讨论连续型随机变量的互信息量和熵。

2.1　离散变量的非平均信息量

设 X 和 Y 为两个离散事件（随机事件）集合，简称离散集。离散集 $X=\{x_i，\ i=1,2,\cdots,r\}$，其中每个随机事件 $x_i \in X$，事件 x_i 的概率为 $p(x_i)$，满足 $\sum_{i=1}^{r} p(x_i)=1$ 且 $0 \leqslant p(x_i) \leqslant 1，\ i=1,2,\cdots,r$。

类似地，离散集 $Y=\{y_j，\ j=1,2,\cdots,s\}$，其中每个随机事件 $y_j \in Y$，事件 y_j 的概率为 $p(y_j)$，满足 $\sum_{j=1}^{s} p(y_j)=1$ 且 $0 \leqslant p(y_j) \leqslant 1，\ j=1,2,\cdots,s$。

X 和 Y 的联合空间（联合集）表示为

$$(X,Y)=\{x_i y_j，\ x_i \in X，\ y_j \in Y，\ i=1,2,\cdots,r；\ j=1,2,\cdots,s\}$$

其中，联合事件 $x_i y_j$ 的概率为联合概率 $p(x_i y_j)$，满足 $\sum_{i=1}^{r}\sum_{j=1}^{s} p(x_i y_j)=1$ 且 $0 \leqslant p(x_i y_j) \leqslant 1$，$i=1,2,\cdots,r；\ j=1,2,\cdots,s$。

根据概率论知识可知，边缘概率分布为

$$p(x_i)=\sum_{j=1}^{s} p(x_i y_j)，\quad i=1,2,\cdots,r$$

$$p(y_j)=\sum_{i=1}^{r} p(x_i y_j)，\quad j=1,2,\cdots,s$$

在事件 $x_i \in X$ 发生的条件下，事件 $y_j \in Y$ 发生的条件概率为

$$p(y_j \mid x_i) = \frac{p(x_i y_j)}{p(x_i)}, \quad j = 1, 2, \cdots, s$$

类似地，在事件 $y_j \in Y$ 发生的条件下，事件 $x_i \in X$ 发生的条件概率为

$$p(x_i \mid y_j) = \frac{p(x_i y_j)}{p(y_j)}, \quad i = 1, 2, \cdots, r$$

本章将在以上离散集上讨论离散变量的非平均信息量和平均信息量。

2.1.1 自信息量和条件自信息量

定义 2.1.1 定义离散集 X 中，概率为 $p(x_i)$ 的随机事件 x_i 的自信息量为

$$I(x_i) = -\log p(x_i) \tag{2.1.1}$$

自信息量 $I(x_i)$ 的单位与对数的底的取值有关，常用的单位如下。

（1）以 2 为底，$I(x_i)$ 的单位为 bit（比特）。

例如，若 $p(x_i) = 1/2$，则 $I(x_i) = 1\text{bit}$，即概率为 1/2 的事件的自信息量为 1bit。显然，当掷一枚硬币时，出现正面或反面的结果包含的自信息量均为 1bit。

bit 是最常用的自信息量单位，因此当取对数的底为 2 时，2 常被省略。

（2）以自然数 e 为底，$I(x_i)$ 的单位为 nat（奈特）。

$$1\text{nat} = \frac{-\log_2 p(x_i)}{-\log_\text{e} p(x_i)} = \log_2 \text{e} \approx 1.443\ \text{bit}$$

为了使用的方便，以 e 为底的对数常用于理论推导中或用于连续信源中。

（3）以 10 为底，$I(x_i)$ 的单位为 Hartley（哈特莱）。

$$1\text{Hartley} = \frac{-\log_2 p(x_i)}{-\log_{10} p(x_i)} = \log_2 10 \approx 3.332\ \text{bit}$$

（4）以 r（$r > 0$）为底，$I(x_i)$ 的单位为 r 进制单位。

$$1r\text{进制单位} = \frac{-\log_2 p(x_i)}{-\log_r p(x_i)} = \log_2 r\ \text{bit}$$

自信息量 $I(x_i)$ 描述了随机事件 x_i 自身的不确定性。$I(x_i)$ 有以下两个方面的含义：在事件 x_i 发生以前，$I(x_i)$ 反映了事件 x_i 发生的不确定性的大小；在事件 x_i 发生以后，$I(x_i)$ 表示事件 x_i 所提供的信息量，即表示事件 x_i 发生后它所帮助消除的自身不确定性的大小。

随机事件 x_i 的自信息量 $I(x_i)$ 具有如下性质。

（1）$I(x_i) \geqslant 0$。

对于任一随机事件 x_i，均满足 $0 \leqslant p(x_i) \leqslant 1$，因此自信息量 $I(x_i)$ 具有非负性。

（2）两个事件的概率分别为 $p(x_i)$ 和 $p(x_j)$，若 $p(x_i) > p(x_j)$，则 $I(x_i) < I(x_j)$。

小概率事件发生的不确定性大，其自信息量大；大概率事件发生的不确定性小，其自信

息量小。

（3）若 $p(x_i)=0$，则 $I(x_i)=\infty$。

$p(x_i)=0$ 表示随机事件 x_i 为不可能事件，它发生的不可能性是无穷大的，即它的不确定性是无穷大的，所以它一旦发生，提供的信息量就是无穷大的。

（4）若 $p(x_i)=1$，则 $I(x_i)=0$。

$p(x_i)=1$ 表示随机事件 x_i 为必然事件，必然事件不包含任何不确定性，因此它提供的信息量为 0。

例 2.1.1　若某三元离散信源 X 发出符号 0、1 和 2 的概率分别为 $p(0)=0.01$、$p(1)=0.8$ 和 $p(2)=0.19$。试求每个符号的自信息量。

解：由自信息量的定义可知

$$I(0)=-\log p(0)=\log 0.01\approx 6.64 \text{ bit}$$
$$I(1)=-\log p(1)=\log 0.8\approx 0.32 \text{ bit}$$
$$I(2)=-\log p(2)=\log 0.19\approx 2.39 \text{ bit}$$

可见，符号 0 出现的概率最小，它的不确定性最大，因此它出现后提供的信息量最大；符号 1 出现的概率最大，它出现后提供的信息量最小。

定义 2.1.2　设 X 和 Y 分别为两个离散集，定义联合集 (X,Y) 中任一事件 x_iy_j（$x_i\in X$，$y_j\in Y$）的联合自信息量为

$$I(x_iy_j)=-\log p(x_iy_j) \tag{2.1.2}$$

其中，$I(x_iy_j)$ 表示联合事件 x_iy_j 发生（事件 x_i 和事件 y_j 同时发生）后所提供的信息量。

定义 2.1.3　在联合集 (X,Y) 上，对于事件 $x_i\in X$ 和事件 $y_j\in Y$，定义事件 x_i 在事件 y_j 给定条件下的条件自信息量为

$$I(x_i\,|\,y_j)=-\log p(x_i\,|\,y_j) \tag{2.1.3}$$

条件自信息量 $I(x_i\,|\,y_j)$ 表示在事件 y_j 发生的条件下，事件 x_i 发生后所提供的关于事件 x_i 的信息量，即所帮助消除的自身不确定性的大小；它也表示在事件 y_j 发生的条件下，事件 x_i 发生前，事件 x_i 存在的不确定性的大小。

根据 $I(x_iy_j)$ 和 $I(x_i\,|\,y_j)$ 的定义可知

$$I(x_iy_j)=-\log p(x_iy_j)=-\log p(x_i\,|\,y_j)p(y_j)=I(x_i\,|\,y_j)+I(y_j) \tag{2.1.4}$$

同理

$$I(x_iy_j)=I(y_j\,|\,x_i)+I(x_i) \tag{2.1.5}$$

当事件 x_i 和事件 y_j 相互独立时，即满足 $p(y_j\,|\,x_i)=p(y_j)$ 和 $p(x_i\,|\,y_j)=p(x_i)$ 时，有

$$I(y_j\,|\,x_i)=I(y_j)$$

$$I(x_i\,|\,y_j)=I(x_i)$$

此时

$$I(x_i y_j) = I(x_i) + I(y_j) \tag{2.1.6}$$

这说明两个统计独立的随机事件的联合自信息量，等于它们各自的自信息量之和。而当事件 x_i 和事件 y_j 不相互独立时，一个事件 x_i 的发生对另一个事件 y_j 的发生是有影响的，即一个事件 x_i 的发生将帮助减小或者增大另一个事件 y_j 发生的不确定性。

式（2.1.5）也可以推广到 N 维联合集 $(X_1, X_2, \cdots, X_N)$ 上，由

$$p(x_1 x_2 \cdots x_N) = p(x_1) + p(x_2 | x_1) + \cdots + p(x_N | x_1 x_2 \cdots x_{N-1})$$

可得

$$I(x_1 x_2 \cdots x_N) = I(x_1) + I(x_2 | x_1) + \cdots + I(x_N | x_1 x_2 \cdots x_{N-1}) \tag{2.1.7}$$

例 2.1.2 某个班级中有 20%的同学爱读历史类书籍，在爱读历史类书籍的同学中有 85%爱好旅游，已知班级中有 55%的同学爱好旅游，若班主任被告知“爱好旅游的某同学爱读历史类书籍”，则班主任收到该消息后获得了多少信息量？

解：设事件 A 表示同学爱读历史类书籍，事件 B 表示同学爱好旅游，根据题意，可得

$$p(A) = 0.20$$
$$p(B) = 0.55$$
$$p(B | A) = 0.85$$

“爱好旅游的某同学爱读历史类书籍”这个消息是指在事件 B 发生的条件下事件 A 发生，所以该消息发生的概率为条件概率 $p(A|B)$。

由概率论知识可知

$$p(A | B) = \frac{p(AB)}{p(B)} = \frac{p(B | A)p(A)}{p(B)} = \frac{0.85 \times 0.20}{0.55} \approx 0.31$$

班主任得知“爱好旅游的某同学爱读历史类书籍”这个消息后，获得的信息量为

$$I(A | B) = -\log p(A | B) = -\log 0.31 \approx 1.69 \text{ bit}$$

2.1.2 互信息量和条件互信息量

定义 2.1.4 对于两个离散集 X 和 Y，定义事件 $y_j \in Y$ 的发生给出的关于事件 $x_i \in X$ 的信息量为互信息量 $I(x_i;\ y_j)$，即

$$I(x_i;\ y_j) = \log \frac{p(x_i | y_j)}{p(x_i)} = \log \frac{1}{p(x_i)} - \log \frac{1}{p(x_i | y_j)} = I(x_i) - I(x_i | y_j) \tag{2.1.8}$$

可见，互信息量 $I(x_i;\ y_j)$ 表示一个事件 y_j 发生后，帮助消除的另一个事件 x_i 的不确定性，即事件 y_j 发生后所提供的关于事件 x_i 的信息量的大小。互信息量 $I(x_i;\ y_j)$ 等于事件 x_i 本身具有的不确定性 $I(x_i)$ 减去事件 y_j 发生后，事件 x_i 仍然具有的不确定性 $I(x_i | y_j)$。

例 2.1.3 在一批总数为 1000 个的电阻中，阻值为 5Ω 的电阻有 100 个，阻值为 100Ω 的电阻有 500 个，其余电阻的阻值为 1000Ω。现在有人随机从这批电阻中抽取一个电阻，经过

测量后告诉你：“这个电阻的阻值不是 5Ω。”把这句话作为收到的消息 y_1，求收到消息 y_1 后获得的信息量，以及消息 y_1 与各种阻值的互信息量。

解：根据题意，用离散型随机变量 X 表示这批电阻的阻值，则 X 的概率空间为

$$\begin{bmatrix} X \\ P \end{bmatrix} = \begin{bmatrix} x_1 = 5\Omega & x_2 = 100\Omega & x_3 = 1000\Omega \\ \dfrac{1}{10} & \dfrac{1}{2} & \dfrac{2}{5} \end{bmatrix}$$

可知 $p(y_1) = 1 - 1/10 = 9/10$，收到消息 y_1 后获得的信息量为

$$I(y_1) = -\log p(y_1) = \log \frac{10}{9} \approx 0.152 \text{ bit}$$

先求 $p(x_i \mid y_1)$（$i = 1,2,3$）：

$$p(x_1 \mid y_1) = \frac{p(x_1 y_1)}{p(y_1)} = \frac{0}{9/10} = 0$$

$$p(x_2 \mid y_1) = \frac{p(x_2 y_1)}{p(y_1)} = \frac{p(y_1 \mid x_2) p(x_2)}{p(y_1)} = \frac{1 \times (1/2)}{9/10} = \frac{5}{9}$$

$$p(x_3 \mid y_1) = \frac{p(x_3 y_1)}{p(y_1)} = \frac{p(y_1 \mid x_3) p(x_3)}{p(y_1)} = \frac{1 \times (2/5)}{9/10} = \frac{4}{9}$$

消息 y_1 与各种阻值的互信息量为 $I(x_i;\ y_1)$（$i = 1,2,3$）：

$$I(x_1;\ y_1) = \log \frac{p(x_1 \mid y_1)}{p(x_1)} = \log \frac{0}{1/10} = \infty \text{ bit}$$

$$I(x_2;\ y_1) = \log \frac{p(x_2 \mid y_1)}{p(x_2)} = \log \frac{5/9}{1/2} \approx 0.152 \text{ bit}$$

$$I(x_3;\ y_1) = \log \frac{p(x_3 \mid y_1)}{p(x_3)} = \log \frac{4/9}{2/5} \approx 0.152 \text{ bit}$$

互信息量 $I(x_i;\ y_j)$ 具有以下基本性质。

1. 互易性

互信息量 $I(x_i;\ y_j)$ 的互易性表示为

$$I(x_i;\ y_j) = I(y_j;\ x_i) \tag{2.1.9}$$

证明：

$$I(x_i;\ y_j) = \log \frac{p(x_i \mid y_j)}{p(x_i)} = \log \frac{p(x_i \mid y_j) p(y_j)}{p(x_i) p(y_j)}$$

$$= \log \frac{p(x_i y_j)}{p(x_i) p(y_j)} = \log \frac{p(y_j \mid x_i) p(x_i)}{p(x_i) p(y_j)}$$

$$= \log \frac{p(y_j \mid x_i)}{p(y_j)} = I(y_j;\ x_i)$$

可见，事件 y_j 的出现所帮助事件 x_i 消除的不确定性等于事件 x_i 的出现所帮助事件 y_j 消除的不确定性。

2. 互信息量的值可正、可负、可为0

证明：根据互信息量 $I(x_i; y_j)$ 的定义

$$I(x_i;\ y_j)=\log\frac{p(x_i\mid y_j)}{p(x_i)}=I(x_i)-I(x_i\mid y_j)$$

分以下情况讨论。

（1）若满足 $0\leqslant p(x_i)<p(x_i\mid y_j)\leqslant 1$，则有 $I(x_i\mid y_j)<I(x_i)$，此时 $I(x_i;\ y_j)>0$。

$I(x_i;\ y_j)>0$ 说明事件 y_j 的发生能帮助消除事件 x_i 的一部分不确定性。此时 $I(x_i\mid y_j)<I(x_i)$，说明事件 y_j 发生后事件 x_i 的不确定性 $I(x_i\mid y_j)$ 相比其本身的不确定性 $I(x_i)$ 有所减少，即事件 y_j 的出现增加了事件 x_i 出现的可能性，对事件 x_i 的出现起到了“积极”作用。

（2）若满足 $0\leqslant p(x_i\mid y_j)<p(x_i)\leqslant 1$，则有 $I(x_i\mid y_j)>I(x_i)$，此时 $I(x_i;\ y_j)<0$。

$I(x_i;\ y_j)<0$ 说明事件 y_j 的发生增加了事件 x_i 的不确定性。此时 $I(x_i\mid y_j)>I(x_i)$，说明事件 y_j 发生后事件 x_i 的不确定性 $I(x_i\mid y_j)$ 相比其本身的不确定性 $I(x_i)$ 增大了，即事件 y_j 的出现增加了事件 x_i 的不确定性，对事件 x_i 的出现起到了“消极”作用。

（3）若满足 $0\leqslant p(x_i\mid y_j)=p(x_i)\leqslant 1$，则有 $I(x_i\mid y_j)=I(x_i)$，此时 $I(x_i;\ y_j)=0$。

$I(x_i;\ y_j)=0$ 说明事件 x_i 和事件 y_j 相互独立时，事件 y_j 发生后事件 x_i 的不确定性 $I(x_i\mid y_j)$ 等于其本身的不确定性 $I(x_i)$。此时事件 y_j 的发生不会对事件 x_i 的发生产生影响。

3. 任何两个事件间的互信息量不可能大于其中任何一个事件的自信息量

$$\begin{aligned}I(x_i;\ y_j)&=I(y_j;\ x_i)\leqslant I(x_i)\\ I(x_i;\ y_j)&=I(y_j;\ x_i)\leqslant I(y_j)\end{aligned}\tag{2.1.10}$$

证明：根据互信息量 $I(x_i;\ y_j)$ 的定义

$$I(x_i;\ y_j)=\log\frac{p(x_i\mid y_j)}{p(x_i)}=I(x_i)-I(x_i\mid y_j)$$

由于 $p(x_i\mid y_j)\leqslant 1$，因此

$$I(x_i;\ y_j)\leqslant\log\frac{1}{p(x_i)}=I(x_i)$$

同理可得

$$I(y_j;\ x_i)\leqslant I(y_j)$$

式(2.1.10)取等号的条件：当 $p(x_i\mid y_j)=1$ 时，$I(x_i\mid y_j)=0$，则 $I(x_i;\ y_j)=I(x_i)$；当 $p(y_j\mid x_i)=1$ 时，$I(y_j\mid x_i)=0$，则 $I(y_j;\ x_i)=I(y_j)$。

这说明一个事件 y_j 所能提供的关于另一个事件 x_i 的信息量不会大于 x_i 自身的信息量

$I(x_i)$。

定义 2.1.5　在联合集 (X,Y,Z) 上，在给定事件 $z_k \in Z$ 发生的条件下，事件 $x_i \in X$ 与事件 $y_j \in Y$ 之间的互信息量定义为条件互信息量 $I(x_i;\ y_j \mid z_k)$

$$\begin{aligned} I(x_i;\ y_j \mid z_k) &= \log\frac{p(x_i \mid y_j z_k)}{p(x_i \mid z_k)} = I(x_i \mid z_k) - I(x_i \mid y_j z_k) \\ &= I(y_j;\ x_i \mid z_k) = \log\frac{p(y_j \mid x_i z_k)}{p(y_j \mid z_k)} = I(y_j \mid z_k) - I(y_j \mid x_i z_k) \end{aligned} \tag{2.1.11}$$

$I(x_i;\ y_j \mid z_k)$ 表示在事件 z_k 发生的条件下，事件 y_j 的发生所提供的关于事件 x_i 的信息量，即事件 y_j 发生后所帮助事件 x_i 消除的不确定性，在图 2.1 所示的维拉图中，条件互信息量 $I(x_i;\ y_j \mid z_k)$ 由阴影部分表示。显然，$I(x_i;\ y_j \mid z_k)$ 等于在事件 z_k 发生的条件下，事件 x_i 的不确定性 $I(x_i \mid z_k)$，减去在事件 z_k 发生的条件下，事件 y_j 发生后事件 x_i 仍然具有的不确定性 $I(x_i \mid y_j z_k)$。

定义 2.1.6　在联合集 (X,Y,Z) 上，事件 $x_i \in X$ 与联合事件 $y_j z_k \in YZ$ 之间的互信息量，定义为联合互信息量 $I(x_i;\ y_j z_k)$

$$\begin{aligned} I(x_i;\ y_j z_k) &= \log\frac{p(x_i \mid y_j z_k)}{p(x_i)} = I(x_i) - I(x_i \mid y_j z_k) = \log\frac{p(x_i \mid y_j z_k)}{p(x_i)}\cdot\frac{p(x_i \mid y_j)}{p(x_i \mid y_j)} \\ &= \log\frac{p(x_i \mid y_j)}{p(x_i)}\cdot\frac{p(x_i \mid y_j z_k)}{p(x_i \mid y_j)} = I(x_i;\ y_j) + I(x_i;\ z_k \mid y_j) \end{aligned} \tag{2.1.12}$$

$I(x_i;\ y_j z_k)$ 表示联合事件 $y_j z_k$ 发生后所获得的关于事件 x_i 的信息量，即联合事件 $y_j z_k$ 发生后所帮助事件 x_i 消除的不确定性，图 2.2 所示的维拉图中的阴影部分表示 $I(x_i;\ y_j z_k)$。$I(x_i;\ y_j z_k)$ 等于事件 x_i 具有的不确定性 $I(x_i)$，减去在联合事件 $y_j z_k$ 发生后，事件 x_i 还剩余的不确定性 $I(x_i \mid y_j z_k)$。显然，$I(x_i;\ y_j z_k)$ 也等于事件 y_j 发生后帮助消除的事件 x_i 的不确定性 $I(x_i;\ y_j)$，加上在事件 y_j 发生的条件下，事件 z_k 的发生帮助事件 x_i 消除的不确定性 $I(x_i;\ z_k \mid y_j)$。

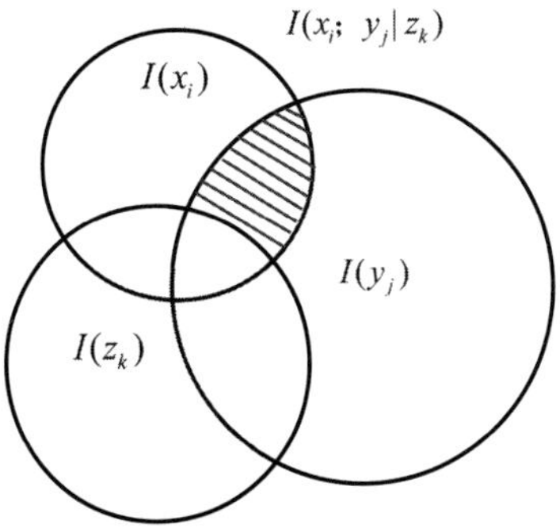

图 2.1　$I(x_i;\ y_j \mid z_k)$ 的维拉图

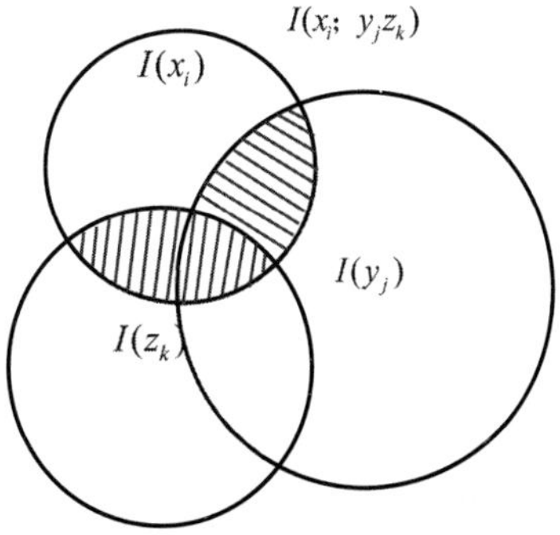

图 2.2　$I(x_i;\ y_j z_k)$ 的维拉图

2.2 离散集的平均自信息量

2.2.1 平均自信息量——熵

前面讨论了具体某个事件$x_i \in X=\{x_i,\ i=1,2,\cdots,r\}$的自信息量$I(x_i)$，$I(x_i)$是定义在离散集$X$上的一个随机变量，它的值随着$x_i$的不同而变化。自信息量$I(x_i)$不能反映离散集$X$的总体不确定性，不能作为表征离散集$X$的信息测度，由此可定义平均自信息量。

定义 2.2.1 在离散集X上，将事件x_i的自信息量$I(x_i)$的数学期望定义为平均自信息量

$$H(X)=E[I(x_i)]=\sum_{i=1}^{r}p(x_i)I(x_i)=-\sum_{i=1}^{r}p(x_i)\log p(x_i) \qquad (2.2.1)$$

离散集X的平均自信息量又称为离散集X的信息熵、香农熵，或简称为熵。

熵的概念来自热力学，在热力学中熵用来描述系统的热力学状态，表示系统内部的无规律或混乱程度。信息熵和热力学熵在数学形式上具有一定的相似性，信息熵描述了随机变量的不确定性或随机性，所以又把信源的平均不确定性称为信源熵。

信息熵包含了以下两个方面的含义：$H(X)$表示在观测之后，离散集X中每出现一个事件所提供的平均信息量；$H(X)$也表示在观测之前，离散集X中事件出现的平均不确定性，即为了在观测之前确定离散集X中出现一个事件平均所需的信息量。

注意：离散集X中可能出现概率为0的不可能事件，在计算信息熵$H(X)$时，由于

$$\lim_{p(x)\to 0}-p(x)\log_2 p(x)=\lim_{p(x)\to 0}-\frac{\log_2 p(x)}{1/p(x)}=-\log_2 \mathrm{e}\cdot\lim_{p(x)\to 0}\frac{1/p(x)}{1/p^2(x)}=\log_2 \mathrm{e}\cdot\lim_{p(x)\to 0}p(x)=0$$

因此当$p(x)=0$时，$-p(x)\log_2 p(x)=0$。这说明虽然概率为 0 的不可能事件的不确定性无穷大，但由于它几乎不发生，因此它对离散集X的信息熵$H(X)$的贡献为0。

与自信息量一样，信息熵的单位与对数的底有关。以 2 为底，信息熵的单位为比特/符号（bit/符号）；以自然对数 e 为底，信息熵的单位为奈特/符号（nat/符号）；以 10 为底，信息熵的单位为哈特莱/符号（Hartley/符号）；以r（$r>0$）为底，信息熵的单位为r进制单位/符号。通常以 2 为底时，将信息熵记为$H(X)$，以r为底时，将信息熵记为$H_r(X)$。不同对数底的信息熵可以利用对数换底公式进行转换，例如

$$H_r(X)=-\sum_{i=1}^{q}p(x_i)\log_r p(x_i)=-\sum_{i=1}^{q}p(x_i)\frac{\log_2 p(x_i)}{\log_2 r}=\frac{H(X)}{\log_2 r} \qquad (2.2.2)$$

与信息熵的定义类似，我们也可以在联合集(X,Y)上，定义联合熵$H(XY)$和条件熵$H(Y|X)$。

定义 2.2.2 在联合集(X,Y)上，定义联合事件x_iy_j的自信息量$I(x_iy_j)$的数学期望为离散集X和离散集Y的联合熵$H(XY)$

$$H(XY)=\sum_{XY}p(x_iy_j)I(x_iy_j)=-\sum_{XY}p(x_iy_j)\log p(x_iy_j) \qquad (2.2.3)$$

联合熵$H(XY)$表示联合集(X,Y)的平均不确定性，即表示联合集(X,Y)中的一个事件

$x_i y_j$（$i=1,2,\cdots,r$；$j=1,2,\cdots,s$）发生时所提供的平均信息量。

条件自信息量 $I(y_j|x_i)$ 表示在某个事件 $x_i \in X=\{x_i,\ i=1,2,\cdots,r\}$ 发生的条件下，事件 $y_j \in Y=\{y_j,\ j=1,2,\cdots,s\}$ 的不确定性。$I(y_j|x_i)$ 是定义在联合集 (X,Y) 上的随机变量，它随着事件 x_i 和 y_j 的变化而变化。由于某个具体事件 $x_i \in X$ 发生后，离散集 $Y=\{y_j,\ j=1,2,\cdots,s\}$ 中的任意一个事件 y_j 都有可能发生，所以事件 x_i 发生后，离散集 Y 中事件的平均不确定性，应该是对全部可能事件 y_j（$j=1,2,\cdots,s$）的不确定性的统计平均，记为

$$H(Y|X=x_i)=\sum_Y p(y_j|x_i)I(y_j|x_i)=-\sum_Y p(y_j|x_i)\log p(y_j|x_i) \tag{2.2.4}$$

称为在事件 $x_i \in X$ 发生的条件下离散集 Y 的条件熵。

$H(Y|X=x_i)$ 的值随 x_i（$i=1,2,\cdots,r$）的取值不同而变化，可以看作离散集 X 上的随机变量，由于 X 可以取离散集 $X=\{x_i,\ i=1,2,\cdots,r\}$ 中的任意一个 x_i，因此可以在离散集 X 上对 $H(Y|X=x_i)$ 进行统计平均。

定义 2.2.3　在联合集 (X,Y) 上，定义条件自信息量 $I(y_j|x_i)$ 的数学期望为条件熵 $H(Y|X)$

$$\begin{aligned}H(Y|X)&=\sum_{XY} p(x_i y_j)I(y_j|x_i)=-\sum_{XY} p(x_i y_j)\log p(y_j|x_i)\\&=\sum_X p(x_i)H(Y|X=x_i)\end{aligned} \tag{2.2.5}$$

$H(Y|X)$ 表示在离散集 X 发生的条件下，离散集 Y 存在的平均不确定性，即表示在第一个事件发生的条件下，第二个事件又发生时，所提供的平均信息量。

例 2.2.1　某黑白电视屏幕上约有 5×10^5 个格点，每个格点有 10 个不同的亮度等级；而某彩色电视，除了满足上述黑白电视的要求，还有 24 种不同的色彩度，按画面等概率出现考虑，试计算一个黑白画面和一个彩色画面包含的信息量分别为多少。

解：对于黑白电视，共有 5×10^5 个格点，每个格点可选 10 个亮度等级中的任意一个。所以，共有 $10^{5\times10^5}$ 个黑白画面。

画面等概率出现，每个黑白画面出现的概率为

$$p(x_i)=\frac{1}{10^{5\times10^5}}，\ i=1,2,\cdots,10^{5\times10^5}$$

每个黑白画面能提供的平均信息量为

$$H(X)=-\sum_X p(x_i)\log p(x_i)=-\log 10^{-5\times10^5}\approx 1.66\times10^6\ \text{bit/画面}$$

同理，彩色电视共有 5×10^5 个格点，每个格点可选 10 个亮度等级中的任意一个，且可以任选 24 种不同的色彩度。所以，共有 $(10\times24)^{5\times10^5}$ 个彩色画面。按画面等概率出现计算，每个彩色画面能提供的平均信息量为

$$H(Y)=-\sum_Y p(y_j)\log p(y_j)=-\log(10\times24)^{-5\times10^5}\approx 3.95\times10^6\ \text{bit/画面}$$

可见，每个彩色画面包含的信息量远大于每个黑白画面包含的信息量，约为每个黑白画面包含的信息量的 2.38 倍。

例 2.2.2 若已知在学校进行的某次体能测试中，男同学测试不合格率为 2.7%，女同学测试不合格率为 4.4%，如果你问一位男同学："你的体能测试是否合格？"他只可能回答"合格"或"不合格"，问：这两个答案中各包含多少信息量？平均每个答案中包含多少信息量？若问一位女同学，则平均每个答案中包含多少信息量？

解：根据题意，设男同学的体测结果为随机变量 X，x_1 表示男同学体测合格，x_2 表示男同学体测不合格。同理，设女同学的体测结果为随机变量 Y，y_1 表示女同学体测合格，y_2 表示女同学体测不合格，则随机变量 X 和 Y 的概率空间分别为

$$\begin{bmatrix} X \\ P \end{bmatrix} = \begin{bmatrix} x_1 & x_2 \\ 0.973 & 0.027 \end{bmatrix}$$

$$\begin{bmatrix} Y \\ P \end{bmatrix} = \begin{bmatrix} y_1 & y_2 \\ 0.956 & 0.044 \end{bmatrix}$$

男同学回答"合格"中包含的信息量为

$$I(x_1) = -\log p(x_1) = -\log 0.973 \approx 0.039 \text{ bit}$$

男同学回答"不合格"中包含的信息量为

$$I(x_2) = -\log p(x_2) = -\log 0.027 \approx 5.211 \text{ bit}$$

男同学平均每个答案中包含的信息量为随机变量 X 的熵

$$\begin{aligned} H(X) &= \sum_X p(x_i) I(x_i) = p(x_1) I(x_1) + p(x_2) I(x_2) \\ &= 0.973 \times 0.039 + 0.027 \times 5.211 \approx 0.179 \text{ bit/符号} \end{aligned}$$

同理，女同学平均每个答案中包含的信息量为随机变量 Y 的熵

$$H(Y) = -\sum_Y p(y_j) \log p(y_j) = -0.956 \times \log 0.956 - 0.044 \times \log 0.044 \approx 0.261 \text{ bit/符号}$$

2.2.2 熵的基本性质

若一个 N 元矢量 $\boldsymbol{P} = (p_1, p_2, \cdots, p_N)$ 的所有分量均为非负，且 $\sum_{i=1}^{N} p_i = 1$，则称 $\boldsymbol{P}$ 为概率矢量。对于有 r 个事件的离散集 X，若各事件的概率为 $p_1, p_2, \cdots, p_r$，则 $p_1, p_2, \cdots, p_r$ 可以看作一个 r 维概率矢量，即 $\boldsymbol{P} = (p_1, p_2, \cdots, p_r)$。由熵的定义可知，离散集 X 的熵可以表示为

$$H(X) = -\sum_{i=1}^{r} p_i \log p_i = H(p_1, p_2, \cdots, p_r) = H(\boldsymbol{P}) \tag{2.2.6}$$

即离散集 X 的熵就是概率矢量 $\boldsymbol{P} = (p_1, p_2, \cdots, p_r)$ 的函数，简称熵函数。

熵函数主要具有以下性质。

1．对称性

当概率矢量 $\boldsymbol{P}=(p_1,p_2,\cdots,p_r)$ 中各分量的次序任意改变时，$H(\boldsymbol{P})$ 的值不变。

熵函数的对称性说明熵仅与离散集的概率分布的总体结构有关，与其内部结构无关。这也说明熵具有局限性，即熵只是描述了信源输出的统计特性，而忽略了事件本身的具体含义和主观价值。为此引入加权熵，通过给具有不同主观价值的事件赋予不同权值的方法来体现事件的主观价值。关于加权熵的定义与性质，请读者参考相关文献，本书不做详细讨论。

2．非负性

$$H(\boldsymbol{P})=H(p_1,p_2,\cdots,p_r)\geqslant 0 \tag{2.2.7}$$

等号成立的充分必要条件：当且仅当某个 $p_i=1$，其余 $p_k=0$（$1\leqslant k\leqslant r$，$k\neq i$）。

证明：熵函数的定义为 $H(p_1,p_2,\cdots,p_r)=-\sum\limits_{i=1}^{r}p_i\log p_i$

由于 $0\leqslant p_i\leqslant 1$，$i=1,2,\cdots,r$，因此

$$-\sum_{i=1}^{r}p_i\log p_i\geqslant 0,\quad i=1,2,\cdots,r$$

可得

$$H(p_1,p_2,\cdots,p_r)\geqslant 0$$

当某个 $p_i=1$，其余 $p_k=0$（$1\leqslant k\leqslant r$，$k\neq i$）时，由于 $\sum\limits_{i=1}^{r}p_i=1$，因此离散集 X 中一定只有一个事件是必然事件，而其他事件均为不可能事件，则有

$$H(1,0,\cdots,0)=0 \tag{2.2.8}$$

故等号成立。

式（2.2.8）也称为熵的确定性，它说明确定场的熵最小。因为此时离散集 X 中只有一个事件必然出现，而其他事件都不可能发生，这意味着事件的出现是完全确定的，因此该离散集的熵为 0。

3．扩展性

$$\lim_{\varepsilon\to 0}H_{r+1}(p_1,p_2,\cdots,p_{r-\varepsilon},\varepsilon)=H_r(p_1,p_2,\cdots,p_r) \tag{2.2.9}$$

由 $\lim\limits_{\varepsilon\to 0}\varepsilon\log\varepsilon=0$ 可以证明式（2.2.9）成立。

这说明，若给一个具有 r 个事件的离散集 X 增加一个概率接近 0 的事件，得到的新离散集的熵与原离散集的熵相等。这是因为当一个事件出现的概率和集合中其他事件出现的概率相比非常小时，它对集合的熵的贡献就非常小，几乎可以忽略不计。

4．可加性

对于两个离散集 X 和 Y，满足

$$H(XY)=H(X)+H(Y\mid X)=H(Y)+H(X\mid Y) \tag{2.2.10}$$

当 X 与 Y 相互独立时，$H(XY)=H(X)+H(Y)$。

证明：两个离散集 X 和 Y 的概率空间分别为

$$\begin{bmatrix} X \\ P \end{bmatrix}=\begin{bmatrix} x_1 & x_2 & \cdots & x_r \\ p_1 & p_2 & \dots & p_r \end{bmatrix}$$

其中，$\sum_{i=1}^{r} p(x_i)=1$且$0\leqslant p(x_i)\leqslant 1$，$i=1,2,\cdots,r$。

$$\begin{bmatrix} Y \\ P \end{bmatrix}=\begin{bmatrix} y_1 & y_2 & \cdots & y_s \\ q_1 & q_2 & \dots & q_s \end{bmatrix}$$

其中，$\sum_{j=1}^{s} p(y_j)=1$ 且 $0\leqslant p(y_j)\leqslant 1$，$j=1,2,\cdots,s$。

对于离散集 X 和 Y 有

$$I(x_i y_j)=I(x_i)+I(y_j \mid x_i),\ \ i=1,2,\cdots,r;\ \ j=1,2,\cdots,s$$

其中，$I(x_i y_j)$、$I(x_i)$ 和 $I(y_j \mid x_i)$ 均为定义在联合集 (X,Y) 上的随机变量。对上式在联合集 (X,Y) 上进行统计平均，根据数学期望的可加性，可得

$$\underset{X,Y}{E}[I(x_i y_j)]=\underset{X,Y}{E}[I(x_i)]+\underset{X,Y}{E}[I(y_j \mid x_i)] \tag{2.2.11}$$

根据联合熵及条件熵的定义可知，式（2.2.11）中有

$$\underset{X,Y}{E}[I(x_i y_j)]=H(XY) \tag{2.2.12}$$

$$\underset{X,Y}{E}[I(y_j \mid x_i)]=H(Y \mid X) \tag{2.2.13}$$

式（2.2.11）可以表示为

$$H(XY)=\underset{X,Y}{E}[I(x_i)]+H(Y \mid X) \tag{2.2.14}$$

式（2.2.14）中有

$$\begin{aligned} \underset{X,Y}{E}[I(x_i)] &= \underset{X,Y}{E}[-\log p(x_i)] \\ &= -\sum_{j=1}^{s}\sum_{i=1}^{r} p(x_i y_j)\log p(x_i) \\ &= -\sum_{i=1}^{r}\left[\sum_{j=1}^{s} p(x_i y_j)\right]\log p(x_i) \\ &= -\sum_{i=1}^{r} p(x_i)\log p(x_i)=H(X) \end{aligned} \tag{2.2.15}$$

由式（2.2.14）和式（2.2.15）可得

$$H(XY)=H(X)+H(Y \mid X)$$

同理，可证明

$$H(XY)=H(Y)+H(X \mid Y)$$

当X与Y相互独立时，即满足$p(y_j|x_i)=p(y_j)$和$p(x_i|y_j)=p(x_i)$时，则有$I(y_j|x_i)=I(y_j)$和$I(x_i|y_j)=I(x_i)$，此时

$$\underset{X,Y}{E}[I(y_j|x_i)]=\underset{X,Y}{E}[I(y_j)] \tag{2.2.16}$$

由式（2.2.15）可知

$$\underset{X,Y}{E}[I(y_j)]=H(Y) \tag{2.2.17}$$

由式（2.2.13）、式（2.2.16）和式（2.2.17）可得

$$H(Y)=H(Y|X) \tag{2.2.18}$$

同理可证得

$$H(X)=H(X|Y) \tag{2.2.19}$$

由式（2.2.19）可知，当X与Y相互独立时，有

$$H(XY)=H(Y)+H(X|Y)=H(X)+H(Y)$$

式（2.2.10）的物理意义是，先知道$X=x_i$（$i=1,2,\cdots,r$）所获得的平均信息量为$H(X)$，在这个条件下，再知道$Y=y_j$（$j=1,2,\cdots,s$）所获得的平均信息量为$H(Y|X)$，两者的和等于同时知道$X=x_i$和$Y=y_j$（$i=1,2,\cdots,r$；$j=1,2,\cdots,s$）所获得的平均信息量$H(XY)$。

式（2.2.10）可以推广到N维联合集$(X_1,X_2,\cdots,X_N)$上，即

$$H(X_1X_2\cdots X_N)=H(X_1)+H(X_2|X_1)+\cdots+H(X_N|X_1X_2\cdots X_{N-1}) \tag{2.2.20}$$

当N个离散集$X_1,X_2,\cdots,X_N$相互独立时，有

$$H(X_1X_2\cdots X_N)=H(X_1)+H(X_2)+\cdots+H(X_N)=\sum_{i=1}^{N}H(X_i)$$

式（2.2.20）称为熵函数的链规则，该公式的证明见 3.3.2 节。

5. 极值性（最大熵定理）

$$H(p_1,p_2,\cdots,p_r)\leqslant H\left(\frac{1}{r},\frac{1}{r},\cdots,\frac{1}{r}\right)=\log r \tag{2.2.21}$$

为了证明式（2.2.21），我们先来证明两个引理。

引理 2.2.1　对任意实数$x>0$，有

$$\ln x\leqslant x-1 \tag{2.2.22}$$

证明：令$f(x)=\ln x-x+1$，$x>0$，有

$$f'(x)=\frac{1}{x}-1，\quad f''(x)=-\frac{1}{x^2}<0，\quad x>0$$

令$f'(x)=\dfrac{1}{x}-1=0$，得到唯一驻点$x=1$。

可知，$f(x)=\ln x-x+1$是上凸函数，当$x=1$时，$f(x)$取极大值，即

$$f(x) \leqslant f(1) = 0 - 1 + 1 = 0$$

即

$$\ln x - x + 1 \leqslant 0$$

因此

$$\ln x \leqslant x - 1$$

引理 2.2.2 对于任意 r 维概率矢量 $\boldsymbol{P} = (p_1, p_2, \cdots, p_r)$ 和 $\boldsymbol{Q} = (q_1, q_2, \cdots, q_r)$，有下列不等式成立：

$$H_r(p_1, p_2, \cdots, p_r) \leqslant -\sum_{i=1}^{r} p_i \log q_i \tag{2.2.23}$$

证明：

$$\begin{aligned} H_r(p_1, p_2, \cdots, p_r) + \sum_{i=1}^{r} p_i \log q_i &= -\sum_{i=1}^{r} p_i \log p_i + \sum_{i=1}^{r} p_i \log q_i \\ &= \sum_{i=1}^{r} p_i \log \frac{q_i}{p_i} = \sum_{i=1}^{r} p_i \log \mathrm{e} \cdot \left[\ln\left(\frac{q_i}{p_i}\right) \right] \end{aligned}$$

利用引理 2.2.1，令 $x = q_i/p_i$，可得

$$\begin{aligned} H_r(p_1, p_2, \cdots p_r) + \sum_{i=1}^{r} p_i \log q_i &\leqslant \sum_{i=1}^{r} p_i \log \mathrm{e} \cdot \left(\frac{q_i}{p_i} - 1\right) \\ &= \sum_{i=1}^{r} \log \mathrm{e} \cdot (q_i - p_i) \\ &= \log \mathrm{e} \cdot \left[\sum_{i=1}^{r} q_i - \sum_{i=1}^{r} p_i \right] = 0 \end{aligned}$$

得证。

式（2.2.23）表明，对于任一离散集 X，其概率分布为 p_i，对其他概率分布 q_i 的 $-\log q_i$ 取数学期望 $-\sum_{i=1}^{r} p_i \log q_i$，必然会大于离散集 X 本身的熵。

现在证明式（2.2.21）。

证明：取 $q_i = 1/r$，$i = 1, 2, \cdots, r$，利用引理 2.2.2，可得

$$H_r(p_1, p_2, \cdots, p_r) \leqslant -\sum_{i=1}^{r} p_i \log \frac{1}{r} = -\log \frac{1}{r} \cdot \sum_{i=1}^{r} p_i = \log r$$

等式成立条件为当且仅当 $p_i = 1/r$，$i = 1, 2, \cdots, r$。

式（2.2.21）说明，当有 r 个事件的离散集 X 中各事件等概率分布时，熵取最大值 $\log r$，这个重要结论称为最大熵定理。

6. 上凸性

$H_r(p_1, p_2, \cdots, p_r)$ 是概率矢量 $\boldsymbol{P} = (p_1, p_2, \cdots, p_r)$ 的严格上凸函数。

证明：设两个 r 维的概率矢量 $\boldsymbol{P} = (p_1, p_2, \cdots, p_r)$ 和 $\boldsymbol{Q} = (q_1, q_2, \cdots, q_r)$，再设 $0 < \theta < 1$，则

$$
\begin{aligned}
H[\theta \boldsymbol{P}+(1-\theta)\boldsymbol{Q}] &= H\{[\theta p_1+(1-\theta)q_1],[\theta p_2+(1-\theta)q_2],\cdots,[\theta p_r+(1-\theta)q_r]\} \\
&= -\sum_{i=1}^{r}[\theta p_i+(1-\theta)q_i]\log[\theta p_i+(1-\theta)q_i] \\
&= -\theta\sum_{i=1}^{r}p_i\log[\theta p_i+(1-\theta)q_i]-(1-\theta)\sum_{i=1}^{r}q_i\log[\theta p_i+(1-\theta)q_i] \\
&= -\theta\sum_{i=1}^{r}p_i\log\frac{p_i}{p_i}[\theta p_i+(1-\theta)q_i]-(1-\theta)\sum_{i=1}^{r}q_i\log\frac{q_i}{q_i}[\theta p_i+(1-\theta)q_i] \\
&= -\theta\sum_{i=1}^{r}p_i\log p_i-\theta\sum_{i=1}^{r}p_i\log[\theta p_i+(1-\theta)q_i]-\theta\sum_{i=1}^{r}p_i\log\frac{1}{p_i}- \\
&\quad (1-\theta)\sum_{i=1}^{r}q_i\log q_i-(1-\theta)\sum_{i=1}^{r}q_i\log[\theta p_i+(1-\theta)q_i]-(1-\theta)\sum_{i=1}^{r}q_i\log\frac{1}{q_i} \\
&= \theta H(\boldsymbol{P})+(1-\theta)H(\boldsymbol{Q})-\theta\sum_{i=1}^{r}p_i\log[\theta p_i+(1-\theta)q_i]-\theta\sum_{i=1}^{r}p_i\log\frac{1}{p_i}- \\
&\quad (1-\theta)\sum_{i=1}^{r}q_i\log[\theta p_i+(1-\theta)q_i]-(1-\theta)\sum_{i=1}^{r}q_i\log\frac{1}{q_i}
\end{aligned}
\tag{2.2.24}
$$

令式（2.2.24）中

$$\theta p_i+(1-\theta)q_i=\omega_i,\quad i=1,2,\cdots,r$$

显然

$$\sum_{i=1}^{r}\omega_i=1,\quad 0\leqslant\omega_i\leqslant 1,\quad i=1,2,\cdots,r$$

由引理 2.2.2 可知，式（2.2.24）中

$$
\begin{aligned}
&-\theta\sum_{i=1}^{r}p_i\log[\theta p_i+(1-\theta)q_i]-\theta\sum_{i=1}^{r}p_i\log\frac{1}{p_i} \\
&= -\theta\sum_{i=1}^{r}p_i\log\omega_i-\theta\sum_{i=1}^{r}p_i\log\frac{1}{p_i} \\
&\geqslant -\theta\sum_{i=1}^{r}p_i\log p_i+\theta\sum_{i=1}^{r}p_i\log p_i=0
\end{aligned}
\tag{2.2.25}
$$

同理，可知式（2.2.24）中

$$-(1-\theta)\sum_{i=1}^{r}q_i\log[\theta p_i+(1-\theta)q_i]-(1-\theta)\sum_{i=1}^{r}q_i\log\frac{1}{q_i}\geqslant 0 \tag{2.2.26}$$

由式（2.2.24）～式（2.2.26）可知

$$H[\theta\boldsymbol{P}+(1-\theta)\boldsymbol{Q}]\geqslant\theta H(\boldsymbol{P})+(1-\theta)H(\boldsymbol{Q}) \tag{2.2.27}$$

只有当 $\theta=0$ 或 $\theta=1$ 时，等式才成立。

式（2.2.27）说明，概率矢量 $\boldsymbol{P}$ 和 $\boldsymbol{Q}$ 的平均值的熵函数 $H[\theta\boldsymbol{P}+(1-\theta)\boldsymbol{Q}]$，不小于概率矢量 $\boldsymbol{P}$ 和 $\boldsymbol{Q}$ 的熵函数的平均值 $\theta H(\boldsymbol{P})+(1-\theta)H(\boldsymbol{Q})$，这符合上凸函数的特性，因此熵函数的上凸性得到证明。

7．条件熵不大于无条件熵

对于两个离散集 X 和 Y，满足

$$H(X|Y) \leqslant H(X) \tag{2.2.28}$$

等式成立的条件是离散集 X 和 Y 相互独立。

为了证明式（2.2.28），我们先要证明引理 2.2.3。

引理 2.2.3 若 $f(x)$ 是定义在区间 $[a,b]$ 上的实值连续上凸函数，则对于任意一组 $x_1, x_2, \cdots, x_r \in [a,b]$ 和任意一组满足 $\sum_{k=1}^{r} p_k = 1$ 的非负实数 $p_1, p_2, \cdots, p_r$，有以下不等式成立：

$$\sum_{k=1}^{r} p_k f(x_k) \leqslant f\left(\sum_{k=1}^{r} p_k x_k\right) \tag{2.2.29}$$

该不等式通常称为詹森（Jenson）不等式。

证明：利用数学归纳法证明。

设 $0 < \theta < 1$，根据上凸函数的定义，有

$$f[\theta x_1 + (1-\theta)x_2] \geqslant \theta f(x_1) + (1-\theta) f(x_2)$$

假定它对 N 个变量成立，考虑 N+1 个变量的情况，即对 $p_k (k = 1, 2, \cdots, N+1)$ 满足 $\sum_{k=1}^{N+1} p_k = 1$，令 $\lambda = \sum_{k=1}^{N} p_k$，则有

$$\begin{aligned}
& p_1 f(x_1) + \cdots + p_N f(x_N) + p_{N+1} f(x_{N+1}) \\
&= \lambda \left[\frac{p_1}{\lambda} f(x_1) + \cdots + \frac{p_N}{\lambda} f(x_N)\right] + p_{N+1} f(x_{N+1}) \\
&\leqslant \lambda f\left(\frac{1}{\lambda}\sum_{k=1}^{N} p_k x_k\right) + p_{N+1} f(x_{N+1}) \\
&\leqslant f\left(\sum_{k=1}^{N} p_k x_k + p_{N+1} x_{N+1}\right) = f\left(\sum_{k=1}^{N+1} p_k x_k\right)
\end{aligned}$$

当设 $x_1, x_2, \cdots, x_r \in [a,b]$ 为一个离散集 X 的 r 个事件，$p_1, p_2, \cdots, p_r$ 为相应的概率时，上式显然满足引理 2.2.3 的条件。根据数学期望的定义可知，上式可表示为

$$E[f(x)] \leqslant f[E(x)] \tag{2.2.30}$$

詹森不等式的含义是指函数的数学期望 $E[f(x)]$ 小于或等于数学期望的函数 $f[E(x)]$。

现在证明式（2.2.28）。

证明：在区间[0,1]内，令 $f(m) = -m\log m$，有

$$f'(m) = -\left(\log m + m\frac{1}{m\ln 2}\right) = -\log m - \log \mathrm{e}$$

$$f''(m) = -\frac{1}{m\ln 2} = -\frac{1}{m}\log \mathrm{e} < 0 \quad \forall m \in (0,1)$$

可知，$f(m)=-m\log m$ 在 $[0,1]$ 内为上凸函数。

设两个离散集 X 和 Y，其中离散集 X 的概率空间为 $\begin{bmatrix} X \\ P \end{bmatrix}=\begin{bmatrix} x_1 & x_2 & \cdots & x_r \\ p_1 & p_2 & \cdots & p_r \end{bmatrix}$，满足 $\sum_{i=1}^{r} p(x_i)=1$ 且 $0\leqslant p(x_i)\leqslant 1$，$i=1,2,\cdots,r$；离散集 Y 的概率空间为 $\begin{bmatrix} Y \\ P \end{bmatrix}=\begin{bmatrix} y_1 & y_2 & \cdots & y_s \\ q_1 & q_2 & \cdots & q_s \end{bmatrix}$，满足 $\sum_{j=1}^{s} p(x_j)=1$ 且 $0\leqslant p(y_j)\leqslant 1$，$j=1,2,\cdots,s$。

先令 $m_j=p(x_i\mid y_j)=p_{ji}$，满足 $0\leqslant m_j\leqslant 1$；再令 $p_j=p\{Y=y_j\}\geqslant 0$，满足 $\sum_{Y} p_j=1$。利用詹森不等式

$$\sum_{j=1}^{s} p_j f(m_j)\leqslant f\left(\sum_{j=1}^{s} p_j m_j\right) \tag{2.2.31}$$

可得

$$\begin{aligned}
\sum_{j=1}^{s} p_j\left[-p(x_i\mid y_j)\log p(x_i\mid y_j)\right] &= -\sum_{j=1}^{s} p(x_i y_j)\log p(x_i\mid y_j) \\
&\leqslant -\sum_{j=1}^{s} p_j m_j \log\left[\sum_{j=1}^{s} p_j m_j\right] \\
&= -\sum_{j=1}^{s} p_j p(x_i\mid y_j)\left[\log\sum_{j=1}^{s} p_j p(x_i\mid y_j)\right] \\
&= -\sum_{j=1}^{s} p(x_i y_j)\left[\log\sum_{j=1}^{s} p(x_i y_j)\right] \\
&= -\sum_{j=1}^{s} p(x_i y_j)\log p(x_i) \\
&= -p(x_i)\log p(x_i)
\end{aligned} \tag{2.2.32}$$

其中，$p(x_i)$ 为 X 的边缘分布

$$p(x_i)=P(X=x_i),\ i=1,2,\cdots,r$$

在不等式（2.2.32）两边，对所有的 i 求和，得

$$-\sum_{i=1}^{r}\sum_{j=1}^{s} p(x_i y_j)\log p(x_i\mid y_j)\leqslant -\sum_{i=1}^{r} p(x_i)\log p(x_i)$$

即

$$H(X\mid Y)\leqslant H(X) \tag{2.2.33}$$

由以上证明过程可知，等号成立条件为离散集 X 和 Y 相互独立，即满足

$$p(x_i\mid y_j)=p(x_i)$$

同理，可证明

$$H(Y|X) \leqslant H(Y)$$

式（2.2.28）可推广到多维空间中，对空间$(X_1,X_2,\cdots,X_N)$，有

$$\begin{aligned}H(X_N|X_1X_2\cdots X_{N-1}) &\leqslant H(X_N|X_2X_3\cdots X_{N-1}) \leqslant \cdots \\ &\leqslant H(X_N|X_{N-1}) \leqslant H(X_N)\end{aligned} \tag{2.2.34}$$

根据以上熵的基本性质，可知联合熵、信息熵与条件熵之间具有如下的相互关系。

（1）$H(XY)=H(X)+H(Y|X)=H(Y)+H(X|Y)$。

（2）$H(X|Y) \leqslant H(X)$ 及 $H(Y|X) \leqslant H(Y)$，等号成立的条件是 X 与 Y 相互独立。

（3）$H(XY) \leqslant H(X)+H(Y)$，等号成立的条件是 X 与 Y 相互独立。

例 2.2.3 设有两个实验 X 和 Y，实验 X 的概率空间为$\begin{bmatrix} X \\ P \end{bmatrix}=\begin{bmatrix} x_1 & x_2 \\ 1/4 & 3/4 \end{bmatrix}$，实验 Y 的结果受实验 X 的影响，两者的依赖关系为 $p(y_1|x_1)=p(y_2|x_1)=1/2$，$p(y_2|x_2)=1/3$，$p(y_3|x_2)=2/3$。若观察到实验 Y 的结果分别为 y_1、y_2 和 y_3，则要对实验 X 的结果做出判断所需要的平均信息量分别为多少？

解：根据题意，实验 Y 和实验 X 之间的依赖关系 $p(y_j|x_i)$（$i=1,2$；$j=1,2,3$）可表示为条件概率矩阵

$$\boldsymbol{P}_{Y|X}=\begin{bmatrix} \frac{1}{2} & \frac{1}{2} & 0 \\ 0 & \frac{1}{3} & \frac{2}{3} \end{bmatrix}$$

已知实验 X 的概率分布为 $\boldsymbol{P}_X=[1/4 \quad 3/4]$，可求得实验 Y 和实验 X 的联合概率 $p(x_iy_j)=p(x_i)p(y_j|x_i)$（$i=1,2$；$j=1,2,3$），以及实验 Y 的概率分布 $p(y_j)=\sum_X p(x_iy_j)$，$j=1,2,3$，二者分别用矩阵形式表示为 $\boldsymbol{P}_{XY}$ 和 $\boldsymbol{P}_Y$

$$\boldsymbol{P}_{XY}=\begin{bmatrix} \frac{1}{8} & \frac{1}{8} & 0 \\ 0 & \frac{1}{4} & \frac{1}{2} \end{bmatrix} \qquad \boldsymbol{P}_Y=\begin{bmatrix} \frac{1}{8} & \frac{3}{8} & \frac{1}{2} \end{bmatrix}$$

求出条件概率 $p(x_i|y_j)=\dfrac{p(x_iy_j)}{p(y_j)}$，$i=1,2$；$j=1,2,3$，所得的条件概率矩阵为

$$\boldsymbol{P}_{X|Y}=\begin{bmatrix} 1 & \frac{1}{3} & 0 \\ 0 & \frac{2}{3} & 1 \end{bmatrix}$$

若观察到实验 Y 的结果为 y_1，则要对实验 X 的结果做出判断所需要的平均信息量为已知 $Y=y_1$ 时，实验 X 还具有的平均不确定性 $H(X|Y=y_1)$

$$H(X|Y=y_1)=-\sum_X p(x_i|y_j=y_1)\log p(x_i|y_j=y_1)=-1\times\log 1-0\times\log 0=0\ \text{bit/符号}$$

同理，可得

$$H(X|Y=y_2)=-\sum_X p(x_i|y_j=y_2)\log p(x_i|y_j=y_2)=-\frac{1}{3}\times\log\frac{1}{3}-\frac{2}{3}\times\log\frac{2}{3}\approx 0.918\text{ bit/符号}$$

$$H(X|Y=y_3)=-\sum_X p(x_i|y_j=y_3)\log p(x_i|y_j=y_3)=-1\times\log 1-0\times\log 0=0\text{ bit/符号}$$

实验 X 的信息熵为

$$H(X)=-\sum_X p(x_i)\log p(x_i)=-\frac{1}{4}\times\log\frac{1}{4}-\frac{3}{4}\times\log\frac{3}{4}\approx 0.811\text{ bit/符号}$$

$H(X|Y=y_2)>H(X)$，说明收到 $Y=y_2$ 后，实验 X 剩余的平均不确定性 $H(X|Y=y_2)$ 比 $H(X)$ 增大了，即 $Y=y_2$ 的出现增大了实验 X 的平均不确定性。但 $H(X|Y=y_1)=H(X|Y=y_3)=0$，说明收到 $Y=y_1$ 和 $Y=y_3$ 后，实验 X 剩余的平均不确定性均为 0，此时实验 X 的不确定性完全被消除了。

条件熵 $H(X|Y)$ 为

$$H(X|Y)=\sum_Y p(y_j)H(X|Y=y_j)=\frac{1}{8}\times 0+\frac{3}{8}\times 0.918+\frac{1}{2}\times 0\approx 0.344\text{ bit/符号}$$

可见，$H(X|Y)<H(X)$，说明从平均的角度上看，实验 Y 发生后实验 X 的平均不确定性减小了。这说明某一个具体事件 $Y=y_j$ 的发生可能会增大或减小离散集 X 的平均不确定性，但从平均的角度考虑，离散集 Y 的发生总能帮助离散集 X 消除部分或全部的不确定性，不会增大离散集 X 的不确定性。

2.3 离散集的平均互信息量

2.3.1 平均互信息量

互信息量 $I(x_i;\ y_j)$ 表示某个事件 $y_j\in Y=\{y_j,\ j=1,2,\cdots,s\}$ 发生后提供的关于另一个事件 $x_i\in X=\{x_i,\ i=1,2,\cdots,r\}$ 的信息量。它是定义在联合空间 (X,Y) 上的随机变量，它随着 x_i 和 y_j 的变化而变化。由于某个事件 $y_j\in Y$ 发生后，X 可以取集合 $\{x_i,\ i=1,2,\cdots,r\}$ 中的任意一个 x_i，所以某个给定事件 y_j 的出现，所给出的关于离散集 X 的平均信息量，应该是在离散集 X 上对 $I(x_i;\ y_j)$ 的统计平均，记为

$$I(X;\ y_j)=\sum_X p(x_i|y_j)I(x_i;\ y_j)=\sum_X p(x_i|y_j)\log\frac{p(x_i|y_j)}{p(x_i)} \tag{2.3.1}$$

定理 2.3.1 联合集 (X,Y) 上的 $I(X;\ y_j)\geqslant 0$，当且仅当离散集 X 与离散集 Y 相互独立时，等号成立。

证明：由式（2.3.1）可知

$$-I(X;\ y_j)=\sum_X p(x_i|y_j)\log\frac{p(x_i)}{p(x_i|y_j)}$$

利用引理 2.2.1，$\ln x \leqslant x-1$（$x>0$），令 $x = p(x_i)/p(x_i|y_j)$，则有

$$-I(X;\ y_j) \leqslant \sum_X p(x_i|y_j)\left[\frac{p(x_i)}{p(x_i|y_j)}-1\right]\cdot \log \mathrm{e}$$
$$= \log \mathrm{e} \cdot \sum_X \left[p(x_i)-p(x_i|y_j)\right] = 0$$

即

$$I(X;\ y_j) \geqslant 0 \tag{2.3.2}$$

当且仅当离散集 X 与离散集 Y 相互独立，即 $p(x_i)=p(x_i|y_j)$，$i=1,2,\cdots,r$；$j=1,2,\cdots,s$ 时等号成立。

式（2.3.2）说明事件 y_j 的出现所给出的关于离散集 X 的平均信息量总是非负的，即事件 y_j 的出现不会增加离散集 X 中事件出现的不确定性。从平均的意义上说，离散集 Y 中的任意一个具体事件 y_j（$j=1,2,\cdots,s$）的出现总可以获得关于离散集 X 的部分或全部信息量。当且仅当离散集 X 与离散集 Y 相互独立时，从事件 y_j（$j=1,2,\cdots,s$）中才不能获得关于离散集 X 的任何信息量。

$I(x_i;\ y_j)$ 和 $I(X;\ y_j)$ 的对比如下。

（1）$I(x_i;\ y_j)$ 表示某一个具体事件 y_j 发生后获得的关于另一个具体事件 x_i 的信息量；$I(X;\ y_j)$ 表示具体事件 y_j 发生后获得的关于离散集 X 的平均信息量。

（2）$I(x_i;\ y_j)$ 的值可正、可负、可为 0，而 $I(X;\ y_j) \geqslant 0$。

$I(X;\ y_j)$ 的值随着 y_j（$j=1,2,\cdots,s$）取值的不同而变化，它是定义在离散集 Y 上的随机变量，我们可以在离散集 Y 上对 $I(X;\ y_j)$ 进行统计平均。

定义 2.3.1 离散集 X 与离散集 Y 之间的平均互信息量定义为 $I(X;\ y_j)$ 在离散集 Y 上的统计平均，记为

$$\begin{aligned} I(X;\ Y) &= \sum_Y p(y_j) I(X;\ y_j) = \sum_Y p(y_j) \sum_X p(x_i|y_j) \log \frac{p(x_i|y_j)}{p(x_i)} \\ &= \sum_Y \sum_X p(x_i y_j) \log \frac{p(x_i|y_j)}{p(x_i)} = \sum_Y \sum_X p(x_i y_j) I(x_i;\ y_j) \end{aligned} \tag{2.3.3}$$

平均互信息量 $I(X;\ Y)$ 表示收到离散集 Y 后所获得的关于离散集 X 的平均信息量，即收到离散集 Y 后所消除的关于离散集 X 的平均不确定性。平均互信息量 $I(X;\ Y)$ 是针对整个离散集 X 与离散集 Y 而言的，是固定值；而 $I(x_i;\ y_j)$ 是对离散集 X 与离散集 Y 中两个具体事件 x_i $(i=1,2,\cdots,r)$ 和 y_j $(j=1,2,\cdots,s)$ 而言的，是随 x_i 和 y_j 的取值而变化的。

类似地，可以在联合集 (X,Y,Z) 上，定义平均条件互信息量 $I(X;\ Y|Z)$ 和平均联合互信息量 $I(X;\ YZ)$。

定义 2.3.2 在联合集 (X,Y,Z) 上，定义条件互信息量 $I(x_i;\ y_j|z_k)$ 的数学期望为在离散集 Z 发生的条件下，离散集 X 和离散集 Y 之间的平均互信息量，称为平均条件互信息量，记为

$$I(X;\ Y|Z)=E[I(x_i;\ y_j|z_k)]=\sum_X\sum_Y\sum_Z p(xyz)\log\frac{p(x|yz)}{p(x|z)} \tag{2.3.4}$$

平均条件互信息量$I(X;\ Y|Z)$表示在离散集Z发生的条件下，离散集Y的发生所获得的关于离散集X的平均信息量。它等于在离散集Z发生的条件下，离散集X发生的平均不确定性，减去在离散集Z和离散集Y都发生的条件下，离散集X发生的平均不确定性。

由式（2.3.4）可得以下关系式：

$$I(X;\ Y|Z)=H(X|Z)-H(X|YZ)=H(Y|Z)-H(Y|YZ) \tag{2.3.5}$$

定义 2.3.3　在联合集(X,Y,Z)上，定义联合互信息量$I(x_i;\ y_jz_k)$的数学期望为离散集X与联合集(Y,Z)之间的平均互信息量，称为平均联合互信息量，记为

$$I(X;\ YZ)=E[I(x_i;\ y_jz_k)]=\sum_X\sum_Y\sum_Z p(xyz)\log\frac{p(x|yz)}{p(x)} \tag{2.3.6}$$

由式（2.3.6）可得以下关系式：

$$\begin{aligned}I(X;\ YZ)&=H(X)-H(X|YZ)=H(YZ)-H(YZ|X)\\&=I(X;\ Z)+I(X;\ Y|Z)=I(X;\ Y)+I(X;\ Z|Y)\end{aligned} \tag{2.3.7}$$

式（2.3.5）和式（2.3.7）的物理意义和推导，请读者自行分析与证明。

例 2.3.1　某班共有 30 个学生。在期末考试中，90%的学生数学成绩合格，10%的学生数学成绩不合格；75%的学生物理成绩合格，其余学生物理成绩不合格。已知数学成绩合格的学生中有 80%的学生物理成绩合格，问通过学生的数学成绩可以平均获得多少关于学生的物理成绩的信息量？

解：根据题意，设学生的数学成绩为离散集X，离散集X有两个取值：x_1表示数学成绩合格，x_2表示数学成绩不合格；同理，设学生的物理成绩为离散集Y，离散集Y有两个取值：y_1表示物理成绩合格，y_2表示物理成绩不合格。离散集X和离散集Y的概率空间分别为

$$\begin{bmatrix}X\\P\end{bmatrix}=\begin{bmatrix}x_1 & x_2\\0.9 & 0.1\end{bmatrix}\qquad\begin{bmatrix}Y\\P\end{bmatrix}=\begin{bmatrix}y_1 & y_2\\0.75 & 0.25\end{bmatrix}$$

已知$p(y_1|x_1)=0.8$，可得$p(y_2|x_1)=1-p(y_1|x_1)=0.2$。

由$p(y_j)=\sum_X p(x_iy_j)=\sum_X p(x_i)p(y_j|x_i)$，$i=1,2$；$j=1,2$，可得

$$\begin{cases}p(y_1)=p(x_1)p(y_1|x_1)+p(x_2)p(y_1|x_2)\\p(y_2)=p(x_1)p(y_2|x_1)+p(x_2)p(y_2|x_2)\end{cases}$$

即

$$\begin{cases}0.75=0.9\times0.8+0.1\times p(y_1|x_2)\\0.25=0.9\times0.2+0.1\times p(y_2|x_2)\end{cases}$$

可得

$$p(y_1|x_2)=0.3$$
$$p(y_2|x_2)=0.7$$

这表示数学成绩不合格的学生中，有 70%的学生物理成绩不合格，有 30%的学生物理成绩合格。通过学生的数学成绩，平均获得的关于学生的物理成绩的信息量为

$$\begin{aligned}I(X;\ Y)&=\sum_X\sum_Y p(x_i)p(y_j\mid x_i)\log\frac{p(y_j\mid x_i)}{p(y_j)}\\&=\left[p(x_1)p(y_1\mid x_1)\log\frac{p(y_1\mid x_1)}{p(y_1)}+p(x_1)p(y_2\mid x_1)\log\frac{p(y_2\mid x_1)}{p(y_2)}+\right.\\&\quad\left.p(x_2)p(y_1\mid x_2)\log\frac{p(y_1\mid x_2)}{p(y_1)}+p(x_2)p(y_2\mid x_2)\log\frac{p(y_2\mid x_2)}{p(y_2)}\right]\\&=\left[0.9\times0.8\times\log\frac{0.8}{0.75}+0.9\times0.2\times\log\frac{0.2}{0.25}+\right.\\&\quad\left.0.1\times0.3\times\log\frac{0.3}{0.75}+0.1\times0.7\times\log\frac{0.7}{0.25}\right]\approx0.073\ \text{bit}\end{aligned}$$

2.3.2 平均互信息量的性质

1. 非负性

$$I(X;\ Y)\geqslant 0 \tag{2.3.8}$$

当且仅当离散集 X 与离散集 Y 相互独立时，等号成立。

证明：根据平均互信息量定义

$$I(X;\ Y)=\sum_X\sum_Y p(x_iy_j)I(x_i;\ y_j)=\sum_Y p(y_j)I(X;\ y_j)$$

由式（2.3.2）可知

$$I(X;\ y_j)\geqslant 0$$

且有 $p(y_j)\geqslant 0$， $j=1,2,\cdots,s$，可得

$$I(X;\ Y)\geqslant 0$$

当且仅当离散集 X 与离散集 Y 相互独立，即 $p(x_i)=p(x_i\mid y_j)$（$i=1,2,\cdots,r$； $j=1,2,\cdots,s$）时，有

$$I(X;\ Y=y_j)=\sum_X p(x_i)\log\frac{p(x_i\mid y_j)}{p(x_i)}=0$$

此时，等号成立，即 $I(X;\ Y)=0$。

式（2.3.8）说明收到离散集 Y 后总能获得关于离散集 X 的信息量，即离散集 Y 的出现总能帮助消除离散集 X 的一部分不确定性。只有当离散集 X 和离散集 Y 相互独立时，从离散集 Y 中才不能获得关于离散集 X 的任何信息量。

2. 对称性

$$I(X;\ Y)=I(Y;\ X) \tag{2.3.9}$$

证明：根据平均互信息量的定义，可得

$$
\begin{aligned}
I(X; Y) &= \sum_{Y}\sum_{X} p(x_i y_j)\log\frac{p(x_i|y_j)}{p(x_i)} \\
&= \sum_{Y}\sum_{X} p(x_i y_j)\log\frac{p(x_i|y_j)p(y_j)}{p(x_i)p(y_j)} \\
&= \sum_{Y}\sum_{X} p(x_i y_j)\log\frac{p(x_i y_j)}{p(x_i)p(y_j)} \\
&= \sum_{Y}\sum_{X} p(x_i y_j)\log\frac{p(x_i)p(y_j|x_i)}{p(x_i)p(y_j)} \\
&= \sum_{Y}\sum_{X} p(x_i y_j)\log\frac{p(y_j|x_i)}{p(y_j)} \\
&= \sum_{Y}\sum_{X} p(x_i y_j) I(y_j; x_i) \\
&= I(Y; X)
\end{aligned}
$$

式（2.3.9）表明，从离散集 Y 中获得的关于离散集 X 的信息量 $I(X; Y)$ 与从离散集 X 中获得的关于离散集 Y 的信息量 $I(Y; X)$ 是相等的。

3．平均互信息量与熵的关系

$$
\begin{aligned}
I(X; Y) &= H(X) - H(X|Y) \\
&= H(Y) - H(Y|X) \\
&= H(X) + H(Y) - H(XY)
\end{aligned}
\tag{2.3.10}
$$

证明：根据平均互信息量的定义，可得

$$
\begin{aligned}
I(X; Y) &= \sum_{X}\sum_{Y} p(x_i y_j)\log\frac{p(x_i|y_j)}{p(x_i)} \\
&= -\sum_{X}\left[\sum_{Y} p(x_i y_j)\right]\log p(x_i) + \sum_{X}\sum_{Y} p(x_i y_j)\log p(x_i|y_j) \\
&= -\sum_{X} p(x_i)\log p(x_i) - H(X|Y) \\
&= H(X) - H(X|Y)
\end{aligned}
\tag{2.3.11}
$$

同理，可证明

$$I(X; Y) = H(Y) - H(Y|X)$$

根据熵的可加性，有

$$H(XY) = H(Y) + H(X|Y)$$

因此

$$H(X|Y) = H(XY) - H(Y)$$

将上式代入式（2.3.11）中，可得

$$I(X;\ Y)=H(X)+H(Y)-H(XY)$$

式（2.3.10）描述的平均互信息量、联合熵、信息熵与条件熵之间的关系，可以用图 2.3 所示的维拉图直观地表示。

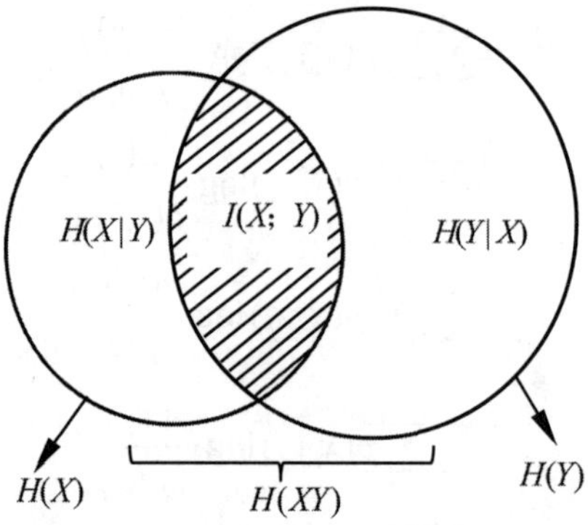

图 2.3　平均互信息量、联合熵、信息熵与条件熵之间的关系

4．极值性

$$I(X;\ Y)\leqslant H(X) \tag{2.3.12}$$

$$I(X;\ Y)\leqslant H(Y) \tag{2.3.13}$$

证明：根据式（2.3.10），可得

$$I(X;\ Y)=H(X)-H(X|Y) \tag{2.3.14}$$

根据条件熵的定义式，可得

$$H(X|Y)=-\sum_X\sum_Y p(x_iy_j)\log p(x_i|y_j)$$

其中，$0\leqslant p(x_iy_j)\leqslant 1$，$0\leqslant p(x_i|y_j)\leqslant 1$，$i=1,2,\cdots,r$；$j=1,2,\cdots,s$。可知 $H(X|Y)$ 具有非负性，即

$$H(X|Y)\geqslant 0 \tag{2.3.15}$$

由式（2.3.14）和式（2.3.15），可得

$$I(X;\ Y)\leqslant H(X)$$

当且仅当 $p(x_i|y_j)=\begin{cases}0\\1\end{cases}$，$i=1,2,\cdots,r$；$j=1,2,\cdots,s$ 时，有

$$H(X|Y)=0$$

从而得 $I(X;\ Y)=H(X)$。

同理，可证明

$$I(X;\ Y)\leqslant H(Y)$$

式（2.3.12）和式（2.3.13）说明一个离散集 Y 所能提供的关于另一个离散集 X 的平均信息量 $I(X;\ Y)$ 不会大于离散集 X 自身的平均信息量 $H(X)$。

5. 凸函数性

平均互信息量$I(X;Y)$为信源概率分布$p(x)$和信道传递概率$p(y|x)$的凸函数，关于平均互信息量$I(X;Y)$凸性的相关讨论见 4.2.2 节。

例 2.3.2　对于例 2.2.3 中的实验X和实验Y，若观察到实验Y的结果分别为y_1、y_2和y_3，则所获得的关于实验X的信息量分别为多少？通过观察实验Y的结果所获得的关于实验X的平均信息量为多少？

解：根据题意可知，当观察到实验 Y 的结果$Y=y_j$　($j=1,2,3$)时，能获得的关于实验 X 的信息量分别为$I(X;Y=y_j)$，$j=1,2,3$。根据例 2.2.3 的计算结果，由$I(X;Y=y_j)$的定义式可求得

$$I(X;Y=y_1)=\sum_X p(x_i|y_j=y_1)\log\frac{p(x_i|y_j=y_1)}{p(x_i)}=1\times\log\frac{1}{1/4}=2\text{ bit}$$

$$I(X;Y=y_2)=\sum_X p(x_i|y_j=y_2)\log\frac{p(x_i|y_j=y_2)}{p(x_i)}=\frac{1}{3}\times\log\frac{1}{3/4}+\frac{2}{3}\times\log\frac{2/3}{3/4}\approx 0.025\text{ bit}$$

$$I(X;Y=y_3)=\sum_X p(x_i|y_j=y_3)\log\frac{p(x_i|y_j=y_3)}{p(x_i)}=0\times\log\frac{0}{1/4}+1\times\log\frac{1}{3/4}\approx 0.415\text{ bit}$$

通过观察实验Y的结果所获得的关于实验X的平均信息量为

$$I(X;Y)=\sum_Y p(y_j)I(X;Y=y_j)=\frac{1}{8}\times 2+\frac{3}{8}\times 0.025+\frac{1}{2}\times 0.415\approx 0.467\text{ bit}$$

也可以利用互信息量与熵的关系式计算$I(X;Y)$

$$I(X;Y)=H(X)-H(X|Y)=0.811-0.344=0.467\text{ bit}$$

与采用$I(X;Y)$定义式计算得到的结果一样。

2.4　连续型随机变量的互信息量和熵

前面主要讨论了离散集的熵与互信息量，本节我们来讨论连续型随机变量的情况。连续型随机变量的特性一般用边缘概率密度及联合概率密度来描述。

设X和Y为两个连续型随机变量，它们的边缘概率密度分别为

$$p_X(x)=\int_{-\infty}^{\infty}p(xy)\mathrm{d}y \tag{2.4.1}$$

$$p_Y(y)=\int_{-\infty}^{\infty}p(xy)\mathrm{d}x \tag{2.4.2}$$

它们的联合概率密度为

$$p_{XY}(xy)=p_X(x)p_{Y|X}(y|x)=p_Y(y)p_{X|Y}(x|y) \tag{2.4.3}$$

其中，$p_{X|Y}(x|y)$和$p_{Y|X}(y|x)$为条件概率密度。

因此，对于任意小的区间Δx和Δy，连续型随机变量X取值在x附近的概率可近似表示

为 $p_X(x)\Delta x$；同理，连续型随机变量 Y 取值在 y 附近的概率可近似表示为 $p_Y(y)\Delta y$。

下面，我们先对连续型随机变量的互信息量进行讨论。

2.4.1 连续型随机变量的互信息量

定义 2.4.1 在连续联合集 (X,Y) 上，事件 $x\in X$ 和事件 $y\in Y$ 之间的互信息量定义为

$$I(x;\ y)=\lim_{\substack{\Delta x\to 0\\ \Delta y\to 0}}\log\frac{p_{X|Y}(x\mid y)\Delta x}{p_X(x)\Delta x}=\log\frac{p_{X|Y}(x\mid y)}{p_X(x)}=\log\frac{p_{XY}(xy)}{p_X(x)p_Y(y)} \tag{2.4.4}$$

其中，要求 $p_X(x)>0$，$p_Y(y)>0$。

可见，连续型随机变量的互信息量具有与离散集形式相同的定义式，只需要用概率密度替代离散集的概率即可。

类似地，可以定义连续型随机变量的条件互信息量和联合互信息量分别为

$$\begin{aligned}I(x;\ y\mid z)&=\log\frac{p_{X|YZ}(x\mid yz)}{p_{X|Z}(x\mid z)}=\log\frac{p_{Y|XZ}(y\mid xz)}{p_{Y|Z}(y\mid z)}\\&=\log\frac{p_{XY|Z}(xy\mid z)}{p_{X|Z}(x\mid z)p_{Y|Z}(y\mid z)}\end{aligned} \tag{2.4.5}$$

$$\begin{aligned}I(x;\ yz)&=\log\frac{p_{X|YZ}(x\mid yz)}{p_X(x)}=\log\frac{p_{YZ|X}(yz\mid x)}{p_{YZ}(yz)}\\&=\log\frac{p_{XYZ}(xyz)}{p_{YZ}(yz)p_X(x)}\end{aligned} \tag{2.4.6}$$

定义 2.4.2 连续型随机变量 X 和 Y 之间的平均互信息量定义为

$$\begin{aligned}I(X;\ Y)&=\int_{-\infty}^{\infty}\int_{-\infty}^{\infty}p_{XY}(xy)\log\frac{p_{X|Y}(x\mid y)}{p_X(x)}\mathrm{d}x\mathrm{d}y\\&=\int_{-\infty}^{\infty}\int_{-\infty}^{\infty}p_{XY}(xy)\log\frac{p_{XY}(xy)}{p_X(x)p_Y(y)}\mathrm{d}x\mathrm{d}y\end{aligned} \tag{2.4.7}$$

连续型随机变量的平均互信息量的定义式也与离散集的平均互信息量的形式相同，只需要用概率密度替代离散集的概率，将求和变为积分即可。

类似地，可以定义连续型随机变量的平均条件互信息量 $I(X;\ Y\mid Z)$ 和平均联合互信息量 $I(X;\ YZ)$ 分别为

$$\begin{aligned}I(X;\ Y\mid Z)&=\int_{-\infty}^{\infty}\int_{-\infty}^{\infty}\int_{-\infty}^{\infty}p_{XYZ}(xyz)\log\frac{p_{X|YZ}(x\mid yz)}{p_{X|Z}(x\mid z)}\mathrm{d}x\mathrm{d}y\mathrm{d}z\\&=\int_{-\infty}^{\infty}\int_{-\infty}^{\infty}\int_{-\infty}^{\infty}p_{XYZ}(xyz)\log\frac{p_{XY|Z}(xy\mid z)}{p_{X|Z}(x\mid z)p_{Y|Z}(y\mid z)}\mathrm{d}x\mathrm{d}y\mathrm{d}z\end{aligned} \tag{2.4.8}$$

$$I(X;\ YZ)=\int_{-\infty}^{\infty}\int_{-\infty}^{\infty}\int_{-\infty}^{\infty}p_{XYZ}(xyz)\log\frac{p_{X|YZ}(x|yz)}{p_X(x)}\mathrm{d}x\mathrm{d}y\mathrm{d}z$$
$$=\int_{-\infty}^{\infty}\int_{-\infty}^{\infty}\int_{-\infty}^{\infty}p_{XYZ}(xyz)\log\frac{p_{XYZ}(xyz)}{p_X(x)p_{YZ}(yz)}\mathrm{d}x\mathrm{d}y\mathrm{d}z \tag{2.4.9}$$

连续型随机变量的平均互信息量的基本性质如下。

1. 非负性

$$I(X;\ Y)\geqslant 0 \tag{2.4.10}$$

当且仅当连续型随机变量 X 和 Y 相互独立时，等号成立。

证明：由式（2.4.7）可知

$$-I(X;\ Y)=-\int_{-\infty}^{\infty}\int_{-\infty}^{\infty}p_{XY}(xy)\log\frac{p_{X|Y}(x|y)}{p_X(x)}\mathrm{d}x\mathrm{d}y$$
$$=\int_{-\infty}^{\infty}\int_{-\infty}^{\infty}p_{X|Y}(x|y)p_Y(y)\log\frac{p_X(x)}{p_{X|Y}(x|y)}\mathrm{d}x\mathrm{d}y$$

利用引理 2.2.1，$\ln x\leqslant x-1$（$x>0$），令 $x=\dfrac{p_X(x)}{p_{X|Y}(x|y)}$，则有

$$-I(X;\ Y)=\int_{-\infty}^{\infty}\int_{-\infty}^{\infty}p_{X|Y}(x|y)p_Y(y)\log\frac{p_X(x)}{p_{X|Y}(x|y)}\mathrm{d}x\mathrm{d}y$$
$$\leqslant\int_{-\infty}^{\infty}\int_{-\infty}^{\infty}p_{X|Y}(x|y)p_Y(y)\log\mathrm{e}\cdot\frac{p_X(x)-p_{X|Y}(x|y)}{p_{X|Y}(x|y)}\mathrm{d}x\mathrm{d}y$$
$$=\log\mathrm{e}\cdot\left[\int_{-\infty}^{\infty}\int_{-\infty}^{\infty}p_X(x)p_Y(y)\mathrm{d}x\mathrm{d}y-\int_{-\infty}^{\infty}\int_{-\infty}^{\infty}p_{XY}(xy)\mathrm{d}x\mathrm{d}y\right]$$
$$=\log\mathrm{e}\cdot\left\{\int_{-\infty}^{\infty}p_Y(y)\left[\int_{-\infty}^{\infty}p_X(x)\mathrm{d}x\right]\mathrm{d}y-\int_{-\infty}^{\infty}\int_{-\infty}^{\infty}p_{XY}(xy)\mathrm{d}x\mathrm{d}y\right\}$$
$$=\log\mathrm{e}\cdot(1-1)=0$$

即

$$I(X;\ Y)\geqslant 0$$

当且仅当 X 与 Y 相互独立，即 $p_X(x)=p_{X|Y}(x|y)$ 时，等号成立。

2. 对称性

$$I(X;\ Y)=I(Y;\ X) \tag{2.4.11}$$

根据平均互信息量的定义，易证明式（2.4.11）成立。

例 2.4.1　设 $p_{XY}(xy)$ 为联合集 (X,Y) 上的二维高斯分布的联合概率密度

$$p_{XY}(xy)=\frac{1}{2\pi\sigma_x\sigma_y\sqrt{1-\rho^2}}\exp\left\{-\frac{1}{2(1-\rho^2)}\left[\frac{(x-m_x)^2}{\sigma_x^2}-\frac{2\rho(x-m_x)(y-m_y)}{\sigma_x\sigma_y}+\frac{(y-m_y)^2}{\sigma_y^2}\right]\right\} \tag{2.4.12}$$

式中，m_x、m_y、σ_x^2和σ_y^2分别表示连续型随机变量X和Y的均值及方差；ρ为X和Y之间的归一化相关系数，求平均互信息量$I(X;Y)$。

解：由联合概率密度$p_{XY}(xy)$，可求得连续型随机变量X和Y的边缘概率密度$p_X(x)$和$p_Y(y)$

$$p_X(x)=\int_{-\infty}^{\infty}\int_{-\infty}^{\infty}p_{XY}(xy)\mathrm{d}y=\frac{1}{2\pi\sigma_x}\exp\left[-\frac{1}{2\sigma_x^2}(x-m_x)^2\right]$$

$$p_Y(y)=\int_{-\infty}^{\infty}\int_{-\infty}^{\infty}p_{XY}(xy)\mathrm{d}x=\frac{1}{2\pi\sigma_y}\exp\left[-\frac{1}{2\sigma_y^2}(y-m_y)^2\right]$$

平均互信息量$I(X;Y)$为

$$\begin{aligned}I(X;Y)&=\int_{-\infty}^{\infty}\int_{-\infty}^{\infty}p_{XY}(xy)\mathrm{d}x\mathrm{d}y\\&=\ln\frac{1}{\sqrt{1-\rho^2}}-\frac{1}{2}\int_{-\infty}^{\infty}\int_{-\infty}^{\infty}p_{XY}(xy)\cdot\left[\frac{(x-m_x)^2}{(1-\rho^2)\sigma_x^2}-\frac{2\rho(x-m_x)(y-m_y)}{(1-\rho^2)\sigma_x\sigma_y}+\right.\\&\left.\frac{(y-m_y)^2}{(1-\rho^2)\sigma_y^2}-\frac{(x-m_x)^2}{\sigma_x^2}-\frac{(y-m_y)^2}{\sigma_y^2}\right]\mathrm{d}x\mathrm{d}y\\&=-\frac{1}{2}\ln(1-\rho^2)-\frac{1}{2}\left[\frac{1}{(1-\rho^2)}-\frac{2\rho^2}{(1-\rho^2)}+\frac{1}{(1-\rho^2)}-1-1\right]\\&=-\frac{1}{2}\ln(1-\rho^2)\ \text{nat}\end{aligned}$$

可见，两个高斯变量之间的互信息量只与归一化相关系数ρ有关，与连续型随机变量X和Y的均值m_x、m_y及方差σ_x^2、σ_y^2无关。这与我们的经验一致，因为直流分量不会包含任何信息，而互信息量只与归一化相关系数值或功率的相对大小有关，与归一化相关系数值或功率的绝对大小无关。

2.4.2 连续型随机变量的熵

连续型随机变量X在通过量化进行离散化后，可用离散型随机变量来近似。量化间隔越小，所得的离散型随机变量就越逼近连续型随机变量。从这个角度而言，我们就可以用离散型随机变量的熵来逼近连续型随机变量的熵。

假定连续型随机变量X的概率密度为$p_X(x)$，取值区间为(a,b)，将(a,b)分为n个宽度为$\Delta x=\dfrac{b-a}{n}$的等间隔小区间。由积分中值定理可知，连续型随机变量X的取值在第i个小区间范围内的概率p_i可表示为

$$p_i=P\{a+(i-1)\Delta x\leqslant X\leqslant a+i\Delta x\}=\int_{a+(i-1)\Delta x}^{a+i\Delta x}p_X(x)\mathrm{d}x=p_X(x_i)\Delta x$$

其中，x_i是$[a+(i-1)\Delta x,a+i\Delta x]$中的某一个值，$i=1,2,\cdots,n$，且满足

$$\sum_{i=1}^{n} p_i = \sum_{i=1}^{n} \int_{a+(i-1)\Delta x}^{a+i\Delta x} p_X(x)\mathrm{d}x = \int_a^b p_X(x)\mathrm{d}x = 1$$

这样，即可用取值为 x_i （$i=1,2,\cdots,n$）的离散型随机变量 X_n 来近似表示连续型随机变量 X。离散型随机变量 X_n 的概率空间为

$$\begin{bmatrix} X_n \\ p_i \end{bmatrix} = \begin{bmatrix} x_1 & x_2 & \cdots & x_n \\ p_1 & p_2 & \cdots & p_n \end{bmatrix}$$

其中，满足 $\sum_{i=1}^{n} p_i = 1$ 。

离散信源 X_n 的熵为

$$\begin{aligned} H(X_n) &= -\sum_i p_i \cdot \log p_i \\ &= -\sum_i p(x_i) \cdot \log p(x_i)\Delta x \\ &= -\sum_i p(x_i)[\log p(x_i)] \cdot \Delta x - \sum_i p(x_i)(\log \Delta x) \cdot \Delta x \\ &= -\sum_i p(x_i)[\log p(x_i)] \cdot \Delta x - \log \Delta x \end{aligned} \tag{2.4.13}$$

当 $n \to \infty$，$\Delta x \to 0$ 时，即区间 (a,b) 的分区间隔无穷小时，离散型随机变量 X_n 无限趋近于连续型随机变量 X。因此，离散型随机变量 X_n 的熵 $H(X_n)$ 的极限值，就是连续型随机变量的信息熵。此时，式（2.4.13）中的第二项 $-\log\Delta x \to \infty$ ，它是一个无穷大的常数，可见连续型随机变量的信息量其实是无穷大的。当然，实际应用中由于受技术条件等因素的制约，量化级数 n 不可能取（也没必要取）无穷大。

一般，将式（2.4.13）中的第二项称为绝对熵，记为

$$H_0 = -\log\Delta x \tag{2.4.14}$$

定义式（2.4.13）中的第一项的极限值为微分熵，或称为相对熵，记为

$$H_C(X) = -\int_{-\infty}^{\infty} p(x)\log p(x)\mathrm{d}x \tag{2.4.15}$$

有时，也将连续型随机变量的微分熵简称为连续型随机变量的熵。

需要注意的是，连续型随机变量的微分熵 $H_C(X)$ 不能表示连续型随机变量发生时提供的平均信息量的大小；$H_C(X)$ 也不具有非负性，它的取值可正、可负、可为 0，这是因为连续信源的熵还应加上绝对熵这一无穷大的常数项。但是微分熵 $H_C(X)$ 具有可加性，而且微分熵 $H_C(X)$ 在形式上可以与离散信源的熵统一起来，只需要用概率密度替代离散集的概率，将求和变为积分即可。

在实际问题中常常讨论的是熵之间的差值（简称“熵差”）问题，即平均互信息量。当讨论熵差时，两个绝对熵 $H_0 = -\log\Delta x$ 可以被抵消，那么微分熵 $H_C(X)$ 的差值就能像离散情况下一样表示两个集合之间的互信息量了，因此微分熵 $H_C(X)$ 在连续集的研究中具有重要作用。

例 2.4.2　设 X 是服从指数分布的连续型随机变量，其概率密度函数如下：

$$p(x)=\begin{cases} a\mathrm{e}^{-ax}, & x\geqslant 0 \\ 0, & x<0 \end{cases}$$

求微分熵 $H_C(X)$。

解：服从指数分布的连续型随机变量 X 的均值为

$$E[X]=\int_{-\infty}^{\infty} xp(x)\mathrm{d}x=\int_{0}^{\infty} xa\mathrm{e}^{-ax}\mathrm{d}x=\frac{1}{a}$$

$$\begin{aligned} H_C(X) &= -\int_{-\infty}^{\infty} p(x)\log p(x)\mathrm{d}x \\ &= -\int_{0}^{\infty} a\mathrm{e}^{-ax}\log a\mathrm{e}^{-ax}\mathrm{d}x \\ &= -\log a\int_{0}^{\infty} a\mathrm{e}^{-ax}\mathrm{d}x + a\log\mathrm{e}\int_{0}^{\infty} xa\mathrm{e}^{-ax}\mathrm{d}x \\ &= -\log a\int_{0}^{\infty} p(x)\mathrm{d}x + a\log\mathrm{e}\int_{0}^{\infty} xp(x)\mathrm{d}x \\ &= -\log a + \frac{a\log\mathrm{e}}{a} = \log\frac{\mathrm{e}}{a} \end{aligned}$$

这表明，服从指数分布的连续型随机变量的微分熵 $H_C(X)$ 只取决于连续型随机变量的均值 $1/a$。

与离散集的联合熵和条件熵类似，也可以在联合集 (X,Y) 上定义连续集的联合熵 $H_C(XY)$ 和条件熵 $H_C(X|Y)$，即

$$H_C(XY)=\int_{-\infty}^{\infty}\int_{-\infty}^{\infty} p_{XY}(xy)\mathrm{d}x\mathrm{d}y \tag{2.4.16}$$

$$H_C(X|Y)=\int_{-\infty}^{\infty}\int_{-\infty}^{\infty} p_{XY}(xy)\log p_{X|Y}(x|y)\mathrm{d}x\mathrm{d}y \tag{2.4.17}$$

连续集的 $H_C(XY)$、$H_C(X|Y)$ 与 $I(X;Y)$ 也具有如下与离散情况相同的相互关系。

$$H_C(XY)=H_C(X)+H_C(Y|X)=H_C(Y)+H_C(X|Y) \tag{2.4.18}$$

$$\begin{aligned} I_C(X;Y) &= H_C(X)-H_C(X|Y)=H_C(Y)-H_C(Y|X) \\ &= H_C(X)+H_C(Y)-H_C(XY) \end{aligned} \tag{2.4.19}$$

$$\begin{aligned} H_C(X|Y) &\leqslant H_C(X) \\ H_C(Y|X) &\leqslant H_C(Y) \end{aligned} \tag{2.4.20}$$

式（2.4.18）～式（2.4.20）的证明与离散情况下相应公式的证明方法类似，读者可自行证明。

习　题

2.1　设 X 是一个离散型随机变量，其熵为 $H(X)$，定义一个随机变量 Y 满足 $Y=2X$，求随机变量 Y 的熵。

2.2　同时掷两个正常的骰子，即各面朝上的概率都是 1/6，若点数之和为 5，则获得的信息量是多少？

2.3 设在一只布袋中装有 100 个球，其中有红球 10 个，黄球 20 个，绿球 30 个，其余的为黑球。

（1）从布袋中随意取出一个球时，求猜测其颜色所需要的信息量。

（2）如果某人无放回地连续摸两个球，发现均为红球，那么从这个结果中获得的信息量是多少？

2.4 设有一个非均匀骰子，若其任一面出现的概率与该面上的点数成正比，试求：

（1）各点数出现时所能提供的信息量。

（2）掷一次骰子平均得到的信息量。

2.5 设两个离散型随机变量 X 和 Y 的联合概率如表 2.1 所示。

表 2.1 习题 2.5 表

X	Y			
	y_1	y_2	y_3	y_4
x_1	1/8	1/16	1/8	1/4
x_2	1/4	1/16	1/8	0

（1）试求 $H(X)$、$H(Y)$ 及 $H(XY)$。

（2）对于每个 y_j （$j=1,2,3,4$），求 $H(X|Y=y_j)$。

（3）求 $H(X|Y)$ 及 $I(X;Y)$。

2.6 随机掷 3 个骰子，以 X 表示第一个骰子抛掷的结果，以 Y 表示第一个骰子和第二个骰子抛掷的点数之和，以 Z 表示 3 个骰子抛掷的点数之和。试求：

（1）$H(Z|X)$、$H(Z|Y)$、$H(X|Y)$ 及 $H(XZ|Y)$。

（2）$I(X;Y)$、$I(X;Z)$、$I(XY;Z)$、$I(Y;Z|X)$ 及 $I(X;Z|Y)$。

2.7 设 $\boldsymbol{P}$ 为一个 N 维概率矢量，求 $H(\boldsymbol{P})$ 的极小值，以及取得极小值的条件。

2.8 一个随机变量 X 的概率密度函数为 $p(x)=x/2$，$0 \leqslant x \leqslant 2$，求 X 的微分熵。

2.9 经过充分洗牌后的一副扑克（含 52 张牌，除去大小王），试求：

（1）当从中抽取 13 张牌，所给出的点数都不相同时，能获得多少信息量。

（2）当从中抽取 5 张牌，所给出的点数和为 20 时，能获得多少信息量。

2.10 某校入学考试中有 1/4 考生被录取，3/4 考生未被录取。被录取的考生中有 65%来自本市，而落榜考生中有 15%来自本市。所有本市的考生都学过生物，而外地落榜考生中及被录取的外地考生中都有 45%学过生物，问：

（1）当已知考生来自本市时，给出多少关于考生是否被录取的信息?

（2）当已知考生学过生物时，给出多少关于考生是否被录取的信息?

（3）以 X 表示是否落榜，Y 表示是否为本市学生，Z 表示是否学过生物，X、Y、Z 的取值均为 0 或 1，试求 $H(X)$、$H(Y|X)$ 和 $H(Z|YX)$。

2.11 同时抛掷两枚正常的硬币直到出现两个反面为止，令变量 X 表示抛掷次数，计算熵 $H(X)$。

2.12 已知离散集 X 和 Y 的联合概率 $p(x_i y_j)$ 如下：

$$\boldsymbol{P}_{XY}=\begin{bmatrix}0.6 & 0.1\\0.1 & 0.2\end{bmatrix}$$

试求 $H(X)$ 、 $H(Y)$ 、 $H(X|Y)$ 、 $H(XY)$ 及 $I(X;Y)$ 。

2.13 试证明：$H(X_1X_2\cdots X_N)\leqslant H(X_1)+H(X_2)+\cdots+H(X_N)=\sum_{i=1}^{N}H(X_i)$，并说明等号成立的条件。

2.14 设连续型随机变量 X 和 Y 的联合概率密度为

$$p(x)=\begin{cases}\dfrac{1}{\pi ab}, & \dfrac{x^2}{a^2}+\dfrac{y^2}{b^2}<1,\ a>0,\ b>0\\ 0, & \text{其他}\end{cases}$$

试求 $H_C(X)$、 $H_C(Y)$、 $H_C(XY)$ 及 $I(X;Y)$ 。

第 3 章

信源与信源熵

3.1 信源的数学模型及分类

信源是信息的来源，是产生消息（符号）、时间离散的消息序列（符号序列）及时间连续的消息序列的来源。消息的形式可以是离散消息，如文字、数字、字母等；也可以是连续消息，如声音、图像、温度等。

在信息论中，对于信源的研究重点需要解决以下几个问题：①信源的数学建模，即如何描述信源发出的消息的统计特性的问题；②如何衡量信源输出信息的能力，即如何定义和求解各种信源熵的问题；③信源的冗余度与信源压缩，即如何压缩信源和减小信源的冗余度的问题，该问题将在第 5 章中讨论；④信源与信道匹配，即如何合理匹配信源与信道的特性，充分利用信道以实现高效可靠的信息传输的问题，该问题将在第 4 章中分析并解决。

下面先讨论信源的数学模型及分类。

信源在某个时刻发出的消息是具有随机性的，即事先无法确定发出的消息，否则该消息就无法提供任何信息量。因此，信源的数学模型就是对信源统计特性的描述，通常可以用随机变量、随机变量序列或随机过程来描述信源发出的消息；同时，实际中的信源也是复杂的，不同的信源具有不同的特性，因此需要采用不同的数学模型来描述信源的特性。在信息论中，可以根据不同的标准对信源进行分类，常见的信源分类方式如下。

1．根据信源发出的消息在时间和取值上连续与否来划分

（1）离散信源：信源发出的消息在时间和取值上都是离散的。信源符号来自一个有限或无穷可数的符号集，并且每个符号都有确定的概率。离散信源可用离散型随机变量或离散型随机变量序列来描述。例如，文字、字母、数字等都是离散信源。

（2）连续信源：信源发出的消息的取值是连续的，即时间离散而空间连续，称为时间离散的连续信源，简称为连续信源，可以用连续型随机变量或连续型随机变量序列来描述。例如，温度、语音信号的抽样信号等都是连续信源。

（3）波形信源：信源发出的消息在时间和取值上都是连续的，用随机过程来描述。例如，视频、音频等都是波形信源。

2．按离散信源输出的随机变量序列中各维随机变量的概率分布是否随时间变化来划分

（1）离散平稳信源：离散信源输出的随机变量序列 $\boldsymbol{X}=X_1X_2\cdots X_N$ 中，$X_i(i=1,2,\cdots,N)$ 都是离散型随机变量，且随机变量序列 $\boldsymbol{X}$ 中各维随机变量的概率分布不随时间变化，即在任意两个不同时刻随机变量序列 $\boldsymbol{X}$ 中的各维随机变量的概率分布都相同。例如，一个以固定速率发出数字信号的数字信号发生器，在每个时刻发出的数字信号的概率分布都是相同的，因此可以将它看作一个离散平稳信源。

（2）离散非平稳信源：离散信源输出的随机变量序列 $\boldsymbol{X}=X_1X_2\cdots X_N$ 中各维随机变量的概率分布都随时间变化。例如，语音信号是一个离散非平稳信源。当人说话时，语音信号会随着时间的推移而变化，包括音高、音量、语速等。这些变化使得语音信号在不同时间点的统计特性（如频谱分布、自相关函数等）也会变化，因此语音信号是一个离散非平稳信源。

本书中无特殊说明的离散信源均指离散平稳信源。

3．按离散信源输出符号序列中各符号之间是否有依赖性来划分

（1）离散无记忆信源：离散信源输出的随机变量序列 $\boldsymbol{X}=X_1X_2\cdots X_N$ 中，各个随机变量 X_i（$i=1,2,\cdots,N$）之间是相互独立的。例如，多次掷一个质地均匀的骰子观察其出现的点数。因为无论何时掷骰子，每个面朝上的概率都是相同的，与时间起点无关；并且每次掷骰子的结果都是独立的，不受之前结果的影响，因此该信源是一个典型的离散无记忆信源。

（2）离散有记忆信源：离散信源输出的随机变量序列 $\boldsymbol{X}=X_1X_2\cdots X_N$ 中，各个随机变量 X_i（$i=1,2,\cdots,N$）之间是相互依赖的。可用联合概率或条件概率分布来描述各个随机变量间的统计依赖关系。例如，文本数据可以看作一个离散有记忆信源，因为每个单词的出现都依赖于前面的单词。比如在一篇文章中，句子的语法和语义决定了每个单词的出现概率。

若某个离散有记忆信源，在某个时刻输出符号的概率分布只与前面有限个符号有关，而与更前面的符号无关，则称其为有限记忆信源，又称为马尔可夫信源。可用有限状态的马尔可夫链来描述有限记忆信源。例如，考虑一个天气模型，其中每天的天气状况（晴、雨、雪等）只与前一天的天气状况有关。在这种情况下，天气状况形成了一条马尔可夫链。

4．按离散信源发出一个消息所用的符号数的多少来划分

（1）单符号离散信源：离散信源每次只发出一个符号，且一个符号就代表一个完整的消息，该信源可用离散型随机变量来描述。例如，控制电路或电子设备中的电源的开关信号是一种常见的单符号离散信源，它只有开和关两种状态，每种状态可以用一个信源符号表示。

（2）多符号离散信源：多符号离散信源发出的消息由一系列离散符号组成的序列来表示，该信源可用离散型随机变量序列来描述。例如，文本文件也可以看作一种多符号离散信源。在文本文件中，每个字符（如字母、数字、标点符号等）都可以看作一个符号，而字符序列则构成了信源输出的符号序列。

一般来说，一个实际信源往往是相当复杂的，如语音信号就是一个非平稳随机过程，要想找到精确的数学模型来描述它是很困难的。实际应用中常用一些可处理的数学模型来逼近实际信源。

例如，语音信号这个非平稳随机过程（非平稳波形信源），可以先通过采用平稳随机过程

近似，再通过抽样、量化等步骤实现信号的时间和幅度的离散化处理，最后用离散平稳随机变量序列来对其进行数学建模，具体过程如图 3.1 所示。

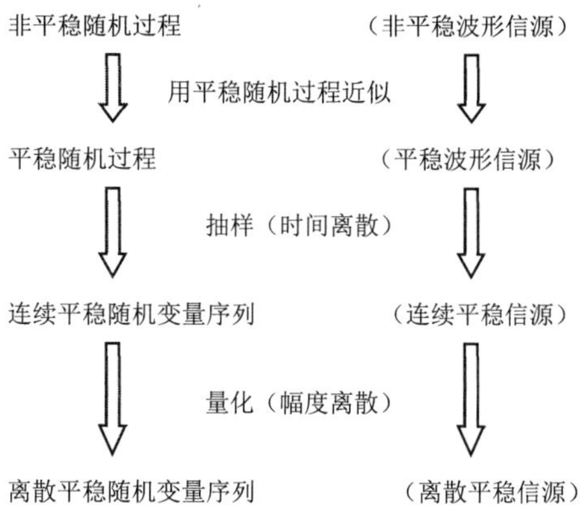

图 3.1　非平稳波形信源的数学模型

3.2　单符号离散信源

定义 3.2.1　若信源符号是有限或无限个取值离散的符号，信源每次仅发出一个符号，每个符号就代表一个完整的消息，这样的信源称为单符号离散信源。

例 3.2.1　布袋中有 100 个球，其中白球 60 个，红球 40 个，现在从布袋中随机摸取一个球，观察球的颜色后放回。将摸取的球的颜色作为该随机试验的结果，并将试验的结果看作信源输出的消息。

显然，这个随机试验可以看作一个离散信源。该信源的输出有两个消息，可以分别用符号 x_1 和 x_2 表示红球和白球，即每个符号可以表示一个完整的消息。信源每次仅发出一个符号，因此该信源为单符号离散信源。

单符号离散信源是最简单的离散信源，可以用一个离散型随机变量的可能取值来表示信源发出的符号，用离散型随机变量的概率分布来表示信源的统计特性，这样可以构建一般单符号离散信源的数学模型。

设单符号离散无记忆信源 X 的输出符号集为 $X=\{x_1,x_2,\cdots,x_q\}$，q 为信源发出的符号个数。信源符号 x_i 发生的概率为 $p(x_i)$，$i=1,2,\cdots,q$，则该信源的数学模型可以用离散型随机变量 X 的概率空间来描述，即

$$\begin{bmatrix} X \\ P \end{bmatrix}=\begin{bmatrix} x_1 & x_2 & \cdots & x_q \\ p(x_1) & p(x_2) & \cdots & p(x_q) \end{bmatrix} \tag{3.2.1}$$

且满足 $\sum_{i=1}^{q} p(x_i)=1$，$0 \leqslant p(x_i) \leqslant 1$，$i=1,2,\cdots,q$。

由于信源发出的消息是具有随机性的，即接收端在收到消息之前是无法确定信源发出的

消息的，因此只有接收端在收到消息后，消除了其不确定性，才能获得信息量。信源符号出现的概率不同，其不确定性不同，包含的信息量也不同。信源符号出现的概率越大，不确定性越小；反之，信源符号出现的概率越小，不确定性越大，一旦该信源符号出现，接收者获得的信息量就越大。因此，可以用信源符号的不确定性来描述信源输出信息的度量。

定义 3.2.2 设信源 X 中，概率为 $p(x_i)$ 的信源符号 x_i 的自信息量定义为

$$I(x_i) = -\log p(x_i) \tag{3.2.2}$$

由定义 3.2.2 可知，自信息量具有以下性质。

（1）$I(x_i)$ 是 $p(x_i)$ 的单调递减函数。若 $p(x_i) > p(x_j)$，则 $I(x_i) < I(x_j)$。

（2）非负性。即 $I(x_i) \geqslant 0$。

（3）$p(x_i) = 1$，$I(x_i) = 0$；$p(x_i) = 0$，$I(x_i) = \infty$。

（4）可加性。两个相互独立的信源符号 x_i、x_j 的联合自信息量等于它们各自的自信息量之和，即 $I(x_i x_j) = I(x_i) + I(x_j)$。

根据自信息量的定义可知，信源符号的自信息量 $I(x_i)$ 表示每个信源符号 x_i 的信息量，但每个信源符号的概率 $p(x_i)$ 不同，因此其自信息量 $I(x_i)$ 也不同，即自信息量 $I(x_i)$ 是一个随机变量，不能作为评估信源输出信息量的总体测度。为了解决以上问题，引入信源 X 的平均不确定性，即信源熵的概念。

定义 3.2.3 定义信源 X 各符号的自信息量的数学期望为信源熵 $H(X)$，即

$$H(X) = E[I(x_i)] = -\sum_X p(x_i) I(x_i) = -\sum_X p(x_i) \log p(x_i) \tag{3.2.3}$$

$H(X)$ 的单位为 bit/符号。

由式（3.2.3）可知，信源熵 $H(X)$ 是信源符号的概率分布 $p(x_i)$ 的函数，即

$$H(X) = -\sum_X p(x_i) \log p(x_i) = H[p(x_i)]$$

若给定信源 X，则信源的概率分布 $p(x_i)$ 就给定了，该信源的信源熵 $H(X)$ 就是一个确定值。信源熵是在总体上对信源的平均不确定性的描述，它表示信源输出符号后，每个信源符号提供的平均信息量；它也表示在信源输出符号前，每个信源符号具有的平均不确定性。

例 3.2.2 设有两个二元随机变量 X 和 Y，它们的联合概率分布如表 3.1 所示。

表 3.1 例 3.2.2 中 X 和 Y 的联合概率分布

Y	X	
	0	1
0	0	2/5
1	2/5	1/5

定义另一随机变量 $Z = X \oplus Y$，其中，$\oplus$ 为模二和，求信源 Z 每发出一个消息所提供的平均信息量。

解：根据题意可得随机变量 Z 的数学模型为

$$\begin{bmatrix} Z \\ P \end{bmatrix} = \begin{bmatrix} z_1 & z_2 \\ \frac{1}{5} & \frac{4}{5} \end{bmatrix}$$

信源 Z 为单符号离散信源，它每发出一个消息（发出一个符号）所提供的平均信息量为信源熵

$$H(Z) = -\frac{1}{5}\times\log\frac{1}{5} - \frac{4}{5}\times\log\frac{4}{5} \approx 0.722\ \text{bit / 符号}$$

3.3　多符号离散信源

3.2 节重点讨论了单符号离散信源。但在实际通信中，离散信源发出的消息往往不止一个符号，而是由多个符号构成的符号序列，即多符号序列才能代表一个完整的消息，这就是本节所要讨论的多符号离散信源。

对于多符号离散信源，可用离散型随机变量序列来描述信源发出的消息，即 $\boldsymbol{X} = X_1X_2\cdots X_N$，其中任一变量 X_i（$i = 1,2,\cdots,N$）都是离散型随机变量，且 X_i 的取值 $x_i \in A = \{a_1, a_2, \cdots, a_q\}$，它表示信源在 $t = i$（$i = 1,2,\cdots,N$）时刻所发出的符号。

一般情况下，多符号离散信源输出符号序列中的符号之间是有统计依赖关系的。因此，信源在 $t = i$ 时刻发出符号的概率分布与以下两个方面有关。

（1）与信源在 $t = i$ 时刻随机变量 X_i 取值的概率分布 $p(x_i)$ 有关。一般情况下，若 $i \neq j$，则

$$p(x_i) \neq p(x_j)$$

即时刻 t 不同，概率分布也不同。

（2）与 $t = i$ 时刻以前信源发出的符号有关，即与条件概率 $p(x_i \mid x_{i-1}x_{i-2}\cdots x_{i-N}\cdots)$ 有关。一般情况下，条件概率也随时刻 t 的变化而变化，即若 $i \neq j$，则

$$p(x_i \mid x_{i-1}x_{i-2}\cdots x_{i-N}\cdots) \neq p(x_j \mid x_{j-1}x_{j-2}\cdots x_{j-N}\cdots)$$

显然，上述的多符号离散信源是一个非平稳有记忆离散信源，是一种非常复杂的多符号信源。下面，我们先讨论最简单、最常用且理论最成熟的多符号离散平稳信源。

定义 3.3.1　若多符号离散信源输出符号序列 $\boldsymbol{X} = X_1X_2\cdots X_N$ 的统计特性不随时间变化，则称该信源为多符号离散平稳信源。

多符号离散平稳信源定义的严格数学描述如下。

若当 $t = i$，$t = j$ 时，满足

$$p(x_i) = p(x_j) = p(x) \tag{3.3.1}$$

其中，i 和 j 为任意正整数，且 $i \neq j$，则称该离散信源为一维离散平稳信源。该信源发出符号的概率 $p(x)$ 与时刻 t 的取值无关，式（3.3.1）也可具体表示为

$$\begin{aligned}
&p(x_i = a_1) = p(x_j = a_1) = p(a_1) \\
&p(x_i = a_2) = p(x_j = a_2) = p(a_2) \\
&\vdots \\
&p(x_i = a_q) = p(x_j = a_q) = p(a_q)
\end{aligned}$$

其中， $x_i, x_j \in A = \{a_1, a_2, \cdots, a_q\}$ 。

除满足式（3.3.1）外，若联合概率分布 $p(x_i x_{i+1})$ 也与时刻 t 的取值无关，即当 $t = i$， $t = j$ 时，满足

$$p(x_i x_{i+1}) = p(x_j x_{j+1}) \tag{3.3.2}$$

其中，i 和 j 为任意正整数，且 $i \neq j$ ，则称该离散信源为二维离散平稳信源。

如果各维联合概率分布均与时刻 t 的取值无关，即当 $t = i$， $t = j$ 时，满足

$$\begin{aligned}
&p(x_i) = p(x_j) \\
&p(x_i x_{i+1}) = p(x_j x_{j+1}) \\
&\vdots \\
&p(x_i x_{i+1} \cdots x_{i+N}) = p(x_j x_{j+1} \cdots x_{j+N})
\end{aligned} \tag{3.3.3}$$

其中，i 和 j 为任意正整数，且 $i \neq j$ ，则称该离散信源为完全平稳信源，简称离散平稳信源。

根据概率论可知，各维联合概率分布与各维条件概率分布满足下式

$$\begin{aligned}
&p(x_i x_{i+1}) = p(x_i) p(x_{i+1} \mid x_i) \\
&p(x_i x_{i+1} x_{i+2}) = p(x_i) p(x_{i+1} \mid x_i) p(x_{i+2} \mid x_i x_{i+1}) \\
&\vdots \\
&p(x_i x_{i+1} \cdots x_{i+N}) = p(x_i) p(x_{i+1} \mid x_i) \cdots p(x_{i+N} \mid x_i x_{i+1} \cdots x_{i+N-1})
\end{aligned} \tag{3.3.4}$$

由式（3.3.3）和式（3.3.4）可知，离散平稳信源的各维条件概率分布也均与时刻 t 的取值无关，即

$$\begin{aligned}
&p(x_{i+1} \mid x_i) = p(x_{j+1} \mid x_j) \\
&p(x_{i+2} \mid x_i x_{i+1}) = p(x_{j+2} \mid x_j x_{j+1}) \\
&\vdots \\
&p(x_{i+N} \mid x_i x_{i+1} \cdots x_{i+N-1}) = p(x_{j+N} \mid x_j x_{j+1} \cdots x_{j+N-1})
\end{aligned} \tag{3.3.5}$$

式（3.3.3）和式（3.3.5）说明，离散平稳信源的各维联合概率分布和各维条件概率分布只与统计依赖的长度 N 有关，均与时刻 t 的取值无关。如果某时刻信源发出的符号与前面 N 个时刻的符号有关，那么任何时刻这种统计依赖关系都一样，即

$$p(x_{i+N} \mid x_i x_{i+1} \cdots x_{i+N}) = p(x_{j+N} \mid x_j x_{j+1} \cdots x_{j+N}) = p(x_N \mid x_0 x_1 \cdots x_{i+N-1})$$

3.3.1 离散平稳无记忆信源

定义 3.3.2 若离散平稳信源输出的随机变量序列 $\boldsymbol{X} = X_1 X_2 \cdots X_N$ 中，各时刻随机变量 X_i（$i = 1, 2, \cdots, N$）之间是相互独立的，则称该信源为 N 维离散平稳无记忆信源。

与单符号离散信源的数学模型类似，用 N 长离散型随机变量序列的所有可能取值来表示 N 维离散平稳无记忆信源输出的消息，用 N 维离散型随机变量的联合概率分布来描述信源的统计特性，这样就可以构建一般 N 维离散平稳无记忆信源的数学模型。

设一个 N 维离散平稳无记忆信源，其输出的随机变量序列为 $\boldsymbol{X}=X_1X_2\cdots X_N$，若该信源各时刻的输出符号 X_i（$i=1,2,\cdots,N$）的取值 x_i 均来自同一个符号集，即 $x_i\in A=\{a_1,a_2,\cdots,a_q\}$，则 N 维离散平稳无记忆信源 $\boldsymbol{X}=X_1X_2\cdots X_N$ 发出的每个消息 α_i 均由符号集 $A=\{a_1,a_2,\cdots,a_q\}$ 中的 N 个符号组成，记为 $\alpha_i=x_{i_1}x_{i_2}\cdots x_{i_N}$，$\alpha_i$ 共有 q^N 种取值。由于信源各时刻输出的随机变量 $X_i(i=1,2,\cdots,N)$ 相互独立，则有

$$p(\boldsymbol{X}=\alpha_i)=p(X_1=x_{i_1})p(X_2=x_{i_2})\cdots p(X_N=x_{i_N})=\prod_{k=1}^{N}p(X_k=x_{i_k}) \tag{3.3.6}$$

$$i=1,2,\cdots,q^N;\ k=1,2,\cdots,N$$

因此，N 维离散平稳无记忆信源 $\boldsymbol{X}=X_1X_2\cdots X_N$ 的数学模型为

$$\begin{bmatrix}\boldsymbol{X}\\P\end{bmatrix}=\begin{bmatrix}\alpha_1 & \alpha_2 & \cdots & \alpha_q\\ p(\alpha_1) & p(\alpha_2) & \cdots & p(\alpha_{q^N})\end{bmatrix} \tag{3.3.7}$$

其中

$$\boldsymbol{X}=X_1X_2\cdots X_N$$

$$\alpha_i=x_{i_1}x_{i_2}\cdots x_{i_N}$$

$$x_{i_k}\in\{a_1,a_2,\cdots,a_q\}$$

$$p(\boldsymbol{X}=\alpha_i)=p(X_1=x_{i_1},X_2=x_{i_2},\cdots,X_N=x_{i_N})=\prod_{k=1}^{N}p(X_k=x_{i_k})$$

$$i=1,2,\cdots,q^N;\ k=1,2,\cdots,N$$

且满足

$$0\leqslant p(\alpha_i)\leqslant 1,\ i=1,2,\cdots,q^N$$

$$\sum_{i=1}^{q^N}p(\alpha_i)=1$$

例 3.3.1　一个布袋中有 5 个球，分别是 2 个红球、2 个白球和 1 个黑球。每次摸取两个球，观察颜色后放回布袋，将每次摸到的两个球的颜色看成是一个信源一次发出的符号。不考虑一次摸取中两个球出现的顺序，仅仅考虑颜色。求该信源的数学模型。

解：由题意可知，该信源为一个离散平稳无记忆信源，可以用一个离散型随机变量 X 表示。随机变量 X 的取值 x_i 及其概率分布 $p(x_i)$ 为

x_1：两个红球，$p(x_1)=1/10$。

x_2：两个白球，$p(x_2)=1/10$。

x_3：一个红球和一个白球，$p(x_3)=2/5$。

x_4：一个红球和一个黑球，$p(x_4)=1/5$。

x_5：一个白球和一个黑球，$p(x_5)=1/5$。

因此，信源 X 的数学模型为

$$\begin{bmatrix} X \\ P \end{bmatrix} = \begin{bmatrix} x_1 & x_2 & x_3 & x_4 & x_5 \\ \frac{1}{10} & \frac{1}{10} & \frac{2}{5} & \frac{1}{5} & \frac{1}{5} \end{bmatrix}$$

定义 3.3.3 设信源 X 是一个离散平稳无记忆信源，其概率空间为

$$\begin{bmatrix} X \\ P \end{bmatrix} = \begin{bmatrix} a_1 & a_2 & \cdots & a_q \\ p(a_1) & p(a_2) & \cdots & p(a_q) \end{bmatrix}$$

若将该信源的 N 个连续输出符号合并，并将其看成一个新信源产生的一个符号，则称新信源 $X^N = X_1X_2\cdots X_N$ 为离散平稳无记忆信源 X 的 N 次扩展信源。

离散平稳无记忆信源 X 的 N 次扩展信源 $X^N = X_1X_2\cdots X_N$ 是具有 q^N 个符号 $\alpha_i = x_{i_1}x_{i_2}\cdots x_{i_N}$ 的离散平稳无记忆信源。由信源 X 的平稳性，可得

$$p(X_1) = p(X_2) = \cdots = p(X_N) = p(X) \tag{3.3.8}$$

因此，由式（3.3.6）和式（3.3.8）可得

$$\begin{aligned} p(X^N = \alpha_i) &= p(X_1 = x_{i_1})p(X_2 = x_{i_2})\cdots p(X_N = x_{i_N}) \\ &= p(X = x_{i_1})p(X = x_{i_2})\cdots p(X = x_{i_N}) \\ &= \prod_{k=1}^{N} p(X_k = x_{i_k}) \\ & i = 1,2,\cdots,q^N;\ k = 1,2,\cdots,N \end{aligned} \tag{3.3.9}$$

可见，$X^N = X_1X_2\cdots X_N$ 的概率分布 $p(X^N)$ 完全由离散平稳无记忆信源 X 的概率分布 $p(X)$ 确定，所以将 $X^N = X_1X_2\cdots X_N$ 称为离散平稳无记忆信源 X 的 N 次扩展信源，其数学模型为

$$\begin{bmatrix} X^N \\ P \end{bmatrix} = \begin{bmatrix} \alpha_1 & \alpha_2 & \dots & \alpha_q \\ p(\alpha_1) & p(\alpha_2) & \dots & p(\alpha_{q^N}) \end{bmatrix} \tag{3.3.10}$$

其中

$$\begin{aligned} & X^N = X_1X_2\cdots X_N \\ & \alpha_i = x_{i_1}x_{i_2}\cdots x_{i_N} \\ & x_{i_k} \in \{a_1, a_2, \cdots, a_q\} \\ & p(X^N = \alpha_i) = \prod_{k=1}^{N} p(X_k = x_{i_k}) \\ & i = 1,2,\cdots,q^N;\ k = 1,2,\cdots,N \end{aligned}$$

且满足

$$\begin{aligned} & 0 \leqslant p(\alpha_i) \leqslant 1,\ i = 1,2,\cdots,q^N \\ & \sum_{i=1}^{q^N} p(\alpha_i) = 1 \end{aligned}$$

定理 3.3.1　离散无记忆信源 X 的 N 次扩展信源 X^N 的熵 $H(X^N)$ 等于信源 X 的熵 $H(X)$ 的 N 倍，即

$$H(X^N)=NH(X) \tag{3.3.11}$$

证明：离散平稳无记忆信源 X 的 N 次扩展信源 $X^N=X_1X_2\cdots X_N$ 是具有 q^N 个符号 $\alpha_i=x_{i_1}x_{i_2}\cdots x_{i_N}$ 的离散平稳无记忆信源，各时刻的随机变量 $X_i(i=1,2,\cdots,N)$ 相互独立，则有

$$p(X^N=\alpha_i)=p(X=x_{i_1})p(X=x_{i_2})\cdots p(X=x_{i_N})=\prod_{k=1}^{N}p(X=x_{i_k})$$

其中，$i=1,2,\cdots,q^N$；$k=1,2,\cdots,N$ 且 $\sum\limits_{i=1}^{q^N}p(\alpha_i)=1$。

由熵的定义式可知，N 次扩展信源 $X^N=X_1X_2\cdots X_N$ 的熵 $H(X^N)$ 为

$$\begin{aligned}
H(X^N)&=H(X_1X_2\cdots X_N)\\
&=-\sum_{i=1}^{q^N}p(\alpha_i)\log p(\alpha_i)\\
&=-\sum_{i_1=1}^{q}\sum_{i_2=1}^{q}\cdots\sum_{i_N=1}^{q}p(a_{i_1}a_{i_2}\cdots a_{i_N})\log p(a_{i_1}a_{i_2}\cdots a_{i_N})\\
&=-\sum_{i_1=1}^{q}\sum_{i_2=1}^{q}\cdots\sum_{i_N=1}^{q}p(a_{i_1}a_{i_2}\cdots a_{i_N})\log p(a_{i_1})p(a_{i_2})p(a_{i_3})\ldots p(a_{i_N})\\
&=-\sum_{i_1=1}^{q}\sum_{i_2=1}^{q}\cdots\sum_{i_N=1}^{q}p(a_{i_1}a_{i_2}\cdots a_{i_N})\log p(a_{i_1})-\sum_{i_1=1}^{q}\sum_{i_2=1}^{q}\sum_{i_3=1}^{q}\cdots\sum_{i_N=1}^{q}p(a_{i_1}a_{i_2}\cdots a_{i_N})\log p(a_{i_2})\\
&\quad-\sum_{i_1=1}^{q}\sum_{i_2=1}^{q}\sum_{i_3=1}^{q}\sum_{i_4=1}^{q}\cdots\sum_{i_N=1}^{q}p(a_{i_1}a_{i_2}\cdots a_{i_N})\log p(a_{i_3})\cdots-\sum_{i_1=1}^{q}\sum_{i_2=1}^{q}\cdots\sum_{i_{N-1}=1}^{q}\sum_{i_N=1}^{q}p(a_{i_1}a_{i_2}\cdots a_{i_N})\log p(a_{i_N})
\end{aligned} \tag{3.3.12}$$

对式（3.3.12）中的第一项 $-\sum\limits_{i_1=1}^{q}\sum\limits_{i_2=1}^{q}\cdots\sum\limits_{i_N=1}^{q}p(a_{i_1}a_{i_2}\cdots a_{i_N})\log p(a_{i_1})$，有

$$\begin{aligned}
&-\sum_{i_1=1}^{q}\sum_{i_2=1}^{q}\cdots\sum_{i_N=1}^{q}p(a_{i_1}a_{i_2}\cdots a_{i_N})\log p(a_{i_1})\\
&=-\sum_{i_1=1}^{q}\sum_{i_2=1}^{q}\cdots\sum_{i_N=1}^{q}p(a_{i_1})p(a_{i_2})p(a_{i_3})\cdots p(a_{i_N})\log p(a_{i_1})\\
&=-\sum_{i_1=1}^{q}p(a_{i_1})\log p(a_{i_1})\sum_{i_2=1}^{q}p(a_{i_2})\sum_{i_3=1}^{q}p(a_{i_3})\cdots\sum_{i_N=1}^{q}p(a_{i_N})
\end{aligned} \tag{3.3.13}$$

根据概率的完备性，即

$$\sum_{i_k=1}^{q}p(a_{i_k})=1,\ \ k=1,2,\cdots,N$$

式（3.3.13）为

$$-\sum_{i_1=1}^{q}\sum_{i_2=1}^{q}\cdots\sum_{i_N=1}^{q}p(a_{i_1}a_{i_2}\cdots a_{i_N})\log p(a_{i_1})$$
$$=-\sum_{i_1=1}^{q}p(a_{i_1})\log p(a_{i_1})\sum_{i_2=1}^{q}p(a_{i_2})\sum_{i_3=1}^{q}p(a_{i_3})\cdots\sum_{i_N=1}^{q}p(a_{i_N})$$
$$=-\sum_{i_1=1}^{q}p(a_{i_1})\log p(a_{i_1})=H(X_1)=H(X)$$

采用相同方法计算（3.3.12）中其余各项，可得

$$\begin{aligned}H(X^N)&=H(X_1X_2\cdots X_N)=H(X_1)+H(X_2)+\cdots+H(X_N)\\&=H(X)+H(X)+\cdots+H(X)=NH(X)\end{aligned}$$

式（3.3.11）说明，离散无记忆信源 X 的 N 次扩展信源 X^N 每发出一个消息（一个 N 长的符号序列），是离散无记忆信源 X 每发出一个消息（一个符号）所能提供的信息量的 N 倍。

例 3.3.2 设有一个离散无记忆信源 X，其概率空间为 $\begin{bmatrix}X\\P\end{bmatrix}=\begin{bmatrix}x_1 & x_2\\ \frac{2}{3} & \frac{1}{3}\end{bmatrix}$，求该信源的二次扩展信源的熵。

解：二次扩展信源 $X^2=X_1X_2$ 共有 $2^2=4$ 个不同的消息符号，二次扩展信源 $X^2=X_1X_2$ 的概率空间为

$$\begin{bmatrix}X^2\\P\end{bmatrix}=\begin{bmatrix}x_1x_1 & x_1x_2 & x_2x_1 & x_2x_2\\ \frac{4}{9} & \frac{2}{9} & \frac{2}{9} & \frac{1}{9}\end{bmatrix}$$

信源 X 的熵为

$$H(X)=-\sum_{i=1}^{3}p_i\log p_i=-\frac{2}{3}\times\log\frac{2}{3}-\frac{1}{3}\times\log\frac{1}{3}\approx 0.918\ \text{bit}/\text{符号}$$

二次扩展信源的熵为

$$H(X^2)=-\sum_{i=1}^{4}\alpha_i\log\alpha_i=-\frac{4}{9}\times\log\frac{4}{9}-2\times\frac{2}{9}\times\log\frac{2}{9}-\frac{1}{9}\times\log\frac{1}{9}\approx 1.836\ \text{bit}/\text{符号}$$

可见，$H(X^2)=2H(X)$。

3.3.2 离散平稳有记忆信源

1. 离散平稳有记忆信源的数学模型

定义 3.3.4 若离散平稳信源输出的随机变量序列 $\boldsymbol{X}=X_1X_2\cdots X_N$ 中，各时刻随机变量 X_i（$i=1,2,\cdots,N$）之间不是相互独立的，则称离散平稳信源 $\boldsymbol{X}=X_1X_2\cdots X_N$ 为 N 维离散平稳有记忆信源。

对于 N 维离散平稳有记忆信源 $\boldsymbol{X}=X_1X_2\cdots X_N$，其各时刻的输出随机变量 X_i（$i=1,2,\cdots,N$）之间的统计联系可以用随机变量的各维条件概率分布或各维联合概率分布来

描述；且由于序列的平稳性，各维条件概率分布或各维联合概率分布均与时间无关，由此我们可以构建 N 维离散平稳有记忆信源的数学模型。

设一个 N 维离散平稳有记忆信源 $\boldsymbol{X}=X_1X_2\cdots X_N$，各时刻的输出符号 X_i（$i=1,2,\cdots,N$）的取值 x_i 均来自同一个符号集，即 $x_i\in A=\{a_1,a_2,\cdots,a_q\}$，则 N 维离散平稳有记忆信源 $\boldsymbol{X}=X_1X_2\cdots X_N$ 发出的每个消息 α_i 均由符号集 $A=\{a_1,a_2,\cdots,a_q\}$ 中的 N 个符号组成，记为 $\alpha_i=x_{i_1}x_{i_2}\cdots x_{i_N}$，$\alpha_i$ 共有 q^N 种取值，则有

$$\begin{aligned}p(\boldsymbol{X}=\alpha_i)&=p(X_1=x_{i_1},\ X_2=x_{i_2},\cdots,\ X_N=x_{i_N})\\&=p(X_1=x_{i_1})p(X_2=x_{i_2}\mid X_1=x_{i_1})\cdots\\&\quad p(X_N=x_{i_N}\mid X_1=x_{i_1},\ X_2=x_{i_2},\cdots,\ X_{N-1}=x_{i_{N-1}})\\&=p(x_{i_1})p(x_{i_2}\mid x_{i_1})\cdots p(x_{i_N}\mid x_{i_1}x_{i_2}\ldots x_{i_{N-1}})\\&\quad i=1,2,\cdots,q^N;\ k=1,2,\cdots,N\end{aligned}\tag{3.3.14}$$

因此，N 维离散平稳有记忆信源 $\boldsymbol{X}=X_1X_2\cdots X_N$ 的数学模型为

$$\begin{bmatrix}\boldsymbol{X}\\P\end{bmatrix}=\begin{bmatrix}\alpha_1 & \alpha_2 & \ldots & \alpha_q\\ p(\alpha_1) & p(\alpha_2) & \ldots & p(\alpha_{q^N})\end{bmatrix}\tag{3.3.15}$$

其中

$$\begin{aligned}&\boldsymbol{X}=X_1X_2\cdots X_N\\&\alpha_i=x_{i_1}x_{i_2}\cdots x_{i_N}\\&x_{i_k}\in\{a_1,a_2,\cdots,a_q\}\\&p(\boldsymbol{X}=\alpha_i)=p(X_1=x_{i_1},\ X_2=x_{i_2},\cdots,\ X_N=x_{i_N})\\&\qquad\qquad\quad=p(x_{i_1})p(x_{i_2}\mid x_{i_1})\cdots p(x_{i_N}\mid x_{i_1}x_{i_2}\cdots x_{i_{N-1}})\\&i=1,2,\cdots,q^N;\ k=1,2,\cdots,N\end{aligned}$$

满足

$$0\leqslant p(\alpha_i)\leqslant 1,\ i=1,2,\cdots,q^N$$

$$\sum_{i=1}^{q^N}p(\alpha_i)=1$$

2. 离散平稳有记忆信源的熵

首先分析最简单的离散平稳有记忆信源，即 $N=2$ 维的离散平稳有记忆信源 $\boldsymbol{X}=X_1X_2$ 的熵。在二维离散平稳有记忆信源的输出符号序列 $\boldsymbol{X}=X_1X_2$ 中，只有相邻两个符号之间有统计依赖关系，即本时刻的输出符号只与前一个时刻的输出符号有关，并且依赖关系与时间无关。因此，二维离散平稳有记忆信源 $\boldsymbol{X}=X_1X_2$ 的数学模型为

$$\begin{bmatrix}\boldsymbol{X}=X_1X_2\\P\end{bmatrix}=\begin{bmatrix}a_1a_1 & a_1a_2 & \ldots & a_qa_q\\ p(a_1a_1) & p(a_1a_2) & \ldots & p(a_qa_q)\end{bmatrix}\tag{3.3.16}$$

满足

$$0 \leqslant p(\alpha_i) \leqslant 1, \quad i = 1,2,\cdots,q^N$$

$$\sum_{i=1}^{q^N} p(\alpha_i) = 1$$

二维离散平稳有记忆信源 $\boldsymbol{X} = X_1X_2$ 的联合熵为

$$H(X_1X_2) = -\sum_{i=1}^{q}\sum_{j=1}^{q} p(a_ia_j)\log p(a_ia_j) \tag{3.3.17}$$

联合熵 $H(X_1X_2)$ 表示信源 $\boldsymbol{X} = X_1X_2$ 输出任意一个消息（长度为 2 的符号序列）所提供的平均信息量。

二维离散平稳有记忆信源 $\boldsymbol{X} = X_1X_2$ 的条件熵为

$$\begin{aligned} H(X_2 \mid X_1) &= \sum_{i=1}^{N} p(a_i)H(X_2 \mid X_1 = a_i) \\ &= -\sum_{i=1}^{q}\sum_{j=1}^{q} p(a_i)p(a_j \mid a_i)\log p(a_j \mid a_i) \\ &= -\sum_{i=1}^{q}\sum_{j=1}^{q} p(a_ia_j)\log p(a_j \mid a_i) \end{aligned} \tag{3.3.18}$$

其中，$H(X_2 \mid X_1 = a_i) = -\sum_{i=1}^{q}\sum_{j=1}^{q} p(a_j \mid a_i)\log p(a_j \mid a_i)$，表示在已知信源 $\boldsymbol{X} = X_1X_2$ 前一个输出符号 $X_1 = a_i$（$a_i \in A = \{a_1,a_2,\cdots,a_q\}$）时，信源 $\boldsymbol{X} = X_1X_2$ 的下一个输出符号 $X_2 = a_j$，$a_j \in A = \{a_1,a_2,\cdots,a_q\}$ 的平均不确定性。由于前一个输出符号 X_1 的取值 a_i 可取集合 $A = \{a_1,a_2,\cdots,a_q\}$ 中的任意值，对于每个 a_i，下一个输出符号 $X_2 = a_j$ 的平均不确定性 $H(X_2 \mid X_1 = x_i)$ 是随 a_i 变化的。因此，对所有 a_i 进行统计平均后，得到的条件熵 $H(X_2 \mid X_1)$ 就表示当前一个符号 X_1 已知时，信源输出后一个符号 X_2 的总的平均不确定性。

由熵的可加性，可知

$$H(X_1X_2) = H(X_1) + H(X_2 \mid X_1) \tag{3.3.19}$$

式（3.3.19）表示，二维离散平稳有记忆信源 $\boldsymbol{X} = X_1X_2$ 每发出一个消息提供的平均信息量 $H(X_1X_2)$，为该信源 $\boldsymbol{X} = X_1X_2$ 在前一时刻发出一个符号所提供的平均信息量 $H(X_1)$，与前面一个符号已知时信源输出后一个符号所提供的平均信息量 $H(X_2 \mid X_1)$ 之和。

根据条件熵性质，可知

$$H(X_2 \mid X_1) \leqslant H(X_2) \tag{3.3.20}$$

等号成立的充分必要条件为 X_1 和 X_2 相互独立，即 $p(X_1X_2) = p(X_1)p(X_2)$。当式（3.3.20）中等号成立时，$H(X_2 \mid X_1) = H(X_2)$，此时信源 $\boldsymbol{X} = X_1X_2$ 为离散平稳无记忆信源。若 X_1 和 X_2 取自同一个概率空间 X，则有

$$H(X_2) = H(X_1) = H(X) \tag{3.3.21}$$

此时，离散平稳无记忆信源 $\boldsymbol{X} = X_1X_2$ 为离散无记忆信源 X 的二次扩展信源 $X^2 = X_1X_2$。

由式（3.3.19）～式（3.3.21），可得

$$H(X_1X_2) \leqslant H(X_1)+H(X_2)=2H(X)=H(X^2) \tag{3.3.22}$$

可见，二维离散平稳有记忆信源 $\boldsymbol{X}=X_1X_2$ 的联合熵总是小于二维离散平稳无记忆信源 $X^2=X_1X_2$ 的联合熵。因为二维离散平稳有记忆信源 $\boldsymbol{X}=X_1X_2$ 中前后两个符号之间具有统计依赖关系，所以在第一个时刻符号已知的情况下，第二个时刻发出符号的平均不确定性 $H(X_2|X_1)$ 比二维离散平稳无记忆信源 $X^2=X_1X_2$ 在第二个时刻发出符号的平均不确定性 $H(X_2)$ 有所减少，从而使得二维离散平稳有记忆信源每发出一个长度为 2 的符号序列所提供的平均信息量，总是小于二维离散平稳无记忆信源 $X^2=X_1X_2$ 每发出一个长度为 2 的符号序列所提供的平均信息量。

定义 3.3.5　信源的输出为 N 长序列 $\boldsymbol{X}=X_1X_2\cdots X_N$，定义平均符号熵 $H_N(\boldsymbol{X})$ 为

$$H_N(\boldsymbol{X})=\frac{1}{N}H(X_1X_2\cdots X_N) \tag{3.3.23}$$

二维离散平稳有记忆信源 $\boldsymbol{X}=X_1X_2$ 的平均符号熵为

$$H_2(\boldsymbol{X})=\frac{H(X_1X_2)}{2}=\frac{1}{2}[H(X_1)+H(X_2|X_1)]$$

离散无记忆信源 X 的二次扩展信源 $X^2=X_1X_2$ 的平均符号熵为

$$H_2(X^2)=H_2(X_1X_2)=\frac{2H(X)}{2}=H(X)$$

由式（3.3.22）可得

$$H_2(X_1X_2) \leqslant H_2(X^2)=H(X) \tag{3.3.24}$$

若使用 $H_N(\boldsymbol{X})$ 作为评估离散平稳有记忆信源 $\boldsymbol{X}=X_1X_2\cdots X_N$ 和离散平稳无记忆信源 $X^N=X_1X_2\cdots X_N$ 提供平均信息量的统一标准，则式（3.3.24）说明离散平稳有记忆信源 $\boldsymbol{X}=X_1X_2\cdots X_N$ 每发出一个符号所提供的平均信息量，小于离散平稳无记忆信源 $X^N=X_1X_2\cdots X_N$ 每发出一个符号所提供的平均信息量。

下面将上述二维离散平稳有记忆信源 $\boldsymbol{X}=X_1X_2$ 的熵加以推广，得到 N 维离散平稳有记忆信源 $\boldsymbol{X}=X_1X_2\cdots X_N$ 的熵。

N 维离散平稳有记忆信源 $\boldsymbol{X}=X_1X_2\cdots X_N$ 的联合熵为

$$\begin{aligned}
H(\boldsymbol{X}) &= H(X_1X_2\cdots X_N) \\
&= -\sum_{i=1}^{q^N} p(\alpha_i)\log p(\alpha_i) \\
&= -\sum_{i_1=1}^{q}\sum_{i_2=1}^{q}\cdots\sum_{i_N=1}^{q} p(a_{i_1}a_{i_2}\cdots a_{i_N})\log p(a_{i_1}a_{i_2}\cdots a_{i_N}) \\
&= -\sum_{i_1=1}^{q}\sum_{i_2=1}^{q}\cdots\sum_{i_N=1}^{q} p(a_{i_1}a_{i_2}\cdots a_{i_N})\log p(a_{i_1})p(a_{i_2}|a_{i_1})p(a_{i_3}|a_{i_1}a_{i_2})\cdots p(a_{i_N}|a_{i_1}a_{i_2}\cdots a_{i_{N-1}}) \\
&= -\sum_{i_1=1}^{q}\sum_{i_2=1}^{q}\cdots\sum_{i_N=1}^{q} p(a_{i_1}a_{i_2}\cdots a_{i_N})\log p(a_{i_1}) - \sum_{i_1=1}^{q}\sum_{i_2=1}^{q}\cdots\sum_{i_N=1}^{q} p(a_{i_1}a_{i_2}\cdots a_{i_N})\log p(a_{i_2}|a_{i_1}) -
\end{aligned}$$

$$\sum_{i_1=1}^{q}\sum_{i_2=1}^{q}\cdots\sum_{i_N=1}^{q}p(a_{i_1}a_{i_2}\cdots a_{i_N})p(a_{i_3}\mid a_{i_1}a_{i_2})-\cdots- \\ \sum_{i_1=1}^{q}\sum_{i_2=1}^{q}\cdots\sum_{i_{N-1}=1}^{q}p(a_{i_1}a_{i_2}\cdots a_{i_N})\log p(a_{i_N}\mid a_{i_1}a_{i_2}\ldots a_{i_{N-1}}) \tag{3.3.25}$$

计算式（3.3.25）中第一项，可得

$$\begin{aligned}&-\sum_{i_1=1}^{q}\sum_{i_2=1}^{q}\cdots\sum_{i_N=1}^{q}p(a_{i_1}a_{i_2}\cdots a_{i_N})\log p(a_{i_1})\\&=-\sum_{i_1=1}^{q}\sum_{i_2=1}^{q}\cdots\sum_{i_N=1}^{q}p(a_{i_1})p(a_{i_2}\mid a_{i_1})p(a_{i_3}\mid a_{i_1}a_{i_2})\cdots p(a_{i_N}\mid a_{i_1}a_{i_2}\cdots a_{i_{N-1}})\log p(a_{i_1})\\&=-\sum_{i_1=1}^{q}p(a_{i_1})\log p(a_{i_1})\sum_{i_2=1}^{q}p(a_{i_2}\mid a_{i_1})\sum_{i_3=1}^{q}p(a_{i_3}\mid a_{i_1}a_{i_2})\cdots\sum_{i_N=1}^{q}p(a_{i_N}\mid a_{i_1}a_{i_2}\cdots a_{i_{N-1}})\\&=-\sum_{i_1=1}^{q}p(a_{i_1})\log p(a_{i_1})=H(X_1)\end{aligned}$$

对式（3.3.25）中其余各项进行类似计算，可得

$$H(X_1X_2\cdots X_N)=H(X_1)+H(X_2\mid X_1)+\cdots+H(X_N\mid X_1X_2\cdots X_{N-1}) \tag{3.3.26}$$

这表明 N 维离散平稳有记忆信源 $\boldsymbol{X}=X_1X_2\cdots X_N$ 每发出一个消息（长度为 N 的符号序列）所提供的平均信息量，等于该信源在第 1 个时刻每发出一个符号所提供的平均信息量 $H(X_1)$，加上已知第 1 个时刻所发出的符号时，第 2 个时刻每发出一个符号所提供的平均信息量 $H(X_2\mid X_1)$，再加上已知第 1 个和第 2 个时刻所发出的符号时，第 3 个时刻每发出一个符号所提供的平均信息量 $H(X_3\mid X_1X_2)$，以此类推，一直加到已知第$1,2,\cdots,N-1$个时刻所发出的符号时，第 N 个时刻每发出一个符号所提供的平均信息量 $H(X_N\mid X_1X_2\cdots X_{N-1})$，并且这个和的值与起始时刻的取值无关，不随时间变化。

N 维离散平稳有记忆信源 $\boldsymbol{X}=X_1X_2\cdots X_N$ 的熵具有以下性质。

（1）各维条件熵 $H(X_N\mid X_1X_2\cdots X_{N-1})$ 随 N 的增加是非递增的，即

$$\begin{aligned}H(X_N\mid X_1X_2\cdots X_{N-1})&\leqslant H(X_{N-1}\mid X_1X_2\cdots X_{N-2})\\&\leqslant H(X_{N-2}\mid X_1X_2\cdots X_{N-3})\leqslant\cdots\leqslant H(X_2\mid X_1)\leqslant H(X_1)\end{aligned} \tag{3.3.27}$$

（2）对于给定的 N，平均符号熵不小于 N 维条件熵，即

$$H_N(X_1X_2\cdots X_N)\geqslant H(X_N\mid X_1X_2\cdots X_{N-1}) \tag{3.3.28}$$

（3）平均符号熵 $H_N(X_1X_2\cdots X_N)$ 随着 N 的增加是非递增的，即

$$\begin{aligned}H_N(X_1X_2\cdots X_N)&\leqslant H_{N-1}(X_1X_2\cdots X_{N-1})\\&\leqslant H_{N-2}(X_1X_2\cdots X_{N-2})\leqslant\cdots\leqslant H_2(X_1X_2)\leqslant H(X_1)\end{aligned} \tag{3.3.29}$$

证明：证明式（3.3.27）。

由式（2.2.34），可知

$$\begin{aligned}H(X_N\mid X_1X_2\cdots X_{N-1})&\leqslant H(X_N\mid X_2\cdots X_{N-1})\leqslant\cdots\\&\leqslant H(X_N\mid X_{N-2}X_{N-1})\leqslant H(X_N\mid X_{N-1})\leqslant H(X_N)\end{aligned} \tag{3.3.30}$$

由于序列是平稳的，对于式（3.3.30）中最左边的不等式，有

$$\begin{aligned}H(X_N \mid X_1X_2\cdots X_{N-1}) &\leqslant H(X_N \mid X_2X_3\cdots X_{N-1}) \\ &= H(X_{N-1} \mid X_1X_2\cdots X_{N-2})\end{aligned} \tag{3.3.31}$$

同理，由式（3.3.31）递推可得

$$H(X_{N-1} \mid X_1X_2\cdots X_{N-2}) \leqslant H(X_{N-1} \mid X_2X_3\cdots X_{N-2}) = H(X_{N-2} \mid X_1X_2\cdots X_{N-3})$$

依次递推，则

$$\begin{aligned}H(X_N \mid X_1X_2\cdots X_{N-1}) &\leqslant H(X_{N-1} \mid X_1X_2\cdots X_{N-2}) \\ &\leqslant H(X_{N-2} \mid X_1X_2\cdots X_{N-3}) \leqslant \cdots \leqslant H(X_2 \mid X_1) \leqslant H(X_1)\end{aligned}$$

式（3.3.27）说明各维条件熵随着前面已知的随机变量个数（单位时间数）的增加而减小。通常将 N 维离散平稳有记忆信源 $\boldsymbol{X} = X_1X_2\cdots X_N$ 某时刻前的单位时间数称为离散平稳有记忆信源的记忆长度。可见，离散平稳有记忆信源每发出一个符号所提供的平均信息量随着记忆长度的增加而减小，即信源输出序列中符号之间前后依赖关系越长，前面若干符号出现后，其后出现什么符号的不确定性就越小。

证明：证明式（3.3.28）。

由熵的定义，可知

$$\begin{aligned}H(X_1X_2\cdots X_N) &= NH_N(X_1X_2\cdots X_N) \\ &= H(X_1) + H(X_2 \mid X_1) + \cdots + H(X_N \mid X_1X_2\cdots X_{N-1})\end{aligned}$$

由上式和式（3.3.27）可得

$$NH_N(X_1X_2\cdots X_N) \geqslant NH(X_N \mid X_1X_2\cdots X_{N-1})$$

即

$$H_N(X_1X_2\cdots X_N) \geqslant H(X_N \mid X_1X_2\cdots X_{N-1})$$

证明：证明式（3.3.29）。

由熵的定义，可知

$$\begin{aligned}NH_N(X_1X_2\cdots X_N) &= H(X_1X_2\cdots X_{N-1}X_N) \\ &= H(X_N \mid X_1X_2\cdots X_{N-1}) + H(X_1X_2\cdots X_{N-1}) \\ &= H(X_N \mid X_1X_2\cdots X_{N-1}) + (N-1)H_{N-1}(X_1X_2\cdots X_{N-1})\end{aligned}$$

利用式（3.3.28），则有

$$NH_N(X_1X_2\cdots X_N) \leqslant H_N(X_1X_2\cdots X_N) + (N-1)H_{N-1}(X_1X_2\cdots X_{N-1})$$

即

$$(N-1)H_N(X_1X_2\cdots X_N) \leqslant (N-1)H_{N-1}(X_1X_2\cdots X_{N-1})$$

因此

$$H_N(X_1X_2\cdots X_N) \leqslant H_{N-1}(X_1X_2\cdots X_{N-1})$$

同理，可证明

$$H_{N-1}(X_1X_2\cdots X_{N-1})\leqslant H_{N-2}(X_1X_2\cdots X_{N-2})$$

以此类推，则

$$\begin{aligned}H_N(X_1X_2\cdots X_N)&\leqslant H_{N-1}(X_1X_2\cdots X_{N-1})\\&\leqslant H_{N-2}(X_1X_2\cdots X_{N-2})\leqslant\cdots\leqslant H_2(X_1X_2)\leqslant H(X_1)\end{aligned}$$

式（3.3.29）说明，离散平稳有记忆信源 $\boldsymbol{X}=X_1X_2\cdots X_N$ 的记忆长度越大，平均符号熵越小，即平均每个符号所携带的信息量越小。

3．平稳有记忆信源的极限熵

对于 N 维离散平稳有记忆信源，我们总是假定 N 长序列中的符号之间存在统计依赖关系，而忽略了序列之间的依赖关系；而实际信源总是在不断发出符号，形成无限长的符号序列 $\boldsymbol{X}=\cdots X_1X_2\cdots X_i\cdots$。显然，序列之间存在的依赖关系，使这个无限长的符号序列中符号之间的依赖关系是无限长的。

因为离散平稳有记忆信源 $\boldsymbol{X}=X_1X_2\cdots X_N$ 的“有记忆”特性，所以其在不同时刻发出一个符号所提供的平均信息量 $H(X_N\mid X_1X_2\cdots X_{N-1})$（$N=1,2,\cdots$）是不同的，则平均符号熵 $H_N(X_1X_2\cdots X_N)$ 成为评估 N 维离散平稳有记忆信源 $\boldsymbol{X}=X_1X_2\cdots X_N$ 提供信息能力的一个标准。又因为 N 维离散平稳有记忆信源输出序列中符号间的依赖关系是无限长的，所以应该用平均符号熵 $H_N(X_1X_2\cdots X_N)$ 在 N 足够大（$N\to\infty$）时的极限值，来表示离散平稳有记忆信源每发出一个符号所提供的平均信息量。

定义 3.3.6 信源 $\boldsymbol{X}=X_1X_2\cdots X_N$ 的输出为 N 长符号序列，定义极限熵 H_∞ 为

$$H_\infty=\lim_{N\to\infty}H_N(X_1X_2\cdots X_N)=\lim_{N\to\infty}\frac{1}{N}H(X_1X_2\cdots X_N)\tag{3.3.32}$$

H_∞ 又称为熵率。

H_∞ 作为离散平稳有记忆信源 $\boldsymbol{X}=X_1X_2\cdots X_N$ 每发出一个符号所提供的平均信息量的测度函数，是评价离散平稳有记忆信源 $\boldsymbol{X}=X_1X_2\cdots X_N$ 提供信息能力的标准。

定理 3.3.2 对任意离散平稳有记忆信源 $\boldsymbol{X}=X_1X_2\cdots X_N$，若 $H(X_1)<\infty$，则有

$$H_\infty=\lim_{N\to\infty}H_N(X_1X_2\cdots X_N)=\lim_{N\to\infty}H(X_N\mid X_1X_2\cdots X_{N-1})\tag{3.3.33}$$

这说明当记忆长度无限大（$N\to\infty$）时，离散平稳有记忆信源 $\boldsymbol{X}=X_1X_2\cdots X_N$ 每发出一个符号所提供的平均信息量即极限熵 H_∞，等于条件熵在 $N\to\infty$ 时的极限值。

证明：由式（3.3.29）可知

$$\begin{aligned}0\leqslant H_N(X_1X_2\cdots X_N)&\leqslant H_{N-1}(X_1X_2\cdots X_{N-1})\leqslant H_{N-2}(X_1X_2\cdots X_{N-2})\leqslant\cdots\\&\leqslant H_2(X_1X_2)\leqslant H(X)\end{aligned}$$

即 $H_N(X_1X_2\cdots X_N)$ 是 N 的非递增函数，是有界的。因此，平均符号熵 $H_N(X_1X_2\cdots X_N)$ 的极限 H_∞ 是存在的。

设 k 为一个整数，由平均符号熵的定义可知

$$\begin{aligned}H_{N+k}(X)&=\frac{1}{N+k}H(X_1X_2\cdots X_N\cdots X_{N+k})\\&=\frac{1}{N+k}[H(X_1X_2\cdots X_{N-1})+H(X_N\cdots X_{N+k}\mid X_1X_2\cdots X_{N-1})]\\&=\frac{1}{N+k}[H(X_1X_2\cdots X_{N-1})+H(X_N\mid X_1X_2\cdots X_{N-1})+\\&\quad H(X_{N+1}\mid X_1X_2\cdots X_N)+\cdots+H(X_{N+k}\mid X_1X_2\cdots X_{N+k-1})]\end{aligned}\tag{3.3.34}$$

根据式（2.2.34），可知

$$\begin{aligned}H(X_{N+k}\mid X_1X_2\cdots X_N\cdots X_{N+k-1})&\leqslant H(X_{N+k-1}\mid X_1X_2\cdots X_{N+k-2})\leqslant\cdots\\&\leqslant H(X_N\mid X_1X_2\cdots X_{N-1})\end{aligned}\tag{3.3.35}$$

由式（3.3.34）和式（3.3.35），可得

$$\begin{aligned}H_{N+k}(X_1X_2\cdots X_N\cdots X_{N+k})\leqslant&\frac{1}{N+k}H(X_1X_2\cdots X_{N-1})+\\&\frac{k+1}{N+k}H(X_N\mid X_1X_2\cdots X_{N-1})\end{aligned}\tag{3.3.36}$$

对于固定的 N，令 $k\to\infty$，有 $\lim\limits_{k\to\infty}\frac{1}{N+k}=0$ 及 $\lim\limits_{k\to\infty}\frac{k+1}{N+k}=1$，则由式（3.3.36）可得

$$\lim_{k\to\infty}H_{N+k}(X_1X_2\cdots X_N\cdots X_{N+k})\leqslant H(X_N|X_1X_2\cdots X_{N-1})\tag{3.3.37}$$

在式（3.3.37）中，令 $N\to\infty$，并用 N 代表 $N+k$，可得

$$\lim_{N\to\infty}H_N(X_1X_2\cdots X_N)\leqslant\lim_{N\to\infty}H(X_N\mid X_1X_2\cdots X_{N-1})\tag{3.3.38}$$

由式（3.3.28），可知

$$H_N(X_1X_2\cdots X_N)\geqslant H(X_N\mid X_1X_2\cdots X_{N-1})$$

令 $N\to\infty$，由上式可得

$$\lim_{N\to\infty}H_N(X_1X_2\cdots X_N)\geqslant\lim_{N\to\infty}H(X_N\mid X_1X_2\cdots X_{N-1})\tag{3.3.39}$$

由式（3.3.38）和式（3.3.39），可得

$$H_\infty=\lim_{N\to\infty}H_N(X_1X_2\cdots X_N)=\lim_{N\to\infty}H(X_N\mid X_1X_2\cdots X_{N-1})$$

在计算极限熵时，由于需要知道离散平稳有记忆信源 $\boldsymbol{X}=X_1X_2\cdots X_N$ 无穷多维的条件概率分布或联合概率分布，因此一般极限熵的计算十分困难。但是通常当 N 不是很大时，条件熵 $H(X_N\mid X_1X_2\cdots X_{N-1})$ 十分接近极限熵 H_∞，因此实际中常取 N 为一定大小时的 N 维条件熵 $H(X_N\mid X_1X_2\cdots X_{N-1})$ 作为极限熵 H_∞ 的近似值。

对于记忆长度有限的离散平稳信源，例如，如果信源的记忆长度为 l，由于该信源在某一时刻发出什么符号只与前 l 个符号有关，与更前面的符号无关，因此该信源的极限熵 H_∞ 为

$$\begin{aligned}H_\infty&=\lim_{N\to\infty}H(X_N\mid X_1X_2\cdots X_{N-1})\\&=H(X_N\mid X_{N-l}X_{N-l+1}\cdots X_{N-1})=H(X_{l+1}\mid X_1X_2\cdots X_l)\end{aligned}\tag{3.3.40}$$

可见，记忆长度为 l 的离散平稳信源的极限熵等于该离散有记忆信源的条件熵 $H(X_{l+1}|X_1X_2\cdots X_l)$。

例 3.3.3 假设进行一个试验，试验结果为 a_1、a_2、a_3。第一次试验时，a_1、a_2、a_3 出现的概率分别为 1/4、1/4、1/2，假设后一次试验的结果只受前一次试验结果的影响，其影响关系如表 3.2 所示，且影响关系不随时间变化。若进行 5 次试验，则收到第 1 次试验结果、第 2 次试验结果、第 5 次试验结果后分别获得的平均信息量为多少？信源的极限熵 H_∞ 为多少？

解：由于该信源只有相邻两个符号之间有统计依赖关系，并且依赖关系与时间无关。因此，该信源为二维离散平稳有记忆信源 $\boldsymbol{X}=X_1X_2$，该信源共有 $3^2=9$ 个信源符号，记为 α_i，$i=1,2,\cdots,9$，其数学模型可以用 X_1 和 X_2 的二维联合概率分布来描述。

表 3.2 例 3.3.3 中的统计依赖关系

前一次实验	后一次实验		
	a_1	a_2	a_3
a_1	1/4	1/4	1/2
a_2	0	3/8	5/8
a_3	1/6	1/3	1/2

依题意可知，一维概率分布矩阵及二维条件概率分布矩阵分别为

$$\begin{bmatrix} X \\ P \end{bmatrix}=\begin{bmatrix} a_1 & a_2 & a_3 \\ \dfrac{1}{4} & \dfrac{1}{4} & \dfrac{1}{2} \end{bmatrix}$$

$$\boldsymbol{P}_{X_2|X_1}=\begin{bmatrix} \dfrac{1}{4} & \dfrac{1}{4} & \dfrac{1}{2} \\ 0 & \dfrac{3}{8} & \dfrac{5}{8} \\ \dfrac{1}{6} & \dfrac{1}{3} & \dfrac{1}{2} \end{bmatrix}$$

因此，X_1 和 X_2 的二维联合概率分布矩阵为

$$\boldsymbol{P}_{X_1X_2}=\begin{bmatrix} \dfrac{1}{16} & \dfrac{1}{16} & \dfrac{1}{8} \\ 0 & \dfrac{3}{32} & \dfrac{5}{32} \\ \dfrac{1}{12} & \dfrac{1}{6} & \dfrac{1}{4} \end{bmatrix}$$

收到第 1 次试验结果后获得的信息量为

$$H(X_1)=H(X)=-\sum_X p(a_i)\log p(a_i)=-2\times\frac{1}{4}\times\log\frac{1}{4}-\frac{1}{2}\times\log\frac{1}{2}=1.5\ \text{bit / 符号}$$

收到第 2 次试验结果后获得的信息量为

$$H(X_2 \mid X_1) = H(X_1X_2) - H(X_1) = -\sum_{X_1}\sum_{X_2} p(\alpha_i = x_{i_1}x_{i_2})\log p(\alpha_i = x_{i_1}x_{i_2}) - H(X_1)$$

$$= -2\times\frac{1}{16}\times\log\frac{1}{16} - \frac{1}{8}\times\log\frac{1}{8} - \frac{3}{32}\times\log\frac{3}{32} - \frac{5}{32}\times\log\frac{5}{32} -$$

$$\frac{1}{12}\times\log\frac{1}{12} - \frac{1}{6}\times\log\frac{1}{6} - \frac{1}{4}\times\log\frac{1}{4} - 1.5 \approx 1.343\ \text{bit / 符号}$$

收到第 5 次试验结果后获得的信息量为 $H(X_5 \mid X_1X_2X_3X_4)$，由于该信源是二维平稳有记忆信源，因此可得

$$H(X_5 \mid X_1X_2X_3X_4) = H(X_5 \mid X_4) = H(X_2 \mid X_1) \approx 1.343\ \text{bit / 符号}$$

可见，$H(X_2 \mid X_1) \leqslant H(X)$，即 $H(X_2 \mid X_1)$ 比信源熵 $H(X)$ 减少了约 0.157bit/符号，这说明由于符号之间存在依赖性，信源在第 2 个时刻发出一个符号所提供的平均信息量比其在第 1 个时刻发出一个符号所提供的平均信息量少。

由于该信源为二维离散平稳有记忆信源，因此其极限熵为

$$H_\infty = \lim_{N\to\infty} H(X_N|X_1X_2\cdots X_{N-1}) = H(X_{l+1}|X_1X_2\cdots X_l) = H(X_2 \mid X_1) \approx 1.343\ \text{bit / 符号}$$

3.3.3　马尔可夫信源

前面重点讨论了离散平稳信源及其熵，但是实际中的离散信源往往是非平稳的，非平稳信源的建模和分析十分复杂。本节先讨论一类特殊的非平稳信源——马尔可夫信源及其熵。

若某个离散信源在任何时刻输出符号的概率分布只与前面有限的 m 个符号有关，而与更前面的符号无关，即

$$p(x_i \mid x_1, x_2, \cdots, x_{i-1}) = p(x_i \mid x_{i-m}, x_{i-m+1}, \cdots, x_{i-1})$$

则这类信源是有限记忆信源，可以用马尔可夫链来描述。

对于这类信源，可以认为信源在某一时刻发出的符号与其所处的状态有关。设信源的状态空间为 $S = \{S_1, S_2, \cdots, S_J\}$，在每个状态下信源可能发出的符号取值于符号集 $A = \{a_1, a_2, \cdots, a_r\}$。信源在某个特定状态下每单位时刻发出一个符号后进入一个新的状态。信源输出的随机符号序列为

$$x_1x_2\cdots x_k\cdots,\quad x_k \in A = \{a_1, a_2, \cdots, a_r\}$$

信源所处的状态序列为

$$s_1s_2\cdots s_l\cdots,\quad s_l \in S = \{S_1, S_2, \cdots, S_J\}$$

定义 $p_j(a_k)$ 为第 l 个时刻信源处于状态 j 下，产生符号 a_k 的概率，即

$$p_j(a_k) = p(x_l = a_k \mid s_l = j) \tag{3.3.41}$$

定义一步转移概率 p_{ji} 为在第 l 个时刻信源处于状态 j 下，在下一个时刻（第 $l+1$ 个时刻）转移到状态 i 的概率，即

$$p_{ji}(l) = p(s_{l+1} = i \mid s_l = j) \tag{3.3.42}$$

式（3.3.41）和式（3.3.42）中，$a_k \in A=\{a_1,a_2,\cdots,a_r\}$；$i,j\in S=\{S_1,S_2,\cdots,S_J\}$。

定义 3.3.7 若随机状态序列$s_1s_2\cdots s_l\cdots$，$s_l\in S=\{S_1,S_2,\cdots,S_J\}$满足以下三个条件：

（1）有限性。可能的状态数有限，即$J<\infty$。

（2）时齐性。从状态 j 转移到状态 i 的转移概率 p_{ji} 与时间无关，只由状态 j 和状态 i 决定，即

$$p_{ji}(l)=p(s_l=i\,|\,s_{l-1}=j)=p_{ji} \tag{3.3.43}$$

（3）马氏性。信源处于某状态的概率只与前一个时刻的状态有关，而与更前面时刻的状态无关，即

$$p(s_l\,|\,s_{l-1},s_{l-2},\cdots)=p(s_l\,|\,s_{l-1}) \tag{3.3.44}$$

则称其为有限状态齐次马尔可夫链。若式（3.3.43）中的状态 s_l 只与前一个时刻的状态 s_{l-1} 有关，则称其为简单马尔可夫链；若式（3.3.43）中的状态 s_l 与前面的 m 个状态有关，即满足

$$p(s_l\,|\,s_{l-1},s_{l-2},\cdots)=p(s_l\,|\,s_{l-m},s_{l-m+1},\cdots,s_{l-1}) \tag{3.3.45}$$

则称其为 m 阶马尔可夫链。

对于有限状态齐次马尔可夫链，由于系统在任何时刻总是处于状态空间$S=\{S_1,S_2,\cdots,S_J\}$中的一种状态，因此描述状态转移的一步转移概率 p_{ji} 构成一个矩阵，称为一步状态矩阵，即

$$\boldsymbol{P}=\{p_{ji},\ i,j\in S\}=\begin{bmatrix} p_{11} & p_{12} & \cdots & p_{1J} \\ p_{21} & p_{22} & \cdots & p_{2J} \\ \vdots & \vdots & & \vdots \\ p_{J1} & p_{J2} & \cdots & p_{JJ} \end{bmatrix} \tag{3.3.46}$$

其中，$p_{ji}\geqslant 0$ 且 $\sum_{i=1}^{J}p(s_l=i\,|\,s_{l-1}=j)=1$，$j=1,2,\cdots,J$。

马尔可夫链可以利用状态转移图来描述，如图 3.2 所示。用圆圈表示某个状态，用有向箭头表示状态之间的转换，箭头上标注状态转移时的输出符号和相应的状态转移概率。

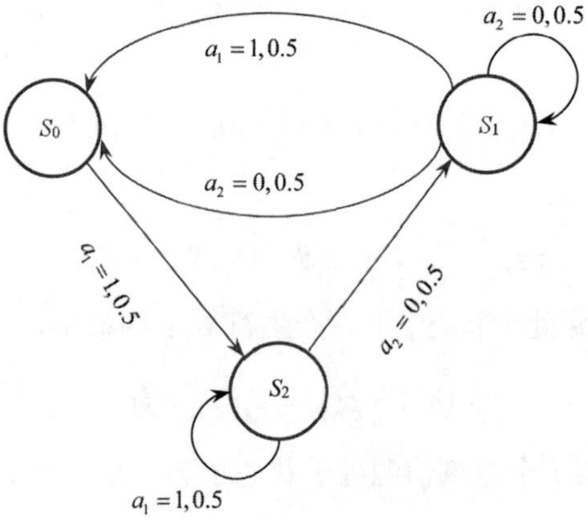

图 3.2　马尔可夫链状态转移图

为了描述系统状态的多次转移，可以将状态转移概率扩展到多步转移的情况。

假设系统在时刻 l 处于状态 j，经过 $n-l$ 步转移到状态 i 的概率为

$$p_{ji}(l,n)=p(s_n=i\,|\,s_l=j)=p_{ji}\qquad i,j\in S=\{S_1,S_2,\cdots,S_J\}\tag{3.3.47}$$

对于有限状态齐次马尔可夫链，其状态转移概率与时刻 l 无关，因此其 n 步转移概率为

$$p_{ji}^{(n)}(l)=p(s_{l+n}=i\,|\,s_l=j)=p_{ji}^{(n)}\qquad i,j\in S=\{S_1,S_2,\cdots,S_J\}\tag{3.3.48}$$

有限状态齐次马尔可夫链的 n 步转移矩阵 $\boldsymbol{P}^{(n)}$ 为

$$\boldsymbol{P}^{(n)}=\boldsymbol{P}\boldsymbol{P}^{(n-1)}=\boldsymbol{P}^{(n-1)}\boldsymbol{P}=\boldsymbol{P}^{(l)}\boldsymbol{P}^{(n-l)}=\boldsymbol{P}^{n},\ \ l<n$$

其中，$\boldsymbol{P}^{(1)}=\boldsymbol{P}$，或写为如下形式

$$p_{ji}^{(n)}=\sum_{k\in S}p_{jk}^{(l)}p_{ki}^{(n-l)}\qquad i,j\in S=\{S_1,S_2,\cdots,S_J\},\ \ l<n\tag{3.3.49}$$

它给出了 n 步转移概率 $p_{ji}^{(n)}$ 与 l 步和 $n-l$ 步转移概率之间的关系。式（3.3.49）为查普曼-柯尔莫哥洛夫方程，其证明过程请读者自行参考相关文献。

式（3.3.48）说明有限状态齐次马尔可夫链的一步转移概率 p_{ji} 完全确定了 n 步转移概率 $p_{ji}^{(n)}$。当然，有限状态齐次马尔可夫链的统计特性不仅取决于一步转移概率，还与系统的初始概率分布有关。但仅由一步转移概率 p_{ji} 无法得到状态的初始分布，因此需要引入初始分布。由初始分布和各时刻的一步转移概率就可描述有限状态齐次马尔可夫链的概率分布。

定义 3.3.8　若有限状态齐次马尔可夫链对一切 i 和 j 存在不依赖于 j 的极限，即

$$\lim_{n\to\infty}p_{ji}^{(n)}=p_i\tag{3.3.50}$$

且满足

$$p_i\geqslant 0,\ \ p_i=\sum_j p_j p_{ji},\sum_i p_i=1$$

则称其具有遍历性，p_i 为稳态分布，p_j 为该马尔可夫链的初始分布。

定义 3.3.8 说明马尔可夫链在初始时刻不论处于哪一个状态 S_i，当转移步数 n 足够大时，转移到状态 S_j 的 n 步转移概率都接近某一个常数 p_i。这说明马尔可夫链经过一定步数转移后，可以达到稳态，且稳态的概率分布已与初始状态的概率分布无关。因为马尔可夫链的稳态分布与初始分布是不一样的，所以马尔可夫链不是平稳的，但齐次、遍历的马尔可夫链达到稳态后，就可以看作平稳的。

设一条有限的齐次、遍历的马尔可夫链，其状态空间为 $S=\{S_1,S_2,\cdots,S_J\}$。假定其达到稳态时的状态概率分布矢量为 $\boldsymbol{W}=[W_1,W_2,\cdots,W_J]$。其中，$W_i=p(S_i)$，$i=1,2,\cdots,J$，则达到稳态时概率分布满足

$$\boldsymbol{W}\boldsymbol{P}=\boldsymbol{W}\tag{3.3.51}$$

并满足

$$\sum_{i=1}^{J}W_i=1,\ \ 且W_i\geqslant 0\qquad i=1,2,\cdots,J$$

因此，当马尔可夫链的稳态分布存在时，根据式（3.3.51）解方程就可以得到稳态时的概率分布。

关于马尔可夫链稳态分布的存在性给出下面的定理 3.3.3，定理的证明请参考相关文献。

定理 3.3.3　设 $\boldsymbol{P}$ 为某一马尔可夫链的状态转移矩阵，则该马尔可夫链的稳态分布存在的充分必要条件为存在一个正整数 N，使矩阵 $\boldsymbol{P}^N$ 中的所有元素均大于 0。

由定理 3.3.3 可知，当马尔可夫链的状态转移矩阵 $\boldsymbol{P}$ 中的元素均为正数时，即任一状态经过一步转移后一定会达到其他状态，该马尔可夫链一定存在稳态分布。

例 3.3.4　设某一马尔可夫链的状态转移矩阵如下，说明其是否是遍历的。

$$\boldsymbol{P}=\begin{bmatrix}0.2 & 0 & 0.8\\0.5 & 0 & 0.5\\0 & 0.2 & 0.8\end{bmatrix}$$

解：验证该马尔可夫链是否满足定理 3.3.3 的条件，计算

$$\boldsymbol{P}^2=\begin{bmatrix}0.2 & 0 & 0.8\\0.5 & 0 & 0.5\\0 & 0.2 & 0.8\end{bmatrix}\begin{bmatrix}0.2 & 0 & 0.8\\0.5 & 0 & 0.5\\0 & 0.2 & 0.8\end{bmatrix}=\begin{bmatrix}0.04 & 0.16 & 0.8\\0.1 & 0.1 & 0.8\\0.1 & 0.16 & 0.74\end{bmatrix}$$

可见当 $N=2$ 时，矩阵 $\boldsymbol{P}^N$ 中的所有元素均大于 0，因此，该马尔可夫链存在稳态分布。

根据式（3.3.51），有

$$\boldsymbol{WP}=\boldsymbol{W}$$

其中，$\boldsymbol{W}=[W_1,W_2,W_3]$，可得下列方程

$$\begin{aligned}&0.2W_1+0.5W_2=W_1\\&0.2W_3=W_2\\&0.8W_1+0.5W_2+0.8W_3=W_3\end{aligned}$$

W_1、W_2、W_3 必须满足

$$W_1+W_2+W_3=1$$

可求得稳态分布

$$W_1=\frac{5}{53},\ W_2=\frac{8}{53},\ W_3=\frac{40}{53}$$

定义 3.3.9　若信源输出的消息序列与状态序列满足下列条件，则称其为马尔可夫信源。

（1）某一时刻信源的输出只与当时的信源状态有关，而与以前的状态无关，即

$$p_j(a_k)=p(x_l=a_k\,|\,s_l=j,\ s_{l-1}=i,\ \cdots)=p(x_l=a_k\,|\,s_l=j) \tag{3.3.52}$$

（2）信源状态只由当前输出符号和前一时刻信源状态唯一确定，即

$$p(s_l=i\,|\,x_l=a_k,\ s_{l-1}=j)=\begin{cases}1\\0\end{cases} \tag{3.3.53}$$

式（3.3.52）和式（3.3.53）中，$a_k\in A=\{a_1,a_2,\cdots,a_q\}$，$i,\ j\in S=\{S_1,S_2,\cdots,S_J\}$。类似地，也

可以定义 m 阶马尔可夫信源。

定义 3.3.9 说明，信源某时刻的输出符号 $x_l = a_k$ ，$a_k \in A = \{a_1, a_2, \cdots, a_r\}$ 完全由信源所处的状态 s_l 确定。由于信源在某个特定状态下每单位时刻发出一个符号后进入一个新的状态，例如，若信源在 $l-1$ 时刻处于状态 j，$j \in S = \{S_1, S_2, \cdots, S_J\}$ ，当信源发出一个符号 a_k 后，在 l 时刻信源所处的状态改变为状态 i，$i \in S = \{S_1, S_2, \cdots, S_J\}$ ，即信源间的状态转移取决于信源发出的符号和信源状态。因此，可将信源在某个状态下输出符号的概率表示为信源状态的转换概率。信源状态间的一步转移概率为

$$p_{ji} = p(s_l = i \mid s_{l-1} = j) \tag{3.3.54}$$

当然，马尔可夫信源也可以用马尔可夫链的状态转移图来描述。

例 3.3.5　设一个马尔可夫信源，其信源符号集合为 $A = \{0,1\}$ ，该信源任一时刻的输出符号由前面两个输出符号唯一确定，条件概率如下：

$$p(0 \mid 00) = p(1 \mid 11) = 0.4$$
$$p(1 \mid 00) = p(0 \mid 11) = 0.6$$
$$p(0 \mid 01) = p(1 \mid 10) = 0.4$$
$$p(1 \mid 01) = p(0 \mid 10) = 0.6$$

其余条件概率为 0，画出该信源的状态转移图。

解：该信源是 $m=2$ 阶马尔可夫信源，信源符号数为 $r=2$ ，因此该信源的状态数共有 $r^m = 2^2 = 4$ 个，设 4 个状态分别为：$S_1 = 00$ ，$S_2 = 01$ ，$S_3 = 10$ ，$S_4 = 11$ 。若信源某时刻处于状态 $S_1 = 00$ ，当信源输出 0 时，下一个时刻信源只能转移到 $S_1 = 00$ ，$p(S_0 \mid S_0) = 0.4$；当信源输出 1 时，下一个时刻信源只能转移到 $S_2 = 01$ ，$p(S_1 \mid S_0) = 0.6$；同理，可以求得其余的状态转移概率。其状态转移矩阵为

$$\boldsymbol{P} = \begin{bmatrix} 0.4 & 0.6 & 0 & 0 \\ 0 & 0 & 0.4 & 0.6 \\ 0.6 & 0.4 & 0 & 0 \\ 0 & 0 & 0.6 & 0.4 \end{bmatrix}$$

可得该信源的状态转移图，如图 3.3 所示。

对于齐次、遍历的 m 阶马尔可夫信源，当其达到稳定状态后，可以看作记忆长度有限的平稳信源。由于该信源某时刻发出的符号只与前 m 个符号有关，由式（3.3.40）可得 m 阶马尔可夫信源的极限熵

$$H_\infty = \lim_{N \to \infty} H(X_N \mid X_1 X_2 \cdots X_{N-1}) = H(X_{m+1} \mid X_1 X_2 \cdots X_m)$$

对于齐次、遍历的 m 阶马尔可夫信源。令状态 S_i 为

$$S_i = a_{i_1} a_{i_2} \cdots a_{i_m}$$
$$i \in \{1, 2, \cdots, q^m\}$$
$$k \in \{1, 2, \cdots, m\}$$
$$a_{i_k} \in \{a_1, a_2, \cdots, a_q\}$$

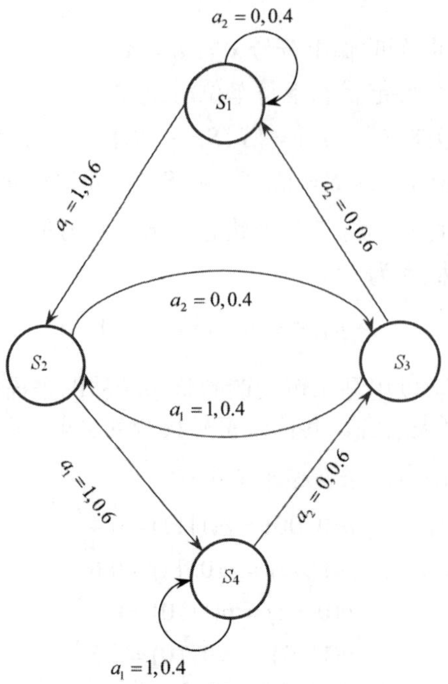

图 3.3　例 3.3.5 状态转移图

即 $S_i\in S=\{S_1,S_2,\cdots,S_{q^m}\}$。因此，有

$$p(a_{i_{m+1}}\mid a_{i_1}a_{i_2}\cdots a_{i_m})=p(a_{i_{m+1}}\mid S_i) \tag{3.3.55}$$

首先对式（3.3.55）两边同时取对数，并对 $a_{i_1}a_{i_2}\cdots a_{i_m}a_{i_{m+1}}$ 取统计平均，然后取负数，可得

$$\begin{aligned}
\text{左边}&=-\sum_{i_1}\sum_{i_2}\cdots\sum_{i_{m+1}}p(a_{i_1}a_{i_2}\cdots a_{i_m}a_{i_{m+1}})\log p(a_{i_{m+1}}\mid a_{i_1}a_{i_2}\cdots a_{i_m})\\
&=H(X_{m+1}\mid X_1X_2\cdots X_m)=H_\infty\\
\text{右边}&=-\sum_{i_1}\sum_{i_2}\cdots\sum_{i_{m+1}}p(a_{i_1}a_{i_2}\cdots a_{i_m}a_{i_{m+1}})\log p(a_{i_{m+1}}\mid S_i)\\
&=-\sum_{i_1}\sum_{i_2}\cdots\sum_{i_{m+1}}p(a_{i_1}a_{i_2}\cdots a_{i_m})p(a_{i_{m+1}}\mid a_{i_1}a_{i_2}\cdots a_{i_m})\log p(a_{i_{m+1}}\mid S_i)\\
&=-\sum_{i_1}\sum_{i_2}\cdots\sum_{i_{m+1}}p(S_i)p(a_{i_{m+1}}\mid S_i)\log p(a_{i_{m+1}}\mid S_i)\\
&=-\sum_{S_i}\sum_{i_{m+1}}p(S_i)p(a_{i_{m+1}}\mid S_i)\log p(a_{i_{m+1}}\mid S_i)\\
&=\sum_{S_i}p(S_i)H(X\mid S_i)
\end{aligned}$$

因此

$$H_\infty=H(X_{m+1}\mid X_1X_2\cdots X_m)=\sum_{S_i}p(S_i)H(X\mid S_i) \tag{3.3.56}$$

其中，$p(S_i)=W_i$（$i=1,2,\cdots,q^m$）是马尔可夫信源的稳态分布，由式（3.3.51）确定。$H(X\mid S_i)$ 表示信源处于某一状态 S_i，$S_i\in S=\{S_1,S_2,\cdots,S_{q^m}\}$ 时，每发出一个符号 a_k 的平均不确定性，即

$$H(X|S_i)=-\sum_{i_{m+1}}p(a_{i_{m+1}}|S_i)\log p(a_{i_{m+1}}|S_i)=-\sum_k p(a_k|S_i)\log p(a_k|S_i) \tag{3.3.57}$$

其中，$a_k, a_{i_{m+1}} \in \{a_1, a_2, \cdots, a_q\}$，$k=1,2,\cdots,q$。

例 3.3.6　求例 3.3.5 中马尔可夫信源的极限熵。

解：根据式（3.3.51）求该马尔可夫信源的稳态分布，即

$$\boldsymbol{WP}=\boldsymbol{W}$$

其中，$\boldsymbol{W}=[W_1, W_2, W_3, W_4]$，且 $\sum_{i=1}^{4}W_i=1$，求解可得

$$W_1=W_2=W_3=W_4=0.25$$

根据式（3.3.56）求该信源的极限熵 H_∞，即

$$\begin{aligned}H_\infty &= H(X_{m+1}|X_1X_2\cdots X_m)=H(X_3|X_1X_2)=\sum_{S_i}p(S_i)H(X|S_i)\\&=0.25\times[H(X|S_1)+H(X|S_2)+H(X|S_3)+H(X|S_4)]\\&=0.25\times4\times H(0.4,0.6)\\&\approx 0.971\ \text{bit}/\text{符号}\end{aligned}$$

3.4　连续信源

前面主要讨论了离散信源及其熵，离散信源的统计特性主要用概率分布函数来描述。但是在实际通信中的很多信源都是连续信源，这类信源的输出不仅在幅度上是连续的，在时间或频率上也是连续的，如语音信号、视频信号等，这类信源输出的消息可以用随机过程来描述。根据随机过程理论可知，连续信源中的消息数是无限的，其每个可能的消息是随机过程的一个样本函数。对于平稳的随机过程，通常可以将其转化为平稳随机变量序列，因此可以用有限维概率分布函数或有限维概率密度函数来描述连续信源。

下面先讨论幅度连续的单个符号信源。

3.4.1　幅度连续的单个符号信源

幅度连续的单个符号信源是最简单的连续信源，可以用一维连续型随机变量描述。设连续型随机变量 X 的取值范围为 $R=[a,b]$，其概率密度函数为 $p(x)$，则幅度连续的单个符号信源的数学模型定义为

$$\begin{bmatrix}X\\P\end{bmatrix}=\begin{bmatrix}R\\p(x)\end{bmatrix} \tag{3.4.1}$$

其中，$p(x)\geqslant 0$ 且 $\int_a^b p(x)\mathrm{d}x=1$。

现在对以上连续信源 X 进行量化。设量化级数为 n，则量化间隔为 $\Delta x=\dfrac{b-a}{n}$，令第 i 个

量化级$[a+(i-1)\Delta x, a+i\Delta x]$的量化值为$x_i$，根据积分中值定理可得到$x_i$的概率$p_i$为

$$p_i=\int_{a+i\Delta x}^{a+(i-1)\Delta x}p(x)\mathrm{d}x=p(x_i)\Delta x$$

因此，连续信源X可以用以下离散信源的数学模型来描述：

$$\begin{bmatrix}X\\P\end{bmatrix}=\begin{bmatrix}x_i\in[a+(i-1)\Delta x, a+i\Delta x]\\p_i=p(x_i)\Delta x\end{bmatrix}$$

满足$\sum_{i=1}^{n}p_i=\sum_{i=1}^{n}p(x_i)\Delta x=1$。

根据离散信源的熵的定义，有

$$\begin{aligned}H_n(X)&=-\sum_{i=1}^{n}p_i\log p_i=-\sum_{i=1}^{n}p(x_i)\Delta x\log[p(x_i)\Delta x]\\&=-\sum_{i=1}^{n}[p(x_i)\log p(x_i)]\Delta x-\sum_{i=1}^{n}p(x_i)\Delta x\log(\Delta x)\end{aligned}$$

当$n\to\infty$时，即$\Delta x\to 0$，根据积分的定义可得

$$\begin{aligned}\lim_{n\to\infty}H_n(X)&=-\lim_{n\to\infty}\sum_{i=1}^{n}[p(x_i)\log p(x_i)]\Delta x-\lim_{n\to\infty}\sum_{i=1}^{n}p(x_i)\Delta x\log(\Delta x)\\&=-\int_a^b p(x)\log p(x)\mathrm{d}x-\lim_{\Delta x\to 0}\log(\Delta x)\int_a^b p(x)\,\mathrm{d}x\\&=-\int_a^b p(x)\log p(x)\mathrm{d}x-\lim_{\Delta x\to 0}\log(\Delta x)\end{aligned}$$

上式中第二项$-\lim_{\Delta x\to 0}\log(\Delta x)$为无穷大，第一项$-\int_a^b p(x)\log p(x)\mathrm{d}x$与离散信源的熵具有相同的形式，只是将求和变为积分，将概率变为概率密度函数即可。

定义 3.4.1 定义概率密度函数为$p(x)$的连续信源X的熵为

$$H(X)=-\int_{-\infty}^{\infty}p(x)\log p(x)\mathrm{d}x \tag{3.4.2}$$

式（3.4.2）中去掉了一个无穷大的项，即连续信源的实际熵应为无穷大，但式（3.4.2）与离散信源的熵的定义具有相同的形式。由于实际中常常考虑的是两个熵的差值，例如，平均互信息量，只要两个熵选择的Δx相近，无穷大项就会被抵消。但需要强调的是，连续信源的熵只是熵的相对值，也称为相对熵或差熵，而离散信源的熵是熵的绝对值。

同理，也可以定义连续信源的联合熵、条件熵和平均互信息量。

定义 3.4.2 设两个连续型随机变量X和Y，定义其联合熵为

$$H(XY)=-\int_{-\infty}^{\infty}\int_{-\infty}^{\infty}p(xy)\log p(xy)\mathrm{d}x\mathrm{d}y \tag{3.4.3}$$

其中，$p(xy)$为二维联合概率密度，满足$\int_{-\infty}^{\infty}\int_{-\infty}^{\infty}p(xy)=1$。

定义 3.4.3 设两个连续型随机变量X和Y，定义其条件熵为

$$H(Y|X)=-\int_{-\infty}^{\infty}\int_{-\infty}^{\infty}p(xy)\log p(y|x)\mathrm{d}x\mathrm{d}y \tag{3.4.4}$$

$$H(X|Y) = -\int_{-\infty}^{\infty}\int_{-\infty}^{\infty} p(xy)\log p(x|y)\mathrm{d}x\mathrm{d}y \tag{3.4.5}$$

其中，$p(y|x)$ 和 $p(x|y)$ 为条件概率密度，且 $p(xy) = p(x)p(y|x) = p(y)p(x|y)$，$p(x)$ 和 $p(y)$ 为边缘概率密度。

定义 3.4.4　设两个连续型随机变量 X 和 Y，定义其平均互信息量为

$$I(X;\ Y) = -\int_{-\infty}^{\infty}\int_{-\infty}^{\infty} p(xy)\log\frac{p(xy)}{p(x)p(y)}\mathrm{d}x\mathrm{d}y \tag{3.4.6}$$

显然，连续信源的联合熵、条件熵和平均互信息量与离散信源的对应的定义均具有相同的形式。

由于连续信源的熵是相对熵，因此它不具有非负性和极值性。但可以证明连续信源的平均互信息量 $I(X;\ Y)$ 具有非负性。

同时，很容易证明连续信源的联合熵、条件熵和平均互信息量之间具有与离散信源相同的相互关系，即满足以下关系式。

$$H(XY) = H(X) + H(Y|X) = H(Y) + H(X|Y) = H(X) + H(Y) - I(XY) \tag{3.4.7}$$

$$I(X;\ Y) = H(X) - H(X|Y) = H(Y) - H(Y|X) = H(X) + H(Y) - H(XY) \tag{3.4.8}$$

$$H(X|Y) \leqslant H(X),\quad H(Y|X) \leqslant H(Y) \tag{3.4.9}$$

$$H(XY) \leqslant H(X) + H(Y) \tag{3.4.10}$$

当且仅当信源 X 和信源 Y 相互独立时，式（3.4.9）和式（3.4.10）中等号成立。

3.4.2　波形信源

前面讨论了幅度连续的单个符号信源，但实际应用中的信源通常其输入和输出不论在幅度上、时间上还是频率上都是连续的，这种波形信源可用随机过程来描述。如果信源是平稳的，则可以通过对波形信号进行采样，将其变换为在时间或频率上离散，但在幅度上连续的平稳随机序列，这样平稳随机过程的熵就是平稳随机序列的熵。

设两个平稳随机过程 $X(t)$ 和 $Y(t)$，分别对其进行采样得到的平稳随机序列为 $\boldsymbol{X} = X_1X_2\cdots X_N$ 和 $\boldsymbol{Y} = Y_1Y_2\cdots Y_N$，其中 $X_1,X_2,\cdots,X_N$ 及 $Y_1,Y_2,\cdots,Y_N$ 均为连续型随机变量，则平稳随机序列 $\boldsymbol{X}$ 和 $\boldsymbol{Y}$ 的连续熵和条件熵分别定义为

$$H(\boldsymbol{X}) = H(X_1X_2\cdots X_N) = -\int_{-\infty}^{\infty} p(\boldsymbol{x})\log p(\boldsymbol{x})\mathrm{d}\boldsymbol{x} \tag{3.4.11}$$

$$H(\boldsymbol{X}|\boldsymbol{Y}) = H(X_1X_2\cdots X_N|Y_1Y_2\cdots Y_N) = -\int_{-\infty}^{\infty}\int_{-\infty}^{\infty} p(\boldsymbol{xy})\log p(\boldsymbol{x}|\boldsymbol{y})\mathrm{d}\boldsymbol{x}\mathrm{d}\boldsymbol{y} \tag{3.4.12}$$

其中，$\boldsymbol{x}$ 和 $\boldsymbol{y}$ 分别表示序列 $\boldsymbol{X} = X_1X_2\cdots X_N$ 和 $\boldsymbol{Y} = Y_1Y_2\cdots Y_N$ 的取值。对式（3.4.11）和式（3.4.12）取极限，即令 $N \to \infty$，可得到波形信源的连续熵和条件熵，即

$$H\left[X(t)\right] = \lim_{N\to\infty} H(\boldsymbol{X}) \tag{3.4.13}$$

$$H\left[X(t)|Y(t)\right] = \lim_{N\to\infty} H(\boldsymbol{X}|\boldsymbol{Y}) \tag{3.4.14}$$

在实际应用中，一般不直接研究波形信源的熵，而是通过抽样、量化将其变为有限维的离散平稳随机序列。对于平稳随机过程，通过抽样、量化后就可以将其转变为多维平稳离散信源，当然在抽样的过程中采样率要满足奈奎斯特定理，并且通常会忽略量化过程导致的信息损失，而直接使用平稳离散信源的相关结论。

对于离散平稳随机序列，满足

$$\begin{aligned}H(\boldsymbol{X})&=H(X_1X_2\cdots X_N)\\&=H(X_1)+H(X_2\mid X_1)+\cdots+H(X_N\mid X_1X_2\cdots X_{N-1})\\&\leqslant H(X_1)+H(X_2)+\cdots+H(X_N)\end{aligned}$$

当且仅当序列 $\boldsymbol{X}=X_1X_2\cdots X_N$ 中各随机变量 $X_1,X_2,\cdots,X_N$ 相互独立时，上式等号成立。

3.4.3 最大熵定理

对于离散信源，当信源为等概率分布时，信源熵达到最大值。那么对于连续信源而言，概率密度函数满足什么条件时信源熵才能达到最大值？在实际应用中，主要对连续信源的两种情况进行讨论：①信源输出幅度受限，即限峰功率的情况；②信源输出平均功率受限。对于以上两种情况，分别有以下两个定理。

定理 3.4.1 若连续信源输出信号 X 的幅度取值为 $[a,b]$，则当 X 服从均匀分布时信源熵最大，最大值为 $\log(b-a)$，该定理称为限峰功率最大熵定理。

证明：该问题为在约束条件 $\int_a^b p(x)\mathrm{d}x=1$ 下，求 $H(X)=-\int_a^b p(x)\log p(x)\mathrm{d}x$ 的最大值及达到最大值时的概率密度函数 $p(x)$。这是一个求解最大值的问题，可以用拉格朗日乘子法求解。构造以下辅助函数

$$F[p(x)]=H(X)+\lambda\left[\int_a^b p(x)\mathrm{d}x-1\right]$$

对上式求关于 $p(x)$ 的偏导数，并令其为 0，则

$$\frac{\partial F[p(x)]}{\partial p(x)}=\frac{\partial\left\{\int_a^b\left[-p(x)\log p(x)+\lambda p(x)-\dfrac{\lambda}{b-a}\right]\mathrm{d}x\right\}}{p(x)}=0$$

在上式中取对数的底为 e，化简后可得

$$\ln p(x)=\lambda-1$$

即

$$p(x)=\mathrm{e}^{\lambda-1}$$

将上式代入 $\int_a^b p(x)\mathrm{d}x=1$ 中，可得

$$\int_a^b \mathrm{e}^{\lambda-1}\mathrm{d}x=1$$

求解可得

$$p(x)=\begin{cases}\dfrac{1}{b-a}, & a\leqslant x\leqslant b\\ 0, & 其他\end{cases} \tag{3.4.15}$$

代入熵的表达式，可得最大熵为

$$H(X)=-\int_a^b \frac{1}{b-a}\log\frac{1}{b-a}\mathrm{d}x=\log(b-a) \tag{3.4.16}$$

可知，对于定义域有限的连续型随机变量 X，当其服从均匀分布时具有最大熵。

定理 3.4.2　若连续信源输出信号的平均功率受限，则其服从均值为 m，方差为 σ^2 的高斯随机分布时信源熵最大，最大熵的值为 $\ln(\sqrt{2\pi\mathrm{e}}\sigma)$（取对数的底为 e），该定理称为限平均功率最大熵定理。

证明：该问题为在约束条件

$$\int_{-\infty}^{\infty} p(x)\mathrm{d}x=1$$

$$\int_{-\infty}^{\infty} xp(x)\mathrm{d}x=m$$

$$\int_{-\infty}^{\infty} (x-m)^2 p(x)\mathrm{d}x=\sigma^2$$

下，求 $H(X)=-\int_a^b p(x)\log p(x)\mathrm{d}x$ 的最大值及达到最大值时的概率密度函数 $p(x)$。构造以下辅助函数

$$F[p(x)]=H(X)+\alpha\left[\int_{-\infty}^{\infty} p(x)\mathrm{d}x-1\right]+\beta\left[\int_{-\infty}^{\infty} xp(x)\mathrm{d}x-m\right]+$$
$$\gamma\left[\int_{-\infty}^{\infty}(x-m)^2 p(x)\mathrm{d}x-\sigma^2\right]$$

对上式求关于 $p(x)$ 的偏导数并令其为 0，取对数的底为 e，化简后可得

$$\ln p(x)=\alpha+\beta x+\gamma(x-m)^2-1$$

可得

$$p(x)=\exp[\alpha+\beta x+\gamma(x-m)^2-1]$$

将上式代入约束条件中，可求解得到

$$\mathrm{e}^{\alpha-1}=\frac{1}{\sqrt{2\pi}\sigma},\quad \beta=0,\quad \gamma=-\frac{1}{2\sigma^2}$$

因此

$$p(x)=\frac{1}{\sqrt{2\pi}\sigma}\mathrm{e}^{-\frac{(x-m)^2}{2\sigma^2}} \tag{3.4.17}$$

则有

$$H(X)=-\int_{-\infty}^{\infty} p(x)\log p(x)\mathrm{d}x=-\int_{-\infty}^{\infty} p(x)\left[\log\frac{1}{\sqrt{2\pi}\sigma}\mathrm{e}^{-\frac{(x-m)^2}{2\sigma^2}}\right]\mathrm{d}x$$

在上式中取对数的底为 e，则

$$
\begin{aligned}
H(X) &= -\int_{-\infty}^{\infty} p(x)\left[\ln\frac{1}{\sqrt{2\pi}\sigma} - \frac{(x-m)^2}{2\sigma^2}\right]\mathrm{d}x \\
&= \ln\sqrt{2\pi}\sigma + \frac{1}{2\sigma^2}\cdot\sigma^2 = \ln(\sqrt{2\pi\mathrm{e}}\sigma)
\end{aligned}
\tag{3.4.18}
$$

由于方差表示信号的交流功率，即 $P=\sigma^2$，因此在限平均功率的情况下，当信源 X 的概率密度函数为正态分布时，信源熵仅与随机变量 X 的方差 σ^2 有关，此时信源的最大熵为 $\ln(\sqrt{2\pi\mathrm{e}}\sigma)$，其值随着平均功率的增加而增大。

由于高斯信源具有最大熵（取对数的底为 e）

$$
H(X) = \ln(\sqrt{2\pi\mathrm{e}}\sigma) = \ln(\sqrt{2\pi\mathrm{e}P}) \tag{3.4.19}
$$

因此当平均功率 P 一定时，具有其他分布的信源的熵一定小于高斯信源的熵。为了衡量具有相同平均功率限制的某个信源的熵与高斯信源的熵的差异程度，定义熵功率为

$$
\overline{P} = \frac{1}{2\pi\mathrm{e}}\mathrm{e}^{2H(X)} \tag{3.4.20}
$$

其中，$H(X)$ 表示某一信源的熵。显然，任何一个信源的熵功率 $\overline{P}$ 均不大于其平均功率 P，当且仅当信源服从高斯分布时，熵功率 $\overline{P}$ 等于其平均功率 P。

由式（3.4.19）和式（3.4.20）可知，当噪声服从正态分布时噪声熵最大，因此高斯白噪声是最有害的干扰，在平均功率一定的条件下造成的有害信息最大。为此，在通信系统的设计中为了实现可靠的通信，通常将干扰视为高斯型干扰，即在最坏情况下进行系统设计是比较合理的。

信源在单位时间内输出的熵称为熵速率。连续信源的熵为连续信源每个样值的熵，若信源是信号带宽为 B 的时间连续信源，由采样定理可知，则可使用 $2B$ 的速率对连续信源进行采样。因此，连续信源的熵速率为

$$
H_t(X) = -2B\int_{-\infty}^{\infty} p(x)\log p(x)\mathrm{d}x = 2BH(X) \tag{3.4.21}
$$

例 3.4.1 求 N 维联合高斯分布的熵。

解：设 $\boldsymbol{X}=[X_1,X_2,\cdots,X_N]^{\mathrm{T}}$ 是 N 维联合高斯随机矢量，其均值矢量为 $\boldsymbol{M}=[m_1,m_2,\cdots,m_N]^{\mathrm{T}}$，其协方差为

$$
r_{ij} = E[(X_i-m_i)(X_j-m_j)] \quad i,j=1,2,\cdots,N
$$

因此，协方差矩阵为

$$
\boldsymbol{R} = [r_{ij}]
$$

N 维联合高斯分布的概率密度函数为

$$
p(x_1x_2\cdots x_N) = \frac{1}{\sqrt{(2\pi)^N|\boldsymbol{R}|}}\exp\left[-\frac{1}{2}(\boldsymbol{X}-\boldsymbol{M})^{\mathrm{T}}\boldsymbol{R}^{-1}(\boldsymbol{X}-\boldsymbol{M})\right]
$$

因此联合熵为

$$\begin{aligned}H(X_1X_2\cdots X_N)&=-\int_{-\infty}^{\infty}\int_{-\infty}^{\infty}\cdots\int_{-\infty}^{\infty}p(x_1x_2\cdots x_N)\ln p(x_1x_2\cdots x_N)\mathrm{d}x_1\mathrm{d}x_2\cdots\mathrm{d}x_N\\&=-\int_{-\infty}^{\infty}\int_{-\infty}^{\infty}\cdots\int_{-\infty}^{\infty}p(x_1x_2\cdots x_N)\left[\ln\frac{1}{\sqrt{(2\pi)^N|\boldsymbol{R}|}}-\frac{1}{2}(\boldsymbol{X}-\boldsymbol{M})^{\mathrm{T}}\boldsymbol{R}^{-1}(\boldsymbol{X}-\boldsymbol{M})\right]\mathrm{d}x_1\mathrm{d}x_2\cdots\mathrm{d}x_N\\&=\ln\sqrt{(2\pi)^N|\boldsymbol{R}|}+\int_{-\infty}^{\infty}\int_{-\infty}^{\infty}\cdots\int_{-\infty}^{\infty}p(x_1x_2\cdots x_N)\cdot\frac{1}{2}(\boldsymbol{X}-\boldsymbol{M})^{\mathrm{T}}\boldsymbol{R}^{-1}(\boldsymbol{X}-\boldsymbol{M})\,\mathrm{d}x_1\mathrm{d}x_2\cdots\mathrm{d}x_N\\&=\ln\sqrt{(2\pi)^N|\boldsymbol{R}|}+\frac{N}{2}\end{aligned}$$

当 $\boldsymbol{X}=[X_1,X_2,\cdots,X_N]^{\mathrm{T}}$ 中各分量 $X_1,X_2,\cdots,X_N$ 相互独立时，有

$$|\boldsymbol{R}|=\prod_{i=1}^{N}\sigma_i^2$$

此时，联合熵为

$$\begin{aligned}H(X_1X_2\cdots X_N)&=\ln\sqrt{(2\pi)^N|\boldsymbol{R}|}+\frac{N}{2}\\&=\frac{N}{2}\ln 2\pi+\frac{1}{2}\sum_{i=1}^{N}\sigma_i^2+\frac{N}{2}\end{aligned}$$

3.5　信源的相关性与冗余度

当离散平稳信源输出符号为一个随机序列时，根据式（3.3.27）可知

$$\begin{aligned}H_\infty(X)\leqslant H(X_N|X_1X_2\cdots X_{N-1})\leqslant H(X_{N-1}|X_1X_2\cdots X_{N-2})\leqslant\cdots\\\leqslant H(X_2|X_1)\leqslant H(X_1)\leqslant H_{\max}(X)\end{aligned}$$

其中，$H_{\max}(X)$ 表示离散平稳信源的最大熵，若信源符号数为 q，当信源符号相互独立且等概率分布时，信源熵达到最大值为 $H_{\max}(X)=\log q$； $H_\infty(X)$ 为信源的极限熵。

可见，信源输出符号间的依赖关系使得信源熵减小，这就是信源的相关性。显然，信源输出符号间的相关性越强，即信源符号间的依赖关系越强，信源的实际熵越小，越接近极限熵；当信源输出符号间无统计依赖关系（无相关性），并且信源符号等概率分布时，信源的实际熵达到最大值 $H_{\max}(X)$。

定义 3.5.1　定义信源的极限熵 $H_\infty(X)$ 与具有同样符号集的最大熵 $H_{\max}(X)$ 的比值为信息效率，即

$$\eta=\frac{H_\infty(X)}{H_{\max}(X)} \tag{3.5.1}$$

η 表示信源的极限熵 $H_\infty(X)$ 与最大熵 $H_{\max}(X)$ 之间的差异程度，因此 $0\leqslant\eta\leqslant1$。

从理论上讲，如果知道信源的所有维分布，则此时只需传输 $H_\infty(X)$ 的信息量即可，但当只知道信源符号有 q 个取值，而对其概率分布一无所知时，合理的推测是 q 个取值为等概率

分布且信源符号间是相互独立的，此时熵取最大值 $H_{\max}(X)=\log q$ ，而剩余的 $H_{\max}(X)-H_{\infty}(X)$ 是无须传输的信息量，因此定义了信源的冗余度。

定义 3.5.2 信源的冗余度又称为剩余度或多余度，定义为

$$\gamma=1-\eta=1-\frac{H_{\infty}(X)}{H_{\max}(X)} \tag{3.5.2}$$

其中，γ 表示信源中的无用信息，即 $H_{\max}(X)-H_{\infty}(X)$ 相对 $H_{\max}(X)$ 所占的比例。

信源的冗余度主要来自以下两个方面。

（1）信源输出符号间的相关性。信源输出符号间的依赖性越强，即相关程度越高，信源实际的熵越小，信源的冗余度就越大。反之，相关程度越低，信源的冗余度就越小。

（2）信源符号分布的不均匀性。当信源符号等概率分布时，信源熵最大，而实际应用中的信源一般是非均匀分布的，因此信源的实际熵会小于最大熵，因此信源会存在冗余度。

显然，当信源符号间无相关性（彼此相互独立），且信源符号等概率分布时，信源的冗余度为 0。

例如，对于英文信源，26 个英文字母加上空格，共计 27 个符号，其最大熵为

$$H_{\max}(X)=\log q=\log 27\approx 4.76\text{bit}/\text{符号}$$

根据相关研究可知，英文信源的极限熵 $H_{\infty}(X)\approx 1.4\text{bit}/\text{符号}$，因此英文信源的冗余度为

$$\gamma=1-\frac{H_{\infty}(X)}{H_{\max}(X)}=1-\frac{1.4}{4.76}\approx 0.71$$

这说明由于英文字母之间存在较强的相关性，每个英文字母实际提供的平均信息量（极限熵）远小于最大熵，从而导致该信源的冗余度较大。从理论上看，在使用英文字母写文章时，有 71%左右的符号是由于必须遵循英文语法结构的固有规定不得不使用的，仅有 29%的符号是作者为了表达自己的意思而自由选择的，即 100 页的英文文章从理论上看仅有 29 页是有效的，其余 71 页是多余的，可被压缩掉。

在实际通信中，信源的冗余度会降低系统的有效性，可以通过数据压缩来尽量减小信源的冗余度，增大信源输出符号所提供的平均信息量。但如果要提高信息抗干扰能力，则希望增加或保留冗余度，甚至人为地加入某些特殊的冗余度（可以通过信道编码来实现）。

习　题

3.1　有一条 100 个字符的英文信息，假定其中每个字符从 26 个英文字母和 1 个空格中等概率选取，那么该信息提供的信息量为多少？若将 27 个字符分为三类，9 个字符的出现概率占 2/7，13 个字符的出现概率占 4/7，5 个字符的出现占 1/7，而每类中字符等概率出现，求该字符信源的熵。

3.2　设有一个信源，产生的消息符号为 0 和 1。该信源在任意时间且不论以前发出过什

么消息符号，均按 $p(0)=0.9$，$p(1)=0.1$ 的概率发出符号。

（1）试问该信源是否是平稳的？

（2）试写出该信源的二次扩展信源的概率空间。

（3）计算 $H(X^2)$、$H(X_2|X_1)$、$H(X_5|X_1X_2X_3X_4)$ 及极限熵。

3.3　设信源产生的消息符号为 0 和 1，$p(0)=1/8$，求该信源的熵。若信源输出由 100 个 0 和 50 个 1 构成的序列，则收到该符号序列后能获得多少信息量？

3.4　有两个实验 X 和 Y，X 的实验结果集合为 $\{x_1,x_2\}$，Y 的实验结果集合为 $\{y_1,y_2,y_3,y_4\}$，X 和 Y 的联合概率矩阵为 $\boldsymbol{P}_{XY}=\begin{bmatrix}0 & \frac{1}{8} & \frac{1}{8} & \frac{3}{8}\\ \frac{1}{8} & 0 & \frac{1}{8} & \frac{1}{8}\end{bmatrix}$。

（1）如果有人告诉你 X 和 Y 的实验结果，你得到的平均信息量是多少？

（2）如果有人告诉你 Y 的实验结果，你得到的平均信息量是多少？

（3）如果在已知 Y 的实验结果的情况下，告诉你 X 的实验结果，你得到的平均信息量是多少？

（4）如果在已知 X 的实验结果的情况下，告诉你 Y 的实验结果，你得到的平均信息量是多少？

（5）在已知 X 的实验结果的情况下，你得到的 Y 的平均信息量是多少？

3.5　如果每帧电视图像可以认为是由 3×10^5 个像素组成的，所有像素均是独立变化的，且每个像素可以取 128 个不同的亮度电平，并设亮度电平是等概率出现的，试问每帧图像含有多少信息量？

3.6　设有一个离散无记忆信源，其概率空间为

$$\begin{bmatrix}X\\P\end{bmatrix}=\begin{bmatrix}a_1=0 & a_2=1 & a_3=2 & a_4=3\\ \frac{1}{2} & \frac{1}{8} & \frac{1}{8} & \frac{1}{4}\end{bmatrix}$$

该信源输出一个符号序列 202102130213000123，此消息包含的信息量是多少？在此消息中平均每个符号携带的信息量是多少？

3.7　某一离散平稳有记忆信源 X 的概率空间为 $\begin{bmatrix}X\\P\end{bmatrix}=\begin{bmatrix}a_1 & a_2 & a_3\\ \frac{4}{9} & \frac{4}{9} & \frac{1}{9}\end{bmatrix}$。二维离散平稳有记忆信源中前后两个符号的关联度由条件概率 $p(X_2=a_j|X_1=a_i)$ 表示，如表 3.3 所示。

表 3.3　习题 3.7 表

$X_1=a_i$	$X_2=a_j$		
	a_1	a_2	a_3
a_1	9/11	2/11	0
a_2	1/8	3/4	1/8
a_3	0	2/9	7/9

（1）计算 $H(X_1X_2)$、$H(X_1|X_2)$、$H_2(X_1X_2)$ 及极限熵。

（2）比较 $H(X_1X_2)$、$H(X_1|X_2)$、$H_2(X_1X_2)$、$H(X)$ 及极限熵的大小，并进行分析说明。

3.8　一个连续信源 X 的概率密度函数为 $p(x)=\begin{cases}\frac{1}{2}x, & 0\text{V}\leqslant x\leqslant 2\text{V}\\ 0, & \text{其他}\end{cases}$，求该连续信源的熵。

3.9　一个一阶马尔可夫信源，其转移概率为 $p(S_1|S_1)=0.8$，$p(S_2|S_1)=0.2$，$p(S_1|S_2)=1$，$p(S_2|S_2)=0$。

（1）画出状态转移图。

（2）计算稳态概率分布。

（3）计算马尔可夫信源的极限熵。

（4）计算稳态下 H_1、H_2 及其对应的冗余度。

3.10　设一个二阶马尔可夫信源，其信源符号集合为 $A=\{0,1\}$，条件概率如下：$p(0|00)=0.8$，$p(1|00)=0.2$，$p(0|11)=0.5$，$p(1|11)=0.5$，$p(0|01)=0.4$，$p(1|01)=0.6$，$p(0|10)=0.6$，$p(1|10)=0.4$。

（1）画出状态转移图。

（2）计算稳态概率分布。

（3）计算马尔可夫信源的极限熵。

3.11　一个马尔可夫信源的状态转移图如图 3.4 所示。

（1）计算稳态概率分布。

（2）若在初始时刻 $i=0$ 时信源处于状态 S_4，求时刻 $i=4$ 时 $x_i=a_2$ 的概率。

（3）计算达到稳态时，信源输出符号序列 $a_1a_2a_1a_2a_2$ 的概率。

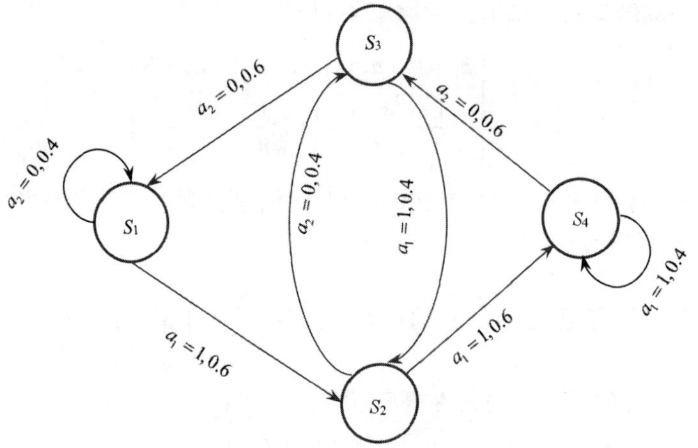

图 3.4　习题 3.11 图

3.12　设离散型随机变量 X、Y、Z 构成马尔可夫链，试证明：

（1）$I(X;Z|Y)=0$。

（2）$I(XY;Z)=I(Y;Z)$。

（3）$I(Y;Z|X)=I(Y;Z)-I(X;Z)$。

3.13　试证明：$H(X_1X_2\cdots X_N)\leqslant H(X_1)$。

3.14 设有两个相互独立的随机变量 X 和 Y，定义随机变量 $Z=X+Y$，试证明：

（1）$H(XY)\geqslant H(Z)$。

（2）$I(XY;Z)=H(Z)$；$I(X;YZ)=H(X)$；$I(Y;Z|X)=H(Y)$。

（3）$I(X;Y|Z)=H(X|Z)=H(Y|Z)$。

3.15 对于任意随机变量 X、Y、Z，试证明以下三角不等式成立。

（1）$H(X|Y)+H(Y|Z)\geqslant H(X|Z)$。

（2）$\dfrac{H(X|Y)}{H(XY)}+\dfrac{H(Y|Z)}{H(YZ)}\geqslant\dfrac{H(X|Z)}{H(XZ)}$。

3.16 设 X 为连续型随机变量，取值范围为 $[0,\infty]$，其概率密度函数为 $p(x)$ 且满足 $\int_0^{\infty}xp(x)\mathrm{d}x=m$，求最大熵及相应的概率密度函数 $p(x)$。

3.17 设 X 是在区间 $[0,3]$ 内服从均匀分布的随机变量，试求 $H(X)$、$H(X^2)$ 及 $H(X^3)$。

3.18 设 X 和 Y 为连续型随机变量，且 X 的概率密度函数为 $p(x)=\dfrac{1}{\sqrt{4\pi\sigma^2}}\mathrm{e}^{-\frac{x^2}{4\sigma^2}}$，条件概率密度函数为 $p(y|x)=\dfrac{1}{\sqrt{3\pi\sigma^2}}\mathrm{e}^{\frac{-(y-\frac{1}{2}x)^2}{3\sigma^2}}$，其中，$x>-\infty$，$y<\infty$，求 $H(X)$、$H(XY)$、$H(Y|X)$ 及 $I(Y;X)$。

3.19 设有两个连续型随机变量 X 和 Y，联合概率密度函数为 $p(xy)=\dfrac{1}{2x^2y}$，$1\leqslant x\leqslant\infty$，$\dfrac{1}{x}\leqslant y\leqslant x$，求 $H(X)$、$H(XY)$、$H(Y|X)$ 及 $I(Y;X)$。

3.20 设连续型随机变量 X 的概率密度函数为 $p(x)$，熵为 $H(X)$，试证明：

$$\int_{-\infty}^{\infty}x^2p(x)\mathrm{d}x\geqslant\frac{1}{2\pi}\mathrm{e}^{-\frac{2H(X)}{\log\mathrm{e}}}$$

第 4 章
信道及其信道容量

4.1 信道的数学模型及分类

信道是消息传输的媒介或通道。信道的主要作用是通过传输信号的方式来传输信息或存储信息。

信道可以完成信息的空间传输和时间传输。在实际通信中，各种物理通道，如电缆、光缆或无线电波的传播空间等，就属于空间传输的信道。而磁带、光盘或硬盘等存储介质能够将信息存储起来，以便后续存取的信道就属于完成信息的时间传输的信道。

不论哪种类型的信道，都有一个输入和一个与输入有关的输出。通常会根据研究的目的来选择信道的输入点和输出点在一个实际物理通道中所处的位置。例如，可以把卫星的发射天线到接收天线之间的通道看作信道，也可以把移动终端到基站之间的通道看作信道。不同的物理信道在信号的传输过程中引入的噪声或干扰类型不同，信息论不重点研究信号在信道中的具体传输过程，一般将噪声或干扰对信号传输的影响表示为信道的统计特性，在此基础上研究信息传输的问题。

在信息论中，对信道的研究主要解决以下几个问题：①如何构建信道的数学模型，即如何描述信道的统计特性？②如何衡量信道的信息传输能力，即如何定义和求解各种信道的容量？③在有噪信道中能否实现无失真的传输？如果可以实现可靠的传输，需要满足什么条件？这个问题将在第 6 章中回答。下面先重点讨论信道的建模问题。

信道可用图 4.1 所示的数学模型表示。

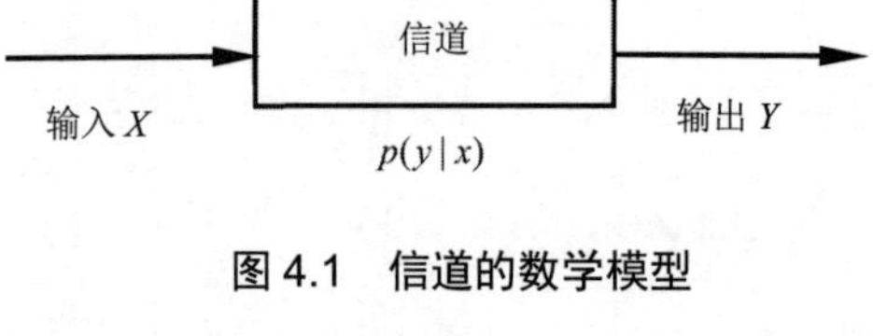

图 4.1 信道的数学模型

信道可以看作一个变换器，由于信道中总是存在噪声或干扰，因此信号通过信道后会产生错误和失真，即信道会将输入事件 x 以一定的概率变换成可能的输出事件 y，可用条件概率分布或条件概率密度 $p(y|x)$ 来表示这种统计依赖关系。因此可将信道的数学模型表示为

$$\{X, p(y|x), Y\} \tag{4.1.1}$$

其中，X 和 Y 分别表示输入事件和输出事件的概率空间，$p(y|x)$ 称为传递概率或转移概率。

可以从多种不同的角度来对信道进行分类。

1．按输入、输出在时间和取值上连续与否来划分

（1）离散信道：又称为数字信道，是输入和输出在时间和取值上都离散的信道。因此，对于单符号的离散信道，其输入、输出可以分别用离散型随机变量 X 和 Y 表示。

（2）时间离散的连续信道：输入和输出在时间上离散，而其取值均连续的信道。其输入和输出均为连续型随机变量序列，即可分别表示为 $\boldsymbol{X}=X_1X_2\cdots X_N$ 和 $\boldsymbol{Y}=Y_1Y_2\cdots Y_N$，序列 $\boldsymbol{X}$ 和序列 $\boldsymbol{Y}$ 中的随机变量 X_i（$i=1,2,\cdots,N$）和 Y_j（$j=1,2,\cdots,N$）均为连续型随机变量。

（3）波形信道：又称为时间连续信道，信道输入和输出的取值都是连续的，并且还随时间连续变化，因此信道的输入和输出可以分别用随机过程 $X(t)$ 和 $Y(t)$ 来表示，此时信道的干扰也可以看作时间 t 的连续函数。

（4）半离散（或半连续）信道：信道的输入和输出，一个是离散的，一个是连续的。输入离散、输出连续的信道称为输入离散输出连续信道。相应地，输入连续、输出离散的信道称为输入连续输出离散信道。

2．按信道的输入和输出的数量来划分

（1）两用户（两端）信道：又称为单路信道，是只有一个输入和一个输出的单向信道。

（2）多用户（多端）信道：在输入或在输出中至少有一个有两个以上的用户，即有至少三个用户之间相互通信的信道。

3．按信道的统计特性来划分

（1）恒参信道：又称为平稳信道，即信道的统计特性不随时间变化。例如，卫星通信信道在某种意义上可近似为恒参信道。

（2）随参信道：又称为非平稳信道，即信道的统计特性随时间变化。例如，短波通信信道和移动通信信道均为随参信道。

4．按信道的记忆特性来划分

（1）无记忆信道：信道的输出只与信道当前时刻的输入有关而与其他时刻的输入无关。

（2）有记忆信道：信道的输出不仅与信道当前时刻的输入有关，还与其他时刻的输入有统计关联。实际信道一般都是有记忆的。如果信道的输出只与前面有限时刻的输入有关，则称为有限记忆信道。例如，码间串扰信道和衰减信道都是有记忆信道。

4.2　离散信道及其信道容量

4.2.1　离散信道的数学模型

离散信道的数学模型如图 4.2 所示。设离散信道的输入序列为 $\boldsymbol{X}=X_1X_2\cdots X_N$，输入序列

$\boldsymbol{X}$ 的取值记为 $\boldsymbol{x}=x_1x_2\cdots x_N$，其中，$x_i\in A$，$i=1,2,\cdots,N$，$A=\{a_1,a_2,\cdots,a_r\}$ 为信道输入的码符号集合。离散信道的输出序列为 $\boldsymbol{Y}=Y_1Y_2\cdots Y_N$，输出序列 $\boldsymbol{Y}$ 的取值记为 $\boldsymbol{y}=y_1y_2\cdots y_N$，其中，$y_i\in B$，$i=1,2,\cdots,N$，$B=\{b_1,b_2,\cdots,b_s\}$ 为信道输出的码符号集合。信道特性可用传递概率 $p(\boldsymbol{y}|\boldsymbol{x})$ 来表示

$$p(\boldsymbol{y}|\boldsymbol{x})=p(y_1y_2\cdots y_N|x_1x_2\cdots x_N) \tag{4.2.1}$$

$p(\boldsymbol{y}|\boldsymbol{x})$ 描述了输入信号 $\boldsymbol{x}$ 和输出信号 $\boldsymbol{y}$ 之间的统计依赖关系，离散信道的数学模型可表示为

$$\{\boldsymbol{X},\ p(\boldsymbol{y}|\boldsymbol{x}),\ \boldsymbol{Y}\} \tag{4.2.2}$$

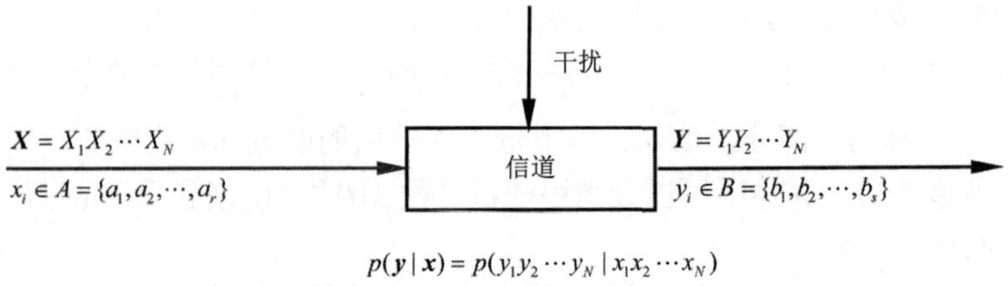

图 4.2　离散信道的数学模型

定义 4.2.1　对于输入和输出分别为任意 N 长序列 $\boldsymbol{X}$ 和序列 $\boldsymbol{Y}$ 的离散信道，若信道传递概率 $p(\boldsymbol{y}|\boldsymbol{x})$ 满足

$$p(\boldsymbol{y}|\boldsymbol{x})=p(y_1y_2\cdots y_N|x_1x_2\cdots x_N)=\prod_{i=1}^{N}p(y_i|x_i) \tag{4.2.3}$$

则称该信道为离散无记忆信道（Discrete Memoryless Channel，DMC），其数学模型为 $\{\boldsymbol{X},\ p(y_i|x_i),\ \boldsymbol{Y}\}$，其中 $p(y_i|x_i)$ 表示信道第 i 个时刻输入为 x_i，输出为 y_i 的条件概率或传递概率。

式（4.2.3）为离散无记忆信道的充分必要条件。

证明：充分性，即证明若信道传递概率 $p(\boldsymbol{y}|\boldsymbol{x})$ 满足式（4.2.3），则离散信道为无记忆信道。

对于输入和输出分别为任意 N 长序列 $\boldsymbol{X}$ 和序列 $\boldsymbol{Y}$ 的离散信道，信道传递概率 $p(\boldsymbol{y}|\boldsymbol{x})$ 为

$$\begin{aligned}p(\boldsymbol{y}|\boldsymbol{x})&=p(y_1y_2\cdots y_N|x_1x_2\cdots x_N)\\&=p(y_1|x_1x_2\cdots x_N)p(y_2y_3\cdots y_N|x_1x_2\cdots x_Ny_1)\\&=p(y_1|x_1x_2\cdots x_N)p(y_2|x_1x_2\cdots x_Ny_1)p(y_3\cdots y_N|x_1x_2\cdots x_Ny_1y_2)\\&=p(y_1|x_1x_2\cdots x_N)p(y_2|x_1x_2\cdots x_Ny_1)p(y_3|x_1x_2\cdots x_Ny_1y_2)\cdots\\&\quad\ p(y_{N-1}|x_1x_2\cdots x_Ny_1y_2\cdots y_{N-2})p(y_N|x_1x_2\cdots x_Ny_1y_2\cdots y_{N-1})\end{aligned} \tag{4.2.4}$$

上式右边的条件概率 $p(y_N|x_1x_2\cdots x_Ny_1y_2\cdots y_{N-1})$ 可表示为

$$p(y_N|x_1x_2\ldots x_Ny_1y_2\ldots y_{N-1})=\frac{p(y_1y_2\ldots y_N|x_1x_2\ldots x_N)}{p(y_1y_2\ldots y_{N-1}|x_1x_2\ldots x_N)}$$

若信道传递概率 $p(\boldsymbol{y}|\boldsymbol{x})$ 满足式（4.2.3），则

$$
\begin{aligned}
p(y_N \mid x_1x_2\cdots x_N y_1y_2\cdots y_{N-1}) &= \frac{\prod_{i=1}^{N} p(y_i \mid x_i)}{\sum_{Y_N} p(y_1y_2\cdots y_N \mid x_1x_2\cdots x_N)} \\
&= \frac{\prod_{i=1}^{N} p(y_i \mid x_i)}{\sum_{Y_N}\left[\prod_{i=1}^{N} p(y_i \mid x_i)\right]} = \frac{\prod_{i=1}^{N-1} p(y_i \mid x_i)\cdot p(y_N \mid x_N)}{\sum_{Y_N}\left[\prod_{i=1}^{N-1} p(y_i \mid x_i)\cdot p(y_N \mid x_N)\right]} \\
&= \frac{\prod_{i=1}^{N-1} p(y_i \mid x_i)\cdot p(y_N \mid x_N)}{\prod_{i=1}^{N-1} p(y_i \mid x_i)\cdot \sum_{Y_N}[p(y_N \mid x_N)]} = \frac{p(y_N \mid x_N)}{\sum_{Y_N}[p(y_N \mid x_N)]}
\end{aligned}
$$

由概率的完备性可得

$$
\begin{aligned}
\sum_{Y} p(\boldsymbol{y} \mid \boldsymbol{x}) &= \sum_{Y_1}\sum_{Y_2}\cdots\sum_{Y_N} p(y_1y_2\cdots y_N \mid x_1x_2\cdots x_N) \\
&= \sum_{Y_1}\sum_{Y_2}\cdots\sum_{Y_N} p(y_1 \mid x_1)p(y_2 \mid x_2)\cdots p(y_N \mid x_N) \\
&= \sum_{Y_1} p(y_1 \mid x_1)\sum_{Y_2} p(y_2 \mid x_2)\cdots\sum_{Y_N} p(y_N \mid x_N) = 1
\end{aligned}
$$

则有

$$
\begin{cases}
\sum_{Y_1} p(y_1 \mid x_1) = 1 \\
\sum_{Y_2} p(y_2 \mid x_2) = 1 \\
\quad\vdots \\
\sum_{Y_N} p(y_N \mid x_N) = 1
\end{cases}
$$

因此，有

$$
p(y_N \mid x_1x_2\cdots x_N y_1y_2\cdots y_{N-1}) = p(y_N \mid x_N) \tag{4.2.5}
$$

同理可得

$$
\begin{aligned}
p(y_{N-1} \mid x_1x_2\ldots x_N y_1y_2\ldots y_{N-2}) &= \frac{p(y_1y_2\cdots y_{N-1} \mid x_1x_2\cdots x_N)}{p(y_1y_2\cdots y_{N-2} \mid x_1x_2\cdots x_N)} \\
&= \frac{\sum_{Y_N} p(y_1y_2\cdots y_{N-1}y_N \mid x_1x_2\cdots x_N)}{\sum_{Y_N}\sum_{Y_{N-1}} p(y_1y_2\cdots y_{N-1}y_N \mid x_1x_2\cdots x_N)} = \frac{\sum_{Y_N}\prod_{i=1}^{N} p(y_i \mid x_i)}{\sum_{Y_N}\sum_{Y_{N-1}}\prod_{i=1}^{N} p(y_i \mid x_i)}
\end{aligned}
$$

$$=\frac{\prod_{i=1}^{N-1}p(y_i\,|\,x_i)\cdot\sum_{Y_N}p(y_N\,|\,x_N)}{\prod_{i=1}^{N-2}p(y_i\,|\,x_i)\cdot\sum_{Y_N}p(y_N\,|\,x_N)\cdot\sum_{Y_{N-1}}p(y_{N-1}\,|\,x_{N-1})}=p(y_{N-1}\,|\,x_{N-1})\tag{4.2.6}$$

依次可得

$$\begin{aligned}&p(y_{N-2}\,|\,x_1x_2\cdots x_Ny_1y_2\cdots y_{N-3})=p(y_{N-2}\,|\,x_{N-2})\\&\vdots\\&p(y_2\,|\,x_1x_2\cdots x_Ny_1)=p(y_2\,|\,x_2)\\&p(y_1\,|\,x_1x_2\cdots x_N)=p(y_1\,|\,x_1)\end{aligned}\tag{4.2.7}$$

由式（4.2.5）～式（4.2.7）可知，离散信道在第 i 个时刻的输出 y_i（$i=1,2,\cdots,N$）只与该时刻的输入 x_i（$i=1,2,\cdots,N$）有关，与其他时刻的输入和输出都无关，所以该信道是离散无记忆信道。

充分性得证。

证明：必要性，即证明若信道为离散无记忆信道，则必须满足式（4.2.3）。

对于输入和输出分别为任意 N 长序列 $\boldsymbol{X}$ 和序列 $\boldsymbol{Y}$ 的离散信道，信道传递概率 $p(\boldsymbol{y}\,|\,\boldsymbol{x})$ 可表示为式（4.2.4）。

由离散无记忆信道的定义可知

$$\begin{aligned}&p(y_1\,|\,x_1x_2\cdots x_N)=p(y_1\,|\,x_1)\\&p(y_2\,|\,x_1x_2\cdots x_Ny_1)=p(y_2\,|\,x_2)\\&\vdots\\&p(y_{N-2}\,|\,x_1x_2\cdots x_Ny_1y_2\cdots y_{N-3})=p(y_{N-2}\,|\,x_{N-2})\\&p(y_N\,|\,x_1x_2\cdots x_Ny_1y_2\cdots y_{N-1})=p(y_N\,|\,x_N)\end{aligned}$$

显然，当信道离散无记忆时，可得

$$\begin{aligned}p(\boldsymbol{y}\,|\,\boldsymbol{x})&=p(y_1y_2\cdots y_N\,|\,x_1x_2\cdots x_N)\\&=p(y_1\,|\,x_1x_2\cdots x_N)p(y_2\,|\,x_1x_2\cdots x_Ny_1)p(y_3\,|\,x_1x_2\cdots x_Ny_1y_2)\cdots\\&\quad p(y_{N-1}\,|\,x_1x_2\cdots x_Ny_1y_2\cdots y_{N-2})p(y_N\,|\,x_1x_2\cdots x_Ny_1y_2\cdots y_{N-1})\\&=\prod_{i=1}^{N}p(y_i\,|\,x_i)\end{aligned}$$

必要性得证。

定义 4.2.2 如果离散无记忆信道的传递概率不随时间变化，即对于任意时刻 m 和 n，满足

$$p(y_m=b_j\,|\,x_m=a_i)=p(y_n=b_j\,|\,x_n=a_i)\tag{4.2.8}$$

其中，$p(y_k=b_j\,|\,x_k=a_i)$ 表示信道在第 k 个时刻输入 $x_k=a_i$，$a_i\in A=\{a_1,a_2,\cdots,a_r\}$，输出 $y_k=b_j$，$b_i\in B=\{b_1,b_2,\cdots,b_s\}$ 的传递概率，则该信道称为平稳信道，又称为恒参信道。

平稳信道的传递概率不随时间变化，平稳离散无记忆信道可以用一维概率描述。因此，平稳离散无记忆信道的数学模型为$\{X, p(y|x), Y\}$。一般情况下，如果无特殊说明，离散无记忆信道都意味着满足平稳条件。这样，离散无记忆信道只需要考虑单个码元符号传输的情况。

4.2.2　单符号离散信道及其信道容量

1. 数学模型

定义 4.2.3　输入、输出都取值于离散符号集，且都用一个随机变量来表示的信道称为单符号离散信道。

设单符号离散信道的输入和输出分别为随机变量 X 和 Y，其概率空间为

$$\begin{bmatrix} X \\ P \end{bmatrix} = \begin{bmatrix} a_1 & a_2 & \cdots & a_r \\ p(a_1) & p(a_2) & \cdots & p(a_r) \end{bmatrix}$$

$$\begin{bmatrix} Y \\ P \end{bmatrix} = \begin{bmatrix} b_1 & b_2 & \cdots & b_s \\ p(b_1) & p(b_2) & \cdots & p(b_s) \end{bmatrix}$$

该信道的传递概率为

$$p(y|x) = p(Y=b_j | X=a_i) = p(b_j | a_i) = p_{ij}$$

其中，$i=1,2,\cdots,r$；$j=1,2,\cdots,s$。根据概率的非负性与完备性，可知

$$1 \geqslant p(b_j | a_i) \geqslant 0，\ i=1,2,\cdots,r；\ j=1,2,\cdots,s$$

$$\sum_{j=1}^{s} p(b_j | a_i) = 1，\ i=1,2,\cdots,r$$

可以将信道的传递概率用矩阵表示为

$$\boldsymbol{P}_{Y|X} = \begin{bmatrix} p_{11} & p_{12} & \cdots & p_{1s} \\ p_{21} & p_{22} & \cdots & p_{2s} \\ \vdots & \vdots & & \vdots \\ p_{r1} & p_{r2} & \cdots & p_{rs} \end{bmatrix} \tag{4.2.9}$$

该矩阵称为信道转移矩阵，简称为信道矩阵。

信道矩阵 $\boldsymbol{P}_{Y|X}$ 是一个 $r \times s$ 的矩阵，它描述了信道中的干扰对输入符号传输的影响。由于干扰或噪声的存在，信道输入符号 a_i（$i=1,2,\cdots,r$）在传输过程中出现错误，使得信道输出符号 y_j 为 $b_1, b_2, \cdots, b_s$ 中的某一个，因此信道矩阵 $\boldsymbol{P}_{Y|X}$ 的每行元素之和必为 1，而每列元素之和不一定为 1。

当信道输入 X 的先验概率 $p(a_i)$ 和信道的传递概率 $p(b_j | a_i)$ 已知时，信道输入符号、输出符号的联合概率为

$$p(a_ib_j)=p(a_i)p(b_j\,|\,a_i) \tag{4.2.10}$$

通常也将 $p(b_j\,|\,a_i)$ 称为前向概率，它描述了信道噪声的特性。

根据概率知识可知，联合概率 $p(a_ib_j)$ 也可以表示为

$$p(a_ib_j)=p(b_j)p(a_i\,|\,b_j)$$

其中，$p(a_i\,|\,b_j)$ 称为后向概率，表示当接收到符号为 b_j 时，信道的输入符号为 a_i 的概率，因此 $p(a_i\,|\,b_j)$ 也称为后验概率。

显然，当信道输入 X 的先验概率 $p(a_i)$ 和信道的传递概率 $p(b_j\,|\,a_i)$ 已知时，可以计算出信道输出符号的概率

$$p(b_j)=\sum_{i=1}^{r}p(a_i)p(b_j\,|\,a_i)\text{，}\ j=1,2,\cdots,s$$

信道输出符号的概率 $p(b_j)$ 也可以用矩阵表示为

$$\begin{bmatrix}p(b_1) & p(b_2) & \cdots & p(b_s)\end{bmatrix}=\begin{bmatrix}p(a_1) & p(a_2) & \cdots & p(a_r)\end{bmatrix}\boldsymbol{P}_{Y|X} \tag{4.2.11}$$

应用贝叶斯公式，由先验概率 $p(a_i)$ 和传递概率 $p(b_j\,|\,a_i)$，可以得到后向概率

$$p(a_i\,|\,b_j)=\frac{p(a_ib_j)}{p(b_j)}=\frac{p(a_i)p(b_j\,|\,a_i)}{\sum\limits_{i=1}^{r}p(a_ib_j)}=\frac{p(a_i)p(b_j\,|\,a_i)}{\sum\limits_{i=1}^{r}p(a_i)p(b_j\,|\,a_i)} \tag{4.2.12}$$

其中，$i=1,2,\cdots,r;\ j=1,2,\cdots,s$。

例 4.2.1 一个单符号离散信道如图 4.3 所示，信道的输入 X 和输出 Y 的符号集合分别为 $A=\{0,1\}$ 和 $B=\{0,1\}$，信道的传递概率为

$$p(0\,|\,0)=p(1\,|\,1)=1-p=\overline{p}$$

$$p(0\,|\,1)=p(1\,|\,0)=p$$

其中，单符号正确传递的概率为 $\overline{p}$，错误传递的概率为 p，该信道称为二元对称信道（Binary Symmetric Channel，BSC）。二元对称信道的信道矩阵为

$$\boldsymbol{P}_{Y|X}=\begin{bmatrix}\overline{p} & p\\ p & \overline{p}\end{bmatrix}$$

例 4.2.2 一个单符号离散信道如图 4.4 所示，信道的输入 X 和输出 Y 的符号集合分别为 $A=\{0,1\}$ 和 $B=\{0,2,1\}$，输入 X 的概率分布为

$$\boldsymbol{P}_X=\begin{bmatrix}\frac{1}{3} & \frac{2}{3}\end{bmatrix}$$

求 $H(X)$、$H(Y)$、$H(Y\,|\,X)$ 和 $H(X\,|\,Y)$。

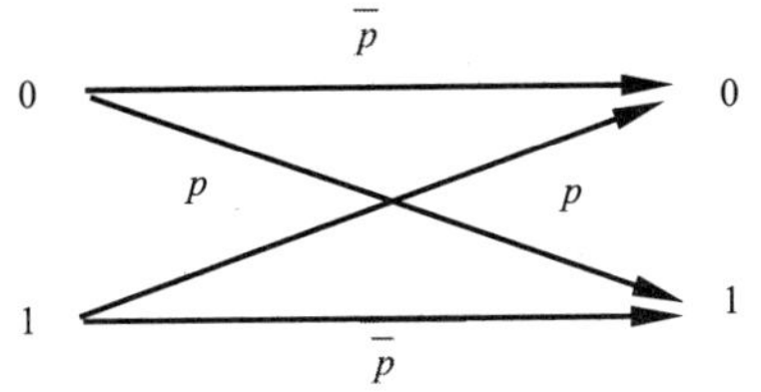

图 4.3　二元对称信道

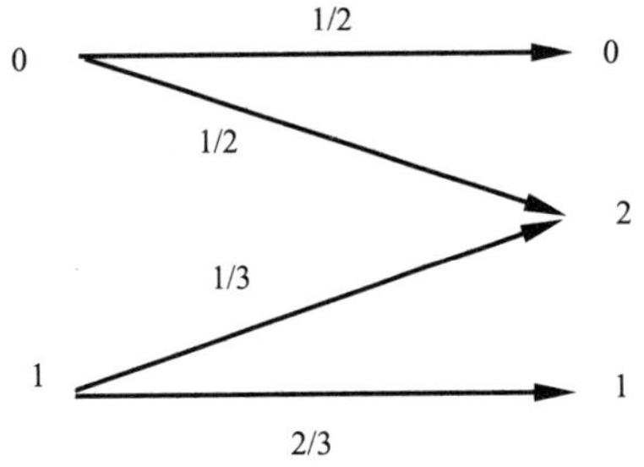

图 4.4　二元删除信道

解：由图 4.4 可知，该信道的信道矩阵为

$$\boldsymbol{P}_{Y|X}=\begin{bmatrix}\frac{1}{2} & \frac{1}{2} & 0\\ 0 & \frac{1}{3} & \frac{2}{3}\end{bmatrix}$$

该信道的输入 X 和输出 Y 的符号集合分别为 $A=\{0,1\}$ 和 $B=\{0,2,1\}$，输出集合中多了一个符号“2”。当输出端出现符号“2”时，说明信道传输中出现了错误，则可选择把符号“2”删除，从而避免把“0”错当作“1”，或把“1”错当作“0”，即避免了绝对错误，这样的信道称为二元删除信道。

输出 Y 的概率分布为

$$\boldsymbol{P}_Y=\boldsymbol{P}_X\boldsymbol{P}_{Y|X}=\begin{bmatrix}\frac{1}{3} & \frac{2}{3}\end{bmatrix}\times\begin{bmatrix}\frac{1}{2} & \frac{1}{2} & 0\\ 0 & \frac{1}{3} & \frac{2}{3}\end{bmatrix}=\begin{bmatrix}\frac{1}{6} & \frac{7}{18} & \frac{4}{9}\end{bmatrix}$$

根据式（4.2.10）计算信道输入符号、输出符号的联合概率 $p(a_ib_j)$，$i=1,2,\cdots,r$；$j=1,2,\cdots,s$，并表示为矩阵形式 $\boldsymbol{P}_{XY}$

$$\boldsymbol{P}_{XY}=\begin{bmatrix}\frac{1}{6} & \frac{1}{6} & 0\\ 0 & \frac{2}{9} & \frac{4}{9}\end{bmatrix}$$

根据式（4.2.12）计算后向概率 $p(a_i\,|\,b_j)$，$i=1,2,\cdots,r$；$j=1,2,\cdots,s$，并表示为矩阵形式 $\boldsymbol{P}_{X|Y}$

$$\boldsymbol{P}_{X|Y}=\begin{bmatrix}1 & \frac{3}{7} & 0\\ 0 & \frac{4}{7} & 1\end{bmatrix}$$

信道输入 X 的熵 $H(X)$ 为

$$H(X)=-\sum_{i=1}^{2}p(x_i)\log p(x_i)=-\frac{1}{3}\times\log\frac{1}{3}-\frac{2}{3}\times\log\frac{2}{3}\approx 0.918\ \text{bit}/\text{符号}$$

信道输出 Y 的熵 $H(Y)$ 为

$$H(Y) = -\sum_{j=1}^{3} p(y_j)\log p(y_j) = -\frac{1}{6}\times\log\frac{1}{6} - \frac{7}{18}\times\log\frac{7}{18} - \frac{4}{9}\times\log\frac{4}{9} \approx 1.481 \text{ bit / 符号}$$

条件熵 $H(Y|X)$ 为

$$H(Y|X) = -\sum_{i=1}^{2}\sum_{j=1}^{3} p(x_i y_j)\log p(y_j|x_i) = -\frac{1}{6}\times\log\frac{1}{2} - \frac{1}{6}\times\log\frac{1}{2} - \frac{2}{9}\times\log\frac{1}{3} - \frac{4}{9}\times\log\frac{2}{3} \approx 0.946 \text{ bit / 符号}$$

条件熵 $H(Y|X)$ 表示信道输入 X 已知时，要确定接收符号 Y 时所需要的平均信息量，因此 $H(Y|X)$ 可以看作确定信道噪声所需要的平均信息量，被称为噪声熵或散布度。

条件熵 $H(X|Y)$ 为

$$H(X|Y) = -\sum_{i=1}^{2}\sum_{j=1}^{3} p(x_i y_j)\log p(x_i|y_j) = -\frac{1}{6}\times\log 1 - \frac{1}{6}\times\log\frac{3}{7} - \frac{2}{9}\times\log\frac{4}{7} - \frac{4}{9}\times\log 1 \approx 0.383 \text{ bit / 符号}$$

$$\begin{aligned} H(X|Y=0) &= -\sum_{i} p(X=a_i|Y=0)\log p(X=a_i|Y=0) \\ &= -p(X=0|Y=0)\log p(X=0|Y=0) - p(X=1|Y=0)\log p(X=1|Y=0) \\ &= -1\times\log 1 - 0\times\log 0 = 0 \text{ bit / 符号} \end{aligned}$$

$$\begin{aligned} H(X|Y=2) &= -\sum_{i} p(X=a_i|Y=2)\log p(X=a_i|Y=2) \\ &= -p(X=0|Y=2)\log p(X=0|Y=2) - p(X=1|Y=2)\log p(X=1|Y=2) \\ &= -\frac{3}{7}\times\log\frac{3}{7} - \frac{4}{7}\times\log\frac{4}{7} \approx 0.985 \text{ bit / 符号} \end{aligned}$$

$$\begin{aligned} H(X|Y=1) &= -\sum_{i} p(X=a_i|Y=1)\log p(X=a_i|Y=1) \\ &= -p(X=0|Y=1)\log p(X=0|Y=1) - p(X=1|Y=1)\log p(X=1|Y=1) \\ &= -1\times\log 1 - 0\times\log 0 = 0 \text{ bit / 符号} \end{aligned}$$

条件熵 $H(X|Y)$ 表示信道输出端在收到全部符号 Y 后，输入 X 还存在的平均不确定性，因此 $H(X|Y)$ 被称为信道疑义度。$H(X|Y)$ 也描述了输入 X 的符号在经过有噪信道传输后损失的信息量，$H(X|Y)$ 又被称为损失熵。

在本例中，$H(X|Y)>0$ 且 $H(X|Y)<H(X)$，说明输入 X 在经过信道传输后损失掉了一部分信息量，但输入 X 的信息量 $H(X)$ 并没有完全损失在信道中。在接收端获得了一部分关于输入 X 的信息量为平均互信息量

$$I(X;Y) = H(X) - H(X|Y) \approx 0.535 \text{ bit / 符号}$$

$H(X|Y=2)>H(X)$ 说明在接收端观察到 Y=2 时，输入 X 的不确定性增大了。

$H(X|Y=0)=H(X|Y=1)=0$ 说明在接收端观察到 Y=0,1 时，输入 X 的不确定性被完全消除了，可以完全确定输入 X 发出的是哪个符号。这样，三者平均后的信道疑义度 $H(X|Y)$ 仍然满足小于 $H(X)$ 的性质。

2．平均互信息量与信道容量

根据平均互信息量的定义，可得

$$\begin{aligned}
I(X;\ Y) &= H(X)-H(X|Y) \\
&= \sum_X\sum_Y p(xy)\log\frac{p(x|y)}{p(x)} = \sum_X\sum_Y p(xy)\log\frac{p(x|y)p(y)}{p(x)p(y)} \\
&= \sum_X\sum_Y p(xy)\log\frac{p(xy)}{p(x)p(y)} = \sum_X\sum_Y p(xy)\log\frac{p(y|x)p(x)}{p(x)p(y)} \\
&= \sum_X\sum_Y p(xy)\log\frac{p(y|x)}{p(y)} = \sum_X\sum_Y p(xy)\log\frac{p(y|x)}{\sum\limits_X p(xy)} \\
&= \sum_X\sum_Y p(y|x)p(x)\log\frac{p(y|x)}{\sum\limits_X p(y|x)p(x)}
\end{aligned} \tag{4.2.13}$$

可见，平均互信息量 $I(X;\ Y)$ 为信源概率分布 $p(x)$ 和信道传递概率 $p(y|x)$ 的函数。实际上，平均互信息量 $I(X;\ Y)$ 为信源概率分布 $p(x)$ 和信道传递概率 $p(y|x)$ 的凸函数，下面的定理 4.2.1 和定理 4.2.2 说明了平均互信息量 $I(X;\ Y)$ 的凸性。

定理 4.2.1　对于固定的信道 $p(y|x)$，平均互信息量 $I(X;\ Y)$ 为信源概率分布 $p(x)$ 的上凸函数。

证明：对于固定的信道 $p(y|x)$，平均互信息量 $I(X;\ Y)$ 为信源概率分布 $p(x)$ 的函数，即

$$I(X;\ Y)=I[p(x)] \tag{4.2.14}$$

设两种信源的概率分布分别为 $p_1(x)$ 和 $p_2(x)$，再选择一个概率分布为 $p'(x)$ 的信源，令

$$p'(x)=\alpha p_1(x)+\bar{\alpha}p_2(x)$$

其中，$\alpha<1$，$\bar{\alpha}>0$ 且 $\alpha+\bar{\alpha}=1$。

根据式（4.2.14），可得

$$\begin{aligned}
&\alpha I[p_1(x)]+\bar{\alpha}I[p_2(x)]-I[p'(x)] \\
&= \sum_X\sum_Y \alpha p(y|x)p_1(x)\log\frac{p(y|x)}{p_1(y)} + \\
&\quad \sum_X\sum_Y \bar{\alpha}p(y|x)p_2(x)\log\frac{p(y|x)}{p_2(y)} - \sum_X\sum_Y p(y|x)p'(x)\log\frac{p(y|x)}{p'(y)} \\
&= \sum_X\sum_Y \alpha p(y|x)p_1(x)\log\frac{p(y|x)}{p_1(y)} + \sum_X\sum_Y \bar{\alpha}p(y|x)p_2(x)\log\frac{p(y|x)}{p_2(y)} - \\
&\quad \sum_{XY}[\alpha p(y|x)p_1(x)+\bar{\alpha}p(y|x)p_2(x)]\log\frac{p(y|x)}{p'(y)}
\end{aligned} \tag{4.2.15}$$

其中

$$p_1(y)=\sum_X p(y|x)p_1(x)$$

$$p_2(y)=\sum_X p(y|x)p_2(x)$$

$$p'(y)=\sum_X p(y|x)p'(x)$$

对式（4.2.15）进行合并得

$$\begin{aligned}
&\alpha I[p_1(x)]+\bar{\alpha}I[p_2(x)]-I[p'(x)]\\
&=\alpha\sum_X\sum_Y p(y|x)p_1(x)\log\frac{p(y|x)}{p_1(y)}\cdot\frac{p'(y)}{p(y|x)}+\\
&\quad\bar{\alpha}\sum_X\sum_Y p(y|x)p_2(x)\log\frac{p(y|x)}{p_2(y)}\cdot\frac{p'(y)}{p(y|x)}\\
&=\alpha\sum_Y\log\frac{p'(y)}{p_1(y)}\cdot\sum_X p(y|x)p_1(x)+\bar{\alpha}\sum_Y\log\frac{p'(y)}{p_2(y)}\cdot\sum_X p(y|x)p_2(x)\\
&=\alpha\sum_Y p_1(y)\log\frac{p'(y)}{p_1(y)}+\bar{\alpha}\sum_Y p_2(y)\log\frac{p'(y)}{p_2(y)}
\end{aligned}$$

对上式中的第一项 $\alpha\sum_Y p_1(y)\log\frac{p'(y)}{p_1(y)}$，利用不等式 $\ln x\leqslant x-1$（$x>0$），令 $x=p'(y)/p_1(y)$，得

$$\begin{aligned}
\alpha\sum_Y p_1(y)\log\frac{p'(y)}{p_1(y)}&\leqslant\alpha\log\mathrm{e}\left[\sum_Y p_1(y)\frac{p'(y)-p_1(y)}{p_1(y)}\right]\\
&=\alpha\log\mathrm{e}\left[\sum_Y p'(y)-\sum_Y p_1(y)\right]=\alpha\log\mathrm{e}\cdot(1-1)=0
\end{aligned}$$

同理，对上式中的第二项 $\bar{\alpha}\sum_Y p_2(y)\cdot\log\frac{p'(y)}{p_2(y)}$，可得

$$\bar{\alpha}\sum_Y p_2(y)\cdot\log\frac{p'(y)}{p_2(y)}\leqslant 0$$

可得

$$\alpha I[p_1(x)]+\bar{\alpha}I[p_2(x)]-I[p'(x)]\leqslant 0$$

即

$$\alpha I[p_1(x)]+\bar{\alpha}I[p_2(x)]\leqslant I[p'(x)] \tag{4.2.16}$$

得证。

定理 4.2.1 说明对于一个固定的信道 $p(y|x)$，总可以找到某一个概率分布为 $p(x)$ 的信源 X，使平均互信息量 $I(X;Y)$ 达到最大值 $\max\{I(X;Y)\}$，这个信源称为该信道的匹配信源。显然，不同信道的 $\max\{I(X;Y)\}$ 不同。

定理 4.2.2　对于固定的信源概率分布 $p(x)$，平均互信息量 $I(X;Y)$ 为信道传递概率 $p(y|x)$ 的下凸函数。

证明：对于固定的信源概率分布 $p(x)$，平均互信息量 $I(X;Y)$ 为信道传递概率 $p(y|x)$ 的函数，即

$$I(X;Y)=I[p(y|x)] \tag{4.2.17}$$

设两个信道的传递概率分别为 $p_1(y|x)$ 和 $p_2(y|x)$，再选择一个信道传递概率为 $p'(y|x)$ 的信道，令

$$p'(y|x)=\alpha p_1(y|x)+\bar{\alpha}p_2(y|x)$$

其中，$\alpha<1$，$\bar{\alpha}>0$ 且 $\alpha+\bar{\alpha}=1$。

根据式（4.2.17），可得

$$\begin{aligned}
&I[p'(y|x)]-\alpha I[p_1(y|x)]+\bar{\alpha}I[p_2(y|x)]\\
&=\sum_X\sum_Y p'(y|x)p(x)\log\frac{p'(x|y)}{p(x)}-\sum_X\sum_Y\alpha p_1(y|x)p(x)\log\frac{p_1(x|y)}{p(x)}-\\
&\quad\sum_X\sum_Y\bar{\alpha}p_2(y|x)p(x)\log\frac{p_2(y|x)}{p(x)}\\
&=\sum_X\sum_Y\alpha p_1(y|x)p(x)\log\frac{p'(x|y)}{p(x)}\cdot\frac{p(x)}{p_1(x|y)}+\sum_X\sum_Y\bar{\alpha}p_2(y|x)p(x)\log\frac{p'(x|y)}{p(x)}\cdot\frac{p(x)}{p_2(x|y)}\\
&=\sum_X\sum_Y\alpha p_1(y|x)p(x)\log\frac{p'(x|y)}{p_1(x|y)}+\sum_X\sum_Y\bar{\alpha}p_2(y|x)p(x)\log\frac{p'(x|y)}{p_2(x|y)}
\end{aligned} \tag{4.2.18}$$

其中

$$p_1(x|y)=\sum_Y p_1(y|x)p(x)$$

$$p_2(x|y)=\sum_Y p_2(y|x)p(x)$$

$$p'(x|y)=\sum_Y p'(y|x)p(x)$$

由于 $f=\log x\,(x>0)$ 为上凸函数，应用 Jenson 不等式 $E[f(x)]\leqslant f[E(x)]$，式（4.2.18）中的第一项为

$$\begin{aligned}
\sum_X\sum_Y\alpha p_1(y|x)p(x)\log\frac{p'(x|y)}{p_1(x|y)}&\leqslant\alpha\log\left[\sum_X\sum_Y p_1(y|x)p(x)\frac{p'(x|y)}{p_1(x|y)}\right]\\
&=\alpha\log\left[\sum_{XY}p_1(y)p'(x|y)\right]=\alpha\log\left[\sum_Y p_1(y)\sum_X p'(x|y)\right]\\
&=\alpha\log\sum_Y p_1(y)=\alpha\log 1=0
\end{aligned}$$

同理，式（4.2.18）中的第二项为

$$\sum_X \sum_Y \bar{\alpha} p_2(y|x)p(x)\log\frac{p'(x|y)}{p_2(x|y)} \leqslant 0$$

从而得

$$I[\alpha p_1(y|x)+\bar{\alpha}p_2(y|x)] \leqslant \alpha I[p_1(y|x)]+\bar{\alpha}I[p_2(y|x)] \tag{4.2.19}$$

得证。

定理 4.2.2 说明对于一个概率分布为 $p(x)$ 的固定信源 X，总可以找到某一个传递概率为 $p(y|x)$ 的信道，使平均互信息量 $I(X;Y)$ 达到其最小值 $\min\{I(X;Y)\}$。

例 4.2.3 对于例 4.2.1 中的二元对称信道，其信源的概率空间为 $\begin{bmatrix} X \\ P \end{bmatrix} = \begin{bmatrix} 0 & 1 \\ \alpha & 1-\alpha \end{bmatrix}$，求其平均互信息量 $I(X;Y)$。

解：条件熵 $H(Y|X)$ 为

$$\begin{aligned} H(Y|X) &= -\sum_X \sum_Y p(xy)\log p(y|x) = -\sum_X \sum_Y p(x)p(y|x)\log p(y|x) \\ &= \alpha\bar{p}\log\frac{1}{\bar{p}} + (1-\alpha)p\log\frac{1}{p} + \alpha p\log\frac{1}{p} + (1-\alpha)\bar{p}\log\frac{1}{\bar{p}} \\ &= \bar{p}\log\frac{1}{\bar{p}} + p\log\frac{1}{p} = H(p,\bar{p}) = H(p) \end{aligned}$$

输出 Y 的概率分布为

$$\boldsymbol{P}_Y = \boldsymbol{P}_X \boldsymbol{P}_{Y|X} = [\alpha \quad 1-\alpha]\begin{bmatrix} \bar{p} & p \\ p & \bar{p} \end{bmatrix} = \begin{bmatrix} \alpha\bar{p}+\bar{\alpha}p & \alpha p+\bar{\alpha}\bar{p} \end{bmatrix}$$

输出 Y 的熵为

$$\begin{aligned} H(Y) &= -\sum_Y p(y_j)\log p(y_j) = (\alpha\bar{p}+\bar{\alpha}p)\log\frac{1}{\alpha\bar{p}+\bar{\alpha}p} + (\alpha p+\bar{\alpha}\bar{p})\log\frac{1}{(\alpha p+\bar{\alpha}\bar{p})} \\ &= H(\alpha\bar{p}+\bar{\alpha}p \quad \alpha p+\bar{\alpha}\bar{p}) = H(\alpha\bar{p}+\bar{\alpha}p) \end{aligned}$$

由于

$$\alpha\bar{p}+\bar{\alpha}p = (1-\bar{\alpha})p + (1-\alpha)\bar{p} = p-\bar{\alpha}p+\bar{p}-\alpha\bar{p} = 1-(\alpha\bar{p}+\bar{\alpha}p)$$

因此，$H(Y)$ 是 $\alpha\bar{p}+\bar{\alpha}p$ 的函数，可表示为 $H(\alpha\bar{p}+\bar{\alpha}p)$。

二元对称信道的平均互信息量为

$$I(X;Y) = H(Y) - H(Y|X) = H(\alpha\bar{p}+\bar{\alpha}p) - H(p)$$

根据定理 4.2.1 和定理 4.2.2 可知，对于固定的二元对称信道（p 为一个常数），平均互信息量 $I(X;Y)$ 是信源概率分布 α 的上凸函数；对于固定的信源概率分布（α 为一个常数），平均互信息量 $I(X;Y)$ 是信道传递概率 p 的下凸函数。二元对称信道的平均互信息量 $I(X;Y)$ 如图 4.5 所示。

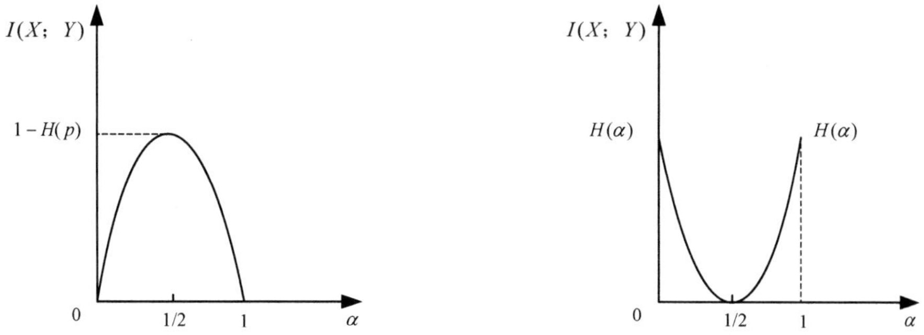

（a）信道固定　　（b）信源固定

图 4.5　二元对称信道的平均互信息量 $I(X;Y)$

图 4.5 中的曲线表明：

（1）当信道固定时，信源 X 的概率分布 α 不同，在接收端所获得的信息量也就不同。当 $\alpha=\bar{\alpha}=1/2$ 时，即信源输入等概率分布，二元对称信道的平均互信息量达到最大值，即

$$\begin{aligned}\max\{I(X;\ Y)\}&=\max\{H(\alpha\bar{p}+\bar{\alpha}p)-H(p)\}\\&=H\left(\frac{1}{2}\bar{p}+\frac{1}{2}p\right)-H(p)=H\left[\frac{1}{2}(1-p)+\frac{1}{2}p\right]-H(p)\qquad(4.2.20)\\&H\left(\frac{1}{2}\right)-H(p)=1-H(p)\end{aligned}$$

此时，信道输出端获得的信息量为最大值$1-H(p)$。

（2）当信源固定时，信道传递概率 p 不同（信道的特性不同），在接收端所获得的信息量也就不同。当 $p=\bar{p}=1/2$ 时，二元对称信道的平均互信息量为最小值，即

$$\begin{aligned}\min\{I(X;\ Y)\}&=\min\{H(\alpha\bar{p}+\bar{\alpha}p)-H(p)\}\\&=H\left(\frac{1}{2}\alpha+\frac{1}{2}\bar{\alpha}\right)-H\left(\frac{1}{2}\right)=H\left[\frac{1}{2}(1-p)+\frac{1}{2}p\right]-H(p)\qquad(4.2.21)\\&=H\left(\frac{1}{2}\right)-H\left(\frac{1}{2}\right)=0\end{aligned}$$

此时，信道输出端获得的信息量为最小值 0，这意味着信源的信息全部损失在信道中，这是一种最差的信道，其噪声最大。

在单符号离散信道中，信道中平均每个符号所传输的信息量称为信息传输率 R。由于信道中的噪声和干扰，输入符号经过信道的传输可能会出现错误，在接收端收到符号 Y 后平均每个符号所获得的关于 X 的信息量并不等于 $H(X)$，而是平均互信息量$I(X;\ Y)$。因此，信道的信息传输率 R 为

$$R=I(X;\ Y)=H(X)-H(X|Y)\ \text{bit/符号}\qquad(4.2.22)$$

若平均传输一个符号所需要 t s，将信道在单位时间（单位为 s）内平均传输的信息量定义为信息传输速率 R_t

$$R_t=\frac{1}{t}I(X;\ Y)=\frac{1}{t}[H(X)-H(X|Y)]\ \text{bit/s}\qquad(4.2.23)$$

定理 4.2.1 说明对于一个固定的信道，总可以找到某个信源概率分布 $p(x)$，使平均互信息量 $I(X; Y)$ 达到最大值，这个最大值就是信道的最大信息传输率，即信道容量。

定义 4.2.4 信道容量定义为平均互信息量的最大值

$$C = \max_{p(x)}\{I(X;\ Y)\} \tag{4.2.24}$$

单位为 bit/符号。其中，使平均互信息量 $I(X; Y)$ 达到信道容量的输入分布（信源概率分布）$p(x)$ 被称为最佳输入分布或匹配信源。

由式（4.2.23）可知，单位时间的信道容量可定义为

$$C_t = \frac{1}{t}\max_{p(x)}\{I(X;\ Y)\} \tag{4.2.25}$$

单位为 bit/s。

由式（4.2.24）和式（4.2.25）可知，信道容量表示信道传输信息的最大能力，它与信源分布无关，仅由信道传递概率 p 决定。对于固定信道，其信道容量为定值。如果当前的信源概率分布 $p(x)$ 未使其平均互信息量达到最大值，则说明该信源概率分布不是最佳输入分布；但对于每个信道总存在一个最佳输入分布，使其平均互信息量达到最大值 C。

对于例 4.2.3 中的二元对称信道，当信源输入等概率分布，即 $\alpha = \bar{\alpha} = 1/2$ 时，其平均互信息量达到最大值，即二元对称信道的信道容量为

$$C = \max\{I(X;\ Y)\} = 1 - H(p) \tag{4.2.26}$$

可见，二元对称信道的信道容量 C 仅由信道传递概率 p 决定，与二元信源的概率分布 α 无关。

综上所述，求解信道的信道容量是求平均互信息量 $I(X; Y)$ 的最大值，一般来说求解比较困难。本书主要讨论几类特殊的信道及其信道容量的计算方法。

3．无噪信道的信道容量

无噪（无干扰）信道是指信道中不存在干扰或者干扰基本可以忽略不计，使得信道的输入符号和输出符号之间有确定的一一对应关系，或者输入和输出之间的统计依赖关系很简单。无噪信道是理想信道，在实际通信系统中很少，但在数据压缩系统中，可以采用这类信道模型对信息的传输进行研究。

无噪信道又可分为以下三种信道，下面分别讨论其信道容量。

1）无噪无损信道

该信道的输入集合、输出集合的符号数相等，即 $r = s$，且该信道的输入 X 和输出 Y 的符号之间是一一对应的，如图 4.6（a）所示，其信道矩阵为

$$\boldsymbol{P}_{Y|X} = \begin{bmatrix} 1 & 0 & \cdots & 0 \\ 0 & 1 & \cdots & 0 \\ \vdots & \vdots & & \vdots \\ 0 & 0 & \cdots & 1 \end{bmatrix}$$

可见，其前向概率 $p(b_j \mid a_i)$ 为确定场；由概率论知识可知，该信道的后向概率 $p(a_i \mid b_j)$ 也

为确定场，即满足

$$p(b_j \mid a_i) = p(a_i \mid b_j) = \begin{cases} 0, & i \neq j \\ 1, & i = j \end{cases} \tag{4.2.27}$$

因此，该信道的前向概率矩阵和后向概率矩阵相等，均为 $r \times r$ 的单位矩阵。

可见，该信道的损失熵 $H(X \mid Y)$ 和噪声熵 $H(Y \mid X)$ 均为 0，因此该信道被称为无噪无损信道，其平均互信息量满足

$$R = I(X;\ Y) = H(X) - H(X \mid Y) = H(Y) - H(Y \mid X) = H(X) = H(Y)$$

因此，无噪无损信道的信道容量为

$$C = \max_{p(x)}\{I(X;Y)\} = \max_{p(x)}\{H(X)\} = \max_{p(x)}\{H(Y)\} = \log r = \log s \tag{4.2.28}$$

最佳输入分布为信源等概率分布，即 $p(a_i) = 1/r$，$i = 1, 2, \cdots, r$ 。

该信道的维拉图如图 4.7（a）所示，表明收到符号 Y 后，获得的信息量就是信源 X 发出每个符号所含有的平均信息量，信道中无信息损失。而且噪声熵 $H(Y \mid X) = 0$ ，输出 Y 的不确定性没有增加。

2）无损有噪信道

该信道的输入集合的符号数小于输出集合的符号数，即 $r < s$ ，且该信道的输出符号可以分为互不相交的集合，输入 X 和输出 Y 的符号之间为一对多的映射关系，如图 4.6（b）所示，其信道矩阵为

$$\boldsymbol{P}_{Y|X} = \begin{bmatrix} \alpha & \beta & 1-\alpha-\beta & 0 & 0 & 0 \\ 0 & 0 & 0 & \alpha & \beta & 1-\alpha-\beta \end{bmatrix}$$

由于该信道的一个输出只对应一个输入，即根据输出 Y 可以完全确定信道的输入 X，收到输出 Y 后输入 X 的不确定性不存在了。因此，该信道的后向概率为确定场，即满足

$$p(a_i \mid b_j) = \begin{cases} 0, & i \neq j \\ 1, & i = j \end{cases}$$

因此，该信道的后向概率矩阵为

$$\boldsymbol{P}_{X|Y} = \begin{bmatrix} 1 & 1 & 1 & 0 & 0 & 0 \\ 0 & 0 & 0 & 1 & 1 & 1 \end{bmatrix}$$

可见，该信道的损失熵 $H(X \mid Y)$ 为 0。

由于该信道的一个输入对应多个输出，即不能由输入 X 完全确定信道的输出 Y，因此信道的噪声熵 $H(Y \mid X) > 0$ ，该信道被称为无损有噪信道，其平均互信息量满足

$$R = I(X;\ Y) = H(X) - H(X \mid Y) = H(X)$$

因此，无损有噪信道的信道容量为

$$C = \max_{p(x)}\{I(X;Y)\} = \max_{p(x)}\{H(X)\} = \max_{p(x)}\{H(Y)\} = \log r \tag{4.2.29}$$

最佳输入分布为信源等概率分布，即 $p(a_i) = 1/r$，$i = 1, 2, \cdots, r$ 。

该信道的维拉图如图 4.7（b）所示，表明收到符号 Y 后获得的信息量，就是信源 X 每发出一个符号所包含的平均信息量，信道中无信息损失。而且噪声熵 $H(Y|X)>0$，因此输出 Y 的平均不确定性 $H(Y)$ 比输入 X 的平均不确定性 $H(X)$ 增大了。

3）无噪有损信道

该信道的输入集合的符号数大于输出集合的符号数，即 $r>s$，且该信道的输入符号可以分为互不相交的集合，输入 X 和输出 Y 的符号之间为多对一的映射关系，如图 4.6（c）所示，其信道矩阵为

$$\boldsymbol{P}_{Y|X}=\begin{bmatrix}1&0\\1&0\\0&1\\0&1\end{bmatrix}$$

即其前向概率 $p(b_j|a_i)$ 为确定场，满足

$$p(b_j|a_i)=\begin{cases}0, & i\neq j\\1, & i=j\end{cases}$$

由于该信道的一个输入对应一个输出，由输入 X 可完全确定信道的输出 Y，因此信道的噪声熵 $H(Y|X)=0$；而信道同一个输出可对应多个互不相交的输入，接收到符号 Y 后，并不能完全确定信道的输入 X，信道的损失熵 $H(X|Y)>0$，该信道被称为无噪有损信道，其平均互信息量满足

$$R=I(X;\ Y)=H(Y)-H(Y|X)=H(Y)$$

因此，无噪有损信道的容量为

$$C=\max_{p(x)}\{I(X;\ Y)\}=\max_{p(x)}\{H(Y)\}=\max_{p(x)}\{H(Y)\}=\log s \tag{4.2.30}$$

显然，只有当信道输出为等概率分布时才能达到信道容量，所以最佳输入分布就是使 $p(b_j)=1/s$ $(j=1,2,\cdots,s)$ 的信源概率分布 $p(a_i)$，$i=1,2,\cdots,r$。

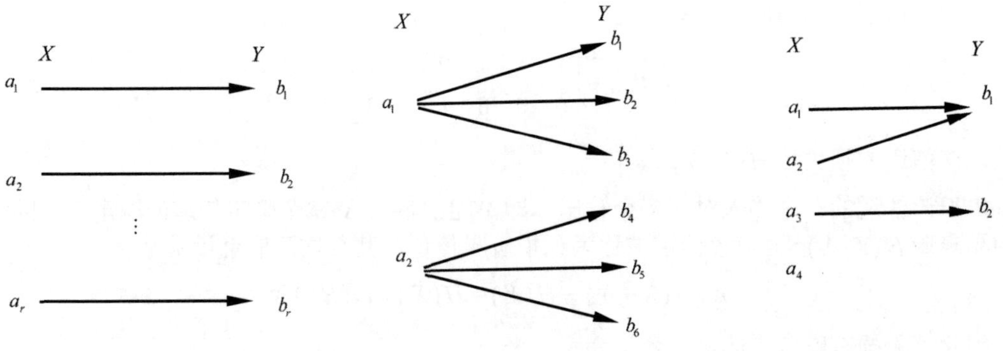

（a）无噪无损信道　　（b）无损有噪信道　　（c）无噪有损信道

图 4.6　无噪信道

该信道的维拉图如图 4.7（c）所示，表明收到符号 Y 后，获得的信息量小于信源 X 每发出一个符号所包含的平均信息量 $H(X)$，信道中有信息损失。但噪声熵 $H(Y|X)=0$，因此输出 Y 的平均不确定性 $H(Y)$ 没有增加。

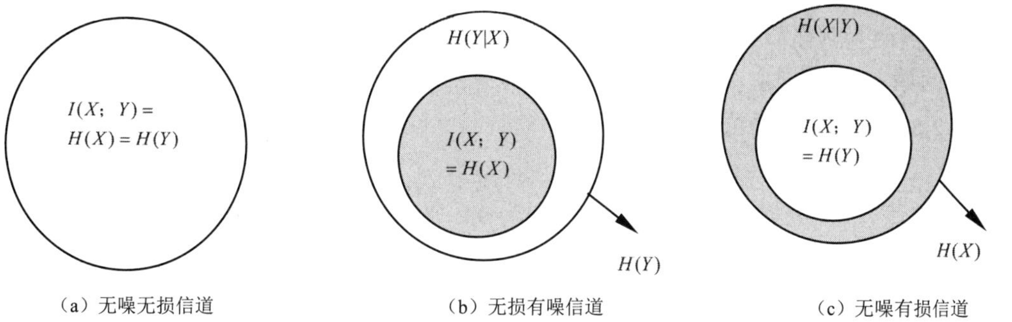

图 4.7　无噪信道的维拉图

4．对称 DMC 的信道容量

对称 DMC 是一类特殊的 DMC，此类信道的信道矩阵具有很强的对称性。下面讨论几类典型的对称 DMC 及其信道容量。

定义 4.2.5　如果一个 DMC 的信道矩阵中的每行都是第一行的某种置换，则该信道称为输入对称 DMC。

例 4.2.4　两个 DMC 的信道矩阵分别为

$$\boldsymbol{P}_1=\begin{bmatrix}\frac{1}{4} & \frac{1}{4} & \frac{1}{2}\\ \frac{1}{4} & \frac{1}{2} & \frac{1}{4}\\ \frac{1}{2} & \frac{1}{4} & \frac{1}{4}\end{bmatrix},\quad \boldsymbol{P}_2=\begin{bmatrix}\frac{1}{4} & \frac{3}{4}\\ \frac{3}{4} & \frac{1}{4}\\ \frac{3}{4} & \frac{1}{4}\\ \frac{1}{4} & \frac{3}{4}\end{bmatrix}$$

判断以上信道的对称性。

解：可知以上两个 DMC 的信道矩阵的每行都是第一行的某种置换，因此这两个 DMC 均为输入对称 DMC。

根据定义 4.2.5 可知，输入对称 DMC 具有以下的性质：

$$\begin{aligned}H(Y|X=a_i)&=-\sum_{Y}p(b_j|a_i)\log p(b_j|a_i)\\&=H(Y|X=a_1)=H(Y|X=a_2)=\cdots=H(Y|X=a_r)\end{aligned}\tag{4.2.31}$$

因此，可得

$$\begin{aligned}H(Y|X)&=-\sum_{X}\sum_{Y}p(a_ib_j)\log p(b_j|a_i)=-\sum_{X}p(a_i)\sum_{Y}p(b_j|a_i)\log p(b_j|a_i)\\&=\sum_{X}p(a_i)H(Y|X=a_i)=H(Y|X=a_i)\\&=H(p_1,p_2,\ldots,p_s)\end{aligned}\tag{4.2.32}$$

其中，$p_1,p_2,\ldots,p_s$ 为信道矩阵中的任意一行。

因此，输入对称 DMC 的信道容量为

$$C=\max_{p(x)}\{I(X;\ Y)\}=\max_{p(x)}\{H(Y)\}-H(p_1,p_2,\cdots,p_s) \quad (4.2.33)$$

可见，求输入对称 DMC 的信道容量就是找到一种信源概率分布 $p(a_i)$，$i=1,2,\cdots,r$，使得信道输出的熵 $H(Y)$ 最大，对应的信源概率分布就为最佳输入分布。

例 4.2.5 某一信道的传递概率矩阵为

$$\boldsymbol{P}_{Y|X}=\begin{bmatrix}0.8 & 0.2 & 0\\ 0 & 0.2 & 0.8\end{bmatrix}$$

求该信道的信道容量。

解：由题意可知，该信道为输入对称 DMC，该信道的噪声熵为

$$H(Y\,|\,X)=H(p_1,p_2,\cdots,p_s)=-0.8\log 0.8-0.2\log 0.2\approx 0.722\ \text{bit / 符号}$$

假定信道输入 X 的概率空间为

$$\begin{bmatrix}X\\ P\end{bmatrix}=\begin{bmatrix}a_1 & a_2\\ \alpha & 1-\alpha\end{bmatrix}$$

则信道输出 Y 的概率分布为

$$\boldsymbol{P}_Y=\boldsymbol{P}_X\times\boldsymbol{P}_{Y|X}=[\alpha\quad 1-\alpha]=\begin{bmatrix}0.8\alpha & 0.2 & 0.8(1-\alpha)\end{bmatrix}$$

$$H(Y)=-\sum_Y p(b_j)\log p(b_j)=-0.8\alpha\log(0.8\alpha)-0.2\log 0.2-0.8(1-\alpha)\log 0.8(1-\alpha)$$

$H(Y)$ 取最大值的条件为

$$\frac{\mathrm{d}H(Y)}{\mathrm{d}\alpha}=0$$

解以上方程可以求得，当 $\alpha=0.5$ 时，即信道输入等概率分布时，$H(Y)$ 取到最大值。

$$\max\{H(Y)\}\approx 1.522\ \text{bit / 符号}$$

因此，该信道的信道容量为

$$C=\max_{p(x)}\{I(X;Y)\}=\max_{p(x)}\{H(Y)\}-H(p_1,p_2,\cdots,p_s)\approx 0.8\ \text{bit / 符号}$$

此时，信道输出 Y 的概率分布为

$$\boldsymbol{P}_Y=\begin{bmatrix}0.4 & 0.2 & 0.4\end{bmatrix}$$

信道输出 Y 的概率分布并非等概率分布。因此，对于输入对称 DMC，其信道容量并非 $C=\log s-H(p_1,p_2,\cdots,p_s)$，而是需要求解 $H(Y)$ 的最大值。

定义 4.2.6 如果一个 DMC 的信道矩阵中的每列都是第一列的某种置换，则该信道称为输出对称 DMC。

例如，例 4.2.4 中的两个信道的信道矩阵的每列都是第一列的某种置换，因此这两个信道均为输出对称 DMC；而例 4.2.5 中的信道为输入对称 DMC，不是输出对称 DMC。

定理 4.2.3 对于输出对称 DMC，若信道输入为等概率分布，则信道输出也为等概率分布。

证明：信道输出概率为

$$p(b_j)=\sum_{i=1}^{r}p(a_ib_j)=\sum_{i=1}^{r}p(a_i)p(b_j\mid a_i)$$

若信道输入为等概率分布，即

$$p(a_i)=\frac{1}{r},\quad i=1,2,\cdots,r$$

则

$$p(b_j)=\sum_{i=1}^{r}p(a_i)p(b_j\mid a_i)=\frac{1}{r}\sum_{i=1}^{r}p(b_j\mid a_i)\text{，}\ j=1,2,\cdots,s$$

当信道为输出对称 DMC 时，信道矩阵中每列元素之和都相等，即 $\sum\limits_{i=1}^{r}p(b_j\mid a_i)$ 为常数，可记为 $H_j=\sum\limits_{i=1}^{r}p(b_j\mid a_i)$，$j=1,2,\cdots,s$ 。

由于信道矩阵每行元素之和为 1，共 r 行，所以信道矩阵所有元素之和为 r。由此可知

$$sH_j=r$$

即

$$H_j=\frac{r}{s}$$

因此，可得

$$p(b_j)=\frac{1}{r}H_j=\frac{1}{r}\cdot\frac{r}{s}=\frac{1}{s},\quad j=1,2,\cdots,s$$

得证。

定义 4.2.7 若一个 DMC 既是输入对称 DMC 又是输出对称 DMC，则该信道称为对称 DMC。

例如，例 4.2.4 中的两个信道既是输入对称 DMC，也是输出对称 DMC，因此这两个信道均为对称 DMC。

由于对称 DMC 一定为输入对称 DMC，因此对称 DMC 的信道容量可用输入对称 DMC 的信道容量公式表示为

$$C=\max_{p(x)}\{I(X;\ Y)\}=\max_{p(x)}\{H(Y)\}-H(p_1,p_2,\cdots,p_s)$$

并且对称 DMC 也是输出对称的，根据定理 4.2.3 可知，当信道输入 X 为等概率分布时，信道输出 Y 也为等概率分布，信道输出的熵 $H(Y)$ 取到最大值，因此对称 DMC 的信道容量为

$$C=\max_{p(x)}\{I(X;\ Y)\}=\log s-H(p_1,p_2,\cdots,p_s) \tag{4.2.34}$$

最佳输入分布为等概率分布，即 $p(a_i)=1/r$，$i=1,2,\cdots,r$ 。

例 4.2.6 求例 4.2.4 中信道 $\boldsymbol{P}_1$ 的信道容量和最佳输入分布。

解：信道容量为

$$
\begin{aligned}
C &= \max_{p(x)}\{I(X;\ Y)\} = \log s - H(p_1,p_2,\cdots,p_s) \\
&= \log 3 + 2\times\frac{1}{4}\log\frac{1}{4}+\frac{1}{2}\log\frac{1}{2}\approx 0.085\ \text{bit}/\text{符号}
\end{aligned}
$$

最佳输入分布为等概率分布，即 $p(a_i)=1/3$，$i=1,2,3$ 。

例 4.2.7 信道输入符号和输出符号个数相等，都为 r，且信道矩阵如下：

$$
\boldsymbol{P}_{Y|X}=\begin{bmatrix} 1-p & \dfrac{p}{r-1} & \dfrac{p}{r-1} & \cdots & \dfrac{p}{r-1} \\ \dfrac{p}{r-1} & 1-p & \dfrac{p}{r-1} & \cdots & \dfrac{p}{r-1} \\ \vdots & \vdots & \vdots & & \vdots \\ \dfrac{p}{r-1} & \dfrac{p}{r-1} & \dfrac{p}{r-1} & \cdots & 1-p \end{bmatrix}
$$

求该信道的信道容量和最佳输入分布。

解：由信道矩阵可知，该信道中总的错误概率为 p，对称地平均分配给 $r-1$ 个输出符号，该信道的各列之和也为 1。一般称此信道为强对称 DMC 或均匀 DMC。

显然，强对称 DMC 是对称 DMC 的一种特例。因此，可根据式（4.2.34）计算强对称 DMC 的信道容量，得到

$$
\begin{aligned}
C &= \log s - H(p_1,p_2,\cdots,p_s) = \log r + \bar{p}\log\bar{p} + (r-1)\frac{p}{r-1}\log\frac{p}{r-1} \\
&= \log r + \bar{p}\log\bar{p} + p\log p - p\log(r-1) \\
&= \log r - p\log(r-1) + H(p)
\end{aligned}
$$

最佳输入分布为等概率分布，即 $p(a_i)=1/r$，$i=1,2,\cdots,r$ 。

定义 4.2.8 若 DMC 的信道矩阵按列可以划分成若干个互不相交的子矩阵，每个子矩阵的每行（列）都是第一行（列）的某种置换，则称该信道为准对称 DMC。

例如，信道 $\boldsymbol{P}_{Y|X}=\begin{bmatrix}0.5 & 0.2 & 0.3\\ 0.3 & 0.2 & 0.5\end{bmatrix}$ 是准对称 DMC，因为其信道矩阵可按列划分为两个子矩阵 $\begin{bmatrix}0.5 & 0.3\\ 0.3 & 0.5\end{bmatrix}$ 和 $\begin{bmatrix}0.2\\ 0.2\end{bmatrix}$，每个子矩阵的每行（列）都是第一行（列）的某种置换。

显然，准对称 DMC 是输入对称 DMC，因此可以直接使用输入对称 DMC 的信道容量求解方法来求解准对称 DMC 的信道容量。可以证明准对称 DMC 的信道容量为

$$
C = \log r - H(p_1,p_2,\cdots,p_s) - \sum_{k=1}^{n} N_k \log M_k \tag{4.2.35}
$$

其中，r 是输入符号集的个数；$p_1,p_2,\cdots,p_s$ 为信道矩阵中的某一行的元素。设信道矩阵可按列

划分成 n 个互不相交的子矩阵，$N_k=\sum_j p(b_j\mid a_i)$ 是第 k 个子矩阵中的行元素之和，$M_k=\sum_i p(b_j\mid a_i)$ 是第 k 个子矩阵的列元素之和。证明略。

例 4.2.8　设某信道的信道矩阵如下，计算其信道容量 C。

$$\boldsymbol{P}_{Y|X}=\begin{bmatrix}\frac{1}{2} & \frac{1}{3} & \frac{1}{6}\\ \frac{1}{6} & \frac{1}{3} & \frac{1}{2}\end{bmatrix}$$

解：由信道矩阵可知，该信道为准对称 DMC。可将信道矩阵划分为以下两个子矩阵：

$$\begin{bmatrix}\frac{1}{2} & \frac{1}{6}\\ \frac{1}{6} & \frac{1}{2}\end{bmatrix}$$

$$\begin{bmatrix}\frac{1}{3}\\ \frac{1}{3}\end{bmatrix}$$

计算得

$$M_1=\frac{1}{2}+\frac{1}{6}=\frac{2}{3},\quad N_1=\frac{2}{3}$$

$$M_2=\frac{1}{3}+\frac{1}{3}=\frac{2}{3},\quad N_2=\frac{1}{3}$$

最佳输入分布为等概率分布，即 $p(a_1)=p(a_2)=1/2$。

$$C=\log r-H(p_1,p_2,\cdots,p_s)-\sum_{k=1}^{n}N_k\log M_k=\log 2+\frac{1}{2}\times\log\frac{1}{2}+\frac{1}{3}\times\log\frac{1}{3}+\frac{1}{6}\times\log\frac{1}{6}-\frac{2}{3}\times\log\frac{2}{3}-\frac{1}{3}\times\log\frac{2}{3}\approx 0.126\ \text{bit/符号}$$

5．一般离散信道的信道容量

当信道不具有对称性时，信道容量一般是不易求得的。由信道容量的定义可知，信道容量是对于固定信道，即信道传递概率一定的情况下，找到一个最佳输入分布使平均互信息量达到最大值。由于平均互信息量 $I(X;Y)$ 是信道输入分布的上凸函数，因此平均互信息量的最大值一定存在。

假定一个一般离散信道的输入符号个数为 r，输出符号个数为 s。可知，平均互信息量 $I(X;Y)$ 是 r 个变量 $[p(a_i),\ i=1,2,\cdots,r]$ 的函数，且满足 $\sum_{i=1}^{r}p(a_i)=1$，因此可以用拉格朗日乘子法来求解该多元函数的条件极值。

首先，构造函数

$$F = I(X;\ Y) - \lambda\sum_{i=1}^{r} p(a_i) \tag{4.2.36}$$

其中，λ 为拉格朗日乘子。

分别对信道输入分布 $P(a_i)$，$i = 1,2,\cdots,r$ 求偏导，并令其为 0，分别得到 r 个方程，其构成的方程组如下：

$$\frac{\partial F}{\partial p(a_i)} = \frac{\partial\left[I(X;\ Y) - \lambda\sum_{i=1}^{r} p(a_i)\right]}{\partial p(a_i)} = 0 \tag{4.2.37}$$

其中，$\sum_{i=1}^{r} p(a_i) = 1$，$i = 1,2,\cdots,r$ 。

先考虑式（4.2.37）中的第 i 个方程

$$\frac{\partial F}{\partial p(a_i)} = \frac{\partial\left[I(X;\ Y) - \lambda\sum_{i=1}^{r} p(a_i)\right]}{\partial p(a_i)} = \frac{\partial I(X;\ Y)}{\partial p(a_i)} - \frac{\partial\left[\lambda\sum_{i=1}^{r} p(a_i)\right]}{\partial p(a_i)} = 0 \tag{4.2.38}$$

其中

$$\begin{aligned}
\frac{\partial\left[\lambda\sum_{i=1}^{r} p(a_i)\right]}{\partial p(a_i)} &= \frac{\lambda\partial\left[\sum_{i=1}^{r} p(a_i)\right]}{\partial p(a_i)} \\
&= \frac{\lambda\partial\left[p(a_1) + p(a_2) + \cdots + p(a_i) + \cdots + p(a_r)\right]}{\partial p(a_i)} \\
&= \lambda(0 + 0 + \cdots + 1 + \cdots + 0) = \lambda
\end{aligned} \tag{4.2.39}$$

平均互信息量为

$$I(X;\ Y) = \sum_{i=1}^{r}\sum_{j=1}^{s} p(a_i)p(b_j \mid a_i)\log\frac{p(b_j \mid a_i)}{p(b_j)} \tag{4.2.40}$$

其中，$p(b_j)$ 可表示为

$$p(b_j) = \sum_{i=1}^{r} p(a_i)p(b_j \mid a_i)$$

求偏导，可得

$$\frac{\partial p(b_j)}{\partial p(a_i)} = p(b_j \mid a_i)$$

因此，可知

$$\frac{\partial \log p(b_j)}{\partial p(a_i)} = \frac{p(b_j \mid a_i)}{p(b_j)}\log \mathrm{e} \tag{4.2.41}$$

由式（4.2.40）和式（4.2.41）可得

$$\begin{aligned}
\frac{\partial I(X;\ Y)}{\partial p(a_i)} &= \frac{\partial\left[\sum_{i=1}^{r}\sum_{j=1}^{s}p(a_i)p(b_j\mid a_i)\log\frac{p(b_j\mid a_i)}{p(b_j)}\right]}{\partial p(a_i)} \\
&= \sum_{j=1}^{s}\left\{\log\frac{p(b_j\mid a_i)}{p(b_j)}\frac{\partial}{\partial p(a_i)}\left[\sum_{i=1}^{r}p(a_i)p(b_j\mid a_i)\right]\right\}+ \\
&\quad \sum_{i=1}^{r}\sum_{j=1}^{s}p(a_i)p(b_j\mid a_i)\frac{\partial}{\partial p(a_i)}\left[\log\frac{p(b_j\mid a_i)}{p(b_j)}\right] \\
&= \sum_{j=1}^{s}p(b_j\mid a_i)\log\frac{p(b_j\mid a_i)}{p(b_j)}+\sum_{i=1}^{r}\sum_{j=1}^{s}p(a_i)p(b_j\mid a_i)\frac{\partial}{\partial p(a_i)}\log p(b_j\mid a_i)- \\
&\quad \sum_{i=1}^{r}\sum_{j=1}^{s}p(a_i)p(b_j\mid a_i)\frac{\partial}{\partial p(a_i)}\log p(b_j) \\
&= \sum_{j=1}^{s}p(b_j\mid a_i)\log\frac{p(b_j\mid a_i)}{p(b_j)}-\sum_{k=1}^{r}\sum_{j=1}^{s}p(a_k)p(b_j\mid a_k)\frac{p(b_j\mid a_i)}{p(b_j)}\log\mathrm{e} \\
&= \sum_{j=1}^{s}p(b_j\mid a_i)\log\frac{p(b_j\mid a_i)}{p(b_j)}-\sum_{j=1}^{s}p(b_j)\frac{p(b_j\mid a_i)}{p(b_j)}\log\mathrm{e} \\
&= \sum_{j=1}^{s}p(b_j\mid a_i)\log\frac{p(b_j\mid a_i)}{p(b_j)}-\log\mathrm{e}
\end{aligned} \tag{4.2.42}$$

在式（4.2.42）的推导中，应用了以下关系式：

$$\sum_{k=1}^{r}p(a_k)p(b_j\mid a_k)=\sum_{k=1}^{r}p(a_kb_j)=p(b_j)$$

由式（4.2.38）、式（4.2.39）和式（4.2.42），可得

$$\sum_{j=1}^{s}p(b_j\mid a_i)\log\frac{p(b_j\mid a_i)}{p(b_j)}-\log\mathrm{e}-\lambda=0$$

即方程组（4.2.37）可表示为

$$\sum_{j=1}^{s}p(b_j\mid a_i)\log\frac{p(b_j\mid a_i)}{p(b_j)}=\log\mathrm{e}+\lambda,\ i=1,2,\cdots,r \tag{4.2.43}$$

$$\sum_{i=1}^{r}p(a_i)=1$$

设 $p(a_i)$（$i=1,2,\cdots,r$）为使平均互信息量达到最大值的最佳输入分布，对式（4.2.43）求数学期望，可得

$$\sum_{i=1}^{r}\sum_{j=1}^{s}p(a_i)p(b_j\mid a_i)\log\frac{p(b_j\mid a_i)}{p(b_j)}=\log\mathrm{e}+\lambda \tag{4.2.44}$$

显然，式（4.2.44）左边为信道容量，即

$$C=\log\mathrm{e}+\lambda \tag{4.2.45}$$

由于式（4.2.45）中 λ 为拉格朗日乘子，为待定系数，因此根据式（4.2.45）并未真正计算出信道容量。

式（4.2.43）也可以表示为

$$I(a_i;\ Y)=\sum_{j=1}^{s}p(b_j\mid a_i)\log\frac{p(b_j\mid a_i)}{p(b_j)}=\log\mathrm{e}+\lambda,\ \ i=1,2,\cdots,r \tag{4.2.46}$$

其中，$I(a_i;\ Y)$ 表示在接收端收到 Y 后获得的关于信源符号 $X=a_i$ 的平均信息量，当然 $I(a_i;\ Y)$ 也表示从信源符号 $X=a_i$ 所获得的关于输出 Y 的平均信息量。

由式（4.2.45）和式（4.2.46）可知

$$I(a_i;\ Y)=C$$

因此，对于一般离散信道，下面的定理 4.2.4 成立。

定理 4.2.4 设有一般离散信道，其输入 X 和输出 Y 的符号个数分别为 r 和 s，当且仅当输入分布 $p(a_i)$（$i=1,2,\cdots,r$）满足

$$\begin{cases}I(a_i;\ Y)=C,\ \ a_i\in\{a_i\mid p(a_i)\neq 0,\ \ i=1,2,\cdots,r\}\\ I(a_i;\ Y)\leqslant C,\ \ a_i\in\{a_i\mid p(a_i)=0,\ \ i=1,2,\cdots,r\}\end{cases} \tag{4.2.47}$$

时，其平均互信息量 $I(X;\ Y)$ 取最大值，则常数 C 为该信道的信道容量。

定理 4.2.4 给出了一般离散信道达到信道容量时，输入分布 $p(a_i)$（$i=1,2,\cdots,r$）的充分必要条件。只要输入分布满足以上约束条件且使平均互信息量达到最大值，即为最佳输入分布，因此最佳输入分布并不唯一。但定理 4.2.4 并未直接给出最佳输入分布和信道容量的计算公式。因此，一般情况下，要根据定理 4.2.4 求解最佳输入分布及信道容量还是比较困难的，但对于某些特殊信道，可根据定理 4.2.4 求其信道容量。

例 4.2.9 设某信道的信道矩阵为 $\boldsymbol{P}=\begin{bmatrix}0.8 & 0.2 & 0\\ 0.3 & 0.3 & 0.2\\ 0 & 0.2 & 0.8\end{bmatrix}$，求该信道的信道容量和最佳输入分布。

解：观察以上信道，若输入概率 $p(a_2)=0$ 时，该信道为二元对称信道。因此，可以取输入分布为 $p(a_1)=p(a_3)=1/2$，$p(a_2)=0$，检验其是否满足定理 4.2.4 中最佳输入分布的约束条件，若满足则可求得信道容量。

先计算输出分布为

$$p(b_1)=p(b_3)=1/4$$

$$p(b_2)=0.2$$

再计算出 $I(a_i;\ Y)$，$i=1,2,\cdots,r$，即

$$I(a_1;\ Y)=\sum_{j=1}^{s}p(b_j\mid a_1)\log\frac{p(b_j\mid a_1)}{p(b_j)}=0.8\times\log\frac{0.8}{0.4}+0.2\times\log\frac{0.2}{0.2}=0.8\ \text{bit}/\text{符号}$$

$$I(a_2;\ Y)=\sum_{j=1}^{s}p(b_j\mid a_2)\log\frac{p(b_j\mid a_2)}{p(b_j)}$$

$$=0.3\times\log\frac{0.3}{0.4}+0.3\times\log\frac{0.3}{0.2}+0.2\times\log\frac{0.2}{0.4}\approx -0.149\ \text{bit / 符号}$$

$$I(a_3;\ Y)=\sum_{j=1}^{s}p(b_j\mid a_3)\log\frac{p(b_j\mid a_3)}{p(b_j)}=0.2\times\log\frac{0.2}{0.2}+0.8\times\log\frac{0.8}{0.4}=0.8\ \text{bit / 符号}$$

可见，输入分布 $p(a_1)=p(a_3)=1/2$， $p(a_2)=0$ 满足**定理** 4.2.4 的约束条件，且为最佳输入分布，因此信道容量 C 为 0.8bit/符号。

显然，对于一般离散信道而言，通过直接使用定理 4.2.4 的约束条件求解最佳输入分布是十分困难的。这需要对所有可能的输入分布 $p(a_i)$ 求其对应的 $I(a_i;\ Y)$，来寻找满足约束条件的最佳输入分布。当输入符号数 r 很大时，计算将十分复杂，一般采用迭代算法来简化计算。

迭代算法的基本思路是：假定一个传递概率为 $p(a_i\mid b_j)$ 的反向信道，将平均互信息量表示为信道的输入分布 $p(a_i)$ 和反向信道的传递概率 $p(a_i\mid b_j)$ 的函数，通过反向信道的传递概率 $p(a_i\mid b_j)$ 修正输入分布 $p(a_i)$，不断迭代计算平均互信息量 $I(X;\ Y)$，直至算法趋于收敛。对于迭代算法的具体步骤，读者可参考相关文献，本书不做详述。

4.2.3　离散无记忆信道的扩展信道及其信道容量

4.2.2 节讨论了单符号离散信道，即信道的输入和输出都是单个离散型随机变量的信道。但在实际通信中，离散信道的输入和输出都是离散型随机变量序列。其中信道输入或者输出的离散型随机变量序列中的任一变量可以取值于相同的输入或输出符号集合，也可以取值于不同的输入或输出符号集合。本节将主要讨论离散无记忆信道的扩展信道及其信道容量。

设单符号离散信道的输入和输出分别为随机变量 X 和 Y，其概率空间为

$$\begin{bmatrix}X\\P\end{bmatrix}=\begin{bmatrix}a_1 & a_2 & \cdots & a_r\\ p(a_1) & p(a_2) & \cdots & p(a_r)\end{bmatrix}$$

$$\begin{bmatrix}Y\\P\end{bmatrix}=\begin{bmatrix}b_1 & b_2 & \cdots & b_s\\ p(b_1) & p(b_2) & \cdots & p(b_s)\end{bmatrix}$$

信道矩阵为

$$\boldsymbol{P}_{Y|X}=\begin{bmatrix}p_{11} & p_{12} & \cdots & p_{1s}\\ p_{21} & p_{22} & \cdots & p_{2s}\\ \vdots & \vdots & & \vdots\\ p_{r1} & p_{r2} & \cdots & p_{rs}\end{bmatrix}$$

且满足

$$1\geqslant p(b_j\mid a_i)\geqslant 0,\ \ i=1,2,\cdots,r;\ \ j=1,2,\cdots,s$$

$$\sum_{j=1}^{s}p(b_j\mid a_i)=1,\ \ i=1,2,\cdots,r$$

则该离散无记忆信道的 N 次扩展信道的数学模型如图 4.8 所示。

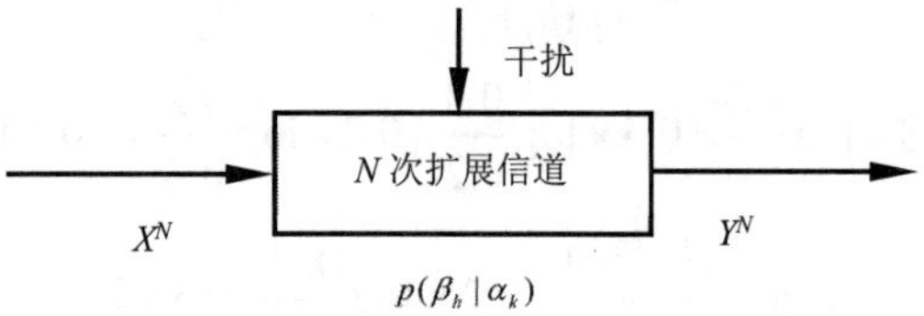

图 4.8　离散无记忆信道的 N 次扩展信道的数学模型

离散无记忆信道的 N 次扩展信道的输入为随机变量序列 $X^N = X_1X_2\cdots X_N$，其中 X_i（$i=1,2,\cdots,N$）均为离散型随机变量，都取值于 $A=\{a_1,a_2,\cdots,a_r\}$，X^N 的取值 α_k 共 r^N 个，$k=1,2,\cdots,r^N$；信道的输出为随机变量序列 $Y^N = Y_1Y_2\cdots Y_N$，其中 Y_j（$j=1,2,\cdots,N$）也均为离散型随机变量，都取值于 $B=\{b_1,b_2,\cdots,b_s\}$，Y^N 的取值 β_h 共 s^N 个，$h=1,2,\cdots,s^N$。离散无记忆信道的 N 次扩展信道的信道矩阵为

$$\boldsymbol{P}_{Y^N|X^N} = \begin{bmatrix} \lambda_{11} & \lambda_{12} & \cdots & \lambda_{1s^N} \\ \lambda_{21} & \lambda_{22} & \cdots & \lambda_{2s^N} \\ \vdots & \vdots & & \vdots \\ \lambda_{r^N1} & \lambda_{r^N2} & \cdots & \lambda_{r^Ns^N} \end{bmatrix} \tag{4.2.48}$$

其中

$$\begin{aligned} \lambda_{kh} &= p(\beta_h \mid \alpha_k) = p(b_{h_1}b_{h_2}\cdots b_{h_N} \mid a_{k_1}a_{k_2}\cdots a_{k_N}) \\ &= p(b_{h_1} \mid a_{k_1})p(b_{h_2} \mid a_{k_2})\cdots p(b_{h_N} \mid a_{k_N}) = \prod_{i=1}^{N} p(b_{h_i} \mid a_{k_i}) \end{aligned}$$

$$\alpha_k = a_{k_1}a_{k_2}\cdots a_{k_N},\ a_{k_i} \in \{a_1,a_2,\cdots,a_r\}$$

$$\beta_h = b_{h_1}b_{h_2}\cdots b_{h_N},\ b_{h_i} \in \{b_1,b_2,\cdots,b_s\}$$

$$k=1,2,\cdots,r^N;\ h=1,2,\cdots,s^N$$

$$i=1,2,\cdots,N$$

且满足

$$\sum_{h=1}^{s^N} \lambda_{kh} = 1,\ k=1,2,\cdots,r^N$$

即信道矩阵中各行之和为 1。

例 4.2.10　求例 4.2.1 中二元对称信道的二次扩展信道。

解：二元对称信道的信道矩阵为

$$\boldsymbol{P}_{Y|X} = \begin{bmatrix} \bar{p} & p \\ p & \bar{p} \end{bmatrix}$$

二元对称信道的输入 X 和输出 Y 都取值于同一符号集合 $A=B=\{0,1\}$，即输入符号数和输出符号数 $r=s=2$。

因此，二元对称信道的二次扩展信道的输入符号和输出符号各 4 个，即 $r^N = s^N = 2^2 = 4$，输入符号集合和输出符号集合为 $A = B = \{00, 01, 10, 11\}$。

因此，二元对称信道的二次扩展信道的传递概率为

$$p(\beta_h \mid \alpha_k) = \prod_{i=1}^{N} p(b_{h_i} \mid a_{k_i}),\quad k, h = 1,2,3,4$$

当 k=1 时

$$p(\beta_1 \mid \alpha_1) = p(00 \mid 00) = p(0 \mid 0)p(0 \mid 0) = \bar{p}^2$$
$$p(\beta_2 \mid \alpha_1) = p(01 \mid 00) = p(0 \mid 0)p(1 \mid 0) = \bar{p}p$$
$$p(\beta_3 \mid \alpha_1) = p(10 \mid 00) = p(1 \mid 0)p(0 \mid 0) = \bar{p}p$$
$$p(\beta_4 \mid \alpha_1) = p(11 \mid 00) = p(1 \mid 0)p(1 \mid 0) = p^2$$

同理，可求得其余 $p(\beta_h \mid \alpha_k)$，$k = 2,3,4$；$h = 1,2,3,4$。

二元对称信道的二次扩展信道的信道矩阵为

$$\boldsymbol{P}_{Y^2|X^2} = \begin{bmatrix} \bar{p}^2 & \bar{p}p & p\bar{p} & p^2 \\ \bar{p}p & \bar{p}^2 & p^2 & p\bar{p} \\ p\bar{p} & p^2 & \bar{p}^2 & \bar{p}p \\ p^2 & p\bar{p} & p\bar{p} & \bar{p}^2 \end{bmatrix}$$

二元对称信道的二次扩展信道如图 4.9 所示。

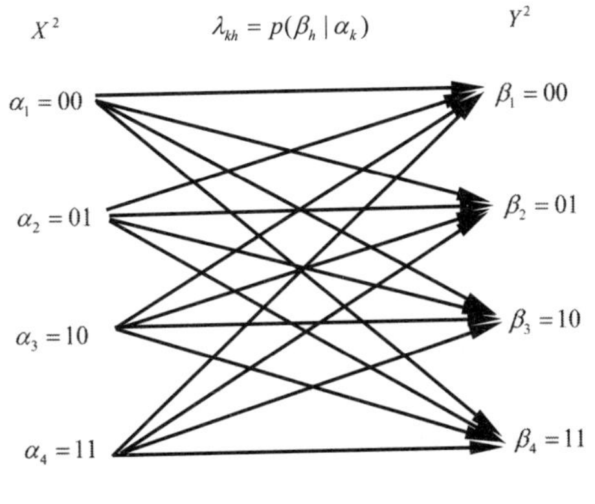

图 4.9　二元对称信道的二次扩展信道

由上述讨论可知，离散无记忆信道的 N 次扩展信道的平均互信息量可表示为

$$\begin{aligned} I(X^N; Y^N) &= H(X^N) - H(X^N \mid Y^N) = H(Y^N) - H(Y^N \mid X^N) \\ &= \sum_{X^N}\sum_{Y^N} p(\alpha_k\beta_h)\log\frac{p(\alpha_k \mid \beta_h)}{p(\alpha_k)} = \sum_{X^N}\sum_{Y^N} p(\alpha_k\beta_h)\log\frac{p(\beta_h \mid \alpha_k)}{p(\beta_h)} \end{aligned}$$

关于离散无记忆信道的 N 次扩展信道的平均互信息量 $I(X^N; Y^N)$ 有以下两个重要的定理。

定理 4.2.5　对于离散无记忆信道，若其输入为 N 长序列 $\boldsymbol{X} = X_1X_2\cdots X_N$，其中 X_i（$i = 1,2,\cdots,N$）均为离散型随机变量，输出为 N 长序列 $\boldsymbol{Y} = Y_1Y_2\cdots Y_N$，其中 Y_i（$i = 1,2,\cdots,N$）

也均为离散型随机变量，即信道的传递概率满足

$$p(\beta_h \mid \alpha_k)=\prod_{i=1}^{N} p(b_{h_i} \mid a_{k_i}),\ \ k=1,2,\cdots,r^N;\ \ h=1,2,\cdots,s^N$$

则

$$I(\boldsymbol{X};\ \boldsymbol{Y}) \leqslant \sum_{i=1}^{N} I(X_i;\ Y_i) \tag{4.2.49}$$

式（4.2.49）取等号的充分必要条件为当且仅当信源是无记忆的。

证明：对于输入和输出均为 N 长序列的离散无记忆信道，其平均互信息量为

$$\begin{aligned}
I(\boldsymbol{X};\ \boldsymbol{Y}) &= H(\boldsymbol{Y})-H(\boldsymbol{Y}|\boldsymbol{X}) \\
&= H(\boldsymbol{Y})-H(Y_1Y_2\cdots Y_N \mid X_1X_2\cdots X_N) \\
&= H(\boldsymbol{Y})-[H(Y_1 \mid X_1X_2\cdots X_N)+H(Y_2 \mid X_1X_2\cdots X_NY_1)+ \\
&\quad H(Y_3 \mid X_1X_2\cdots X_NY_1Y_2)+\cdots+H(Y_N \mid X_1X_2\cdots X_NY_1Y_2\cdots Y_{N-1}] \\
&= H(\boldsymbol{Y})-[H(Y_1 \mid X_1)+H(Y_2 \mid X_2)+H(Y_3 \mid X_3)+\cdots+H(Y_N \mid X_N)]
\end{aligned}$$

其中

$$H(\boldsymbol{Y})=H(Y_1Y_2\cdots Y_N) \leqslant H(Y_1)+H(Y_2)+\cdots+H(Y_N)$$

可得

$$I(\boldsymbol{X};\ \boldsymbol{Y}) \leqslant \sum_{i=1}^{N} H(Y_i)-\sum_{i=1}^{N} H(Y_i \mid X_i)=\sum_{i=1}^{N}[H(Y_i)-H(Y_i \mid X_i)]=\sum_{i=1}^{N} I(X_i;\ Y_i)$$

当信源无记忆时，有

$$p(\boldsymbol{x}=\alpha_k)=p(\alpha_k)=p(a_{k_1})p(a_{k_2})\cdots p(a_{k_N})=\prod_{i=1}^{N} p(a_{k_i}) \tag{4.2.50}$$

其中，$k=1,2,\cdots,r^N$。因此，有

$$\begin{aligned}
p(\boldsymbol{x}=\alpha_k,\boldsymbol{y}=\beta_h) &= p(\alpha_k)p(\beta_h \mid \alpha_k) \\
&= p(a_{k_1}a_{k_2}\cdots a_{k_N})p(b_{h_1} \mid a_{k_1})p(b_{h_2} \mid a_{k_2})\cdots p(b_{h_N} \mid a_{k_N}) \qquad (4.2.51) \\
&= \prod_{i=1}^{N} p(a_{k_i})\prod_{i=1}^{N} p(b_{h_i} \mid a_{k_i})=\prod_{i=1}^{N} p(a_{k_i})(b_{h_i} \mid a_{k_i})=\prod_{i=1}^{N} p(a_{k_i}b_{h_i})
\end{aligned}$$

其中，$k=1,2,\cdots,r^N$；$h=1,2,\cdots,s^N$。则信道的输出概率分布为

$$\begin{aligned}
p(\boldsymbol{y}=\beta_h) &= p(\beta_h)=\sum_{\boldsymbol{X}} p(\alpha_k\beta_h) \\
&= \sum_{k=1}^{r^N} p(a_{k_1}b_{h_1})p(a_{k_2}b_{h_2})\cdots p(a_{k_N}b_{h_N}) \\
&= \sum_{k_1=1}^{r}\sum_{k_2=1}^{r}\cdots\sum_{k_N=1}^{r} p(a_{k_1}b_{h_1})p(a_{k_2}b_{h_2})\cdots p(a_{k_N}b_{h_N}) \qquad (4.2.52) \\
&= \sum_{k_1=1}^{r} p(a_{k_1}b_{h_1})\sum_{k_2=1}^{r} p(a_{k_2}b_{h_2})\cdots\sum_{k_N=1}^{r} p(a_{k_N}b_{h_N}) \\
&= p(b_{h_1})p(b_{h_2})\cdots p(b_{h_N})=\prod_{i=1}^{N} p(b_{h_i})
\end{aligned}$$

其中，$h=1,2,\cdots,s^N$。由式（4.2.52）可知，当信源无记忆时，离散无记忆信道的输出序列 $\boldsymbol{Y}$ 也是无记忆的，则有

$$
\begin{aligned}
H(\boldsymbol{Y}) = H(Y_1Y_2\cdots Y_N) &= -\sum_{h=1}^{s^N} p(\beta_h)\log p(\beta_h) \\
&= -\sum_{h=1}^{s^N} p(b_{h_1})p(b_{h_2})\cdots p(b_{h_N})\log p(b_{h_1})p(b_{h_2})\cdots p(b_{h_N}) \\
&= -\sum_{h_1=1}^{s}\sum_{h_2=1}^{s}\cdots\sum_{h_N=1}^{s} p(b_{h_1})p(b_{h_2})\ldots p(b_{h_N})\log p(b_{h_1})p(b_{h_2})\cdots p(b_{h_N}) \\
&= -\sum_{h_1=1}^{s} p(b_{h_1})\log p(b_{h_1})\sum_{h_2=1}^{s} p(b_{h_2})\log p(b_{h_2})\cdots\sum_{h_N=1}^{s} p(b_{h_N})\log p(b_{h_N}) \\
&= H(Y_1)+H(Y_2)+\cdots+H(Y_N) = \sum_{i=1}^{N} H(Y_i)
\end{aligned}
$$

上式说明，当离散无记忆信道的输出序列 $\boldsymbol{Y}$ 也是无记忆的时，即 Y_i（$i=1,2,\cdots,N$）是相互独立的随机变量，则

$$
H(\boldsymbol{Y}) = \sum_{i=1}^{N} H(Y_i)
$$

此时，有

$$
I(\boldsymbol{X};\ \boldsymbol{Y}) = \sum_{i=1}^{N} H(Y_i) - \sum_{i=1}^{N} H(Y_i \mid X_i) = \sum_{i=1}^{N}[H(Y_i) - H(Y_i \mid X_i)] = \sum_{i=1}^{N} I(X_i;\ Y_i)
$$

得证。

定理 4.2.5 说明，离散无记忆信道的输入序列 $\boldsymbol{X}$ 和输出序列 $\boldsymbol{Y}$ 的平均互信息量 $I(\boldsymbol{X};\ \boldsymbol{Y})$，小于或等于序列中所有对应时刻的输入随机变量 X_i（$i=1,2,\cdots,N$）和输出随机变量 Y_i（$i=1,2,\cdots,N$）的平均互信息量 $I(X_i;\ Y_i)$ 之和；只有当信源和信道均无记忆时，式（4.2.49）才能取等号。

定理 4.2.6　若离散信道的输入为 N 长序列 $\boldsymbol{X}=X_1X_2\cdots X_N$，其中 X_i（$i=1,2,\cdots,N$）均为离散型随机变量，输出为 N 长序列 $\boldsymbol{Y}=Y_1Y_2\cdots Y_N$，其中 Y_i（$i=1,2,\cdots,N$）也均为离散型随机变量，并且信源是无记忆的，即满足

$$
p(\alpha_k) = p(a_{k_1})p(a_{k_2})\cdots p(a_{k_N}) = \prod_{i=1}^{N} p(a_{k_i}),\ \ k=1,2,\cdots,r^N
$$

则

$$
I(\boldsymbol{X};\ \boldsymbol{Y}) \geqslant \sum_{i=1}^{N} I(X_i;\ Y_i) \tag{4.2.53}
$$

式（4.2.53）取等号的充分必要条件为，当且仅当信道也是无记忆的。

证明：对于输入和输出均为 N 长序列的离散信道，平均互信息量为

$$I(\boldsymbol{X};\ \boldsymbol{Y})=H(\boldsymbol{X})-H(\boldsymbol{X}\mid\boldsymbol{Y})=\sum_{i=1}^{N}H(X_i)-H(\boldsymbol{X}\mid\boldsymbol{Y})$$

由于信源无记忆，所以输入序列 $\boldsymbol{X}$ 中各时刻的随机变量 $X_1,X_2,\cdots,X_N$ 相互独立，则

$$H(\boldsymbol{X})=H(X_1X_2\cdots X_N)=\sum_{i=1}^{N}H(X_i)$$

且有

$$\begin{aligned}H(\boldsymbol{X}\mid\boldsymbol{Y})&=H(X_1X_2\cdots X_N\mid Y_1Y_2\cdots Y_N)\\&=H(X_1\mid Y_1Y_2\ldots Y_N)+H(X_2\mid Y_1Y_2\cdots Y_N;\ X_1)+\cdots+\\&\quad H(X_N\mid Y_1Y_2\cdots Y_N;\ X_1X_2\cdots X_{N-1})\end{aligned}$$

根据条件熵的性质，对于上式中的每一项，可得

$$\begin{aligned}&H(X_1\mid Y_1Y_2\cdots Y_N)\leqslant H(X_1\mid Y_1)\\&H(X_2\mid Y_1Y_2\cdots Y_N;\ X_1)\leqslant H(X_2\mid Y_2)\\&\vdots\\&H(X_N\mid Y_1Y_2\cdots Y_N;\ X_1X_2\cdots X_{N-1})\leqslant H(X_N\mid Y_N)\end{aligned}$$

则有

$$H(\boldsymbol{X}\mid\boldsymbol{Y})\leqslant H(X_1\mid Y_1)+H(X_2\mid Y_2)+\cdots+H(X_N\mid Y_N)=\sum_{i=1}^{N}H(X_i\mid Y_i)$$

可得

$$I(\boldsymbol{X};\ \boldsymbol{Y})\geqslant\sum_{i=1}^{N}H(X_i)-\sum_{i=1}^{N}H(X_i\mid Y_i)=\sum_{i=1}^{N}I(X_i;\ Y_i)$$

由式（4.2.50）～式（4.2.52）可知，当信源无记忆时，若信道也是无记忆的，则离散信道的输出序列 $\boldsymbol{Y}$ 也是无记忆的，即

$$p(\boldsymbol{y}=\beta_h)=p(\beta_h)=\prod_{i=1}^{N}p(b_{h_i})，\ h=1,2,\cdots,s^N$$

则有

$$p(\boldsymbol{x}=\alpha_k\mid\boldsymbol{y}=\beta_h)=\frac{p(\boldsymbol{x}=\alpha_k,\boldsymbol{y}=\beta_h)}{p(\boldsymbol{y}=\beta_h)}=\frac{\prod_{i=1}^{N}p(a_{k_i}b_{h_i})}{\prod_{i=1}^{N}p(b_{h_i})}=\prod_{i=1}^{N}p(a_{k_i}\mid b_{h_i})$$

上式说明，当信源无记忆时，离散无记忆信道的后向概率 $p(a_{k_i}\mid b_{h_i})$（$i=1,2,\cdots,N$）也相互独立，此时有

$$\begin{aligned}H(\boldsymbol{X}\mid\boldsymbol{Y})&=H(X_1X_2\cdots X_N\mid Y_1Y_2\cdots Y_N)\\&=H(X_1\mid Y_1)+H(X_2\mid Y_2)+\cdots+H(X_N\mid Y_N)=\sum_{i=1}^{N}H(X_i\mid Y_i)\end{aligned}$$

可得

$$I(\boldsymbol{X};\ \boldsymbol{Y})=\sum_{i=1}^{N}H(X_i)-\sum_{i=1}^{N}H(X_i\,|\,Y_i)=\sum_{i=1}^{N}[H(X_i)-H(X_i\,|\,Y_i)]=\sum_{i=1}^{N}I(X_i;\ Y_i)$$

得证。

定理 4.2.5 和定理 4.2.6 是在一般离散序列信道的条件下证明的，显然其结论也适用于离散无记忆信道的 N 次扩展信道。

对于离散无记忆信道的 N 次扩展信道，输入序列 $\boldsymbol{X}=X_1X_2\cdots X_N$ 中的各时刻的输入随机变量 X_i（$i=1,2,\cdots,N$）均取值于同一个信源符号集合 $A=\{a_1,a_2,\cdots,a_r\}$，且具有相同的概率分布。它们通过同一信道传输到输出端，因此信道的输出序列 $\boldsymbol{Y}=Y_1Y_2\cdots Y_N$ 中的各时刻的输出随机变量 Y_j（$j=1,2,\cdots,N$）都取值于 $B=\{b_1,b_2,\cdots,b_s\}$，则有

$$X_1=X_2=\cdots=X_N=X$$
$$Y_2=Y_2=\cdots=Y_N=Y$$

因此

$$I(X_1;\ Y_1)=I(X_2;\ Y_2)=\cdots=I(X_N;\ Y_N)=I(X;\ Y)$$

由定理 4.2.5 可得，离散无记忆信道的 N 次扩展信道的平均互信息量满足

$$I(X^N;\ Y^N)\leqslant NI(X;\ Y) \tag{4.2.54}$$

等式成立的充分必要条件为信源无记忆。

由定理 4.2.5 可知，一般离散序列信道的信道容量为

$$C=\max_{p(x)}\{I(\boldsymbol{X};\ \boldsymbol{Y})\}=\max_{p(x)}\left\{\sum_{i=1}^{N}I(X_i;\ Y_i)\right\}=\sum_{i=1}^{N}C_i \tag{4.2.55}$$

其中，$C_i=\max\limits_{p(x)}\{I(X_i;\ Y_i)\}$，表示在第 i 个时刻通过离散无记忆信道传输的最大信息量。显然，只有当输入信源是无记忆的，且序列中每个时刻的输入变量 X_i（$i=1,2,\cdots,N$）均达到各自的最佳输入分布时，离散序列信道才能达到其信道容量。

同理，由式（4.2.54）可知，离散无记忆信道的 N 次扩展信道的信道容量为

$$C^N=\max_{p(x)}\{I(\boldsymbol{X};\ \boldsymbol{Y})\}=\max_{p(x)}\left\{\sum_{i=1}^{N}I(X_i;\ Y_i)\right\}=\max_{p(x)}\{NI(\boldsymbol{X};\ \boldsymbol{Y})\}=NC \tag{4.2.56}$$

其中，$C=\max\limits_{p(x)}\{I(\boldsymbol{X};\ \boldsymbol{Y})\}=\max\limits_{p(x)}\{I(X_i;\ Y_i)\}$（$i=1,2,\cdots,N$）表示在任何时刻 i 通过离散无记忆信道的 N 次扩展信道传输的最大信息量都相同。离散无记忆信道的 N 次扩展信道的信息传输率达到信道容量的条件为信源无记忆，且任何时刻 i 的输入变量 X（$i=1,2,\cdots,N$）均达到各自的最佳输入分布。

例 4.2.11　设有一个离散无记忆信道，信道输入 X 的概率为 $p(x_1)=1/3$，$p(x_2)=2/3$，信道矩阵为

$$\boldsymbol{P}_{Y|X}=\begin{bmatrix}\frac{1}{6} & \frac{1}{6} & \frac{2}{3}\\ \frac{2}{3} & \frac{1}{6} & \frac{1}{6}\end{bmatrix}$$

（1）该信道的信息传输率为多少？

（2）若信道每个时刻的输入符号都相互独立，将该信道连续两次输入的码符号看成一个新信道一次输入的码符号，则此新信道的信道容量是多少？什么时候能达到信道容量？信道的实际信息传输率是多少？

解：若每个时刻的输出符号都相互独立，将该信道连续两次输入的码符号看成一个新信道一次输入的码符号，可知此时信道是离散无记忆信道的二次扩展信道，其信道容量为

$$C^2=NC=2C$$

由原信道的信道矩阵可知，该信道为一个准对称信道，可分解为两个对称的子信道

$$\begin{bmatrix}\frac{1}{6} & \frac{2}{3}\\ \frac{2}{3} & \frac{1}{6}\end{bmatrix}\text{和}\begin{bmatrix}\frac{1}{6}\\ \frac{1}{6}\end{bmatrix}$$

根据准对称信道的信道容量计算公式，可得原信道的信道容量为

$$C=\log r-H(p_1,p_2,\cdots,p_s)-\sum_{k=1}^{n}N_k\log M_k=\log 2-H\left(\frac{1}{6},\frac{2}{3},\frac{1}{6}\right)-$$
$$\left(\frac{2}{3}+\frac{1}{6}\right)\times\log\left(\frac{2}{3}+\frac{1}{6}\right)-\frac{1}{6}\times\log\left(\frac{1}{6}+\frac{1}{6}\right)\approx 0.232\ \text{bit / 符号}$$

最佳输入分布为等概率分布，即 $p(x_1)=p(x_2)=1/2$。

因此离散无记忆信道的二次扩展信道的信道容量为

$$C^2=2C\approx 0.464\ \text{bit / 符号}$$

由于信道每个时刻的输入符号都相互独立，即信源无记忆，则当每个时刻的输入都达到最佳输入分布（输入等概率）时，才能达到其信道容量。

4.2.4 离散信道的组合信道及其信道容量

前面重点讨论了离散信道及其信道容量。而在实际的通信系统中，常常会将多个信道组合起来使用。组合信道可以实现更高效、更可靠的数据传输，被广泛应用于通信和计算机网络等领域。在信息论中，组合信道可以被分为不同的类型，本章将重点讨论积信道和级联信道。积信道是指将两个或多个独立信道组合起来并行地传输信息的信道，其中每个独立信道的输入和输出都是独立的，因此又被称为独立并联信道。例如，在通信网络中，多个通信链路可以组成一个积信道。级联信道是指两个或多个独立信道按照顺序串联在一起的信道，即前一个信道的输出作为后一个信道的输入，如无线中继信道。

1. 级联信道

级联信道又称为串联信道，其模型如图 4.10 所示。

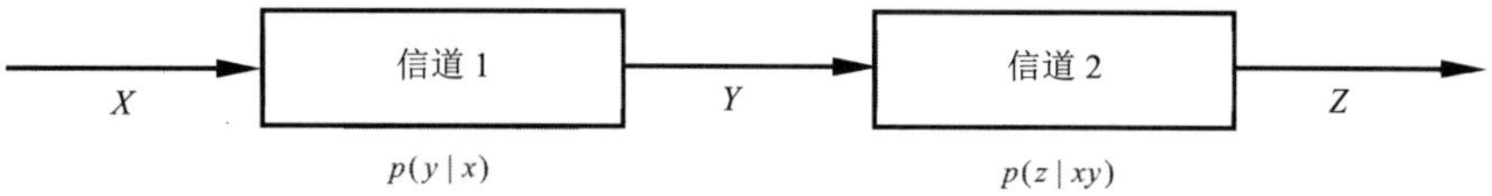

图 4.10　级联信道的模型

在图 4.10 中，由两个单符号离散无记忆信道（信道 1 与信道 2）构成级联信道。信道 1 的输入和输出分别为离散型随机变量 X 和 Y，其概率空间分别为

$$\begin{bmatrix} X \\ P \end{bmatrix} = \begin{bmatrix} a_1 & a_2 & \cdots & a_r \\ p(a_1) & p(a_2) & \cdots & p(a_r) \end{bmatrix}$$

$$\begin{bmatrix} Y \\ P \end{bmatrix} = \begin{bmatrix} b_1 & b_2 & \cdots & b_s \\ p(b_1) & p(b_2) & \cdots & p(b_s) \end{bmatrix}$$

信道 1 的传递概率为 $p(y|x) = p(b_j|a_i)$，$i = 1,2,\cdots,r$；$j = 1,2,\cdots,s$。信道 1 的输出 Y 为信道 2 的输入，信道 2 的输出为离散型随机变量 Z，随机变量 Z 的概率空间为

$$\begin{bmatrix} Z \\ P \end{bmatrix} = \begin{bmatrix} c_1 & c_2 & \cdots & c_n \\ p(c_1) & p(c_2) & \cdots & p(c_n) \end{bmatrix}$$

信道 2 的传递概率为 $p(z|xy) = p(c_k|a_ib_j)$，$i = 1,2,\cdots,r$；$j = 1,2,\cdots,s$；$k = 1,2,\cdots,n$。显然，信道的传递概率与前面的符号 x 和 y 均有关系。

可以将图 4.10 中的级联信道等效为一个输入为 X，输出为 Z 的离散信道，则该等效信道的传递概率 $p(z|x)$ 满足

$$\begin{aligned} p(z|x) &= \sum_Y p(yz|x) = \sum_Y \frac{p(yz|x)p(x)}{p(x)} = \sum_Y \frac{p(xyz)}{p(x)} \\ &= \sum_Y \frac{p(xy)}{p(x)} \cdot \frac{p(xyz)}{p(xy)} = \sum_Y p(y|x)p(z|xy) \end{aligned} \tag{4.2.57}$$

对于级联信道的平均互信息量，存在以下两个定理。

定理 4.2.7　级联信道中的平均互信息量满足以下关系：

$$I(XY;Z) \geqslant I(Y;Z) \tag{4.2.58}$$

等式成立的充分必要条件是 $p(z|xy) = p(z|y)$。

$$I(XY;Z) \geqslant I(X;Z) \tag{4.2.59}$$

等式成立的充分必要条件是 $p(z|xy) = p(z|x)$。

证明：先证明式（4.2.58）。

根据平均互信息量的定义可得

$$I(XY;Z) = \sum_{XYZ} p(xyz)\log\frac{p(z|xy)}{p(z)}$$

$$I(Y;\ Z)=\sum_{YZ}p(yz)\log\frac{p(z|y)}{p(z)}=\sum_{XYZ}p(xyz)\log\frac{p(z|y)}{p(z)}$$

于是

$$\begin{aligned}I(XY;\ Z)-I(Y;\ Z)&=\sum_{XYZ}p(xyz)\log\frac{p(z|xy)}{p(z)}-\sum_{XYZ}p(xyz)\log\frac{p(z|y)}{p(z)}\\&=\sum_{XYZ}p(xyz)\log\frac{p(z|xy)}{p(z|y)}=I(X;\ Z|Y)\end{aligned}$$

由平均互信息量的非负性可知$I(X;\ Z|Y)\geqslant 0$，可得

$$I(XY;\ Z)-I(Y;\ Z)=I(X;\ Z|Y)\geqslant 0$$

即

$$I(XY;\ Z)\geqslant I(Y;\ Z)$$

可见，式（4.2.58）取等号的条件为$I(X;\ Z|Y)=0$，即

$$I(X;\ Z|Y)=\sum_{XYZ}p(xyz)\log\frac{p(z|xy)}{p(z|y)}=0$$

显然，只有对于任意的x、y和z满足$p(z|xy)=p(z|y)$，式（4.2.58）才能取等号。

式（4.2.59）的证明方法与式（4.2.58）的证明方法类似，不再赘述。

当级联信道满足$p(z|xy)=p(z|y)$时，说明信道的输出Z只与信道2的输入Y有关，而与信道1的输入X无关。这表明级联信道的输入和输出X、Y、Z构成马尔可夫链。根据式（4.2.57）可知，级联信道总信道的传递概率$p(z|x)$可表示为

$$p(z|x)=\sum_{Y}p(y|x)p(z|xy)=\sum_{Y}p(y|x)p(z|y) \tag{4.2.60}$$

因此，级联信道总信道的信道矩阵$\boldsymbol{P}_{Z|X}$可表示为

$$\boldsymbol{P}_{Z|X}=\boldsymbol{P}_{Y|X}\boldsymbol{P}_{Z|Y} \tag{4.2.61}$$

其中，$\boldsymbol{P}_{Y|X}$和$\boldsymbol{P}_{Z|Y}$分别为信道1和信道2的信道矩阵。

定理 4.2.8 若随机变量X、Y和Z构成马尔可夫链，则平均互信息量满足

$$I(X;\ Z)\leqslant I(X;\ Y) \tag{4.2.62}$$

等式成立的充分必要条件是$p(x|yz)=p(x|y)=p(x|z)$。

$$I(X;\ Z)\leqslant I(Y;\ Z) \tag{4.2.63}$$

等式成立的充分必要条件是$p(z|xy)=p(z|x)$。

证明：先证明式（4.2.62）。

根据平均互信息量的定义可知

$$I(X;\ Z)=\sum_{XZ}p(xz)\log\frac{p(z|x)}{p(z)}=\sum_{XYZ}p(xyz)\log\frac{p(z|x)}{p(z)} \tag{4.2.64}$$

$$I(X;\ Y)=\sum_{XY}p(xy)\log\frac{p(x|y)}{p(x)}=\sum_{XYZ}p(xyz)\log\frac{p(x|y)}{p(x)} \tag{4.2.65}$$

$$I(X;\ Y|Z)=\sum_{XYZ}p(xyz)\log\frac{p(y|zx)}{p(y|z)}=\sum_{XYZ}p(xyz)\log\frac{p(x|zy)}{p(x|z)} \tag{4.2.66}$$

$$I(X;\ Z|Y)=\sum_{XYZ}p(xyz)\log\frac{p(x|yz)}{p(x|y)}=\sum_{XYZ}p(xyz)\log\frac{p(z|xy)}{p(z|y)} \tag{4.2.67}$$

可得

$$\begin{aligned}
&I(X;\ Y|Z)-I(X;\ Z|Y)\\
&=\sum_{XYZ}p(xyz)\log\frac{p(y|zx)}{p(y|z)}-\sum_{XYZ}p(xyz)\frac{p(x|yz)}{p(x|y)}\\
&=\sum_{XYZ}p(xyz)\log\frac{p(y|zx)}{p(y|z)}\cdot\frac{p(x|y)}{p(x|yz)}\\
&=\sum_{XYZ}p(xyz)\log\frac{p(y|zx)p(x|y)p(z)}{p(z)p(y|z)p(x|yz)}=\sum_{XYZ}p(xyz)\log\frac{p(y|zx)p(x|y)p(z)}{p(xyz)}\\
&=\sum_{XYZ}p(xyz)\log\frac{p(y|zx)p(x|y)p(z)}{p(x)p(z|x)p(y|zx)}=\sum_{XYZ}p(xyz)\log\frac{p(x|y)p(z)}{p(x)p(z|x)}\\
&=\sum_{XYZ}p(xyz)\log\frac{p(x|y)}{p(x)}-\sum_{XYZ}p(xyz)\log\frac{p(z|x)}{p(z)}\\
&=\sum_{XY}p(xy)\log\frac{p(x|y)}{p(x)}-\sum_{XZ}p(xz)\log\frac{p(z|x)}{p(z)}
\end{aligned}$$

则有

$$I(X;\ Y|Z)-I(X;\ Z|Y)=I(X;\ Y)-I(X;\ Z) \tag{4.2.68}$$

由于随机变量 X、Y 和 Z 可构成马尔可夫链，因此在 Y 发生条件下，X 与 Z 相互独立，即满足

$$p(x|yz)=p(x|y) \tag{4.2.69}$$

可得

$$I(X;\ Z|Y)=\sum_{XYZ}p(xyz)\log\frac{p(x|yz)}{p(x|y)}=0 \tag{4.2.70}$$

因此

$$I(X;\ Y|Z)=I(X;\ Y)-I(X;\ Z)$$

由平均互信息量的非负性可知 $I(X;\ Y|Z)\geqslant 0$，可得

$$I(X;\ Y)-I(X;\ Z)=I(X;\ Y|Z)\geqslant 0$$

即

$$I(X;\ Z)\leqslant I(X;\ Y)$$

可见，只有 $I(X;\ Y|Z)=0$，上式才能取等号，即要求满足

$$I(X;\ Y|Z)=\sum_{XYZ}p(xyz)\log\frac{p(x|yz)}{p(x|z)}=0 \tag{4.2.71}$$

显然，只有对于任意的 x、y 和 z 满足 $p(x|yz)=p(x|z)$，即 Z 发生条件下 X 与 Y 相互独立时，式（4.2.71）才成立。

根据以上证明过程可知，式（4.2.62）取等号的条件为 $p(x|yz)=p(x|y)=p(x|z)$。

证明：证明式（4.2.63）。

根据平均互信息量的定义可知

$$I(Y;Z)=\sum_{YZ}p(yz)\log\frac{p(z|y)}{p(z)}=\sum_{XYZ}p(xyz)\log\frac{p(z|y)}{p(z)} \tag{4.2.72}$$

$$I(Y;Z|X)=\sum_{XYZ}p(xyz)\log\frac{p(y|zx)}{p(y|x)}=\sum_{XYZ}p(xyz)\log\frac{p(z|xy)}{p(z|x)} \tag{4.2.73}$$

由式（4.2.67）和式（4.2.72）可得

$$\begin{aligned}
&I(Y;Z|X)-I(X;Z|Y)\\
&=\sum_{XYZ}p(xyz)\log\frac{p(y|zx)}{p(y|x)}-\sum_{XYZ}p(xyz)\frac{p(z|yx)}{p(z|y)}\\
&=\sum_{XYZ}p(xyz)\log\frac{p(y|zx)}{p(y|x)}\cdot\frac{p(z|y)}{p(z|yx)}=\sum_{XYZ}p(xyz)\log\frac{p(y|zx)p(z|y)p(x)}{p(x)p(y|x)p(z|yx)}\\
&=\sum_{XYZ}p(xyz)\log\frac{p(y|zx)p(z|y)p(x)}{p(xyz)}=\sum_{XYZ}p(xyz)\log\frac{p(y|zx)p(z|y)p(x)}{p(x)p(z|x)p(y|zx)}\\
&=\sum_{XYZ}p(xyz)\log\frac{p(z|y)}{p(z|x)}=\sum_{XYZ}p(xyz)\log\frac{p(z|y)}{p(z)}\cdot\frac{p(z)}{p(z|x)}\\
&=\sum_{XYZ}p(xyz)\log\frac{p(z|y)}{p(z)}-\sum_{XYZ}p(xyz)\log\frac{p(z|x)}{p(z)}\\
&=\sum_{YZ}p(yz)\log\frac{p(z|y)}{p(z)}-\sum_{XZ}p(xz)\log\frac{p(z|x)}{p(z)}
\end{aligned}$$

则有

$$I(Y;Z|X)-I(X;Z|Y)=I(Y;Z)-I(X;Z) \tag{4.2.74}$$

由于随机变量 X、Y 和 Z 可构成马尔可夫链，因此在 Y 发生条件下，X 与 Z 相互独立，即满足

$$p(z|xy)=p(z|y)$$

可得

$$I(X;Z|Y)=\sum_{XYZ}p(xyz)\log\frac{p(z|xy)}{p(z|y)}=0 \tag{4.2.75}$$

因此

$$I(Y;Z|X)=I(Y;Z)-I(X;Z)$$

由平均互信息量的非负性可知 $I(Y;Z|X)\geqslant 0$，可得

$$I(Y;Z)-I(X;Z)=I(Y;Z|X)\geqslant 0$$

即

$$I(X;\ Z) \leqslant I(Y;\ Z)$$

可见，只有 $I(Y;\ Z\,|\,X)=0$，上式才能取等号，即要求满足

$$I(Y;\ Z\,|\,X)=\sum_{XYZ} p(xyz)\log\frac{p(z\,|\,xy)}{p(z\,|\,x)}=0 \tag{4.2.76}$$

显然，只有对于任意的 x、y 和 z 满足 $p(z\,|\,xy)=p(z\,|\,x)$，式（4.2.76）才成立。

根据以上证明过程可知，式（4.2.63）取等号的条件为 $p(z\,|\,xy)=p(z\,|\,x)$。

定理 4.2.8 又被称为数据处理定理，它表明在任何信息传输系统中，最后获得的信息至多是信源提供的信息量。在数据处理的过程中，若在某一环节中损失了一部分信息量，则在后面的处理环节中再也无法找回丢失的信息量，即随着信息经过多级处理，信息量会逐渐减少，这就是信息不增原理。

在实际应用中，数据处理定理可以为通信和数据处理领域提供重要的理论指导。例如，在通信系统中，信号传输会经过多个处理环节，每个环节都可能对信号进行一些处理操作，如调制、解调、编码及解码等。根据数据处理定理，随着处理环节的增多，信号中的信息量会逐渐减少，因此需要在每个环节都进行信息压缩或冗余控制等操作，以尽可能地减少信息的损失。

将定理 4.2.8 扩展到图 4.11 所示的 N 级级联信道的串联，可得平均互信息量满足

$$0 \leqslant I(X;\ V) \leqslant \cdots \leqslant I(X;\ Z) \leqslant I(X;\ Y) \leqslant H(X) \tag{4.2.77}$$

图 4.11　N 级级联信道

由式（4.2.77）可得，N 级级联信道的信道容量为

$$C(1,2,\cdots,N)=\sum_{p(x)}\max\{I(X;\ V)\} \tag{4.2.78}$$

同时，可知

$$C(1,2,\cdots,N) \leqslant \min\{C_1, C_2, \cdots, C_N\} \tag{4.2.79}$$

其中，C_i（$i=1,2,\cdots,N$）为第 i 个信道的信道容量。式（4.2.79）表明级联信道的信道容量，不会大于其中各组成信道的信道容量。串联的信道越多，级联信道的信道容量可能会越小，当串联的信道数为无穷大时，级联信道的信道容量可能会趋近于 0。

例 4.2.12　将 N 个例 4.2.1 中的二元对称信道串联起来，求该级联信道的信道容量。

解：二元对称信道的信道矩阵为

$$\boldsymbol{P}_1=\begin{bmatrix}\bar{p} & p\\ p & \bar{p}\end{bmatrix}$$

如图 4.12 所示，将两个二元对称信道串联起来，则串联信道的信道矩阵为

$$\boldsymbol{P}=\boldsymbol{P}_1\boldsymbol{P}_2=\begin{bmatrix}\bar{p} & p\\ p & \bar{p}\end{bmatrix}\begin{bmatrix}\bar{p} & p\\ p & \bar{p}\end{bmatrix}=\begin{bmatrix}\bar{p}^2+p^2 & 2p\bar{p}\\ 2p\bar{p} & \bar{p}^2+p^2\end{bmatrix}$$

可见，该串联信道仍为二元对称信道。

可计算得到各级串联信道的平均互信息量 I_N，即

$$I_1 = I(X;\ Y) = 1 - H(p)$$

$$I_2 = I(X;\ Z) = 1 - H(2p\bar{p})$$

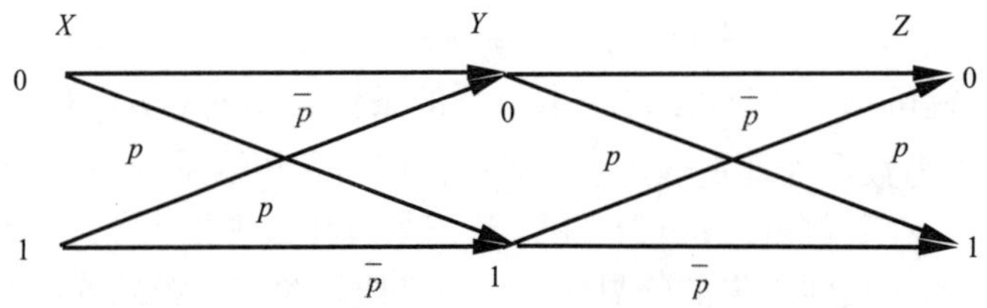

图 4.12 二元对称信道串联

N 个二元对称信道串联的级联信道的平均互信息量 I_N 如图 4.13 所示。

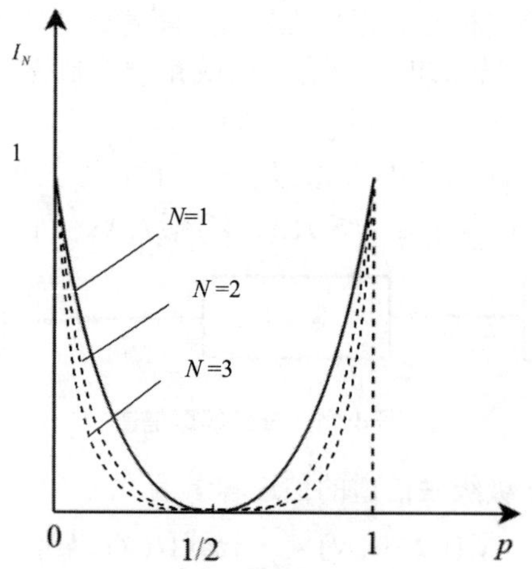

图 4.13 N 个二元对称信道串联的级联信道的平均互信息量 I_N

对于 N 个二元对称信道串联的级联信道，其信道矩阵 $\boldsymbol{P}'$ 为

$$\boldsymbol{P}' = \boldsymbol{P}_1^N$$

通过正交变换，可将二元对称信道的信道矩阵 $\boldsymbol{P}_1$ 分解成如下形式：

$$\boldsymbol{P}_1 = \boldsymbol{S}^{-1}\begin{bmatrix} 1 & 0 \\ 0 & 1-2p \end{bmatrix}\boldsymbol{S}$$

其中，$\boldsymbol{S} = \begin{bmatrix} \frac{\sqrt{2}}{2} & \frac{\sqrt{2}}{2} \\ -\frac{\sqrt{2}}{2} & \frac{\sqrt{2}}{2} \end{bmatrix}$，$\boldsymbol{S}^{-1} = \begin{bmatrix} \frac{\sqrt{2}}{2} & -\frac{\sqrt{2}}{2} \\ \frac{\sqrt{2}}{2} & \frac{\sqrt{2}}{2} \end{bmatrix}$。

因此

$$P' = P_1^N = S^{-1}\begin{bmatrix}1 & 0\\0 & 1-2p\end{bmatrix}^N S = \begin{bmatrix}\frac{\sqrt{2}}{2} & -\frac{\sqrt{2}}{2}\\ \frac{\sqrt{2}}{2} & \frac{\sqrt{2}}{2}\end{bmatrix}\begin{bmatrix}1 & 0\\0 & (1-2p)^N\end{bmatrix}\begin{bmatrix}\frac{\sqrt{2}}{2} & \frac{\sqrt{2}}{2}\\ -\frac{\sqrt{2}}{2} & \frac{\sqrt{2}}{2}\end{bmatrix}$$
$$= \frac{1}{2}\begin{bmatrix}1+(1-2p)^N & 1-(1-2p)^N\\1-(1-2p)^N & 1+(1-2p)^N\end{bmatrix}$$

N 个二元对称信道串联的级联信道也为离散对称信道，因此级联信道的信道容量为

$$C(1,2,\cdots,N) = 1 - H\left[\frac{1-(1-2p)^N}{2}\right]$$

当 $N\to\infty$ 时，有

$$\lim_{N\to\infty} C(1,2,\cdots,N) = \lim_{N\to\infty}\left\{1 - H\left[\frac{1-(1-2p)^N}{2}\right]\right\} = 1 - H\left(\frac{1}{2}\right) = 0$$

即随着串联级数 N 的增加，级联信道的信道容量越来越小，当 $N\to\infty$ 时，级联信道的信道容量为 0。

2．独立并联信道

如图 4.14 所示，将 N 个相互独立的信道并联，构成的组合信道称为独立并联信道，简称并联信道。

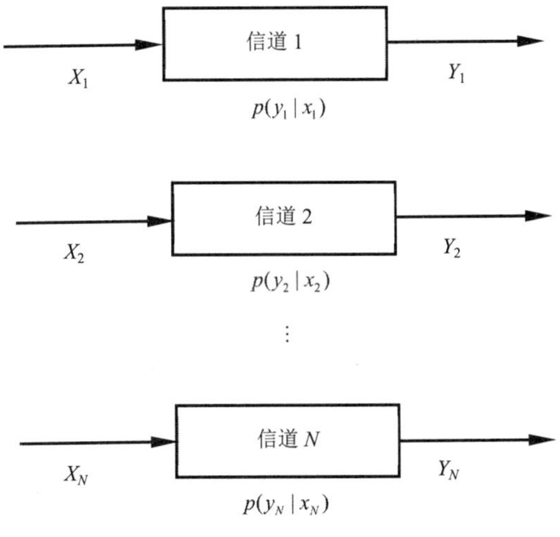

图 4.14　独立并联信道

在 N 个独立并联信道中，每个信道的输出 Y_i（$i=1,2,\cdots,N$）只与本信道的输入 X_i（$i=1,2,\cdots,N$）有关，与其他信道的输入和输出都无关，则独立并联信道的传递概率可以表示为

$$p(Y_1Y_2\cdots Y_N \mid X_1X_2\cdots X_N) = p(y_1y_2\cdots y_N \mid x_1x_2\cdots x_N) = \prod_{i=1}^{N} p(y_i \mid x_i) \tag{4.2.80}$$

由定理 4.2.5 可知，独立并联信道的平均互信息量为

$$I(X_1X_2\cdots X_N;\ Y_1Y_2\cdots Y_N)\leqslant\sum_{i=1}^{N}I(X_i;\ Y_i) \tag{4.2.81}$$

因此，独立并联信道的信道容量为

$$C=\max_{p(x_1x_2\dots x_N)}\{I(X_1X_2\cdots X_N;\ Y_1Y_2\cdots Y_N)\}=\max_{p(x_i)}\left\{\sum_{i=1}^{N}I(X_i;\ Y_i)\right\}=\sum_{i=1}^{N}C_i \tag{4.2.82}$$

即独立并联信道的信道容量为各个独立信道的信道容量之和，只有当输入随机变量 X_i（$i=1,2,\cdots,N$）相互独立，且 X_i（$i=1,2,\cdots,N$）均达到各自的最佳输入分布时才能达到该信道容量。

4.3 连续信道及其信道容量

对于连续信源，由于其互信息量为信源熵与条件熵的差值，因此其互信息量与离散信源的互信息量具有相同的形式。与离散信道一样，连续信道的信道容量也被定义为互信息量的最大值。因此，连续信道的互信息量和信道容量与离散信道在形式上是类似的，只是离散信道的输入和输出都是离散的，信道的统计特性用信道传递概率描述，而连续信道的输入和输出都是连续的，用条件概率密度函数来描述信道特性。

下面主要介绍加性噪声信道的信道容量。

4.3.1 连续单符号加性信道及其信道容量

连续单符号加性信道是最简单的加性噪声信道，如图 4.15 所示。信道的输入 X 和输出 Y 均为连续型随机变量，N 为随机噪声，且 X 与 N 是相互独立的。

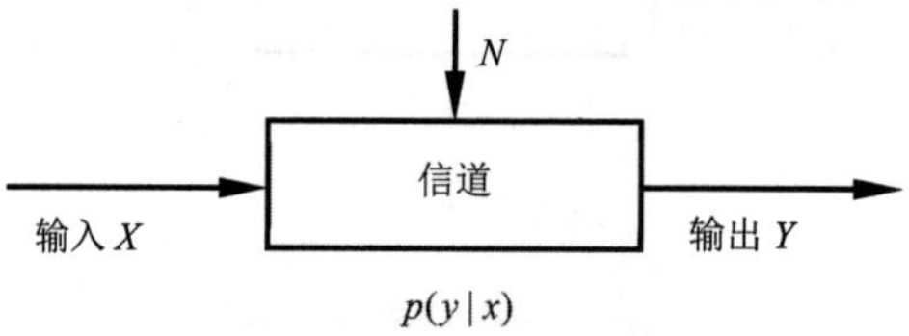

图 4.15 连续单符号加性信道

由于输入 X 和噪声 N 是相互独立的，因此该信道的模型可以表示为

$$Y=X+N$$

连续单符号加性信道的平均互信息量为

$$I(X;\ Y)=H(X)-H(X|Y)=H(Y)-H(Y|X) \tag{4.3.1}$$

对于加性噪声信道，输入 X 和噪声 N 相互独立，因此联合概率密度函数 $p(xy)$ 为

$$p(xy)=p(xn)=p_X(x)p_N(n)$$

则 Y 在 X 条件下的概率密度函数 $p(y|x)$ 为

$$p(y|x)=\frac{p(xy)}{p_X(x)}=p_N(n)$$

其中，$p_X(x)$ 和 $p_N(n)$ 分别为输入 X 和噪声 N 的概率密度函数。

条件熵 $H(Y|X)$ 为

$$\begin{aligned}H(Y|X)&=-\int_{-\infty}^{\infty}\int_{-\infty}^{\infty}p(xy)\log p(y|x)\mathrm{d}x\mathrm{d}y\\&=-\int_{-\infty}^{\infty}\int_{-\infty}^{\infty}p_X(x)p(y|x)\log p(y|x)\mathrm{d}x\mathrm{d}y\\&=-\int_{-\infty}^{\infty}\int_{-\infty}^{\infty}p_X(x)p_N(n)\log p_N(n)\mathrm{d}x\mathrm{d}n\\&=-\int_{-\infty}^{\infty}p_X(x)\mathrm{d}x\int_{-\infty}^{\infty}p_N(n)\log p_N(n)\mathrm{d}n\\&=-\int_{-\infty}^{\infty}p_X(x)H(N)\mathrm{d}x=H(N)\end{aligned}\tag{4.3.2}$$

其中，$H(N)$ 为信道的噪声熵。

因此，连续单符号加性信道的信道容量为

$$C=\max_{p(x)}\{I(X;\ Y)\}=\max_{p(x)}\{H(Y)\}-H(N)\tag{4.3.3}$$

假定加入信道的噪声 N 是均值为 0，方差为 σ_N^2 的加性高斯白噪声，噪声的概率密度函数记为 $p_N(n)=N(0,\ \sigma_N^2)$，则

$$H(N)=\frac{1}{2}\log 2\pi\mathrm{e}\sigma_N^2\tag{4.3.4}$$

因此

$$C=\max_{p(x)}\{I(X;\ Y)\}=\max_{p(x)}\{H(Y)\}-\frac{1}{2}\log 2\pi\mathrm{e}\sigma_N^2\tag{4.3.5}$$

只有当输出 Y 为高斯分布时，熵 $H(Y)$ 才能取其最大值。由概率论可知，只有当信道输入 X 服从均值为 0，方差为 S 的加性高斯分布时，即 $X\sim N(0,\ S)$，才能使输出 $Y=X+N$ 服从高斯分布，且均值为 0，方差为 $S+\sigma_N^2$，即 $Y\sim N(0,\ S+\sigma_N^2)$，则有

$$\max_{p(x)}\{H(Y)\}=\frac{1}{2}\log 2\pi\mathrm{e}(S+\sigma_N^2)$$

因此，当信道输入 X 服从高斯分布，即 $X\sim N(0,\ S)$ 时，达到信道容量 C，信道容量为

$$\begin{aligned}C&=\max_{p(x)}\{H(Y)\}-\frac{1}{2}\log 2\pi\mathrm{e}\sigma_N^2\\&=\frac{1}{2}\log 2\pi\mathrm{e}(S+\sigma_N^2)-\frac{1}{2}\log 2\pi\mathrm{e}\sigma_N^2=\frac{1}{2}\log\left(1+\frac{S}{\sigma_N^2}\right)\end{aligned}\tag{4.3.6}$$

其中，S/σ_N^2 为信号功率与噪声功率的比，称为信噪比，记为 $\mathrm{SNR}=S/\sigma_N^2$。

由式（4.3.6）可知，连续单符号高斯加性信道的信道容量仅取决于信道的信噪比，这里没有考虑经过信道后输入信号功率的损耗，但在实际通信系统中，信道会对输入信号造成不同

程度的损耗，因此信号功率 S 应该为经过信道衰减后的功率。

一般来说，在实际系统中的加性噪声不一定服从高斯分布，如天电干扰、工业噪声和其他脉冲干扰等。对于非高斯加性信道的信道容量的计算非常复杂，但可以求出信道容量的上下限。

定理 4.3.1 对于均值为 0，方差为 σ_N^2 的非高斯加性信道，其信道容量的上下限为

$$\frac{1}{2}\log\left(1+\frac{S}{\sigma^2}\right)\leqslant C\leqslant\frac{1}{2}\log\left(\frac{S+\sigma_N^2}{\sigma^2}\right) \tag{4.3.7}$$

其中，S 为输入信号的平均功率；σ^2 为噪声的熵功率。

证明：对于加性信道，有

$$Y=X+N$$

当输入信号和噪声的均值均为 0 时，信道的输出功率为

$$E(Y^2)=E(X^2)+E(N^2)=S+\sigma_N^2$$

由于

$$H(Y)\leqslant\frac{1}{2}\log 2\pi\mathrm{e}(S+\sigma_N^2)$$

高斯白噪声具有最大熵，其熵如式（4.3.4）所示。当平均功率一定时，非高斯噪声的熵必定小于高斯白噪声的熵。因此定义了熵功率来衡量非高斯噪声的熵与同样平均功率的高斯白噪声的熵的不一致程度，熵功率定义为

$$\sigma^2=\frac{1}{2\pi\mathrm{e}}\mathrm{e}^{2H(N)}$$

其中，$H(N)$ 为非高斯白噪声的熵。显然，当且噪声为高斯噪声时，其熵功率 σ^2 与其平均功率 σ_N^2 相等，而非高斯噪声的熵功率 σ^2 均小于其平均功率 σ_N^2。由上式可知非高斯噪声的熵为

$$H(N)=\frac{1}{2}\log 2\pi\mathrm{e}\sigma^2$$

因此

$$C=\max_{p(x)}\{H(Y)-H(N)\}=\max_{p(x)}\{H(Y)\}-H(N)\leqslant\frac{1}{2}\log\left(\frac{S+\sigma_N^2}{\sigma^2}\right)$$

即上限成立。下面证明下限。

根据香农曾证明的关于集 X、Y、N 的两个熵功率不等式，即若

$$Y=X+N$$

则

$$\overline{\sigma}_X^2+\sigma^2\leqslant\overline{\sigma}_Y^2\leqslant\sigma_X^2+\sigma_N^2$$

其中，$\overline{\sigma}_X^2$ 和 $\overline{\sigma}_Y^2$ 分别为 X 和 Y 的熵功率；σ_X^2 为 X 的平均功率；σ_N^2 为 N 的平均功率；σ^2 为

N 的熵功率。

当选择功率为 S 的高斯分布的输入信号时，由上式中左边不等式及 $S=\overline{\sigma}_X^2$，可知输出 Y 的熵 $H(N)$ 至少为 $\frac{1}{2}\log 2\pi e(S+\sigma^2)$，因此，可得

$$C \geqslant I(X;\ Y) \geqslant \frac{1}{2}\log 2\pi e(S+\sigma^2) - \frac{1}{2}\log 2\pi e\sigma^2 = \frac{1}{2}\log\left(1+\frac{S}{\sigma^2}\right)$$

式（4.3.7）得证。

定理 4.3.1 说明，在给定噪声功率下，高斯型干扰是最坏的干扰，即非高斯噪声信道的信道容量大于高斯噪声信道的信道容量，所以在实际应用中，常将干扰视为高斯型干扰，即在最坏情况下分析信道容量是比较合理的。

4.3.2　多维无记忆加性连续信道及其信道容量

设信道的输入为连续型随机变量序列 $\boldsymbol{X}=X_1X_2\cdots X_L$，输出为连续型随机变量序列 $\boldsymbol{Y}=Y_1Y_2\cdots Y_L$，信道中的噪声为加性噪声，即

$$\boldsymbol{Y}=\boldsymbol{X}+\boldsymbol{N}$$

其中，$\boldsymbol{N}=N_1N_2\cdots N_L$ 是均值为 0 的高斯噪声随机序列。由于信道无记忆，因此

$$p(\boldsymbol{Y}\,|\,\boldsymbol{X})=p(y_1y_2\cdots y_L\,|\,x_1x_2\cdots x_L)=\prod_{i=1}^{L}p(y_i\,|\,x_i)$$

由于加性信道中高斯噪声随机序列各时刻的分量是相互独立的，因此

$$p(\boldsymbol{N})=p(n_1n_2\cdots n_L)=\prod_{i=1}^{L}p(n_i)$$

即高斯噪声随机序列中各分量 N_i 均是均值为 0，方差为 σ_i^2 的高斯型随机变量。所以，多维无记忆加性连续信道可以等价为 L 个独立并联的连续单符号高斯加性信道。

根据离散无记忆序列信道的性质，可得

$$I(\boldsymbol{Y};\ \boldsymbol{X}) \leqslant \sum_{i=1}^{L}I(X_i;\ Y_i)=\frac{1}{2}\sum_{i=1}^{L}\log\left(1+\frac{S_i}{\sigma_i^2}\right)$$

因此

$$C=\max_{p(x)}\{I(\boldsymbol{X};\ \boldsymbol{Y})\}=\frac{1}{2}\sum_{i=1}^{L}\log\left(1+\frac{S_i}{\sigma_i^2}\right)\ \text{bit}/L\text{维自由度} \qquad (4.3.8)$$

其中，σ_i^2 为第 i 个时刻高斯噪声的方差，且其均值为 0。因此，当且仅当输入序列 $\boldsymbol{X}=X_1X_2\cdots X_L$ 中各分量相互独立，且满足均值为 0，方差为 S_i 的高斯分布时，即 $X_i \sim N(0,\ S_i)$ 时，才能达到此信道容量。

式（4.3.8）为多维无记忆加性连续信道的信道容量，也是 L 个独立并联的连续单符号高斯加性信道的信道容量。下面就对以下两种情况进行具体讨论。

（1）若各时刻i（$i=1,2,\cdots,L$）的噪声均是均值为0，方差为σ_N^2的高斯噪声，则信道容量为

$$C=\frac{L}{2}\log\left(1+\frac{S}{\sigma_N^2}\right)\text{ bit / }L\text{维自由度} \qquad (4.3.9)$$

当且仅当输入序列$\boldsymbol{X}=X_1X_2\cdots X_L$中各分量相互独立，且均是均值为0，方差为$S$的高斯型随机变量时，才能达到此信道容量。

（2）若各时刻i（$i=1,2,\cdots,L$）的噪声均是均值为0，但方差不同且为σ_i^2的高斯噪声，且输入信号的平均功率受限，则满足约束条件

$$E\left[\sum_{i=1}^{L}X_i^2\right]=\sum_{i=1}^{L}E[X_i^2]=S \qquad (4.3.10)$$

在这种情况下，需要对各时刻i的输入信号的平均功率S_i进行合理的分配，从而使信道容量达到最大值。该问题可以用拉格朗日乘子法求解。

构造以下辅助函数

$$F(S_1,S_2,\cdots,S_L)=\sum_{i=1}^{L}\frac{1}{2}\log\left(1+\frac{S_i}{\sigma_i^2}\right)+\lambda\sum_{i=1}^{L}S_i$$

令

$$\frac{\partial F(S_1,S_2,\cdots,S_L)}{\partial S_i}=0,\ i=1,2,\cdots,L$$

整理得下列方程

$$\frac{1}{2}\times\frac{1}{S_i+\sigma_i^2}+\lambda=0,\ i=1,2,\cdots,L$$

可得

$$S_i+\sigma_i^2=\frac{1}{2\lambda}=\varepsilon\text{（常数）},\ i=1,2,\cdots,L$$

上式说明，各时刻的输入信号的平均功率S_i和噪声功率σ_i^2的和为常数ε，即各时刻信道的输出功率相等，因此对所有时刻的输出功率求和可得

$$\sum_{i=1}^{L}(S_i+\sigma_i^2)=S+\sum_{i=1}^{L}\sigma_i^2=L\varepsilon$$

则有

$$\varepsilon=\frac{S+\sum_{i=1}^{L}\sigma_i^2}{L}$$

因此，各时刻i分配的输入信号的平均功率为

$$S_i=\varepsilon-\sigma_i^2=\frac{S+\sum_{i=1}^{L}\sigma_i^2}{L}-\sigma_i^2,\ i=1,2,\cdots,L \qquad (4.3.11)$$

由式（4.3.11）可知，若某些时刻 i 的噪声功率太大，使 $\sigma_i^2 > \varepsilon$，分配的输入信号的平均功率 S_i 就会出现负值，这表明此时信道质量太差而无法利用，需要将该时刻 i 的输入信号的平均功率 S_i 设为 0，重新调整输入信号的平均功率 S_i 的分配，直至输入信号的平均功率 S_i 不为负值。由式（4.3.8）可知，此时信道容量为

$$C = \frac{1}{2}\sum_{i=1}^{L}\log\left(1+\frac{S_i}{\sigma_i^2}\right) \text{bit} / L\text{维自由度} \tag{4.3.12}$$

其中，$S_i \geqslant 0$，$i = 1,2,\cdots,L$ 且 $\sum_{i=1}^{L} S_i = S$。

例 4.3.1　某一多维无记忆加性连续信道，各时刻 i（$i = 1,2,\cdots,8$）信道的输入信号相互独立，且均满足均值为 0，方差为 S_i 的高斯分布，输入信号的总平均功率 $S = 1$；各时刻 i（$i = 1,2,\cdots,8$）信道的噪声均值为 0，方差分别为 $\sigma_1^2 = 0.1$，$\sigma_2^2 = 0.2$，$\sigma_3^2 = 0.3$，$\sigma_4^2 = 0.4$，$\sigma_5^2 = 0.5$，$\sigma_6^2 = 0.6$，$\sigma_7^2 = 0.7$，$\sigma_8^2 = 0.8$，其中功率单位均为 W，求该信道的信道容量。

解：根据输入信号的总平均功率 $S = 1$、$L = 8$ 和各时刻的噪声方差 σ_i^2，计算出 ε 为

$$\varepsilon = \frac{S + \sum_{i=1}^{L}\sigma_i^2}{L} = \frac{1+3.6}{8} = 0.575$$

因此，各时刻 i 分配的输入信号的平均功率 S_i 为

$$S_1 = \varepsilon - \sigma_1^2 = 0.575 - 0.1 = 0.475 \qquad S_2 = \varepsilon - \sigma_2^2 = 0.575 - 0.2 = 0.375$$

$$S_3 = \varepsilon - \sigma_3^2 = 0.575 - 0.3 = 0.275 \qquad S_4 = \varepsilon - \sigma_4^2 = 0.575 - 0.4 = 0.175$$

$$S_5 = \varepsilon - \sigma_5^2 = 0.575 - 0.5 = 0.075 \qquad S_6 = \varepsilon - \sigma_6^2 = 0.575 - 0.6 = -0.025$$

$$S_7 = \varepsilon - \sigma_7^2 = 0.575 - 0.7 = -0.125 \qquad S_8 = \varepsilon - \sigma_8^2 = 0.575 - 0.8 = -0.225$$

将输入信号的平均功率 S_i 为负值的信道功率设置为 0，即令

$$S_6 = S_7 = S_8 = 0$$

重新对输入信号的平均功率 S_i 进行分配，即 $L = 5$，$\sigma_1^2 = 0.1$，$\sigma_2^2 = 0.2$，$\sigma_3^2 = 0.3$，$\sigma_4^2 = 0.4$，$\sigma_5^2 = 0.5$，重新计算出 ε 为

$$\varepsilon = \frac{S + \sum_{i=1}^{L}\sigma_i^2}{L} = \frac{1+1.5}{5} = 0.5$$

因此，各时刻 i 分配的输入信号的平均功率 S_i 为

$$S_1 = \varepsilon - \sigma_1^2 = 0.5 - 0.1 = 0.4 \qquad S_2 = \varepsilon - \sigma_2^2 = 0.5 - 0.2 = 0.3$$

$$S_3 = \varepsilon - \sigma_3^2 = 0.5 - 0.3 = 0.2 \qquad S_4 = \varepsilon - \sigma_4^2 = 0.5 - 0.4 = 0.1$$

$$S_5 = \varepsilon - \sigma_5^2 = 0.5 - 0.5 = 0$$

由于 $S_5 = 0$，因此该时刻信道关闭。实际只有 4 个时刻信道可用，即 $L = 4$，$\sigma_1^2 = 0.1$，$\sigma_2^2 = 0.2$，$\sigma_3^2 = 0.3$，$\sigma_4^2 = 0.4$，$\varepsilon = 0.5$，各时刻 i 分配的输入信号的平均功率 S_i 为

$$S_1 = \varepsilon - \sigma_1^2 = 0.5 - 0.1 = 0.4 \quad S_2 = \varepsilon - \sigma_2^2 = 0.5 - 0.2 = 0.3$$

$$S_3 = \varepsilon - \sigma_3^2 = 0.5 - 0.3 = 0.2 \quad S_4 = \varepsilon - \sigma_4^2 = 0.5 - 0.4 = 0.1$$

此时信道容量为

$$C = \frac{1}{2}\sum_{i=1}^{L}\log\left(1+\frac{S_i}{\sigma_i^2}\right) = \frac{1}{2}\left[\log\left(1+\frac{0.4}{0.1}\right)+\log\left(1+\frac{0.3}{0.2}\right)+\log\left(1+\frac{0.2}{0.3}\right)+\log\left(1+\frac{0.1}{0.4}\right)\right]$$
$$\approx 2.35\ \text{bit}/8\text{维自由度}$$

可见，通过对信道输入信号的平均功率进行分配，使得噪声小的信道分配的输入信号的平均功率大，信道的信噪比大，而噪声大的信道分配的输入信号的平均功率小，甚至被关闭，这样可以使系统的信道容量最大化。

4.3.3 加性高斯白噪声波形信道及其信道容量

时间连续的信道又称为波形信道。设信道的输入、输出和信道中的加性噪声分别为平稳的随机过程 $X(t)$、$Y(t)$ 和 $N(t)$，加性噪声波形信道模型表示为

$$Y(t) = X(t) + N(t)$$

由于信道的带宽总是有限的，根据采样定理，可以将波形信道转化为多维无记忆加性连续信道。设在时间 T 内，将输入随机过程、噪声随机过程和输出随机过程在时间上离散化为 L 维随机变量序列 $\boldsymbol{X} = X_1X_2\cdots X_L$ 、$\boldsymbol{N} = N_1N_2\cdots N_L$ 和 $\boldsymbol{Y} = Y_1Y_2\cdots Y_L$ ，则有

$$Y_i = X_i + N_i,\ i = 1,2,\cdots,L$$

对于平均功率受限的加性高斯白噪声波形信道，设高斯噪声的平均功率为 $D[N(t)] = \sigma_N^2$ ，则对于 L 维随机变量序列 $\boldsymbol{N} = N_1N_2\cdots N_L$ ，有

$$D[N_i(t)] = \sigma_N^2,\ i = 1,2,\cdots,L$$

则多维无记忆高斯加性信道的平均互信息量为

$$I(\boldsymbol{Y};\ \boldsymbol{X}) \leqslant \sum_{i=1}^{L} I(X_i;\ Y_i)$$

因此，加性高斯白噪声波形信道的信道容量为

$$C = \max_{p(x)} I(\boldsymbol{Y};\ \boldsymbol{X}) = \frac{L}{2}\log\left(1+\frac{S}{\sigma_N^2}\right) \tag{4.3.13}$$

当且仅当输入序列 $\boldsymbol{X} = X_1X_2\cdots X_L$ 中各分量相互独立，且均是均值为 0，方差为 S 的高斯型随机变量时，才能达到此信道容量。

对于窄带高斯信道，即噪声是均值为 0 的高斯白噪声随机过程，信道带宽为 B，根据采样定理可知，在时间 T 内，采样得到的随机变量序列长度为

$$L = 2BT$$

将上式代入式（4.3.13）中，可得

$$C = BT\log\left(1+\frac{S}{\sigma_N^2}\right) \tag{4.3.14}$$

因此，若高斯白噪声的功率谱密度为 $N_0/2$，则单位时间的信道容量可表示为

$$C = B\log\left(1+\frac{S}{N_0 B}\right) \tag{4.3.15}$$

该公式就是著名的香农公式。香农公式表明，信道容量与信道带宽和信噪比有关，只有当信道的输入信号是平均功率受限的高斯白噪声时，加性高斯白噪声波形信道的信息传输率才能达到此信道容量。

实际中的信道一般为非高斯噪声波形信道，但由于高斯白噪声信道是平均功率受限情况下的最差信道，因此香农公式也适用于非高斯噪声波形信道，可得到其信道容量的下限值。

当 $B \to \infty$ 时，可得

$$C_\infty = \lim_{B\to\infty} B\log\left(1+\frac{S}{N_0 B}\right) = \frac{S}{N_0}\log e \text{bit/s}$$

当上式中对数底为 2 时，有

$$C_\infty = \frac{1.44S}{N_0}\ \text{bit/s} \tag{4.3.16}$$

式（4.3.16）说明，当信道带宽不受限时，传送 1bit 信息，信噪比最低只需要−1.6dB，这就是香农极限，是加性高斯白噪声波形信道信息传输率的极限值，是一切编码方式所能达到的理论极限。对于实际中的可靠通信，需要的信噪比都远大于该值。

在输入信号功率 S 一定时，加性高斯白噪声波形信道的信道容量 C 随信道带宽 B 变化的曲线如图 4.16 所示。可见，当信道带宽 B 较小时，随信道带宽 B 的增大，信道容量 C 增加较快；但当信道带宽 B 的取值超过 S/N_0 后，随信道带宽 B 的增大，信道容量 C 增加的速度变得缓慢；当信道带宽 $B\to\infty$ 时，信道容量 C 趋于它的最大值 C_∞（$1.44S/N_0$）。

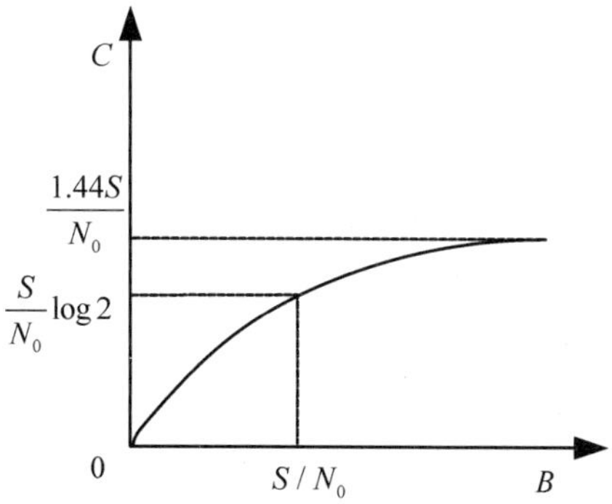

图 4.16　加性高斯白噪声波形信道的信道容量 C 随信道带宽 B 变化的曲线

另外，在信道容量 C 一定时，信道带宽 B 和信噪比是可以互换的，即增大信道带宽 B，就可以在较低信噪比的条件下以任意小的差错概率来传输信息，甚至在信号被噪声淹没的情况下，只要相应地增加信道带宽，就能进行可靠的通信，即系统的抗干扰能力能得到有效提升，这就是扩频通信的基本原理。

4.4 信源与信道的匹配

当信源发出的符号通过信道传输时，信息传输率 R 为信源 X 和信宿 Y 之间的平均互信息量 $I(X;Y)$。如果某一信源通过该信道传输时，信息传输率 R 达到了信道容量 C，则认为信源与信道达到匹配，否则认为信道有剩余。

信道剩余度定义为信道容量 C 与信道实际信息传输率 $I(X;Y)$ 的差值，即

$$\text{信道剩余度} = C - I(X;Y) \tag{4.4.1}$$

也可定义信道的相对剩余度为

$$\text{相对剩余度} = \frac{C - I(X;Y)}{C} = 1 - \frac{I(X;Y)}{C} \tag{4.4.2}$$

信道剩余度和相对剩余度描述了信源与信道的匹配程度。显然，信道剩余度越小，信源与信道的匹配度越高，信道的信息传输率 R 越大；当信道剩余度为 0 时，信源为最佳输入分布，此时信源与信道完全匹配，信道的信息传输率 R 达到了最大值 C，即信道被充分利用。

例如，离散无损信道的信道容量 C 为 $\log r$，信道的信息传输率为 $R = I(X;Y) = H(X)$，由式（4.4.2）可知，该信道的相对剩余度为

$$\text{离散无损信道的相对剩余度} = 1 - \frac{H(X)}{\log r} \tag{4.4.3}$$

显然，该式就是信源剩余度。可见，对于离散无损信道，通过信源编码减少信源剩余度即可提高信道的利用率，使信道的信息传输率接近或达到信道容量 C。

因此，信源编码就是将信源 S 输出的消息，变换成新信源 X 的符号通过信道传输，编码后的新信源 X 即信道的输入。当原信源 S 的每个信源符号所需的平均码长 $\overline{L}$ 最短时，即满足

$$\overline{L} = \overline{L}_{\min} = \frac{H(S)}{\log r}$$

此时，信道输入 X 的熵为

$$H(X) = \frac{H(S)}{\overline{L}_{\min}} = \log r$$

即信道输入 X 为等概率分布。此时，信道的信息传输率 $R = H(X) = \log r = C$，信道输入达到了最佳输入分布，信源与信道完全匹配，信道剩余度为 0。

综上所述，信源编码的目的主要有两个：①将信源符号变换为能够在信道中传输的码符号，即实现符号匹配；②使变换后符号的概率分布能够让信道的信息传输率尽可能接近或达到信道容量，即信息匹配，从而使信源与信道匹配，尽可能地使信道剩余度为 0，实现信道的充分利用。

习　题

4.1　设某信道的信道矩阵如图 4.17 所示。信道输入分布为 $p(x_1) = p(x_2) = 1/8$，

$p(x_3)=1/4$，$p(x_4)=1/2$。

（1）写出信道和信宿的数学模型。

（2）求在接收端收到消息 y_3=2 时，所获得的关于信源 X 的信息量是多少。

（3）信道的相对剩余度是多少？

（4）若信源 X 每个时刻的输出符号都相互独立，将信源 X 连续两次输出的码符号看成一个新信道一次输入的码符号，则此新信道的信道容量是多少？什么时候能达到信道容量？信道的实际信息传输率是多少？

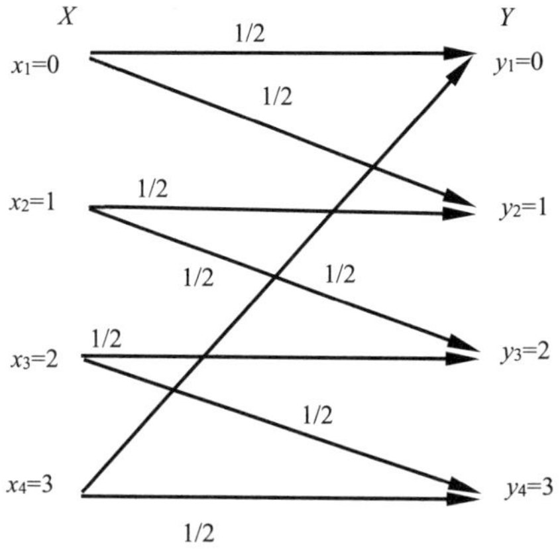

图 4.17　习题 4.1 图

4.2　假设有两个离散无记忆信道的串联信道如图 4.18 所示，输入 X 的概率空间为

$$\begin{bmatrix} X \\ P \end{bmatrix}=\begin{bmatrix} 0 & 1 \\ \frac{1}{4} & \frac{3}{4} \end{bmatrix}$$

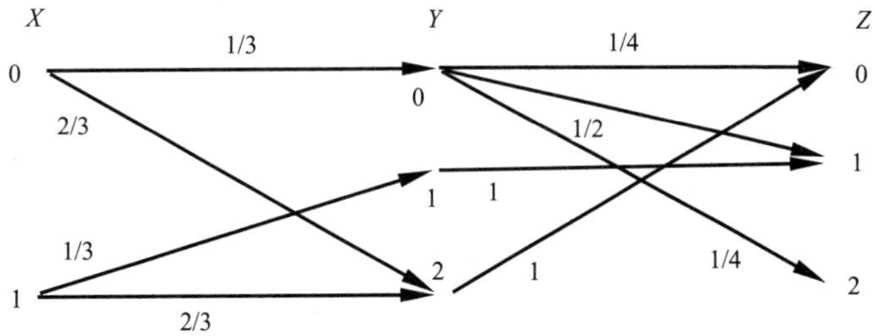

图 4.18　习题 4.2 图

（1）写出串联信道的总的等价信道的数学模型，并写出串联信道的信宿 Z 的数学模型。

（2）求该信道的信息传输率。

（3）在信道 2 中损失的信息量是多少？发送端 X 在该串联信道中损失的信息量是多少？在该信道中收到的总的噪声的信息量是多少？

（4）在接收端收到 $z=2$ 时，能否确定发送端 X 发送的是哪个符号？为什么？试通过计算说明。

4.3 已知某个信道输入有 6 个符号，输出有 7 个符号，信道的输入分布如图 4.19 所示。

（1）说明该信道的类型。

（2）计算信道容量及最佳输入分布，并求出 $\varepsilon=2$ 时的信道容量。

（3）求该信道的实际信息传输率和信道容量。

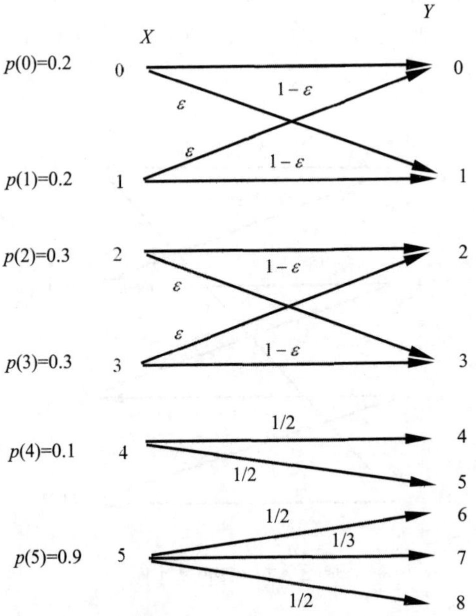

图 4.19 习题 4.3 图

4.4 设离散无记忆信源的概率空间为$\begin{bmatrix} X \\ P \end{bmatrix}=\begin{bmatrix} x_1 & x_2 \\ 0.8 & 0.2 \end{bmatrix}$，通过图 4.20 所示的信道，信道输出端的接收符号集合为$Y=\{y_1,y_2\}$，信道传递概率如图 4.20 所示。

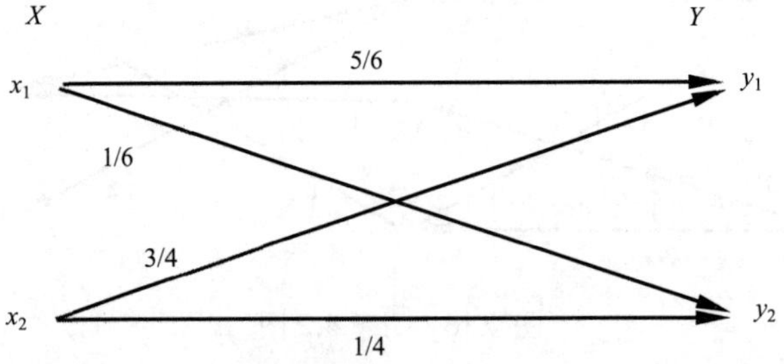

图 4.20 习题 4.4 图

（1）计算信源 X 中事件 x_1 包含的自信息量、信源 X 的信息熵和剩余度。

（2）计算信道疑义度 $H(X|Y)$ 和噪声熵 $H(Y|X)$。

（3）计算收到消息 Y 后获得的平均互信息量。

（4）求该信道的实际信息传输率和信道容量。

4.5　已知两个离散信道的串联信道如图 4.21 所示，其中信道 1 和信道 2 的信道矩阵均为 $\boldsymbol{P}=\begin{bmatrix}1/4 & 3/4\\ 0 & 1\end{bmatrix}$。随机变量 X、Y 和 Z 构成马尔可夫链，离散信道的输入 X 的概率空间为 $\begin{bmatrix}X\\ P\end{bmatrix}=\begin{bmatrix}x_1 & x_2\\ 3/4 & 1/4\end{bmatrix}$。

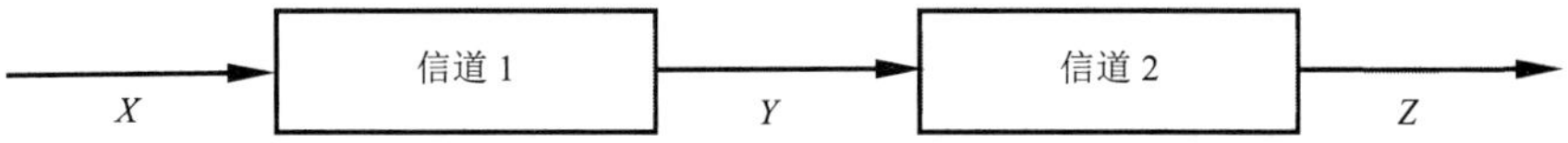

图 4.21　习题 4.5 图

（1）求 Y 和 Z 的概率空间。

（2）求 $I(X;\ Z)$ 和 $I(Y;\ Z)$，并加以比较分析。

4.6　已知图 4.22 所示的信道，若输入 X 的概率空间为

$$\begin{bmatrix}X\\ P\end{bmatrix}=\begin{bmatrix}x_1 & x_2\\ \dfrac{1}{3} & \dfrac{2}{3}\end{bmatrix}$$

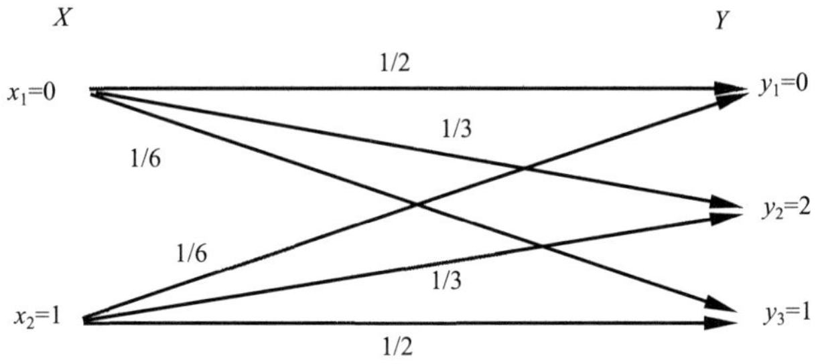

图 4.22　习题 4.6 图

（1）写出信道和信宿的数学模型。

（2）信宿收到的总的信息量是多少？信宿收到的关于信源的信息量是多少？

（3）经过信道传输后，信源发出的信息量能否无损失地传输到接收端？试用相关理论和维拉图分析并说明原因。

（4）求该信道的实际信息传输率和信道容量。

4.7　一个平均功率受限制的连续信道，其通频带为 2MHz，信道上噪声是均值为 0 的高斯白噪声。

（1）设信道上的信号与噪声的平均功率比值为 10，求该信道的信道容量。

（2）若信道上的信号与噪声的平均功率比值降至 5，要达到相同的信道容量，则信道通频带应为多少？

（3）若信道通频带减小为 1MHz，要保持相同的信道容量，则信号与噪声的平均功率比值应等于多少？

4.8　某连续信道的带宽为 10kHz，信噪比为 5，该信道中的信息传输速率能否达到 5×10^5bit/s？如果要实现 5×10^5bit/s 的无失真信息传输，所需的信噪比最小值是多少？

4.9　设一个模拟信号的频率范围为500～3000Hz，动态范围为0～5V。采用8kHz的抽样脉冲进行抽样，得到样值序列中的每个样值X相互独立，且幅度值的概率密度函数如下：

$$p(x)=\begin{cases}\dfrac{1}{6}x, & 0\text{V}\leqslant x<3\text{V}\\ 2-\dfrac{x}{2}, & 3\text{V}\leqslant x\leqslant 4\text{V}\\ 0, & x>4\text{V}或x<0\text{V}\end{cases}$$

采用均匀量化，量化级数为5，量化电平取量化间隔的中间值。

（1）写出量化后样值X的数学模型。

（2）若对单个量化值采用二进制的定长编码，则编码后信息传输速率R_t为多大？

4.10　设某个信源$\begin{bmatrix}S\\P\end{bmatrix}=\begin{bmatrix}s_1 & s_2\\0.8 & 0.2\end{bmatrix}$每秒发出2.66个信源符号，将此信源的输出符号送入某一个无损二元信道中进行传输，该信道每秒平均传输2个二元码元。

（1）试问此信源不通过编码能否直接与信道连接，为什么？说明理论依据。

（2）是否存在能将该信源发出的符号通过该信道无失真传输的方法？请设计一个方案并验证说明。

4.11　设某个PCM语音通信系统，信号带宽为4000Hz，采样频率为8kHz，量化级数为8，且各级量化值出现概率分别为1/4，1/4 ，1/12，1/12 ，1/12，1/12，3/36，3/36，试求编码后信息传输速率。

4.12　设X和Y为离散随机变量，X取值的符号集合为$A=\{a_1,a_2,\cdots,a_r\}$，Y取值的符号集合为$B=\{b_1,b_2,\cdots,b_s\}$，令f是$A=\{a_1,a_2,\cdots,a_r\}$上的任意函数。设$Z=f(X)$，证明$H(Y|Z)\geqslant H(Y|X)$。

4.13　证明离散准对称信道的最佳输入分布为等概率分布。

4.14　已知离散信道的信道矩阵为$\boldsymbol{P}=\begin{bmatrix}0.3 & 0.7\\0.9 & 0.1\end{bmatrix}$，求该信道的信道容量及最佳输入分布。

4.15　设某信道的信道矩阵为$\boldsymbol{P}=\begin{bmatrix}0.6 & 0 & 0.4\\0.2 & 0.8 & 0\\0.1 & 0 & 0.9\end{bmatrix}$，求该信道的信道容量。若信道的输入分布为$\begin{bmatrix}X\\P\end{bmatrix}=\begin{bmatrix}x_1 & x_2 & x_3\\0.8 & 0.1 & 0.1\end{bmatrix}$，求信道的实际信息传输率。

第 5 章

信源编码

5.1 信源编码的基本概念

在第 3 章中，我们讨论了各类信源的统计特性及其输出信息的能力。为了将信源发出的消息中所携带的信息有效、可靠地传输到接收端，首先要将信源发出的消息符号变换成适合信道传输的码符号序列，并且要用尽量少的信道能传输的码符号来表示信源发出的消息，这就是信源编码要解决的问题。

5.1.1 信源编码的定义

信源编码就是将信源发出的原始符号按照一定的数学规则变换成适合信道传输的码符号序列。要想精确地复现信源的输出，就要保证信源产生的全部信息无损地传输给信宿，这时的信源编码就是无失真编码。编码器是完成信源编码功能的器件，而完成信源译码功能的器件称为译码器。

为了分析方便，当研究信源编码时，可将信道编码和译码看成信道的一部分，不考虑信道编码，只考虑信源编码。同样，研究信道编码时，可将信源编码和译码看成信源和信宿的一部分，而突出信道编码。

在讨论无失真信源编码时可先不考虑抗干扰的问题，信源编码器的数学模型可以用图 5.1 表示。

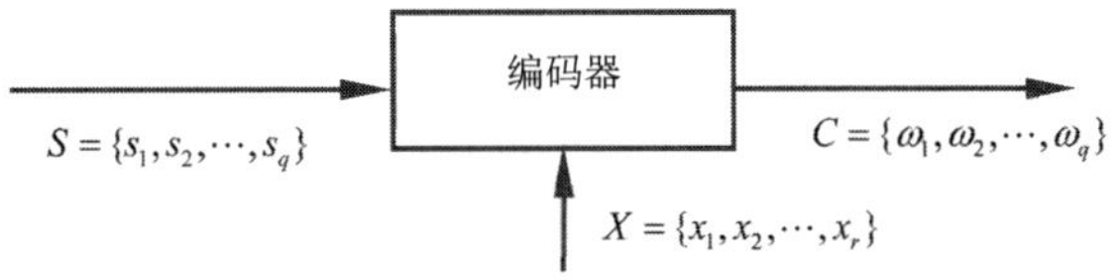

图 5.1 信源编码器的数学模型

信源编码器的输入为信源发出的消息符号序列，假定信源发出的消息符号个数共有 q 个，即信源符号集合为 $S=\{s_1,s_2,\cdots,s_q\}$。码符号集合为 $X=\{x_1,x_2,\cdots,x_r\}$，共有 r 个码符号，码符号也称为码元。信源编码器的输出为码字 ω_i，$i=1,2,\cdots,q$，共有 q 个。所有码字构成的集合称为码组 C 或码 C，表示为 $C=\{\omega_1,\omega_2,\cdots,\omega_q\}$。

信源编码器的作用就是将信源符号集合 $S=\{s_1,s_2,\cdots,s_q\}$ 中的符号 s_i 或者 N 长的信源符号序列，编码成由码符号 $x_j\in X$ 构成的码字 ω_i。如果要实现无失真编码，那么信源符号 s_i（$i=1,2,\cdots,q$）与码字 ω_i（$i=1,2,\cdots,q$）之间的对应关系必须是一一对应的，可以表示为

$$\begin{aligned}&S_i\Leftrightarrow\omega_i=x_{i_1}x_{i_2}\cdots x_{i_{l_i}},\ i=1,2,\cdots,q\\&x_{i_k}\in X=\{x_1,x_2,\cdots,x_r\},\ k=1,2,\cdots,l_i\end{aligned}\tag{5.1.1}$$

其中，l_i（$i=1,2,\cdots,q$）表示第 i 个码字 ω_i 的码长。

例 5.1.1 假设信源概率空间为

$$\begin{bmatrix}S\\P\end{bmatrix}=\begin{bmatrix}s_1 & s_2 & s_3 & s_4 & s_5 & s_6\\p(s_1) & p(s_2) & p(s_3) & p(s_4) & p(s_5) & p(s_6)\end{bmatrix}$$

把信源编码为适合二元信道传输的二元码。

解：二元信道传输的码符号为 0、1，因此码符号集合为{0,1}；将信源符号变换为由 0、1 码符号组成的二元序列（码字），所得的码称为二元码。可对该信源进行如表 5.1 所示的两种二元信源编码。

表 5.1 二元信源编码

信源符号 s_i	信源符号概率 $p(s_i)$	码 1	码 2
s_1	$p(s_1)$	000	0
s_2	$p(s_2)$	001	01
s_3	$p(s_3)$	010	001
s_4	$p(s_4)$	011	111
s_5	$p(s_5)$	100	0111
s_6	$p(s_6)$	101	1111

若对离散无记忆信源的 N 次扩展信源进行编码，则得到 N 次扩展码。设信源符号集合为 $S=\{s_1,s_2,\cdots,s_q\}$，码符号集合为 $X=\{x_1,x_2,\cdots,x_r\}$，信源编码的码 $C=\{\omega_1,\omega_2,\cdots,\omega_q\}$，码字 ω_i 与信源符号 s_i 一一对应。

信源 S 的 N 次扩展信源为 $S^N=\{\alpha_1,\alpha_2,\cdots,\alpha_{q^N}\}$，其中，$\alpha_j=s_{j_1}s_{j_2}\cdots s_{j_N}$，$j=1,2,\cdots,q^N$。对扩展信源 S^N 编码后，得到的码为 $C^N=\{\omega_1,\omega_2,\cdots,\omega_{q^N}\}$，码字 ω_j 与扩展信源 S^N 中的信源符号 α_j 一一对应，表示为

$$\begin{aligned}&\alpha_j\Leftrightarrow\omega_j,\ j=1,2,\cdots,q^N\\&\alpha_j=s_{j_1}s_{j_2}\cdots s_{j_N},\ s_{j_k}\in S,\ k=1,2,\cdots,N\end{aligned}\tag{5.1.2}$$

通常称 C^N 为码 C 的 N 次扩展码。显然，码 C 的 N 次扩展码是所有由 N 个码字构成的码字序列的集合。

例 5.1.2 对例 5.1.1 中信源 S 的二次扩展信源进行信源编码。

解：例 5.1.1 中信源 S 的二次扩展信源为 $S^2=\{\alpha_1,\alpha_2,\cdots,\alpha_{36}\}$，共有 $q^N=36$ 个信源符号 α_i，则 $\alpha_1=s_1s_1$，$\alpha_2=s_1s_2$，$\alpha_3=s_1s_3$，…，$\alpha_{36}=s_6s_6$，表 5.1 中码 2 的二次扩展码如表 5.2 所示。

表 5.2　表 5.1 中码 2 的二次扩展码

二次扩展信源 S^2	二次扩展码码字 ω_i
$\alpha_1 = s_1 s_1$	00
$\alpha_2 = s_1 s_2$	001
$\alpha_3 = s_1 s_3$	0001
⋮	⋮
$\alpha_{36} = s_6 s_6$	11111111

5.1.2　信源编码的分类

1．分组码与非分组码

分组码是将信源符号集合中的每个信源符号 s_i 映射成一个固定的码字 ω_i。而每个信源符号 s_i 不一定被映射成一个固定的码字 ω_i 的码就称为非分组码。只有分组码才有对应的码表，而非分组码不存在码表。本章重点讨论分组码，表 5.3 中的码均为分组码。

2．定长码与变长码

按码的长度不同，分为定长码与变长码。定长码中所有码字的码长均相同，即 $l_i = l$，$i = 1,2,\cdots,q$。而变长码中各个码的码长不相同。显然，表 5.3 中的码 1 为定长码，其余均为变长码。

3．奇异码与非奇异码

对于分组码，按码组中码字是否有重复，分为奇异码与非奇异码。奇异码的一组码中有相同的码字，反之为非奇异码。显然，非奇异码是分组码能够正确译码的必要条件而非充分条件。表 5.3 中的码 5 为奇异码，其余均为非奇异码。

4．唯一可译码与非唯一可译码

对于分组码，按是否唯一可译，可分为唯一可译码与非唯一可译码。任意有限长的码符号序列，如果只能唯一地分割成一个个码字，即只能唯一地译成对应的信源符号序列，则该码称为唯一可译码，反之称为非唯一可译码。若要码符号序列能唯一地分割成一个个对应的信源符号，不仅要求码为非奇异码，而且对任意长的信源符号序列进行编码时，不同的信源符号序列生成的码符号序列也必须各不相同。显然，唯一可译码首先必须是非奇异码，且其 N 次扩展码也必须是非奇异码。

表 5.3 中码 1、码 2、码 3 均为唯一可译码，码 4 为非唯一可译码。

表 5.3　信源编码的分类

信源符号	码 1	码 2	码 3	码 4	码 5
s_1	000	0	0	0	0
s_2	010	10	01	01	11
s_3	100	110	011	001	00

续表

信源符号	码 1	码 2	码 3	码 4	码 5
s_4	111	1110	0111	0001	11
s_5	011	11110	01111	01111	000
s_6	101	111110	011111	011111	111

5．即时码与非即时码

对于分组码，按其能否即时译码，分为即时码与非即时码。当接收到一个合法码字时，若无须考虑后续的码符号就可从码符号序列中译出码字，则该码称为即时码，否则称为非即时码。

表 5.3 中码 1、码 2 为即时码，码 3 为非即时码。例如，对于码 3，接收到合法码字“0”后，不能立即译码，要等待后一个码符号，若后面出现“0”，则将第 1 个“0”译为 s_1。

定义 5.1.1 设 $\omega_i = x_{i_1}x_{i_2}\cdots x_{i_l}$ 为一个码字，对于任意的$1 \leqslant j \leqslant l$，称码符号序列的前 j 个元素 $x_{i_1}x_{i_2}\cdots x_{i_j}$ 为码字 ω_i 的前缀。

定理 5.1.1 一个唯一可译码成为即时码的充分必要条件是其中任何一个码字都不是其他码字的前缀。

证明：充分性。若不存在一个码字是其他码字的前缀，则在收到相当于一个合法码字的码符号序列后便可立即译码，而无须考虑其后的码字。

必要性。设 ω_i 是 ω_j 的前缀，在收到为 ω_i 的码符号后，不能立即判断它是一个完整的码字，若想译码，则必须考虑后续的码字，这与即时码的定义矛盾。从而证明必要性。

显然，即时码一定是唯一可译码，而唯一可译码不一定是即时码。即时码是唯一可译码的一个子类。

5.2 无失真信源编码

信源编码的目的就是针对信源符号序列的统计特性，寻找一定的方法把信源符号序列变换为最短的码字序列，从而提高信息传输的有效性。信源概率分布的不均匀性和符号之间存在的相关性，使得信源存在冗余度，实际上只需要传送信源极限熵大小的信息量。

一般去除信源冗余度的方法主要有以下两种。

（1）去除相关性，使编码后码符号序列中的各个码符号尽可能地相互独立，这一般是通过对信源符号序列编码而不是对单个信源符号编码来实现的。

（2）使编码后各个码符号出现的概率尽可能相等。这可以通过概率匹配的方法，也就是使小概率消息对应长码，大概率消息对应短码，从而使码符号的概率分布均匀化。

一般来说，无失真信源编码主要针对离散信源，连续信源在量化编码的过程中必然会有量化误差，所以对连续信源只能近似地再现信源的消息。

下面讨论离散信源的定长编码和变长编码的最佳编码问题，讨论是否存在一种唯一可译码，使信源符号平均所需的码符号数最少，即寻找无失真信源编码的极限值。

5.2.1　定长编码

要实现无失真编码，所需的码必须是唯一可译码，否则会因译码带来错误和失真。这不仅要求信源符号 s_i 与码字 ω_i 一一对应，还要求任意有限长的码符号序列只能唯一地译成对应的信源符号序列。

若对一个具有 q 个信源符号的简单信源 S 进行 r 元定长编码，则存在唯一可译码的条件为

$$q \leqslant r^l \tag{5.2.1}$$

其中，l 为定长码码长。显然，r^l 表示 r 个码符号能够提供的 l 长码字的总数，说明只有当码字总数 r^l 不小于信源符号数 q 时，即为非奇异的定长编码时，才存在定长唯一可译码。

现在讨论离散无记忆信源 S 的 N 次扩展信源存在定长唯一可译码的条件。

设信源 $S=\{s_1,s_2,\cdots,s_q\}$，其 N 次扩展信源 $S^N=\{\alpha_1,\alpha_2,\cdots,\alpha_{q^N}\}$，共有 q^N 个符号，其中 $\alpha_i = s_{i_1}s_{i_2}\cdots s_{i_N}$（$s_{i_k}\in S$；$k=1,2,\cdots,N$），码符号集合为 $X=\{x_1,x_2,\cdots,x_r\}$。若要将 α_i（$i=1,2,\cdots,q^N$）编码为长为 l 的码符号序列，即要实现唯一可译的定长编码，则必须满足

$$q^N \leqslant r^l \tag{5.2.2}$$

这说明只有当 l 长的码符号序列数 r^l 不小于 N 次扩展信源符号数 q^N 时，才能存在定长唯一可译码。

式（5.2.1）和式（5.2.2）均表明，对于定长编码而言，等长非奇异码一定是唯一可译码；即若定长编码是非奇异码，则它的任意有限长 N 次扩展码也一定是非奇异码。

对式（5.2.2）两边取以 2 为底的对数，可得

$$\frac{l}{N} \geqslant \frac{\log_2 q}{\log_2 r} = \log_r q \tag{5.2.3}$$

当 N=1 时，可得

$$l \geqslant \log_r q \tag{5.2.4}$$

式（5.2.3）中的 $\dfrac{l}{N}$ 表示对 N 长的信源符号序列进行编码时，平均每个信源符号所需的码符号数。可见，式（5.2.1）和式（5.2.2）表示，不论是对于简单信源 S 还是其 N 次扩展信源 S^N，要想存在定长唯一可译码，平均每个信源符号所需的码长都不能小于 $\log_r q$。

对二元定长码，r=2，则 $\dfrac{l}{N} \geqslant \log_2 q$，说明对于二元定长唯一可译码，平均每个信源符号所需的最短码长为 $\log_2 q$。

式（5.2.2）表明，对于信源符号数为 q 的离散信源 S，当码符号数 r 一定时，定长唯一可译码的最短码长就固定了。现在的问题是，定长唯一可译码的码长是否能进一步减小，如果能减小，那么其码长的极限值是否存在？下面要讨论的定长编码定理回答了以上问题。

定理 5.2.1　设离散无记忆信源

$$\begin{bmatrix} S \\ P \end{bmatrix} = \begin{bmatrix} s_1 & s_2 & \dots & s_q \\ p(s_1) & p(s_2) & \dots & p(s_q) \end{bmatrix}$$

的熵为$H(S)$，码符号集合为$X = \{x_1, x_2, \cdots, x_r\}$。对信源$S$的$N$次扩展信源

$$\begin{bmatrix} S^N \\ P \end{bmatrix} = \begin{bmatrix} \alpha_1 & \alpha_2 & \dots & \alpha_{q^N} \\ p(\alpha_1) & p(\alpha_2) & \dots & p(\alpha_{q^N}) \end{bmatrix}$$

进行定长编码，对于任意给定的$\varepsilon > 0$，$\delta > 0$，若满足

$$\frac{l}{N}\log r \geqslant H(S) + \varepsilon \tag{5.2.5}$$

则当N足够大时，必可使译码差错小于δ。

反之，若满足

$$\frac{l}{N}\log r \leqslant H(S) - 2\varepsilon \tag{5.2.6}$$

则当N足够大时，译码错误概率趋于1。

证明：信源S中每个信源符号s_i的自信息量为

$$I(s_i) = -\log p(s_i); \quad i = 1, 2, \cdots, q \tag{5.2.7}$$

对于信源S的N次扩展信源S^N，信源符号为$\alpha_j = s_{j_1} s_{j_2} \cdots s_{j_N}$ 由于信源是无记忆的，故

$$p(\alpha_j) = \prod_{k=1}^{N} p(s_i); \quad i = 1, 2, \cdots, q^N \tag{5.2.8}$$

信源符号α_j的自信息量为

$$I(\alpha_j) = -\log p(\alpha_j) = -\log\left[\prod_{k=1}^{N} p(s_{j_k})\right] = -\sum_{k=1}^{N} \log p(s_{j_k}) = \sum_{k=1}^{N} \log I(s_{j_k}) \tag{5.2.9}$$

其中，$j = 1, 2, \cdots, q^N$。由于$S^N = s_1 s_2 \cdots s_N$中，$s_1, s_2, \cdots, s_N$是相互独立的，所以$I(s_{j_k})$（$k = 1, 2, \cdots, N$）是相互独立的随机变量。

（1）求出$I(s_i)$的均值和方差。

根据信源熵的定义有

$$H(S) = E[I(s_i)] = -\sum_{i=1}^{q} p(s_i)\log p(s_i) \tag{5.2.10}$$

$I(s_i)$的方差为

$$\begin{aligned} D[I(s_i)] &= E[I^2(s_i)] - E^2[I(s_i)] = E[I^2(s_i)] - H^2(S) \\ &= \sum_{i=1}^{q} p(s_i)[\log p(s_i)]^2 - H^2(S) \end{aligned} \tag{5.2.11}$$

（2）求出$I(\alpha_j)$的均值和方差。

$$E[I(\alpha_j)] = H(S^N) = NH(S) \tag{5.2.12}$$

$$D[I(\alpha_j)] = D\left[\sum_{k=1}^{N} I(s_{j_k})\right] = ND[I(s_i)]$$
$$= N\left\{\sum_{i=1}^{q} p(s_i)[\log p(s_i)]^2 - H^2(S)\right\} \tag{5.2.13}$$

显然，当信源 S 的符号数 q 有限时，方差有限，即 $D[I(\alpha_j)] < \infty$。

（3）将信源 S^N 中的信源符号 α_j 划分为集合 G_S 和 $\overline{G}_S$ 。

应用切比雪夫不等式，对任意 $\varepsilon > 0$, 有

$$p\left\{\left|I(\alpha_j) - NH(S)\right| \geqslant \varepsilon\right\} \leqslant \frac{D[I(\alpha_j)]}{\varepsilon^2}$$
$$p\left\{\left|I(\alpha_j) - NH(S)\right| < \varepsilon\right\} \leqslant 1 - \frac{ND[I(s_i)]}{\varepsilon^2} \tag{5.2.14}$$

由（5.2.14）可得

$$p\left\{\left|I(\alpha_j) - NH(S)\right| \geqslant N\varepsilon\right\} \leqslant \frac{D[I(\alpha_j)]}{(N\varepsilon)^2} = \frac{ND[I(s_i)]}{N\varepsilon^2}$$
$$p\left\{\left|I(\alpha_j) - NH(S)\right| < N\varepsilon\right\} \geqslant 1 - \frac{D[I(s_i)]}{N\varepsilon^2} \tag{5.2.15}$$

且有

$$p\left\{\left|\frac{I(\alpha_j)}{N} - H(S)\right| \geqslant \varepsilon\right\} \leqslant \frac{D[I(s_i)]}{N\varepsilon^2}$$
$$p\left\{\left|\frac{I(\alpha_j)}{N} - H(S)\right| < \varepsilon\right\} \geqslant 1 - \frac{D[I(s_i)]}{N\varepsilon^2}$$

令 $\delta(N,\varepsilon) = \dfrac{D[I(s_i)]}{N\varepsilon^2}$，可得

$$\lim_{N\to\infty} \frac{D[I(s_i)]}{N\varepsilon^2} = 0 \tag{5.2.16}$$

显然，当 $N\to\infty$ 时，$\delta(N,\varepsilon)\to 0$, 说明自信息量 $I(\alpha_j)$ 的均值 $\dfrac{I(\alpha_j)}{N}$ 依概率收敛于信源熵 $H(S)$，即

$$p\left\{\left|\frac{I(\alpha_j)}{N} - H(S)\right| < \varepsilon\right\} = 1 \tag{5.2.17}$$

式（5.2.17）说明，当 $N\to\infty$ 时，事件 $\left\{\left|\dfrac{I(\alpha_j)}{N} - H(S)\right| < \varepsilon\right\}$ 是大概率事件；而事件 $\left\{\left|\dfrac{I(\alpha_j)}{N} - H(S)\right| \geqslant \varepsilon\right\}$ 是小概率事件。

由此，可将 N 次扩展信源 S^N 中的信源符号 α_j（$j = 1,2,\cdots,q^N$）划分为两部分：大概率事件

集合 G_S 和小概率事件集合 $\overline{G}_S$，它们是互不相交的两个集合，表示为

$$G_S:\ \left\{\alpha_j:\left|\frac{I(\alpha_j)}{N}-H(S)\right|<\varepsilon\right\} \tag{5.2.18}$$

$$\overline{G}_S:\ \left\{\alpha_j:\left|\frac{I(\alpha_j)}{N}-H(S)\right|\geqslant\varepsilon\right\} \tag{5.2.19}$$

显然， $G_S\cup\overline{G}_S=1$，$p(G_S)+p(\overline{G}_S)=1$，且有

$$1-\delta(N,\varepsilon)\leqslant p(G_S)\leqslant 1 \tag{5.2.20}$$

$$\delta(N,\varepsilon)\geqslant p(\overline{G}_S)\geqslant 0 \tag{5.2.21}$$

将信源符号 α_j（$j=1,2,\cdots,q^N$）划分为 G_S 与 $\overline{G}_S$ 两部分后，在进行定长编码时，只需对 G_S 中的信源符号进行编码，从而可减少信源编码所需的码字数量。

当然，由于未对小概率事件集合 $\overline{G}_S$ 中的信源符号进行编码，因此必然会产生译码错误。差错概率最大为 $\dfrac{D[I(s_i)]}{N\varepsilon^2}$，即为集合 $\overline{G}_S$ 出现的最大概率。由式（5.2.16）可知，当 $N\to\infty$时，可实现无失真编码。

（4）求集合 G_S 中信源符号 α_j 的概率 $p(\alpha_j)$。

由式（5.2.18）可知

$$-\varepsilon N+NH(S)<I(\alpha_i)<\varepsilon N+NH(S)$$

上式可表示为

$$N[H(S)-\varepsilon]<I(\alpha_i)<N[H(S)+\varepsilon]$$

将 $I(\alpha_j)=-\log p(\alpha_j)$ 代入上式中可得

$$2^{-N[H(S)+\varepsilon]}<p(\alpha_j)<2^{-N[H(S)-\varepsilon]} \tag{5.2.22}$$

（5）求集合 G_S 中信源符号 α_j 的数量。

假设集合 G_S 中信源符号 α_j（$j=1,2,\cdots,q^N$）的最大概率为 $\max\limits_{\alpha_j\in G_S}p(\alpha_j)$，最小概率为 $\min\limits_{\alpha_j\in G_S}p(\alpha_j)$，信源符号 α_j 的总数为 M。由（5.2.22）可得

$$2^{-N[H(S)+\varepsilon]}<\min_{\alpha_j\in G_S}p(\alpha_j)<\max_{\alpha_j\in G_S}p(\alpha_j)<2^{-N[H(S)-\varepsilon]} \tag{5.2.23}$$

由于集合 G_S 为和事件，概率 $p(G_S)$ 为集合中所有信源符号的概率和，则

$$M\cdot\min_{\alpha_j\in G_S}p(\alpha_j)\leqslant p(G_S)\leqslant 1 \tag{5.2.24}$$

由式（5.2.24）可得集合 G_S 中信源符号 α_j 的数量的上界

$$M\leqslant\frac{p(G_S)}{\min\limits_{\alpha_j\in G_S}p(\alpha_j)}\leqslant\frac{1}{\min\limits_{\alpha_j\in G_S}p(\alpha_j)}<2^{N[H(S)+\varepsilon]} \tag{5.2.25}$$

由式（5.2.20）可得

$$1-\delta(N,\varepsilon) \leqslant p(G_S) \leqslant M \cdot \max_{\alpha_j \in G_S} p(\alpha_j) \tag{5.2.26}$$

即

$$M \geqslant \frac{p(G_S)}{\max\limits_{\alpha_j \in G_S} p(\alpha_j)} \geqslant \frac{1-\delta(N,\varepsilon)}{\max\limits_{\alpha_j \in G_S} p(\alpha_j)} \tag{5.2.27}$$

可得集合 G_S 中信源符号 α_j 的数量的下界

$$M > [1-\delta(N,\varepsilon)] \cdot 2^{N[H(S)-\varepsilon]} \tag{5.2.28}$$

集合 G_S 中信源符号 α_j 的数量占信源符号总数的比值为

$$\xi = \frac{M}{q^N} < \frac{2^{N[H(S)+\varepsilon]}}{q^N} = 2^{-N[\log q - H(S) - \varepsilon]} \tag{5.2.29}$$

一般情况下，$H(S) < \log q$，而 $\varepsilon > 0$ 是给定的任意小的正数，因此 $\log q - H(S) - \varepsilon > 0$，若 N 增大，则 $\xi \to 0$。

这说明，大概率事件集合 G_S 中信源符号 α_j 的数量远小于小概率事件集合 $\overline{G}_S$ 中的信源符号 α_j 的数量。显然，当只对集合 G_S 中信源符号 α_j 进行非奇异的等长编码时，会极大减少所需的码字数量，从而减小定长编码的码长 l。

（6）求定长编码的码长 l 及译码错误概率。

若对集合 G_S 中信源符号 α_j 进行编码，由式（5.2.2）可知，码字总数 r^l 满足

$$r^l \geqslant M \tag{5.2.30}$$

其中，M 应取其上界，可得

$$r^l \geqslant 2^{N[H(S)+\varepsilon]} \tag{5.2.31}$$

对上式取对数，可得

$$l \log r \geqslant N[H(S)+\varepsilon]$$

即

$$\frac{l}{N} \geqslant \frac{[H(S)+\varepsilon]}{\log r} \tag{5.2.32}$$

式（5.2.5）得证。

当选取的定长码的码长 l 满足式（5.2.32）时，可对大概率事件集合 G_S 中所有的信源符号 α_j 进行非奇异的定长编码，即实现集合 G_S 的无失真编码。而对集合 $\overline{G}_S$ 中所有的信源符号均不编码，因此会造成译码错误。显然，最大的译码错误概率 p_ε 就是集合 $\overline{G}_S$ 出现的概率，由式（5.2.21）可得

$$p_\varepsilon = p(\overline{G}_S) \leqslant \delta(N,\varepsilon) = \frac{D[I(s_i)]}{N\varepsilon^2} \tag{5.2.33}$$

其中，$D[I(s_i)]$ 为一个常数；ε 为给定的任意正数。

因此，对于 $\forall\delta>0$，当 $N>\dfrac{D[I(s_i)]}{\varepsilon^2\delta}$ 时，可得

$$p(\overline{G}_S)<\delta \tag{5.2.34}$$

这说明，当 N 足够大时，$p(\overline{G}_S)\to 0$，即 $p_\varepsilon\to 0$。

下面证明逆定理。

证明：若码长 l 满足

$$\frac{l}{N}\log r\geqslant H(S)-2\varepsilon \tag{5.2.35}$$

则有

$$r^l\leqslant 2^{N[H(S)-2\varepsilon]} \tag{5.2.36}$$

当上式取等号时，即取码字数量 r^l 的最大值时，则有

$$r^l=2^{N[H(S)-2\varepsilon]} \tag{5.2.37}$$

当式（5.2.28）取等号时，即取大概率事件集合 G_S 中信源符号 α_j 的数量的最小值时，则有

$$M=[1-\delta(N,\varepsilon)]\cdot 2^{N[H(S)-\varepsilon]} \tag{5.2.38}$$

可见，当 N 很大时，$M\geqslant r^l$，即大概率事件集合 G_S 中信源符号 α_j 的数量 M 大于 r 元的 l 长码字的总数 r^l，因此无法对集合 G_S 实现非奇异的定长编码，从而会导致译码错误。正确译码概率 $\overline{p}_\varepsilon$ 为集合 G_S 中 r^l 个信源符号 α_j 可被编码为 l 长码字的概率。

由式（5.2.23）和式（5.2.36）可知，$\overline{p}_\varepsilon$ 满足

$$\overline{p}_\varepsilon\leqslant r^l\cdot\max p(\alpha_j)\leqslant 2^{N[H(S)-2\varepsilon]}\cdot 2^{-N[H(S)-\varepsilon]}=2^{-N\varepsilon} \tag{5.2.39}$$

因此，译码错误概率 p_ε 为

$$p_\varepsilon=1-\overline{p}_\varepsilon\geqslant 1-2^{-N\varepsilon} \tag{5.2.40}$$

由式（5.2.40）可知，当码长 l 满足式（5.2.35）时，$N\to\infty$，$2^{-N\varepsilon}\to 0$，则 $p_\varepsilon\to 1$。

因此，逆定理得证。

以上逆定理说明，当码长 l 满足式 $\dfrac{l}{N}\log r\leqslant H(S)-2\varepsilon$ 时，若 $N\to\infty$，由于大概率事件集合 G_S 无法实现非奇异的定长编码，则一定会导致译码出错。

显然，由定理 5.2.1 的证明，可得到如下的定理 5.2.2。

定理 5.2.2 设离散无记忆信源 S 的熵为 $H(S)$，若对其 N 次扩展信源 S^N 的符号序列进行 r 元的定长编码，对于任意给定的 $\varepsilon>0$，只要码长 l 满足

$$\frac{l}{N}\geqslant\frac{H(S)+\varepsilon}{\log r}$$

则当 N 足够大时，几乎可实现无失真编码。

反之，若码长 l 满足

$$\frac{l}{N} \leqslant \frac{H(S)-2\varepsilon}{\log r}$$

则无法实现无失真编码。当 N 足够大时，译码错误概率接近 1。

需要说明的是，定理 5.2.1 和定理 5.2.2 也适用于极限熵 $H_\infty(S)$ 和极限方差 σ_∞^2 都存在的平稳有记忆信源。对于有记忆信源，式（5.2.5）和式（5.2.6）中的 $H(S)$ 应该改为 $H_\infty(S)$。

对比式（5.2.4）和式（5.2.5），当信源无记忆且等概率分布时，两者完全一致。而对于一般的离散信源，信源符号并非等概率分布，且信源也并非无记忆。因此，在一般情况下，信源的极限熵 $H_\infty(S)$ 远小于 $\log q$，这将极大减小定长编码中每个信源符号的平均码长 l/N，从而极大提高编码效率。

定长编码定理给出了定长编码中平均每个信源符号所需的码长 l/N 的理论极限，这个极限由信源熵 $H(S)$或$H_\infty(S)$ 决定。

下面来定义信源编码的编码速率和编码效率。

定义 5.2.1 设离散无记忆信源 S 的熵为 $H(S)$，若对信源的 N 长符号序列进行 r 元的定长编码，定义编码速率 R' 为

$$R' = \frac{l\log r}{N} \text{ bit / 信源符号} \tag{5.2.41}$$

其中，l/N 表示每个信源符号需要的平均码长；$\log r$ 为一个 r 元码符号所能载荷的最大信息量。因此，R' 表示编码后，平均每个信源符号所能载荷的最大信息量。R' 的单位为 bit/信源符号。

因此，定理 5.2.2 可以描述为，若满足

$$R' \geqslant H(S)+\varepsilon$$

则可以实现几乎无失真的编码。这说明只有编码速率大于信源熵时，才能实现几乎无失真的编码。

定义 5.2.2 定义编码效率为

$$\eta = \frac{H(S)}{R'} = \frac{H(S)}{\frac{l}{N}\log r} \tag{5.2.42}$$

显然，$\eta<1$。编码效率表明了实际编码长度与码长极限值之间的差异程度，它可以用来衡量编码的效果。

由定理 5.2.2 和式（5.2.42）可知，最佳定长编码的效率为

$$\eta = \frac{H(S)}{H(S)+\varepsilon} \tag{5.2.43}$$

其中，$\varepsilon>0$。此时，ε 可表示为

$$\varepsilon = \frac{1-\eta}{\eta}H(S) \tag{5.2.44}$$

由式（5.2.33）可知，对于给定的信源 S，方差 $D[I(s_i)]$ 为定值；对于给定的 ε，当 N 足够大时，p_ε 就可以小于任意给定的译码错误概率 δ。由式（5.2.44）和式（5.2.33）可知，当要求译码错误概率 $p_\varepsilon < \delta$ 时，要求信源符号序列长度 N 满足

$$N \geqslant \frac{D[I(s_i)]}{H^2(S)} \frac{\eta^2}{(1-\eta)^2 \delta} \tag{5.2.45}$$

式（5.2.45）说明了对于给定的信源 S，在允许译码错误概率 $p_\varepsilon(p_\varepsilon \leqslant \delta)$ 的条件下，为达到一个编码效率 η，信源最少需要扩展的次数 N 的大小。显然，要求 p_ε 越小，η 又要越大，那么信源符号序列长度 N 就必须越大。实际应用中，要实现几乎无失真的等长编码，N 可能会大到难以实现的程度。

例 5.2.1　设有离散无记忆信源的概率空间为

$$\begin{bmatrix} S \\ P \end{bmatrix} = \begin{bmatrix} s_1 & s_2 & s_3 & s_4 & s_5 & s_6 \\ 0.2 & 0.3 & 0.1 & 0.1 & 0.1 & 0.2 \end{bmatrix}$$

码符号集合为 $X=\{0,1,2\}$，若对该信源的单个信源符号进行无失真的定长编码，则编码效率为多少？若要求 $\eta = 90\%$，则在满足什么条件时，才能保证译码错误概率不大于 10^{-3}？

解：信源熵为

$$H(S) = -\sum_{i=1}^{s} p(s_i) \log p(s_i) \approx 2.446\text{bit} / \text{符号}$$

自信息量的方差为

$$\begin{aligned} D[I(s_i)] &= E[I^2(s_i)] - E^2[I(s_i)] = \sum p(s_i)[\log p(s_i)]^2 - H^2(S) \\ &= 2 \times 0.2 \times (\log 0.2)^2 + 0.3 \times (\log 0.3)^2 + \\ &\quad 3 \times 0.1 \times (\log 0.1)^2 - (2.446)^2 \approx 0.389 \end{aligned}$$

对单个信源符号进行无失真的定长编码，则需要满足 $q \leqslant r^l$，可得定长编码的码长为

$$l = \log_r q = \log_3 6 \approx 1.631$$

因此，取 $l = 2$。

定长编码的效率为

$$\eta = \frac{H(S)}{l\log r} = \frac{2.446}{2\log 3} \times 100\% \approx 77.2\%$$

根据定长编码定理可知，想要提高定长编码的效率可以通过对扩展信源序列进行编码来实现，当要求译码错误概率 $\delta \leqslant 10^{-3}$，编码效率达到 $\eta = 90\%$ 时，信源需要扩展的次数 N 为

$$N \geqslant \frac{D(I(s_i)]}{H^2(S)} \frac{\eta}{(1-\eta)^2 \delta} = \frac{0.389}{(2.446)^2} \frac{0.9}{(1-0.9)^2 \times 0.001} \approx 5.852 \times 10^3$$

可见，当要求的编码效率 η 不太高，且译码错误概率 δ 不太低时，信源扩展的次数需达 5.852×10^3 以上才能实现上述给定的要求，显然这在实际应用中是难以实现的。

与单个信源符号进行定长编码时的编码效率 $\eta \approx 77.2\%$ 相比，编码效率的提升不太大，但

信源扩展的次数 N 却提升太大，并且译码错误概率只能达到 10^{-3}，而信源不扩展时，却能实现无失真编码。

综上所述，定长编码为了提高编码效率要付出很大代价（N 太大），当 N 有限时，高传输效率的定长编码往往要引入一定的失真和错误，因此定长编码的实用性较差。

5.2.2 无失真变长编码

与定长编码相比，采用变长编码往往在信源扩展的次数 N 不太大时，就能实现编码效率较高的无失真信源编码。因此，本节重点讨论无失真变长编码。

对于变长编码而言，为了实现唯一可译码，首先必须是非奇异码并且要求任意有限长 N 次扩展码也必须是非奇异码。进一步，为了在译码时无须考虑后续的码符号就能立即对合法码字进行译码，则变长编码最好为即时码。

树图法是一种简便的构造即时码的方法，下面简要介绍该方法。

1. 即时码的构造（树图法）

r 进制树图的构造步骤如下。

（1）树图顶部的节点称为树根。从根出发伸出 r 个树枝，r 为码符号总数，每个节点所伸出的树枝分别从左向右依次标上码符号 $1,2,\cdots,r-1$。

（2）树枝的尽头称为节点，每个节点也能伸出 r 个树枝，依次下去构成一棵树。除树根外的每一级节点，依次称为第 1 阶节点、第 2 阶节点、…、第 n 阶节点。

（3）当某一节点被安排为某个信源符号的码字后，就不能继续伸出树枝，该节点称为终端节点；不安排为码字的节点称为中间节点，可以继续向下伸出 r 个树枝。

（4）对于有 q 个信源符号的信源 S，在码树上选择 q 个终端节点。从树根到该终端节点各树枝代表的码符号按顺序构成的 r 元码符号序列，就是该信源符号的码字。

由以上构造方法可知，从根到每个终端节点所走的路径是不同的，而且中间节点不安排为码字，即没有任何一个码字是另一个码字的延长（前缀），所以用树图法构造的码均为即时码。

如图 5.2（a）所示，每个节点上均有 r 个分支的树称为整树。如图 5.2（b）所示，节点上有不足 r 个分支的树称为非整树。对于长度为 l 的等长码而言，其树图中的 r 元 l 阶码树的所有树枝均被用上，即第 l 阶节点的终端节点数共 r^N 个，对应 r^N 个长为 l 的码字，这种树称为满树。显然，等长码也是即时码。

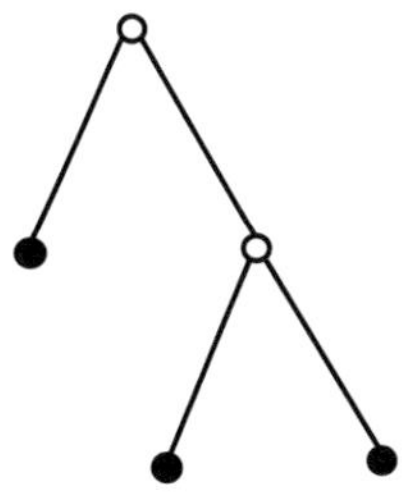

（a）整树

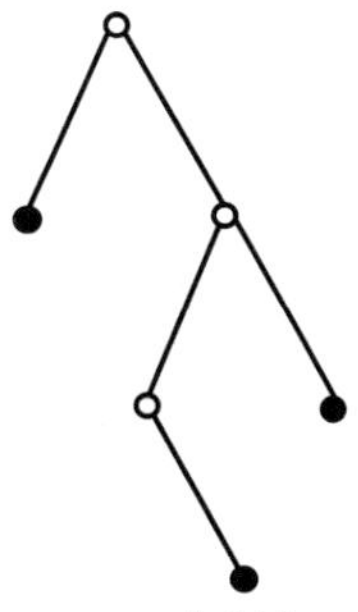

（b）非整树

图 5.2 整数与非整树

例 5.2.2 设信源的概率空间为$\begin{bmatrix} S \\ P \end{bmatrix}=\begin{bmatrix} s_1 & s_2 & s_3 & s_4 \\ 0.5 & 0.2 & 0.2 & 0.1 \end{bmatrix}$，码符号集合为$X=\{0,1\}$。要求构造一个即时码，使信源符号$s_1,s_2,s_3,s_4$对应的码字$\omega_1,\omega_2,\omega_3,\omega_4$的码长分别为$n_1=1,n_2=2,n_3=3,n_4=4$。

解：用树图法构造一个符合题意的即时码，如图 5.3 所示。信源符号s_1,s_2,s_3,s_4对应的码字分别为$\omega_1=1,\omega_2=00,\omega_3=010,\omega_4=0110$。

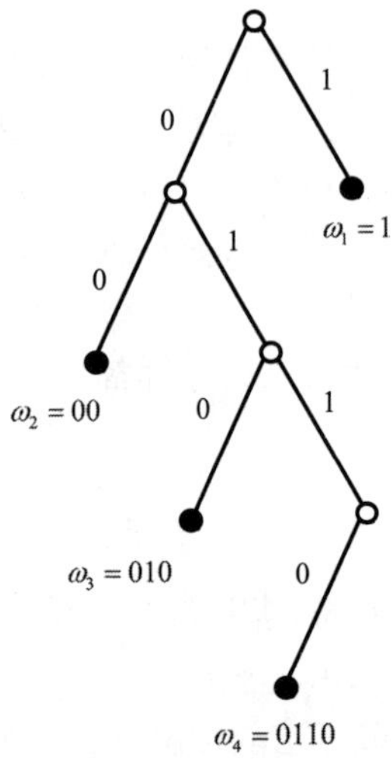

图 5.3 树图法构造即时码

由例 5.2.2 可知，信源S能否构造出即时码，不仅与信源符号数q和码符号数r有关，还与对码长l_i（$i=1,2,\cdots,q$）的要求有关，即能否编出即时码，取决于对编码的总体结构要求。

1949 年，克拉夫特（L.G.Kraft）提出的 Kraft 不等式给出了即时码存在的充分必要条件。

2．Kraft 不等式

定理 5.2.3 设信源符号集合为$S=\{s_1,s_2,\cdots,s_q\}$，码符号集合为$X=\{x_1,x_2,\cdots,x_r\}$，对信源S进行编码，各码字的码长分别为$l_1,l_2,\cdots,l_q$，则即时码存在的充分必要条件为

$$\sum_{i=1}^{q} r^{-l_i} \leqslant 1 \tag{5.2.46}$$

此式称为 Kraft 不等式。

证明：充分性。应用树图结构证明充分性。因为用树图法生成的信源编码均为即时码。

假定满足 Kraft 不等式的各码字的码长分别为$l_1,l_2,\cdots,l_q$。设$l=\max\{l_1,l_2,\cdots,l_q\}$表示码字的最大码长，设$q$个码字中长度为$i$的码字个数分别为$n_i$，$i=1,2,\cdots,l$，即码长为 1 的码字个数为$n_1$，码长为 2 的码字个数为$n_2$，以此类推，码长为$l$的码字个数为$n_l$，则码字的总数$q$为

$$n_1+n_2+\cdots+n_l=\sum_{i=1}^{l} n_i = q \tag{5.2.47}$$

由于$l_1,l_2,\cdots,l_q$满足 Kraft 不等式，即

$$r^{-l_1}+r^{-l_2}+\cdots+r^{-l_i}+\cdots+r^{-l_q}\leqslant 1 \tag{5.2.48}$$

对式（5.2.48）合并同类项后，得

$$\sum_{i=1}^{l} n_i r^{-i}\leqslant 1 \tag{5.2.49}$$

不等式两端同乘 r^l 得

$$\sum_{i=1}^{l} n_i r^{l-i}\leqslant r^l \tag{5.2.50}$$

从而得

$$n_l\leqslant r^l-n_1r^{l-1}-n_2r^{l-2}-\cdots-n_{l-1}r \tag{5.2.51}$$

因为 $l,n_i,r>0$，所以 $n_ir^{-i}>0$，$i=1,2,\cdots,l$，在式（5.2.49）的左边去掉一项，可得

$$\sum_{i=1}^{l-1} n_i r^{-i}<1$$

同理，以此类推可得

$$n_{l-1}<r^{l-1}-n_1r^{l-2}-n_2r^{l-3}-\cdots-n_{l-2}r \tag{5.2.52}$$

$$n_{l-2}<r^{l-2}-n_1r^{l-3}-n_2r^{l-4}-\cdots-n_{l-3}r \tag{5.2.53}$$

$$\vdots$$

$$n_3<r^3-n_1r^2-n_2r \tag{5.2.54}$$

$$n_2<r^2-n_1r \tag{5.2.55}$$

$$n_1<r \tag{5.2.56}$$

这说明可以将 Kraft 不等式表示为式（5.2.51）～式（5.2.56），利用这些不等式，就可采用树图法构造出即时码。

由于码符号数为 r，故树图中第一阶节点有 r 个，由式（5.2.56）可知，能从这 r 个节点中选 n_1 个节点作为终端节点安排码字，剩余的第 1 阶节点个数为 $r-n_1$，可以继续向下伸出树枝，因此第 2 阶节点的总数为 $r(r-n_1)=r^2-n_1r$。而由式（5.2.55）可知，可从 r^2-n_1r 个节点中选择 n_2 个节点作为终端节点安排码字，剩余的第 2 阶节点个数为 $r^2-n_1r-n_2$，可以继续伸出树枝。

以此类推，当式（5.2.51）～式（5.2.56）成立时，在每一阶节点中都能分别选择出 n_i（$i=1,2,\cdots,l$）个终端节点安排码字，从而构造出 l 阶码树。由上述树图的构造过程可知，得到的 $\sum_{i=1}^{q} n_i=q$ 个码字构成的码必为即时码。

证明：必要性。

假设构成的即时码的各码字的码长分别为 $l_1,l_2,\cdots,l_q$，令 $l=\max\{l_1,l_2,\cdots,l_q\}$ 为码字的最大码长，先构造一棵高为 l 的 r 进制满树。该码树的第 l 阶节点的总数为 r^l 个。

当在第 i（$i<N$）阶节点中选择某个节点作为终端节点时，即该节点对应的码字的码长 $l_i=i$ 时，该节点不能再伸出树枝，它导致该树图减少的第 l 阶节点数为 r^{N-l_i} 个。

为 q 个信源符号选择 q 个节点作为码字后，使得该树图的第 l 阶节点减少的总数为

$$r^{N-l_1}+r^{N-l_2}+\cdots+r^{N-l_q}=\sum_{i=1}^{q}r^{N-l_i} \tag{5.2.57}$$

显然，减少的第 l 阶节点数应该小于或等于第 l 阶节点的总数，即

$$\sum_{i=1}^{q}r^{N-l_i}\leqslant r^N$$

从而得

$$\sum_{i=1}^{q}r^{-l_i}\leqslant 1$$

得证。

Kraft 不等式给出了即时码存在的充分必要条件。不满足 Kraft 不等式的码，一定不是即时码。但满足 Kraft 不等式的码，不一定是即时码，只能说明符合相应条件的即时码存在。

1956 年，麦克米伦（B.Mcmillan）证明了唯一可译码也满足此不等式，称为麦克米伦不等式。麦克米伦不等式说明，即时码与唯一可译码存在的充分必要条件是一致的。

3. 变长无失真信源编码定理（香农第一定理）

定义 5.2.3 设信源的概率空间为$\begin{bmatrix}S\\P\end{bmatrix}=\begin{bmatrix}s_1 & s_2 & \cdots & s_q\\ p(s_1) & p(s_2) & \cdots & p(s_q)\end{bmatrix}$，对该信源进行无失真编码，各码字的码长分别为$l_1,l_2,\cdots,l_q$，定义码字的平均长度为

$$\overline{L}=\sum_{i=1}^{q}p(s_i)l_i \tag{5.2.58}$$

$\overline{L}$ 简称为平均码长，表示每个信源符号平均所需的码符号数，单位为码符号/信源符号。

编码以后每个码符号携带的平均信息量，即编码后信道的信息传输率 R，可表示为

$$R=\frac{H(S)}{\overline{L}} \tag{5.2.59}$$

R 的单位为 bit/信源符号。

若传输一个码符号的平均时间为 t 秒，则编码后信道每秒传输的信息量（信息传输速率）可表示为

$$R_t=\frac{R}{t}=\frac{H(S)}{t\overline{L}}$$

R_t 的单位为 bit/s。

对于给定的信源，信源熵 $H(S)$ 一定，若平均码长 $\overline{L}$ 越小，则每个码符号承载的信息量越大。这表明唯一可译码在无噪信道中的信息传输率 R 越大，信息传输的有效性就越高。因此，平均码长 $\overline{L}$ 是衡量唯一可译码的有效性高低的标准。

定义 5.2.4 对于一个给定的信源和一个给定的码符号集合，若有一种唯一可译码，其平均码长 $\overline{L}$ 小于所有其他的唯一可译码，则称这种码为最佳码。

显然，寻找最佳码是变长信源编码的核心问题之一。

定理 5.2.4（平均码长界定定理） 设离散无记忆信源 S 的概率空间为

$$\begin{bmatrix} S \\ P \end{bmatrix} = \begin{bmatrix} s_1 & s_2 & \cdots & s_q \\ p(s_1) & p(s_2) & \cdots & p(s_q) \end{bmatrix}$$

该信源的熵为 $H(S)$，码符号集合为 $X=\{x_1,x_2,\cdots,x_r\}$，则一定存在平均码长 $\overline{L}$ 满足下式的唯一可译码

$$\frac{H(S)}{\log r} \leqslant \overline{L} < 1+\frac{H(S)}{\log r} \tag{5.2.60}$$

证明：先证明下界成立，即证明 $H(S)-\overline{L}\log r \leqslant 0$ 成立。

$$\begin{aligned} H(S)-\overline{L}\log r &= -\sum_{i=1}^{q} p(s_i)\log p(s_i) - \log r\sum_{i=1}^{q} p(s_i) l_i \\ &= -\sum_{i=1}^{q} p(s_i)\log p(s_i) + \sum_{i=1}^{q} p(s_i)\log r^{-l_i} = \sum_{i=1}^{q} p(s_i)\log\frac{r^{-l_i}}{p(s_i)} \end{aligned} \tag{5.2.61}$$

利用不等式 $\ln x \leqslant x-1$（$x>0$），令 $x=r^{-l_i}/p(s_i)$，可得

$$\begin{aligned} H(S)-\overline{L}\log r &\leqslant \sum_{i=1}^{q} p(s_i)\frac{r^{-l_i}-p(s_i)}{p(s_i)}\cdot\log \mathrm{e} \\ &= \left[\sum_{i=1}^{q} r^{-l_i} - \sum_{i=1}^{q} p(s_i)\right]\cdot\log \mathrm{e} \end{aligned} \tag{5.2.62}$$

由于唯一可译码存在的充分必要条件是满足 Kraft 不等式，因此总可以找到一种唯一可译码，满足 $\sum_{i=1}^{q} r^{-l_i} \leqslant 1$，则

$$H(S)-\overline{L}\log r \leqslant (1-1)\cdot\log \mathrm{e} = 0 \tag{5.2.63}$$

可得

$$\frac{H(S)}{\log r} \leqslant \overline{L} \tag{5.2.64}$$

式（5.2.64）中等式成立的充分必要条件为

$$p(s_i) = r^{-l_i},\quad i=1,2,\cdots,q \tag{5.2.65}$$

即

$$l_i = \frac{\log p(s_i)}{\log r} = -\log_r p(s_i) = \log_r \frac{1}{p(s_i)},\quad i=1,2,\cdots,q \tag{5.2.66}$$

由式（5.2.66）可知，只有当码长 $l_i=-\log_r p(s_i)$（$i=1,2,\cdots,q$）均为正整数时，$\overline{L}$ 才能达到下界值 $H(S)/\log r$。

显然，当$-\log_r p(s_i)$（$i=1,2,\cdots,q$）不为正整数时，只要选择$l_i=\lceil -\log_r p(s_i)\rceil$（$i=1,2,\cdots,q$）就可以用树图法构造出一种码长最小的唯一可译码。其中，符号$\lceil x\rceil$表示不小于x的最小整数。

证明：证明$\overline{L}<1+H(S)/\log r$成立，即证明当平均码长$\overline{L}$小于上界$1+H(S)/\log r$时唯一可译码仍存在，因此只需证明有一种唯一可译码满足该式即可。

选择的码长为$l_i=\lceil -\log_r p(s_i)\rceil$，$i=1,2,\cdots,q$，即码长$l_i$（$i=1,2,\cdots,q$）满足

$$-\log_r p(s_i)\leqslant l_i<-\log_r p(s_i)+1 \tag{5.2.67}$$

将式（5.2.67）中左边的不等式，对所有i求和，得

$$\sum_{i=1}^{q} r^{-l_i}\leqslant\sum_{i=1}^{q} p(s_i)=1 \tag{5.2.68}$$

上式为 Kraft 不等式，表示所选择的变长码是唯一可译码。

将式（5.2.67）中右边的不等式，两边乘以$p(s_i)$，并对所有i求和，得

$$\sum_{i=1}^{q} p(s_i)l_i<-\frac{\sum_{i=1}^{q} p(s_i)\log p(s_i)}{\log r}+1 \tag{5.2.69}$$

即

$$\overline{L}<1+\frac{H(S)}{\log r} \tag{5.2.70}$$

这说明，当码长l_i满足式（5.2.67）时，其平均码长$\overline{L}$小于上界$1+H(S)/\log r$且存在唯一可译码。

若信源熵中对数的底取r，则式（5.2.60）可表示为

$$H_r(S)\leqslant\overline{L}<H_r(S)+1 \tag{5.2.71}$$

定理 5.2.4 说明对离散信源的单个信源符号进行编码时，唯一可译码的码长极限为$\overline{L}_{\min}=H_r(S)$，即若平均码长$\overline{L}<H_r(S)$，则唯一可译码不存在。同时指出唯一可译码的码长上界为$H_r(S)+1$，当然平均码长大于上界的唯一可译码也必然存在，只是实际应用中总是希望寻找到码长更小的码。

例 5.2.3 说明例 5.2.2 中的信源编码，是否达到了唯一可译码码长极限值？为什么？

解：根据题意，信源概率空间为$\begin{bmatrix} S \\ P \end{bmatrix}=\begin{bmatrix} s_1 & s_2 & s_3 & s_4 \\ 0.5 & 0.2 & 0.2 & 0.1 \end{bmatrix}$，码符号集合为$X=\{0,1\}$，计算$l_i=\log_r\dfrac{1}{p(s_i)}$（$i=1,2,\cdots,q$），即

$$l_1=\log_r\frac{1}{p(s_1)}=\log_2\frac{1}{0.5}=1,\quad l_2=\log_r\frac{1}{p(s_2)}=\log_2\frac{1}{0.2}\approx 2.32$$

$$l_3=\log_r\frac{1}{p(s_3)}=\log_2\frac{1}{0.2}\approx 2.32,\quad l_4=\log_r\frac{1}{p(s_4)}=\log_2\frac{1}{0.1}\approx 3.32$$

由式（5.2.66）可知，达到码长下界的条件为各码字的码长$l_i=\log_r\dfrac{1}{p(s_i)}$（$i=1,2,\cdots,q$）

必须为正整数。显然，当$i=2,3,4$时，$\log_r \frac{1}{p(s_i)}$不为整数，所以码长无法达到下界值$\overline{L}_{\min}$。

信源熵为

$$H(S)=-\sum_{i=1}^{4}p(s_i)\log p(s_i)=-0.5\log 0.5-2\times(0.2\log 0.2)-0.1\log 0.1\approx 1.761 \text{ bit / 信源符号}$$

最小码长$\overline{L}_{\min}$为

$$\overline{L}_{\min}=\frac{H(S)}{\log r}=\frac{1.761}{\log 2}\approx 1.761 \text{ 码符号 / 信源符号}$$

由例 5.2.2 中的编码结果，可得该编码的平均码长为

$$\overline{L}=\sum_{i=1}^{4}p(s_i)l_i=0.5+0.2\times 2+0.2\times 3+0.1\times 4=1.9 \text{ 码符号 / 信源符号}$$

显然，$\overline{L}>\overline{L}_{\min}$，该编码的码长没有达到唯一可译码码长的极限值。

根据平均码长界定定理，唯一可译码的码长上界为

$$\frac{H(S)}{\log r}+1=1.761+1=2.761 \text{ 码符号 / 信源符号}$$

显然，该编码的平均码长$\overline{L}$小于码长上界。

平均码长界定定理说明，对熵为$H(S)$的离散信源的单个信源符号进行变长编码，码符号个数r确定后，唯一可译码码长的极限值$\overline{L}_{\min}$就确定了。只有当$\log_r \frac{1}{p(s_i)}\ (i=1,2,\cdots,q)$均为正整数时，平均码长才能达到极限值$\overline{L}_{\min}$。现在的问题是，如果不满足上述条件，那么能否使平均码长达到极限值$\overline{L}_{\min}$？如果能达到极限值$\overline{L}_{\min}$，那么达到极限值$\overline{L}_{\min}$的条件是什么？

下面将要讨论变长无失真信源编码定理（香农第一定理）回答了上述问题。

定理 5.2.5（香农第一定理）　设离散无记忆信源的概率空间为

$$\begin{bmatrix} S \\ P \end{bmatrix}=\begin{bmatrix} s_1 & s_2 & \cdots & s_q \\ p(s_1) & p(s_2) & \cdots & p(s_q) \end{bmatrix}$$

熵为$H(S)$。它的N次扩展信源的概率空间为

$$\begin{bmatrix} S^N \\ P \end{bmatrix}=\begin{bmatrix} \alpha_1 & \alpha_2 & \cdots & \alpha_{q^N} \\ p(\alpha_1) & p(\alpha_2) & \cdots & p(\alpha_{q^N}) \end{bmatrix}$$

熵为$H(S^N)$，码符号集合$X=\{x_1,x_2,\cdots,x_r\}$。对信源S^N进行编码，总可以找到一种唯一可译码，使平均码长满足

$$\frac{H(S)}{\log r}+\frac{1}{N}>\frac{\overline{L}_N}{N}\geqslant\frac{H(S)}{\log r} \text{或} H_r(S)+\frac{1}{N}>\frac{\overline{L}_N}{N}\geqslant H_r(S) \tag{5.2.72}$$

当$N\to\infty$时，有

$$\lim_{N\to\infty}\frac{\overline{L}_N}{N}=H_r(S) \tag{5.2.73}$$

其中，$\overline{L}_N=\sum_{i=1}^{q^N}p(\alpha_i)\lambda_i$，$\lambda_i$ 为 α_i 所对应的码字长度。$\overline{L}_N$ 表示扩展信源 S^N 中每个符号 α_i 的平均码长，则离散无记忆信源 S 的每个信源符号 s_i（$i=1,2,\cdots,q$）所需的平均码长为 $\overline{L}_N/N$。

证明：对于无记忆扩展信源 S^N，由平均码长界定定理，可得

$$H_r(S^N)+1>\overline{L}_N\geqslant H_r(S^N)$$

由于信源 S^N 为离散信源 S 的 N 次扩展信源，信源 S^N 的 r 进制熵为

$$H_r(S^N)=NH_r(S)$$

因此，有

$$NH_r(S)+1>\overline{L}_N\geqslant NH_r(S)$$

两边除以 N，得

$$H_r(S)+\frac{1}{N}>\frac{\overline{L}_N}{N}\geqslant H_r(S)$$

当 $N\to\infty$ 时，有

$$\lim_{N\to\infty}\frac{\overline{L}_N}{N}=H_r(S)$$

得证。

香农第一定理说明，对离散无记忆信源要实现无失真信源编码，平均码长 $\overline{L}_N/N$ 的极限值就是信源 S 的 r 进制熵 $H_r(S)$；若 $\dfrac{\overline{L}_N}{N}<H_r(S)$，则不存在唯一可译码，即必然会存在译码错误；对扩展信源 S^N 进行变长编码，当 $N\to\infty$ 时，平均码长 $\overline{L}_N/N$ 可达到极限值。

定理 5.2.5 是在离散无记忆信源的条件下证明的，实际上该结论也可推广到平稳遍历的有记忆信源，如马尔可夫信源，此时只需将式（5.2.73）中的 $H_r(S)$ 改为有记忆信源的极限熵 $H_\infty(S)$，即

$$\lim_{N\to\infty}\frac{\overline{L}_N}{N}=\frac{H_\infty}{\log r} \tag{5.2.74}$$

其中，H_∞ 为有记忆信源的极限熵。

定义 5.2.5 定义变长编码的编码速率为

$$R'=\frac{\overline{L}_N}{N}\log r \tag{5.2.75}$$

其中，$\overline{L}_N$ 是 N 长信源符号序列所需的平均码长。$\overline{L}_N\log r$ 表示长为 $\overline{L}_N$ 的码符号序列所能载荷的最大信息量，因此 R' 表示编码后平均每个信源符号所能载荷的最大信息量。

根据式（5.2.75），香农第一定理可表示为，若满足

$$H(S)\leqslant R'<H(S)+\varepsilon,\ \forall\varepsilon>0 \tag{5.2.76}$$

则存在唯一可译的变长编码，否则唯一可译的变长编码不存在。

定义 5.2.6　定义变长编码的信息传输率为

$$R=\frac{H(S)}{\overline{L}} \tag{5.2.77}$$

其中，$\overline{L}=\overline{L}_N/N$ 为平均码长。

信息传输率 R 表示编码后平均每个码符号所携带的信息量，即编码后信道的信息传输率。

根据香农第一定理，可知

$$\overline{L}=\frac{\overline{L}_N}{N}\geqslant H_r(S)$$

故 $R\leqslant\log r$，取等号的条件是 $\overline{L}$ 达到极限值 $\dfrac{H(S)}{\log r}$。

为了衡量各种编码的性能，定义变长编码的编码效率如下。

定义 5.2.7　变长编码的编码效率定义为

$$\eta=\frac{H(S)}{R'}=\frac{H_r(S)}{\overline{L}} \tag{5.2.78}$$

其中，$\overline{L}=\overline{L}_N/N$ 为平均码长。显然，$\eta\leqslant 1$。

对于同一信源，若平均码长 $\overline{L}$ 越小，即 $\overline{L}$ 越接近其极限值 $H_r(S)$，编码效率 η 就越高。所以可用编码效率 η 来衡量各种编码的优劣。

为了衡量各种编码与最佳码的差距，引入码的剩余度。

定义 5.2.8　定义变长编码的剩余度为

$$\gamma=1-\eta=1-\frac{H_r(S)}{\overline{L}} \tag{5.2.79}$$

其中，$\overline{L}=\overline{L}_N/N$ 为平均码长。

例 5.2.4　有一个离散无记忆信源的概率空间为

$$\begin{bmatrix}S\\P\end{bmatrix}=\begin{bmatrix}s_1 & s_2\\ p_1=0.8 & p_2=0.2\end{bmatrix}$$

（1）用二元码符号$\{0,1\}$来构造一个即时码，令 s_1 编码为 0，s_2 编码为 1，求信息传输率 R 和编码效率 η。

（2）对信源 S 的二次扩展信源 S^2 进行最佳编码，求信息传输率 R 和编码效率 η。

解：（1）根据题意可得该码的平均码长为

$$\overline{L}=\sum_{i=1}^{q}p(s_i)l_i=(0.8+0.2)\times 1=1\ \text{码符号/信源符号}$$

信源熵为

$$H(S)=-0.8\log 0.8-0.2\log 0.2\approx 0.722\ \text{bit/信源符号}$$

编码效率为

$$\eta = \frac{H_r(S)}{\overline{L}} = \frac{H(S)}{\overline{L}\log r} \approx 0.722$$

信息传输率为

$$R = \frac{H(S)}{\overline{L}} \approx 0.722\ \text{bit}/\text{二元码符号}$$

（2）二次扩展信源 S^2 的概率空间为

$$\begin{bmatrix} S^2 \\ P \end{bmatrix} = \begin{bmatrix} s_1s_1 & s_1s_2 & s_2s_1 & s_2s_2 \\ 0.64 & 0.16 & 0.16 & 0.04 \end{bmatrix}$$

如图 5.4 所示，采用树图法构造即时码，所得的码字如表 5.4 所示。

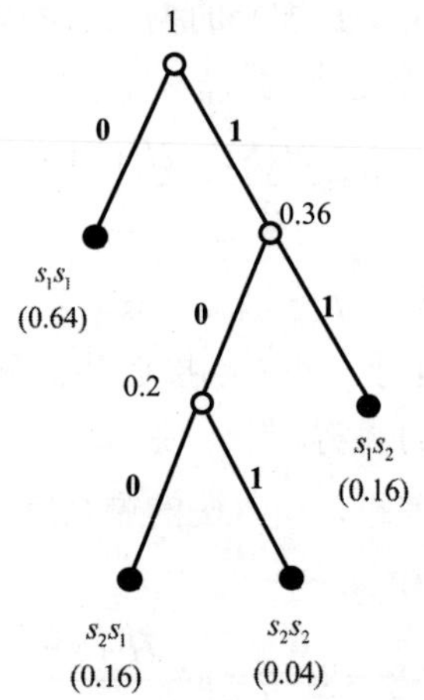

图 5.4　例 5.2.4 中即时码的码树

表 5.4　例 5.2.4 中即时码的码字

信源符号 α_i	码字 ω_i
s_1s_1	0
s_1s_2	11
s_2s_1	100
s_2s_2	101

该码的平均码长为

$$\overline{L}_2 = \sum_{i=1}^{4} p(\alpha_i) l_i = 0.16\times 3 + 0.04\times 3 + 0.16\times 2 + 0.64\times 1 = 1.56\ \text{码符号}/2\text{个信源符号}$$

$$\overline{L} = \frac{\overline{L}_2}{2} = \frac{1.56}{2} = 0.78\ \text{码符号}/\text{信源符号}$$

编码效率为

$$\eta = \frac{H_r(S)}{\overline{L}} = \frac{H(S)}{\overline{L}\log r} = \frac{0.722}{0.78\times\log 2} \approx 0.926$$

信息传输率为

$$R = \frac{H(S)}{\overline{L}} \approx 0.926 \text{ bit / 二元码符号}$$

可见，信源扩展后编码复杂度有所提高，但同时编码效率 η 和信息传输率 R 有了较大的提升。可以对信源 S 进一步扩展后再进行编码。例如，对信源 S 的三次、四次扩展信源进行编码，其编码效率 η 和信息传输率 R 还能继续提升，读者可自行验证。

综上所述，采用变长编码，当信源扩展次数 N 不需要很大时，就能达到较高的编码效率 η，而且为无失真编码。当信源扩展次数 $N \to \infty$ 时，编码效率 $\eta \to 1$，编码后信道的信息传输率 R 可无限接近二元无损信道的信道容量 C=1bit/二元码符号，从而达到信源与信道的匹配，使信道得到充分利用。

5.2.3　常用的无失真信源编码方法

常用的无失真信源编码方法有香农编码、费诺（Fano）编码、哈夫曼（Huffman）编码、游程编码、算术编码等。本节重点介绍前三种编码方法。

1．香农编码

香农第一定理指出平均码长与信源熵之间的关系：$H_r(S) + \frac{1}{N} > \frac{\overline{L}_N}{N} \geqslant H_r(S)$，并且指出通过编码可以使平均码长达到极限值 $\lim\limits_{N\to\infty} \frac{\overline{L}_N}{N} = H_r(S)$。

因此，根据香农第一定理可选择每个码字的长度满足：

$$l_i = \left\lceil \log_r \frac{1}{p(s_i)} \right\rceil,\ \ i = 1, 2, \cdots, q \tag{5.2.80}$$

其中，符号 $\lceil x \rceil$ 表示不小于 x 的最小整数。此时选择的码长一定满足 Kraft 不等式，所以一定存在唯一可译码，这样的码称为香农编码。

一般来说，香农编码无法达到码长的极限值，只有当 $\log_r \frac{1}{p(s_i)}$ $(i = 1, 2, \cdots, q)$ 均为正整数时，才能达到码长的极限值，但根据香农第一定理可知，香农编码的码长不会超过码长的上界。

香农编码的步骤如下。

（1）将信源符号按其概率递减的顺序排列。

（2）按式（5.2.80）计算第 i 个信源符号的二元编码的码长 l_i。

（3）计算第 i 个消息的累加概率，即

$$p_i = \sum_{k=1}^{i-1} p(s_k)$$

（4）将累加概率 p_i 转换成二进制数。

（5）取小数点后 l_i 位作为第 i 个消息的码字。

例 5.2.5 对例 5.2.1 中的信源 S 进行二元香农编码。

解：对该信源进行二元香农编码，编码过程如表 5.5 所示。

表 5.5 二元香农编码过程

信源符号 s_i	概率 $p(s_i)$	累加概率 p_i	$\log_r \frac{1}{p(s_i)}$	码长 l_i	码字 ω_i
s_2	0.3	0	1.74	2	00
s_1	0.2	0.3	2.32	3	010
s_6	0.2	0.5	2.32	3	100
s_3	0.1	0.7	2.56	3	101
s_4	0.1	0.8	3.32	4	1100
s_5	0.1	0.9	3.32	4	1110

例如，对信源符号 s_4 的编码过程如下：

先求 s_4 的二元编码的码长 l_4。

$$l_4 = -\log p(s_4) = -\log 0.1 \approx 3.32$$

取 $l_4 = 4$ 。

然后计算 s_4 的累加概率 p_4，并转换为二进制数。

$$p_4 = 0.8 = (0.11001\cdots)_2$$

根据码长 $l_4 = 4$ 取小数点后 4 位作为 s_4 的码字，即 $\omega_4 = 1100$ 。

该码的平均码长为

$$\overline{L} = \sum_{i=1}^{6} p(s_i)l_i = 0.3\times 2 + (0.2+0.2+0.1)\times 3 + 2\times 0.1\times 4 = 2.9 \text{码符号/信源符号}$$

信源熵为

$$H(S) = -\sum_{i=1}^{q} p(s_i)\log p(s_i) \approx 2.446 \text{ bit / 信源符号}$$

编码效率为

$$\eta = \frac{H_r(S)}{\overline{L}} = \frac{H(S)}{\overline{L}\log r} = \frac{2.446}{2.9\times\log 2} \approx 0.843$$

剩余度为

$$\gamma = 1-\eta = 1-0.843 = 0.157$$

如图 5.5 所示，对该信源也可采用树图法构造如表 5.6 所示的即时码。

该即时码的平均码长为

$$\overline{L} = \sum_{i=1}^{6} p(s_i)l_i = (0.3+0.2)\times 2 + (0.2+0.1+0.1+0.1)\times 3 = 2.5 \text{ 码符号/信源符号}$$

编码效率为

$$\eta = \frac{H_r(S)}{\overline{L}} = \frac{H(S)}{\overline{L}\log r} = \frac{2.446}{2.5 \times \log 2} \approx 0.978$$

相比以上的香农编码，该即时码的平均码长更小，编码效率更高。

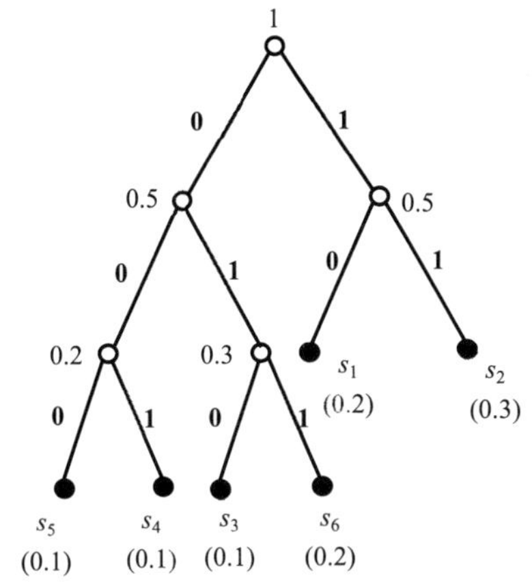

图 5.5　例 5.2.5 中即时码的码树

表 5.6　例 5.2.5 中即时码的码字

信源符号 s_i	码字 ω_i
s_1	10
s_2	11
s_3	010
s_4	001
s_5	000
s_6	011

综上可知，香农编码的码字集合是唯一的；第一个码字总是 0，或 00，或 000，或 000…0；所选择的码长 l_i 总是进一取整，所以香农编码的平均码长 $\overline{L}$ 不是最短的，编出来的码不一定是最佳码。一般来说，香农编码的剩余度稍大，实用性不强，但它是依据香农第一定理直接得出的，具有较强的理论意义，也是算术编码的基础。

2．费诺编码

费诺（Fano）编码是一种概率匹配编码，但它并不是最佳的编码方法。费诺编码的步骤如下。

（1）将信源符号按其概率递减的顺序排列。

（2）按编码符号的进制数将概率分组，使每组概率尽可能接近或相等。

（3）给每组分配一个码符号。

（4）将每组再按同样原则划分，即重复步骤（2）和（3），直至概率不再可分。

（5）信源符号所对应的码符号序列为费诺码。

例 5.2.6 对例 5.2.1 中的信源 S 进行二元费诺编码。

解：对该信源进行二元费诺编码，编码过程如表 5.7 所示。

表 5.7 二元费诺编码过程

信源符号 s_i	概率 $p(s_i)$	编码			码长 l_i	码字 ω_i
s_2	0.3	0	0		2	00
s_1	0.2		1		2	01
s_6	0.2	1	0	0	3	100
s_3	0.1			1	3	101
s_4	0.1		1	0	3	110
s_5	0.1			1	3	111

该码的平均码长为

$$\overline{L}=\sum_{i=1}^{6}p(s_i)l_i=(0.3+0.2)\times 2+(0.2+0.1+0.1+0.1)\times 3=2.5\ \text{码符号/信源符号}$$

信息熵为

$$H(S)=-\sum_{i=1}^{6}p(s_i)\log p(s_i)\approx 2.446\ \text{bit / 信源符号}$$

编码效率为

$$\eta=\frac{H_r(S)}{\overline{L}}=\frac{H(S)}{\overline{L}\log r}=\frac{2.446}{2.5\times\log 2}\approx 0.978$$

剩余度为

$$\gamma=1-\eta=1-0.978=0.022$$

本例中的费诺编码的码长比例 5.2.5 中香农编码的码长小，因此其编码效率比香农编码的编码效率高。

一般来说，费诺编码比较适合每次分组概率都很接近的信源。特别是对于每次分组概率都相等的信源，可达到理想的编码效率。

3．哈夫曼编码

1952 年，哈夫曼（Huffman）提出了一种构造最佳码的方法，其基本思想为，针对给定信源的概率分布和规定的码符号集合，合理利用信源的统计特性构造即时码。使概率大的信源符号的码字长度大，概率小的信源符号的码字长度小，尽可能地减小平均码长，使无失真信源编码的有效性达到可能范围内的最佳值。因此，通常将哈夫曼编码称为最佳码。

二元哈夫曼编码的步骤如下。

（1）将信源符号的概率按大小依次递减的顺序排列。

（2）将两个最小概率相加，作为新的概率和剩余的概率组成新的信源，称为缩减信源。每次概率相加时按同一规律对相加的两个概率分别分配“0”和“1”码符号，例如，概率大的分配“1”，概率小的分配“0”。

（3）不断重复步骤（1）、（2），直至剩余两个信源符号。为剩余的两个信源符号，分配“0”和“1”码符号，分配规律与步骤（2）相同。

（4）从最后一级缩减信源向前返回，得到各个信源所对应的码符号序列为该信源符号的码字。

例 5.2.7 对例 5.2.1 中的信源 S 进行二元哈夫曼编码。

解：对该信源进行二元哈夫曼编码，编码过程如表 5.8 所示，编码的码树如图 5.6 所示。由图 5.6 可知，哈夫曼编码显然为即时码。

表 5.8 例 5.2.7 的二元哈夫曼编码（1）

信源符号 s_i	概率 $p(s_i)$	编码过程	码字 ω_i	码长 l_i
s_2	0.3	0.3　0.3　0.4　0.6 0 → 1.0	01	2
s_1	0.2	0.2　0.3　0.3 0　0.4 1	10	2
s_6	0.2	0.2　0.2 0　0.3 1	11	2
s_3	0.1	0.2 0　0.2 1	001	3
s_4	0.1	0　0.1 1	0000	4
s_5	0.1	1	0001	4

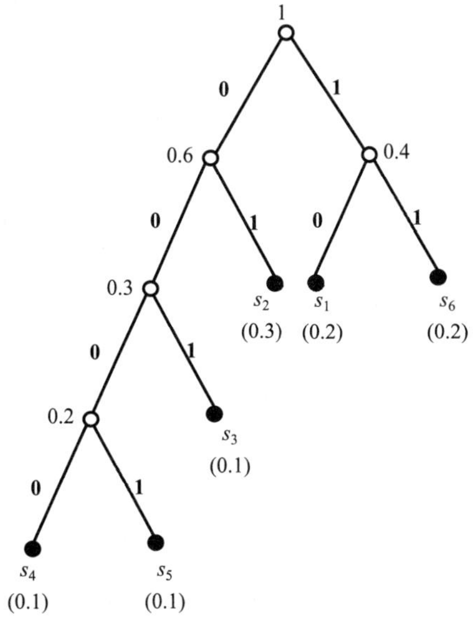

图 5.6 例 5.2.7 的码树（1）

该码的平均码长为

$$\overline{L}_1 = \sum_{i=1}^{6} p(s_i) l_i = 2\times(0.3+0.2+0.2)+3\times0.1+2\times4\times0.1=2.5 \text{ 码元符号/信源符}$$

编码效率为

$$\eta_1 = \frac{H_r(S)}{\overline{L}_1} = \frac{H(S)}{\overline{L}_1 \log r} = \frac{2.446}{2.5\times\log 2} \approx 0.978$$

对该信源还能进行另一种哈夫曼编码，编码过程如表 5.9 所示，编码的码树如图 5.7 所示。

表 5.9　例 5.2.7 的二元哈夫曼编码（2）

信源符号 s_i	概率 $p(s_i)$	编码过程	码字 ω_i	码长 l_i
s_2	0.3	0.3　0.3　0.4　0.6 0　1.0	00	2
s_1	0.2	0.2　0.3　0.3 0　0.4 1	10	2
s_6	0.2	0.2　0.2 0　0.3 1	010	3
s_3	0.1	0.2 0　0.2 1	011	3
s_4	0.1	0　0.1 1	110	3
s_5	0.1	1	111	3

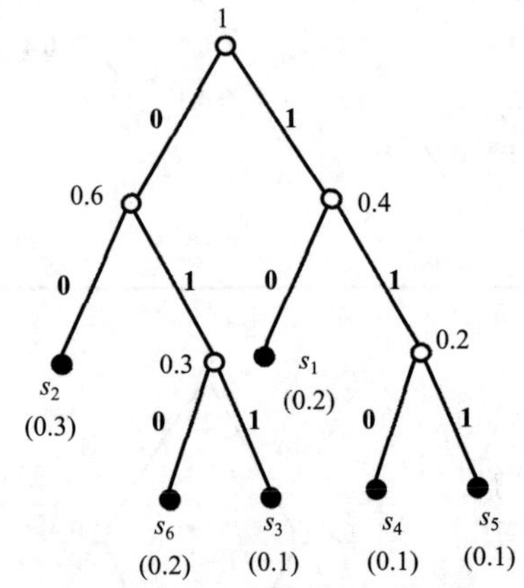

图 5.7　例 5.2.7 的码树（2）

该码的平均码长为

$$\overline{L}_2 = \sum_{i=1}^{6} p(s_i)l_i = 2\times(0.3+0.2)+3\times(0.1+0.1+0.1+0.2)=2.5 \text{ 码符号 / 信源符号}$$

编码效率为

$$\eta_2 = \frac{H_r(S)}{\overline{L}_2} = \frac{H(S)}{\overline{L}_2 \log r} = \frac{2.446}{2.5\times\log 2} \approx 0.978$$

以上两种哈夫曼编码的平均码长 $\overline{L}$ 和编码效率 η 完全一致，那么这两种编码的质量是否完全一样？下面我们从码方差 σ_l^2 的角度来讨论这两种编码的性能。

为了表示信源编码中码字长度 l_i 与平均码长 $\overline{L}$ 的偏离程度，定义码方差为

$$\sigma_l^2 = E[(l_i-\overline{L})^2] = \sum_{i=1}^{q} p(s_i)(l_i-\overline{L})^2 \tag{5.2.81}$$

以上两种编码的码方差 $\sigma_{l_1}^2$ 和 $\sigma_{l_2}^2$ 分别为

$$\sigma_{l_1}^2=\sum_{i=1}^{q}p(s_i)(l_i-\overline{L}_1)^2=0.3\times(2-2.5)^2+0.2\times(2-2.5)^2+$$
$$0.2\times(2-2.5)^2+0.1\times(3-2.5)^2+2\times0.1\times(4-2.5)^2\approx0.65$$

$$\sigma_{l_2}^2=\sum_{i=1}^{q}p(s_i)(l_i-\overline{L}_2)^2=0.3\times(2-2.5)^2+0.2\times(2-2.5)^2+$$
$$0.2\times(3-2.5)^2+3\times0.1\times(3-2.5)^2\approx0.25$$

可见相比第一种哈夫曼编码，第二种哈夫曼编码的码方差要小得多。当码方差较小时，编码器所需的缓冲器容量小，更易于实现。因此在平均码长 $\overline{L}$ 和编码效率 η 相同的情况下，总是希望尽可能选择码方差小的编码。

由以上哈夫曼编码的过程可见，要想减小码方差，在信源符号概率相同的情况下，应尽可能后地选择合并后的信源符号，使得合并后的信源符号尽可能处于码树中更高的位置，保证短码被充分利用。

当码符号为 r 进制（$r>2$），即需要进行 r 元哈夫曼编码时，每次选择将 r 个概率最小的符号合并，其余步骤均与二元哈夫曼编码相同。为了充分利用短码，要使最后一次信源合并时剩余的信源符号为 r 个，保证第 1 阶节点被充分利用。为了达到上述要求，对有 q 个信源符号的信源 S 进行 r 元编码时，必须满足

$$q=(r-1)\times\theta+r \tag{5.2.82}$$

其中，θ 为信源缩减的次数；要求 r、θ 和 q 均为正整数。

当 $r=2$ 时，对于任意正整数 q，总存在正整数 θ，满足

$$\theta=q-2$$

即进行二元编码时，对任意具有 q 个符号的信源，在最后一次信源合并时，剩余的信源符号均为 2 个，使得 2 个第 1 阶节点均能被利用。

当 $r>2$ 时，对于任意正整数 q，不一定总存在正整数 θ 使式（5.2.82）成立，当 q 不能使式（5.2.82）成立时，可通过增补一些概率为 0 的信源符号的方法使该式成立，这样得到的 r 元哈夫曼编码一定是最佳码。

显然，若 q 使式（5.2.82）成立，则得到的 r 元哈夫曼树一定是整树。所以二元哈夫曼树一定是整树。

例 5.2.8　对例 5.2.1 中的信源 S 进行三元哈夫曼编码。

解：根据题意可知，$q=6$，$r=3$，代入式（5.2.82）中得

$$6=(3-1)\times\theta+3$$

解得 $\theta=1.5$，因此取 $\theta=2$，得到调整后的信源符号数为

$$q=2\times2+3=7$$

需要增补一个概率为 0 的信源符号 s_7。对调整后的信源进行三元哈夫曼编码，编码过程如表 5.10 所示，编码的码树如图 5.8 所示。

表 5.10　例 5.2.8 的三元哈夫曼编码（1）

信源符号 s_i	概率 $p(s_i)$	编码过程	码字 ω_i	码长 l_i
s_2	0.3	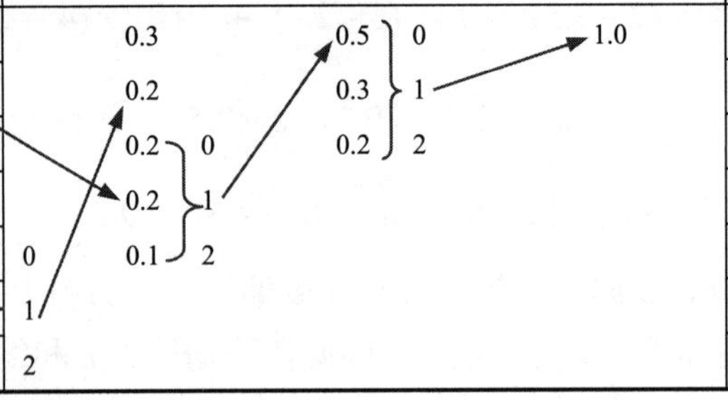	1	1
s_1	0.2		00	2
s_6	0.2		01	2
s_3	0.1		02	2
s_4	0.1		20	2
s_5	0.1		21	2
s_7	0		22	2

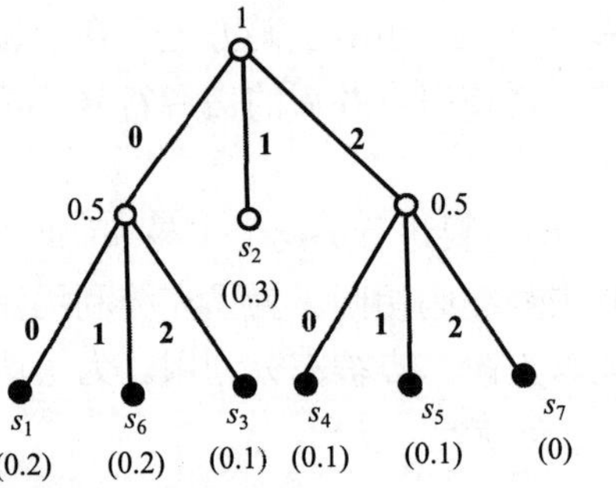

图 5.8　例 5.2.8 的码树（1）

该码的平均码长为

$$\overline{L}_1=\sum_{i=1}^{6}p(s_i)l_i=1\times0.3+2\times(0.2+0.2+0.1+0.1+0.1)=1.7\ \text{三元码符号/信源符号}$$

编码效率为

$$\eta=\frac{H_r(S)}{\overline{L}_1}=\frac{H(S)}{\overline{L}_1\log r}=\frac{2.446}{1.7\times\log 3}\approx0.908$$

若不进行信源调整而直接对原信源进行三元哈夫曼编码，则编码过程如表 5.11 所示，编码的码树如图 5.9 所示。

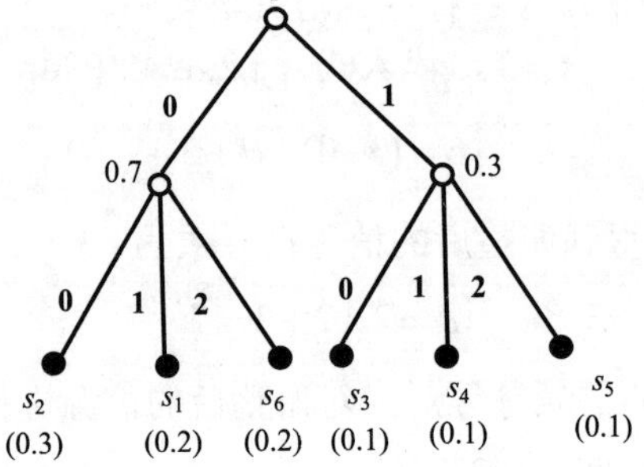

图 5.9　例 5.2.8 的码树（2）

表 5.11 例 5.2.8 的三元哈夫曼编码（2）

信源符号 s_i	概率 $p(s_i)$	编码过程	码字 ω_i	码长 l_i
s_2	0.3	0.3　　0.7 0　1.0	00	1
s_1	0.2	0.3 0　　0.3 1	01	2
s_6	0.2	0.2 1	02	2
s_3	0.1	0　0.2 2	10	2
s_4	0.1	1	11	2
s_5	0.1	2	12	2

该码的平均码长为

$$\bar{L}_2 = \sum_{i=1}^{8} p(s_i) l_i = 2\times(0.3+0.2+0.2+0.1+0.1+0.1) = 2 \text{ 三元码符号 / 信源符号}$$

编码效率为

$$\eta = \frac{H_r(S)}{\bar{L}_2} = \frac{H(S)}{\bar{L}_2 \log r} = \frac{2.446}{2\times\log 3} \approx 0.772$$

可见，在未进行信源调整的哈夫曼编码中，由于第 1 阶节点中的 3 个节点只使用了 2 个，短码没有得到充分利用，所得的编码不是最佳码。

例 5.2.9 某地二月份天气出现的概率分别为晴天 1/2、阴天 1/3 和雨天 1/6。若将出现的天气情况看作信源 S 输出的消息。

（1）若将该信源输出的符号通过一个无损的三元信道传输，请选择一种信源编码方法对其进行编码，计算平均码长、编码效率和信息传输速率。

（2）若（1）中的信息传输速率还能进一步提高，试设计一个提高其信息传输速率的方案，并计算提高后的信息传输速率。

解：（1）假设用信源 S 表示天气出现的概率。依据题意，该信源共有三种取值，分别用：s_1 表示晴天，s_2 表示阴天，s_3 表示雨天。信源 S 是一个单符号离散平稳无记忆信源，信源的数学模型为

$$\begin{bmatrix} S \\ P \end{bmatrix} = \begin{bmatrix} s_1 & s_2 & s_3 \\ \frac{1}{2} & \frac{1}{3} & \frac{1}{6} \end{bmatrix}$$

对该信源进行如下的三元定长编码：

$$s_1：0；\ s_2：1；\ s_3：2$$

该码的平均码长为

$$\bar{L}_1 = \sum p(s_i)\log p(s_i) = 1 \text{ 三元码符号 / 信源符号}$$

信息熵为

$$H(S) = \sum_{i=1}^{3} p(s_i)\log p(s_i) \approx 1.46 \text{ bit / 信源符号}$$

信息传输率为

$$R=\frac{H(S)}{\overline{L}_1}\approx 1.46\ \text{bit / 三元码符号}$$

编码效率为

$$\eta=\frac{H_r(S)}{\overline{L}_1}=\frac{H(S)}{\overline{L}_1\log r}=\frac{1.46}{1\times\log 3}\approx 0.921$$

（2）在使用（1）中的信源编码后，信息传输率 R 不能达到无损三元信道的最大值。因为无损三元信道的信息传输率的最大值为

$$C=\max(H(X))=\log 3\approx 1.585\ \text{bit / 三元码符号}$$

仅当信道输入 X 为等概率分布时，无损三元信道的信息传输率才能达到最大值。根据香农第一定理可知，只有信源编码的平均码长 $\overline{L}_1$ 达到其最小值 $\overline{L}_{\min}$ 时，信源 S 经过编码后得到的新信源 X 才能达到等概率分布。

最小平均码长为

$$\overline{L}_{\min}=\frac{H(S)}{\log r}=\frac{H(S)}{\log 3}=\frac{1.46}{1.585}\approx 0.921\ \text{三元码符号/信源符号}$$

所以（1）中信源编码的平均码长 $\overline{L}_1$ 并未达到最小值，此时没有达到无损三元信道的信息传输率 R 的最大值，因此信息传输率 R 还能进一步提高。

显然，要提高信息传输率 R，就需要减小信源编码的平均码长 $\overline{L}_1$。可以通过对信源 S 的二次扩展信源 S^2 进行变长编码的方法实现。

二次扩展信源 S^2 的数学模型为

$$\begin{bmatrix}S^2\\P\end{bmatrix}=\begin{bmatrix}s_1s_1 & s_1s_2 & s_1s_3 & s_2s_1 & s_2s_2 & s_2s_3 & s_3s_1 & s_3s_2 & s_3s_3\\ \dfrac{1}{4} & \dfrac{1}{6} & \dfrac{1}{12} & \dfrac{1}{6} & \dfrac{1}{9} & \dfrac{1}{18} & \dfrac{1}{12} & \dfrac{1}{18} & \dfrac{1}{36}\end{bmatrix}$$

信源 S^2 的信源符号数为 3^2=9 个，若对其进行三元变长编码，即 $q=9$，$r=3$，代入式（5.2.82）中，得

$$9=(3-1)\times\theta+3$$

$\theta=3$ 为正整数，此时不需要对信源符号数 q 进行调整。

该编码的过程如表 5.12 所示，编码的码树如图 5.10 所示。

该码的平均码长为

$$\overline{L}_2=1\times\frac{1}{4}+2\times\left(2\times\frac{1}{6}+\frac{1}{9}+2\times\frac{1}{12}\right)+3\times\left(2\times\frac{1}{18}+\frac{1}{36}\right)\approx 1.889\ \text{三元码符号/信源符号}$$

$$\frac{\overline{L}_2}{N}=\frac{1.889}{2}\approx 0.945\ \text{三元码符号/信源符号}$$

信息传输率为

$$R=\frac{H(S^2)}{\overline{L}_2}=\frac{2H(S)}{\overline{L}_2}=\frac{H(S)}{\overline{L}_2/N}=\frac{1.46}{0.945}\approx 1.545\ \text{bit/三元码符号}$$

可见对扩展信源 S^2 进行编码后，平均码长 $\overline{L}_2/N$ 减小了，信息传输率 R 得到了提升。

表 5.12　例 5.2.9 的三元哈夫曼编码

信源符号 s_i	概率 $p(s_i)$	编码过程								码字 ω_i	码长 l_i
s_1s_1	1/4		1/4		10/36		17/36	0	1.0	2	1
s_1s_2	1/6		1/6		1/4		10/36	1		00	2
s_2s_1	1/6		1/6		1/6	0	1/4	2		01	2
s_2s_2	1/9		5/36		1/6	1				10	2
s_1s_3	1/12		1/9	0	5/36	2				11	2
s_3s_1	1/12		1/12	1						12	2
s_2s_3	1/18	0	1/12	2						020	3
s_3s_2	1/18	1								021	3
s_3s_3	1/36	2								022	3

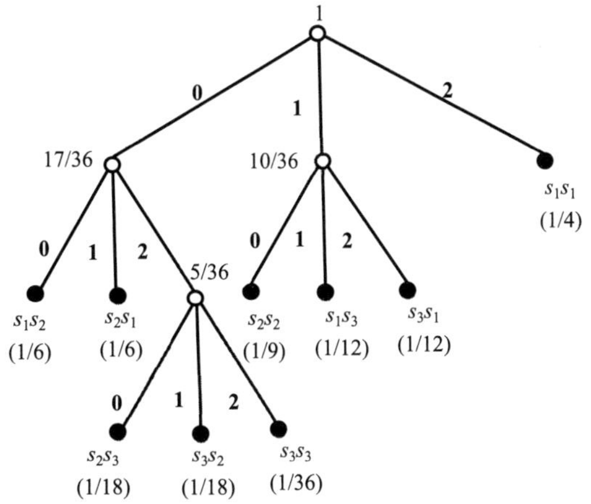

图 5.10　例 5.2.9 的码树

综上所述，哈夫曼编码主要具有如下特点。

（1）哈夫曼编码是最佳码。在编码时使概率大的信源符号的码长小，概率小的信源符号的码长大，从而充分利用了短码。

（2）哈夫曼编码结构并不唯一，但平均码长 $\overline{L}$ 一致。例如，每次信源合并进行码字分配时，两个信源符号分配的码符号“0”和“1”可互换，且概率相同的信源符号分配的码字也可互换。

（3）哈夫曼编码不一定达到编码定理的下界。因为达到下界的条件为 $p(s_i)=(1/r)^{l_i}$，$i=1,2,\cdots,q$，且每个信源符号 s_i 的码长 l_i 为正整数。

（4）当信源符号数不满足 $q=(r-1)\theta+r$ 时，所得的码树一定是非整树。

（5）对于 r 元（$r>2$）哈夫曼编码，通过增补信源符号的方法，能尽可能地利用短码，从而实现 r 元的最佳码。

5.3 限失真信源编码

前面主要讨论了无失真信源编码，知道了定长编码和变长编码都可以通过增加序列的长度提高编码效率，但无论采用何种无失真信源编码，平均码长都不可能小于信源熵。因此，由信源编码产生的信息传输率受到信源熵的限制，当其大于信道容量时就无法在信道中有效传输信息。

在实际应用中，由于人类的感官具有一定的分辨率极限，人们对于信源消息的恢复并不需要完全无失真，可以通过一定程度的失真编码减少传输的数据量，提高压缩比和传输效率，实现更有效的信道利用。

在允许一定失真的条件下，信源编码输出的信息传输率是否存在极限？或者说，当信息传输率一定时是否会存在最小失真？这就是下面需要讨论的问题。

5.3.1 失真测度

1．失真函数

定义 5.3.1 设单符号离散无记忆信源的概率空间为

$$\begin{bmatrix} X \\ P \end{bmatrix} = \begin{bmatrix} x_1 & x_2 & \dots & x_r \\ p(x_1) & p(x_2) & \dots & p(x_r) \end{bmatrix}$$

进行限失真信源编码后，译码再现的符号集合为 $Y=[y_1,y_2,\cdots,y_s]$。对每一对 (x_i,y_j)，用一个非负函数 $d(x_i,y_j)$（$i=1,2,\cdots,r$；$j=1,2,\cdots,s$）来描述信源发送符号 x_i，接收端收到符号 y_j 所引入的失真度，称该函数为单符号的失真函数。可以将 $d(x_i,y_j)$ 表示为矩阵形式，即

$$\boldsymbol{D} = \begin{bmatrix} d(x_1,y_1) & d(x_1,y_2) & \cdots & d(x_1,y_s) \\ d(x_2,y_1) & d(x_2,y_2) & \cdots & d(x_2,y_s) \\ \vdots & \vdots & & \vdots \\ d(x_r,y_1) & d(x_r,y_2) & \cdots & d(x_r,y_s) \end{bmatrix} \tag{5.3.1}$$

该矩阵称为失真矩阵。

失真函数 $d(x_i,y_j)$ 的形式可以根据需要任意选取，常用的失真函数主要有平方误差失真、绝对失真、汉明失真等。

1）平方误差失真

$$d(x_i,y_j)=(x_i-y_j)^2$$

当 $x_i=y_j$ 时，$d(x_i,y_j)=0$。如果 $r=s$ 且 $x_i=y_j$，即编码器输出符号与信道输出符号相同时，失真矩阵为

$$\boldsymbol{D}=\begin{bmatrix} 0 & (a_1-b_2)^2 & \cdots & (a_1-b_r)^2 \\ (a_2-b_1)^2 & 0 & \cdots & (a_2-b_r)^2 \\ \vdots & \vdots & & \vdots \\ (a_r-b_1)^2 & (a_r-b_2)^2 & \cdots & 0 \end{bmatrix}$$

此时，失真矩阵是对角线元素为 0 的对称矩阵。

2）绝对失真

$$d(x_i,y_j)=|x_i-y_j|$$

当 $x_i=y_j$ 时，$d(x_i,y_j)=0$。如果 $r=s$ 且 $x_i=y_j$，失真矩阵为

$$\boldsymbol{D}=\begin{bmatrix} 0 & |a_1-b_2| & \cdots & |a_1-b_r| \\ |a_2-b_1| & 0 & \cdots & |a_2-b_r| \\ \vdots & \vdots & & \vdots \\ |a_r-b_1| & |a_r-b_2| & \cdots & 0 \end{bmatrix}$$

此时，失真矩阵是对角线元素为 0 的对称矩阵。

3）汉明失真

$$d(x_i,y_j)=\begin{cases} 1, & x_i\neq y_j \\ 0, & x_i=y_j \end{cases}$$

当 $x_i=y_j$ 时，$d(x_i,y_j)=0$。如果 $r=s$ 且 $x_i=y_j$，失真矩阵为

$$\boldsymbol{D}=\begin{bmatrix} 0 & 1 & \cdots & 1 \\ 1 & 0 & \cdots & 1 \\ \vdots & \vdots & & \vdots \\ 1 & 1 & \cdots & 0 \end{bmatrix}$$

此时，失真矩阵为对角线元素为 0 的对称矩阵。它表示当信道输出的符号 y_j 与信源发送的符号 x_i 相同时，就不存在失真，所以 $d(x_i,y_j)=0$；当 $x_i\neq y_j$ 时，就存在失真，并且信源发送的符号为 x_i，信道输出的符号为 y_j（$i\neq j$）所引起的失真都相同，即这些错误产生的后果是相同的，所以将 $d(x_i,y_j)(x_i\neq y_j)$ 均取为常数 1。

例 5.3.1 对于二元删除信源，假定信源发送符号为 $X=\{0,1\}$，接收端收到的符号为 $Y=\{0,1,2\}$，即 $s=r+1$。定义其失真函数为

$$d(x_i,y_j)=\begin{cases} 0, & i=j \\ 1, & i\neq j \\ 1/2, & j=s \end{cases}$$

其中，接收端收到的符号 y_s 作为一个删除符号。失真函数表示当信源发送的符号为 x_i，接收端收到符号为 y_s 时，其失真程度是接收端收到其他符号 y_j $(j\neq s)$ 时的失真程度的一半。所以其失真矩阵为

$$\boldsymbol{D}=\begin{bmatrix} 0 & 1 & \frac{1}{2} \\ 1 & 0 & \frac{1}{2} \end{bmatrix}$$

由单符号的失真函数可以推广到 N 次扩展信源符号序列的失真函数。

定义 5.3.2 设离散信源符号序列为

$$\boldsymbol{X}=[X_1,X_2,X_3,\cdots,X_N]$$

其中，每个随机变量 X_i 都取值于相同的符号集合 $\{x_1,x_2,\cdots,x_r\}$，共有 r^N 种发送序列 α_i，$\alpha_i=x_{i_1}x_{i_2}\cdots x_{i_N}$，$i=1,2,\cdots,r^N$。经过信号传输后，接收端收到的 N 长符号序列为

$$\boldsymbol{Y}=[Y_1,Y_2,Y_3,\cdots,Y_N]$$

其中，每个随机变量 Y_j 都取值于相同的符号集合 $\{y_1,y_2,\cdots,y_s\}$，共有 s^N 种接收序列 β_j，$\beta_j=y_{j_1}y_{j_2}\cdots y_{j_N}$，$j=1,2,\cdots,s^N$，则信源符号序列的失真函数定义为

$$d(\boldsymbol{X},\boldsymbol{Y})=\sum_{i=1}^{N}d(X_i,Y_i) \tag{5.3.2}$$

表示信源符号序列的失真等于构成该序列的各个单符号的失真之和，失真矩阵共有 $r^N\times s^N$ 个元素。

以上定义的单符号和符号序列的失真，都表示的是具体符号或具体符号序列的失真。为了描述每传输一个符号引入的失真，需要引入平均失真。

2. 平均失真

定义 5.3.3 设单符号离散无记忆信源的概率空间为

$$\begin{bmatrix} X \\ P \end{bmatrix}=\begin{bmatrix} x_1 & x_2 & \cdots & x_r \\ p(x_1) & p(x_2) & \cdots & p(x_r) \end{bmatrix}$$

进行限失真信源编码后，译码再现的符号集合为 $Y=\{y_1,y_2,\cdots,y_s\}$。单符号的失真函数为 $d(x_i,y_j)$，由于 x_i 和 y_j 均为随机变量，因此失真函数 $d(x_i,y_j)$ 也为随机变量，定义 $d(x_i,y_j)$ 的数学期望为平均失真，记为

$$\begin{aligned}\overline{D}=E[d(x_i,y_j)]&=\sum_{i=1}^{r}\sum_{j=1}^{s}p(x_iy_j)d(x_i,y_j)\\&=\sum_{i=1}^{r}\sum_{j=1}^{s}p(x_i)p(y_j\,|\,x_i)d(x_i,y_j)\end{aligned} \tag{5.3.3}$$

其中，$p(y_j\,|\,x_i)$ 为信道传递概率，$i=1,2,\cdots,r$；$j=1,2,\cdots,s$。

平均失真 $\overline{D}$ 是信源分布和信道传递概率的函数，表示给定信源 $p(x_i)$ 在给定信道 $p(y_j\,|\,x_i)$ 中传输时的平均失真。

定义 5.3.4 定义信源 X 的 N 长符号序列的平均失真为

$$\begin{aligned}\overline{D}(N) &= E[d(\boldsymbol{X},\boldsymbol{Y})] = E[d(\alpha_i,\beta_j)] \\ &= \sum_{i=1}^{r^N}\sum_{j=1}^{s^N} p(\alpha_i\beta_j)d(\alpha_i,\beta_j) \\ &= \sum_{i=1}^{r^N}\sum_{j=1}^{s^N} p(\alpha_i)p(\beta_j \mid \alpha_i)d(\alpha_i,\beta_j)\end{aligned} \tag{5.3.4}$$

信源符号序列中单个符号的平均失真称为信源的平均失真，记为

$$\overline{D}_N = \frac{1}{N}D(N) = \frac{1}{N}\sum_{i=1}^{r^N}\sum_{j=1}^{s^N} p(\alpha_i)p(\beta_j \mid \alpha_i)d(\alpha_i,\beta_j) \tag{5.3.5}$$

其中，$\overline{D}_i$，$i=1,2,\cdots,N$，表示 N 长信源符号序列第 i 个位置上的符号的平均失真。

若信源与信道均无记忆，则

$$\overline{D}(N) = E[d(\boldsymbol{X},\boldsymbol{Y})] = \sum_{i=1}^{N} E[d(X_i,Y_j)] = \sum_{i=1}^{N}\overline{D}_i$$

若信源是平稳的，则 N 长信源符号序列每个位置上的符号的平均失真 $\overline{D}_i$ 都相等，N 长信源符号序列的平均失真为

$$\overline{D}(N) = \sum_{i=1}^{N}\overline{D}_i = N\overline{D}_i = N\overline{D}$$

信源的平均失真为

$$\overline{D}_N = \overline{D}$$

这说明，对于离散平稳无记忆信源，若信道是离散无记忆信道的 N 次扩展信道，则 N 长信源符号序列的平均失真为单个符号的平均失真的 N 倍。

5.3.2 信息率失真函数

由式（5.3.5）可知，在信源的概率分布 $p(x_i)$ 和失真函数 $d(x_i,y_j)$ 一定的条件下，平均失真 $\overline{D}$ 是信道传递概率的函数。如果将平均失真限制在有限值 D 内，即 $\overline{D} \leqslant D$，则称该限制条件为保真度准则。

信息压缩问题就是对给定信源，在满足保真度准则的条件下使信息传输率尽可能小。将满足保真度准则的所有信道称为失真度 D 允许信道，也称为 D 允许的试验信道，记为

$$B_D = \{p(y_j \mid x_i){:}\overline{D} \leqslant D\},\ i=1,2,\cdots,r;\ j=1,2,\cdots,s \tag{5.3.6}$$

定义 5.3.5 设 $B_D = \{p(y_j \mid x_i){:}\overline{D} \leqslant D\}$ 为满足保真度准则的试验信道集合，在集合中寻求一个信道 $p(y|x)$，使给定信源 $p(x_i)$ 经过该信道传输后，平均互信息量 $I(X;\ Y)$ 达到最小。该最小的平均互信息量称为信息率失真函数，简称为率失真函数，记为

$$R(D) = \min_{p(y_j|x_i)\in B_D} I(X;\ Y) \tag{5.3.7}$$

率失真函数 $R(D)$ 的物理意义为：对于给定信源，在满足平均失真不超过失真限度 D 的前提下 $I(X;Y)$ 允许压缩的最小值。

试验信道是不存在的，是为了便于分析率失真函数而引入的。根据熵的性质：对于固定信源 $p(x_i)$，$I(X;Y)$ 是信道传递概率的下凸函数，因此 $I(X;Y)$ 的最小值存在。

对于离散无记忆信源，信息率失真函数 $R(D)$ 可以表示为

$$R(D)=\min_{p(y_j|x_i)\in B_D}\{I(X;Y)\}=\sum_{i=1}^{r}\sum_{j=1}^{s}p(x_i)p(y_j|x_i)\cdot\log\frac{p(y_j|x_i)}{p(y_j)} \tag{5.3.8}$$

其中，$p(y_j)$ 为接收端收到的符号的概率分布，$j=1,2,\cdots,s$。

设 $B_D=\{p(\beta_j|\alpha_i):\overline{D}(N)\leqslant ND\}$ 为满足保真度准则 $\overline{D}(N)\leqslant ND$ 的试验信道集合，则 N 长信源符号序列的信息率失真函数 $R_N(D)$ 可定义为

$$R_N(D)=\min_{p(\beta_j|\alpha_i)\in B_D}I(X;Y) \tag{5.3.9}$$

若信源与信道都无记忆，则有

$$\begin{aligned}R_N(D)&=\min\{I(X;Y):\overline{D}(N)\leqslant ND\}\\&=\min\{NI(X;Y):\overline{D}\leqslant D\}=NR(D)\end{aligned}$$

下面讨论信息率失真函数 $R(D)$ 的主要性质。

1. $R(D)$的定义域

1）$D_{\min}$ 和 $R(D_{\min})$

由于平均失真是非负函数 $d(x_i,y_j)$ 的数学期望，因此 $D\geqslant 0$。当 $D_{\min}=0$ 时，为无失真传输，相当于信道中没有干扰和噪声，或者是对信源进行无失真编码，输出形成了一一映射关系。此时，在试验信道传输的信息量为信源熵，即

$$R(D_{\min})=R(0)=H(X)$$

根据式（5.3.3）可知，当信源 $p(x_i)$ 给定时，$D_{\min}$ 的计算公式为

$$D_{\min}=\sum_{i=1}^{r}p(x_i)\min\left\{\sum_{j=1}^{s}p(y_j|x_i)d(x_i,y_j)\right\} \tag{5.3.10}$$

由于 $d(x_i,y_j)$ 已知，因此求平均失真最小值 $D_{\min}$ 的问题就转化为对每个信源符号 x_i，通过选择试验信道的传递概率 $p(y_j|x_i)$，使得以下表达式的值最小。

$$\sum_{j=1}^{s}p(y_j|x_i)d(x_i,y_j)$$

由于信道传递概率 $p(y_j|x_i)$ 满足概率的非负性和完备性，因此上述问题为对于信源符号 x_i 找到一个最小的 $d(x_i,y_j)$，选择一个试验信道让对应的信道传递概率 $p(y_j|x_i)=1$，而其他的 $d(x_i,y_j)$ 使得 $p(y_j|x_i)=0$。对于给定的信源符号 x_i，其最小失真 $d(x_i,y_j)$ 可能不唯一，所以试验信道的选择也不是唯一的，只需满足以下条件即可。

$$\begin{cases} \sum_{y_j} p(y_j \mid x_i) = 1, & \text{对所有} d(x_i, y_j) \text{为最小值时的} y_j \\ p(y_j \mid x_i) = 0, & \text{对所有} d(x_i, y_j) \text{不为最小值时的} y_j \end{cases}$$

因此，平均失真最小值可表示为

$$D_{\min} = \sum_{i=1}^{r} p(x_i) \min_j d(x_i, y_j) \tag{5.3.11}$$

显然，平均失真最小值 $D_{\min}$ 就是失真矩阵 $\boldsymbol{D}$ 每行元素的最小值乘以相应的信源符号概率 $p(x_i)$，然后求累加和。需要说明的是，$D_{\min} = 0$ 只有在满足失真矩阵的每行至少存在一个为 0 的元素时才能达到，否则 $D_{\min} > 0$，因此平均失真的下界为 0。

例 5.3.2　信源 X 的概率空间为

$$\begin{bmatrix} X \\ P \end{bmatrix} = \begin{bmatrix} x_1 & x_2 & x_3 \\ \frac{1}{4} & \frac{1}{4} & \frac{1}{2} \end{bmatrix}$$

接收端收到的符号 Y 取值于 $\{y_1, y_2, y_3, y_4\}$，失真矩阵为

$$\boldsymbol{D} = \begin{bmatrix} 0 & 0.5 & 0.3 & 1 \\ 1 & 0 & 0.5 & 0.3 \\ 0.3 & 1 & 0 & 0.5 \end{bmatrix}$$

求 $D_{\min}$ 及其对应的试验信道。

解：由于失真矩阵中每行都有为 0 的元素，所以

$$D_{\min} = \sum_{i=1}^{r} p(x_i) \min_j d(x_i, y_j) = 0$$

取得 $D_{\min}$ 所对应的试验信道的传递概率矩阵为

$$\boldsymbol{P} = \begin{bmatrix} 1 & 0 & 0 & 0 \\ 0 & 1 & 0 & 0 \\ 0 & 0 & 1 & 0 \end{bmatrix}$$

由信道矩阵可知，$D_{\min}$=0 的条件为：信源符号与接收端收到的符号之间为一一对应关系，该信道为无损信道。因此

$$I(X; Y) = H(X)$$

可得

$$R(0) = \min_{p(y_j|x_i):\bar{D}=0} I(X; Y) = H(X)$$

例 5.3.3　信源 X 的概率空间为

$$\begin{bmatrix} X \\ P \end{bmatrix} = \begin{bmatrix} x_1 & x_2 & x_3 \\ \frac{1}{4} & \frac{1}{8} & \frac{5}{8} \end{bmatrix}$$

接收端收到的符号 Y 取值于 $\{y_1,y_2,y_3\}$，失真矩阵为

$$\boldsymbol{D}=\begin{bmatrix}1 & 0\\ \frac{1}{4} & \frac{1}{4}\\ 0 & 1\end{bmatrix}$$

求 $D_{\min}$ 及其对应的试验信道的传递概率。

解：根据题意，可得

$$D_{\min}=\sum_{i=1}^{r}p(x_i)\min_j d(x_i,y_j)=\frac{1}{4}\times 0+\frac{1}{8}\times\frac{1}{4}+\frac{5}{8}\times 0=\frac{1}{32}$$

取得 $D_{\min}$ 所对应的试验信道的传递概率为

$$p(y_2\,|\,x_1)=1,\ p(y_1\,|\,x_2)+p(y_2\,|\,x_2)=1,\ p(y_1\,|\,x_3)=1$$

显然，满足条件 $p(y_1\,|\,x_2)+p(y_2\,|\,x_2)=1$ 的试验信道有无限多个，但它们对应的 $D_{\min}$ 均为 1/32。由信道传递概率可以看出，这些信道是有损信道，其疑义度 $H(X\,|\,Y)\neq 0$。

因此

$$R(D_{\min})=\min_{p(y_j|x_i):\overline{D}=\frac{1}{32}}(I(X;\ Y))<H(X)$$

2）$D_{\max}$ 和 $R(D_{\max})$

$R(D)$ 为满足保真度准则 $\overline{D}\leqslant D$ 时的 $I(X;\ Y)$ 最小值，由于 $I(X;\ Y)$ 具有非负性，其最小值为 0。当 $R(D)=0$ 时，$I(X;\ Y)=0$，对应的平均失真最大。此时信道的输入与输出相互独立，即

$$p(y_j\,|\,x_i)=p(y_j)$$

当 $I(X;\ Y)=0$ 时，平均失真 $\overline{D}$ 为

$$\begin{aligned}\overline{D}&=\sum_{i=1}^{r}\sum_{j=1}^{s}p(x_i)p(y_j\,|\,x_i)d(x_i,y_j)\\&=\sum_{i=1}^{r}\sum_{j=1}^{s}p(x_i)p(y_j)d(x_i,y_j)\end{aligned}\tag{5.3.12}$$

使 $R(D)=0$ 的平均失真 $\overline{D}$ 可能有多个，选择 $\overline{D}$ 的最小值定义为 $R(D)$ 定义域的上限 $D_{\max}$，记为

$$D_{\max}=\min_{R(D)=0}D=\min_{p(y_j)}\sum_{i=1}^{r}\sum_{j=1}^{s}p(x_i)p(y_j)d(x_i,y_j)=\min_{p(y_j)}\sum_{j=1}^{s}p(y_j)D_j$$

其中，$D_j=\sum_{i=1}^{r}p(x_i)d(x_i,y_j)$。

根据 $p(x_i)$ 和 $d(x_i,y_j)$ 可以计算出 D_j，D_j 随 j 的变化而变化。通过计算出 $\min D_j$，并使其对应的 $p(y_j)=1$ 而其余输出符号的概率为 0，即可求得 $D_{\max}$，即

$$D_{\max} = \min_j \sum_{i=1}^{r} p(x_i) d(x_i, y_j) \tag{5.3.13}$$

例 5.3.4　根据例 5.3.2 给定的条件，求 $D_{\max}$ 及其对应的试验信道的传递概率矩阵。

解：由 $D_j = \sum_{i=1}^{r} p(x_i) d(x_i, y_j)$ 可得

$$D_1 = \sum_{i=1}^{r} p(x_i) d(x_i, y_1) = 0 \times \frac{1}{4} + 1 \times \frac{1}{4} + 0.3 \times \frac{1}{2} = 0.4$$

$$D_2 = \sum_{i=1}^{r} p(x_i) d(x_i, y_2) = 0.5 \times \frac{1}{4} + 0 \times \frac{1}{4} + 1 \times \frac{1}{2} = 0.625$$

$$D_3 = \sum_{i=1}^{r} p(x_i) d(x_i, y_3) = 0.3 \times \frac{1}{4} + 0.5 \times \frac{1}{4} + 0 \times \frac{1}{2} = 0.2$$

$$D_4 = \sum_{i=1}^{r} p(x_i) d(x_i, y_4) = 1 \times \frac{1}{4} + 0.3 \times \frac{1}{4} + 0.5 \times \frac{1}{2} = 0.575$$

其中，$\min D_j = D_3 = 0.2$，则 $p(y_3) = 1$，$p(y_1) = p(y_2) = p(y_4) = 0$。

$$D_{\max} = \min_{p(y_j)} \sum_{j=1}^{s} p(y_j) D_j = D_2 = 0.2$$

对应的试验信道的传递概率矩阵为

$$\boldsymbol{P} = \begin{bmatrix} 0 & 0 & 1 & 0 \\ 0 & 0 & 1 & 0 \\ 0 & 0 & 1 & 0 \end{bmatrix}$$

2．$R(D)$是 D 的下凸函数

设 D_1 和 D_2 为允许失真度 D 定义域内的任意两个失真度，$0 < \alpha < 1$，则满足

$$R[\alpha D_1 + (1-\alpha) D_2] \leqslant \alpha R(D_1) + (1-\alpha) R(D_2) \tag{5.3.14}$$

证明：设 $p_1(y|x)$ 和 $p_2(y|x)$ 是在满足保真度准则 D_1 和 D_2 前提下，使 $I(X;Y)$ 达到最小值的试验信道。当信源分布 $p(x)$ 给定后，$R(D)$ 可以看作试验信道的传递概率的函数，即

$$R(D_1) = \min_{p(y_j|x_i) \in B_{D_1}} I(X;Y) = I[p_1(y|x)]$$

$$R(D_2) = \min_{p(y_j|x_i) \in B_{D_2}} I(X;Y) = I[p_2(y|x)]$$

且有

$$\sum_X \sum_Y p(x) p_1(y|x) d(x,y) \leqslant D_1$$

$$\sum_X \sum_Y p(x) p_2(y|x) d(x,y) \leqslant D_2$$

令 $D_0 = \alpha D_1 + (1-\alpha) D_2$，$p_0(y|x) = \alpha p_1(y|x) + (1-\alpha) p_2(y|x)$，则 $p_0(y|x)$ 所对应的失真度 D 为

$$
\begin{aligned}
D &= \sum_X \sum_Y p(x) p_0(y|x) d(x,y) \\
&= \sum_X \sum_Y p(x)[\alpha p_1(y|x) + (1-\alpha) p_2(y|x)] d(x,y) \\
&\leqslant \alpha D_1 + (1-\alpha) D_2 = D_0
\end{aligned}
$$

所以 $p_0(y|x)$ 是满足保真度准则 D_0 的试验信道，即 $p_0(y|x) \in B_{D_0}$ ，可得

$$
R(D_0) = \min_{p(y_j|x_i) \in B_{D_0}} I(X;\ Y) \leqslant I[p_0(y|x)] = I[\alpha p_1(y|x) + (1-\alpha) p_2(y|x)]
$$

由于对于固定的信源 $p(x)$ ，平均互信息量 $I(X;\ Y)$ 是信道的传递概率 $p(y|x)$ 的下凸函数，因此

$$
\begin{aligned}
R(D_0) &\leqslant \alpha I[p_1(y|x)] + (1-\alpha) I[p_2(y|x)] \\
&= \alpha R(D_1) + (1-\alpha) R(D_2)
\end{aligned}
$$

3．$R(D)$在区间$(0, D_{max})$上是严格递减的连续函数

由于 $R(D)$ 在定义域内为凸函数，因此保证了它的连续性。

$R(D)$ 显然为非增函数，因为允许失真度越大，所要求的信息传输率越小，反之亦然。

证明：设 $D_1 > D_2$ ，满足保真度准则 D_1、D_2 的试验信道集合分别为 B_{D_1} 、 B_{D_2} 。显然 $B_{D_2} \subset B_{D_1}$ ，则 $\min\limits_{p(y_j|x_i) \in B_{D_1}} I(X;\ Y) \leqslant \min\limits_{p(y_j|x_i) \in B_{D_2}} I(X;\ Y)$ ，即

$$
R(D_1) \leqslant R(D_2)
$$

所以 $R(D)$ 为定义域上的非增函数（不为常数）。

因此证明 $R(D)$ 在 $(0, D_{max})$ 是严格递减的连续函数，只需证明上式中的等号不成立即可。可以采用反证法，利用 $R(D)$ 的下凸性来证明。证明从略。

根据上述 $R(D)$ 的三个性质，可以画出离散信源的信息率失真函数 $R(D)$ 的一般曲线，如图 5.11 所示，其中图 5.11（a）所示为 $D_{min} = 0$ 的情况，图 5.11（b）所示为 $D_{min} > 0$ 的情况。由图 5.11 可知，当限定失真度不大于允许失真度 D' 时，信息率失真函数 $R(D')$ 是信息压缩所允许的最低极限。因此，在利用不同的方法对信源进行压缩时，可通过 $R(D)$ 来评估信源的压缩程度。

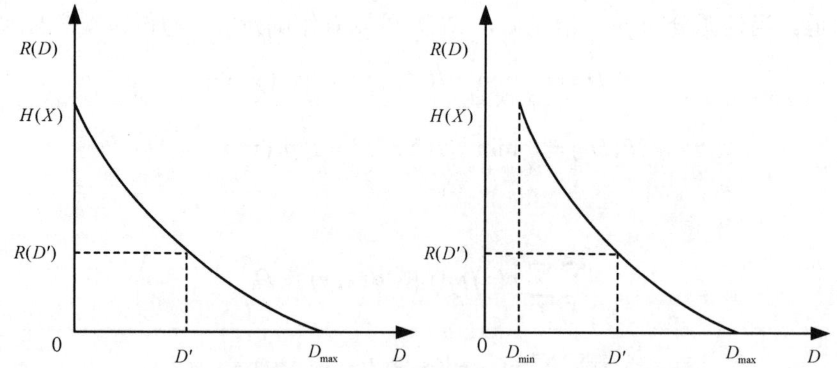

（a）$D_{min} = 0$　　　　（b）$D_{min} > 0$

图 5.11　信息率失真函数 $R(D)$的曲线

5.3.3 信息率失真函数的计算

计算信源的信息率失真函数 $R(D)$ 是在保真度准则下，在所有试验信道中找到一种信道使得平均互信息量 $I(X;Y)$ 最小。但是在已知信源的概率分布 $p(x_i)$ 和失真函数 $d(x_i,y_j)$ 的条件下，平均互信息量 $I(X;Y)$ 和允许失真度 D 都是试验信道 $p(y|x)$ 的函数，因此信息率失真函数 $R(D)$ 的计算十分复杂，一般情况下难以求得闭式解。通常只能用参量形式进行描述或者采用迭代逼近的算法来求解，计算方法极为复杂，本书不做详细讨论。

但是对于某些特殊的情况，可以利用信源和失真矩阵的对称性来简化信息率失真函数 $R(D)$ 的计算，因为对称性可以减少变量的数量。

1. 离散无记忆信源的信息率失真函数 $R(D)$ 的计算

信源分布等概率且失真矩阵对称的离散信源，存在一个与失真矩阵具有相同对称性的信道传递概率矩阵，使得平均互信息量 $I(X;Y)$ 达到最小。本书对该性质不做证明，仅通过以下例题说明等概率对称失真信源的信息率失真函数 $R(D)$ 的计算。

例 5.3.5 某离散等概率无记忆信源 X，其发送符号为 $\{0,1\}$，接收符号为 $Y=\{0,1,2\}$，失真矩阵为 $\boldsymbol{D}=\begin{bmatrix}0 & \infty & 1\\ \infty & 0 & 1\end{bmatrix}$，求信息率失真函数 $R(D)$。

解：由于失真矩阵中每行都有为 0 的元素，因此 $D_{\min}=0$。

$$D_{\max}=\min_{j=1,2,3}\sum_{i=1}^{r}p(x_i)d(x_i,y_j)=\min_{j=1,2,3}(\infty,\infty,1)$$

该信源等概率且失真矩阵对称，则相应的试验信道的传递概率矩阵 $[p(y|x)]$ 的形式与失真矩阵一致。

$$[p(y|x)]=\begin{bmatrix}\mu & \nu & \omega\\ \nu & \mu & \omega\end{bmatrix}$$

由于传递概率满足概率的完备性，因此 $\mu+\nu+\omega=1$。

已知失真函数 $d(0,1)=d(1,0)=\infty$，平均失真有限，必然有 $p(1|0)=p(0|1)=0$。因此传递概率矩阵 $[p(y|x)]$ 为

$$[p(y|x)]=\begin{bmatrix}\mu & 0 & 1-\mu\\ 0 & \mu & 1-\mu\end{bmatrix}$$

将平均失真限制在有限值 D 内，即 $\overline{D}\leqslant 0$，可得

$$D\geqslant\sum_{i=1}^{r}\sum_{j=1}^{s}p(x_i)p(y_j|x_i)d(x_i,y_j)=1-\mu$$

若上式取等号，则 $\mu=1-D$。

由 $p(y_j)=\sum_X p(y_j|x_i)p(x_i)$，可求得输出符号概率 $[p(y)]$：

$$[p(y)] = \begin{bmatrix} \frac{D}{2} & \frac{D}{2} & 1-D \end{bmatrix}$$

则 $H(Y) = H\left(\frac{1-D}{2}, \frac{1-D}{2}, D\right)$。

信息率失真函数 $R(D)$ 为

$$\begin{aligned} R(D) &= I(X;\ Y) = H(Y) - H(Y \mid X) \\ &= H\left(\frac{D}{2}, \frac{D}{2}, 1-D\right) - H\left(D, 1-D\right) = (1-D)\log 2 \end{aligned}$$

二元等概率信源的信息率失真函数 $R(D)$ 的曲线如图 5.12 所示。

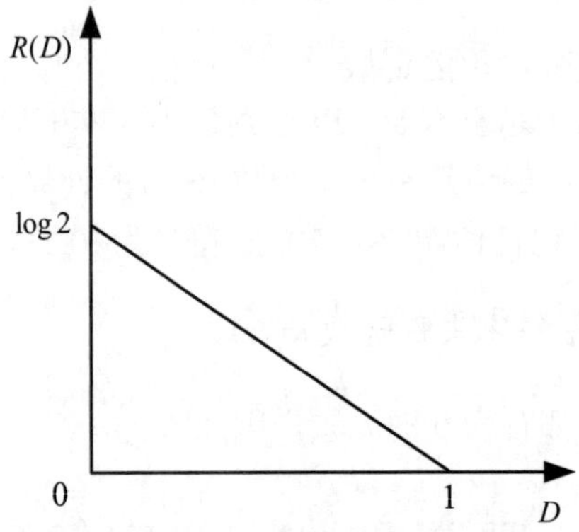

图 5.12　二元等概率信源的信息率失真函数 $R(D)$的曲线

2．连续信源的信息率失真函数 $R(D)$的计算

连续信源的信息率失真函数 $R(D)$ 的定义与离散无记忆信源的信息率失真函数 $R(D)$ 的定义类似，只是用积分代替求和，用概率密度函数代替概率分布，用上确界和下确界分别代替了求最大值和最小值。因此，连续信源的平均失真定义为

$$\overline{D} = \int_{-\infty}^{\infty} \int_{-\infty}^{\infty} p(xy) d(x, y) \mathrm{d}x\mathrm{d}y \tag{5.3.15}$$

连续信源的信息率失真函数 $R(D)$ 可定义为

$$R(D) = \inf_{p(y_j|x_i) \in B_D} I(X;\ Y) \tag{5.3.16}$$

其中，$B_D = \{p(y_j \mid x_i){:}\overline{D} \leqslant D\}$ 为平均失真小于 D 的试验信道集合；连续型随机变量的平均互信息量 $I(X;\ Y)$ 见式（3.4.6）。

严格来说，连续信源的信息率失真函数 $R(D)$ 的最大值或最小值不一定存在，但下确界和上确界是存在的。因此，连续信源的信息率失真函数 $R(D)$ 也具有 5.3.2 节中离散信源的信息率失真函数 $R(D)$ 的三个性质，同样有

$$D_{\min} = \int p(x_i) \inf_{y} d(x, y) \mathrm{d}x \tag{5.3.17}$$

$$D_{\max} = \inf_{j} \int p(x_i) d(x_i, y_j) \mathrm{d}x \tag{5.3.18}$$

求解连续信源的信息率失真函数 $R(D)$ 同样是一个求极值问题，并且 $p(y|x)$ 是一个二元函数，所以计算信息率失真函数 $R(D)$ 非常复杂。本书仅给出均方误差失真准则下高斯信源的信息率失真函数 $R(D)$ 的表达式。

高斯信源 X 的均值为 m，方差为 σ^2，其概率密度为

$$p(x) = \frac{1}{\sqrt{2\pi}\sigma} \exp\left\{-\frac{(x-m)^2}{2\sigma^2}\right\}$$

当失真函数采用平方误差失真，即 $d(x_i, y_j) = (x_i - y_j)^2$ 时，$R(D)$ 为

$$R(D) = \begin{cases} \dfrac{1}{2}\log\dfrac{\sigma^2}{D}, & D \leqslant \sigma^2 \\ 0 \quad\quad\quad\quad , & D > \sigma^2 \end{cases} \tag{5.3.19}$$

5.3.4　限失真信源编码定理

定理 5.3.1（限失真信源编码定理——香农第三定理）　设离散无记忆信源的信息率失真函数为 $R(D)$，则对于任意给定的 $D \geqslant 0$ 和 $\varepsilon > 0$，当码长 N 足够大时，总能找信源编码 C，使译码失真 $\overline{D}(C) \leqslant D + \varepsilon$，信息传输率 R 为

$$R < R(D) + \varepsilon \tag{5.3.20}$$

码字数量 M 为

$$M = 2^{N[R(D)+\varepsilon]} \tag{5.3.21}$$

其中，$R(D)$ 的单位为 bit。

证明略。

上述定理说明，在预先给定的允许失真度 D 一定的情况下，无论采用何种编码方法，信息传输率 R 不小于信息率失真函数确定的信息传输率 $R(D)$。或者说，要使信息传输率 R 小于 $R(D)$，不论采用何种编码方法，平均失真一定会超过允许失真度 D。

从信息率失真函数来看，对于一种编码方法，其编码输出码率与失真之间的关系曲线总是位于信息率失真函数曲线的上方。

定理 5.3.2（限失真信源编码逆定理）　设离散无记忆信源的信息率失真函数为 $R(D)$，不存在任何编码，由编码引入的失真度为 D，而信息传输率 $R < R(D)$，即对于所有满足保真度准则 D 的任意 N 长信源编码，其码字数量 $M < 2^{NR(D)}$，信息传输率 R 都不小于 $R(D)$。

证明略。

逆定理说明了信源编码的不存在性，即若编码的信息传输率 $R < R(D)$，则编码引入的平均失真 $\overline{D}(C) > D$；若要求平均失真 $\overline{D}(C) = D$，则编码的信息传输率 $R > R(D)$。也就是说，不存在一种编码使 $\overline{D}(C) \leqslant D$ 且 $R < R(D)$。对于任意的 $D > 0$，$R(D)$ 是编码可能达到的最小信息传输率，为了达到这个信息传输率需要增大码长 N 和增加码字数量 M。

由定理 5.3.1 和定理 5.3.2 可以得出，对于任意的 $D>0$，码长为 N，码字数量为 M 的允许码 $M(N,D)$ 有

$$\lim_{N\to\infty}\frac{1}{N}\log M(N,D)=R(D) \tag{5.3.22}$$

其中，$\frac{1}{N}\log M(N,D)$ 表示允许码 $M(N,D)$ 的实际编码信息传输率 R。

5.3.5 限失真信源编码方法

限失真信源编码定理说明了最佳码的存在性，但没有说明构造达到信息率失真函数的最佳码的编码方法，也不能像无失真信源编码定理能从定理的证明过程中引出概率匹配的方法。一般只能采用优化的思路去寻找最佳码。常见的限失真信源编码方法主要有矢量量化（Vector Quantization，VQ）编码、预测编码和变换编码等。

1. 矢量量化编码

矢量量化编码是一种用于压缩多维源信号的限失真信源编码方法。它的原理基于将源信号分割成不同的矢量，并对这些矢量进行编码和重构。其基本步骤如下。

（1）信源分割：源信号通常是一个多维矢量，如音频、图像或视频数据。将源信号分割成较小的矢量块，每个矢量块包含源信号中的一部分。

（2）矢量化：将每个矢量映射到一组离散的矢量码字中。这些码字可以看作码本中的索引。矢量化的目标是找到最佳的码字来表示原始矢量，以在限定的码本大小内最小化失真。

（3）码本生成：通过使用训练数据集来生成码本。训练数据集通常是代表信源的大量样本。常用的方法是使用聚类算法（如 k-means）将训练数据集分成若干簇，每个簇对应一个码字。

（4）编码：对于每个分割后的矢量块，通过查找最接近的码字来进行编码。这可以通过计算输入矢量与所有码字之间的距离来实现，然后选择距离最近的码字作为编码结果。编码过程可以使用最近邻搜索或其他相似度度量方法。

（5）解码和重构：使用编码结果和码本来重构原始信号。解码过程涉及将每个编码的索引映射回相应的码字，并将所有码字连接起来以重构原始矢量。

（6）失真评估：计算解码后的矢量与原始矢量之间的失真。失真通常使用均方误差（Mean Square Error，MSE）或其他测量标准来衡量。通过反复调整码本大小、码字数量和训练数据集等参数，可以优化矢量量化编码的失真性能。

2. 预测编码

预测编码是一种利用信源数据内部的统计特性来减少数据冗余的编码方法。其目标是在给定一定失真限制的情况下，尽可能地减少数据的表示所需的比特数。其基本思想是利用信源数据中的已知信息来预测当前符号的值。在编码过程中，当前符号的值与之前符号的值之间的相关性被建模和利用。具体而言，预测编码过程可以分为以下几个步骤。

（1）建立预测模型：根据信源数据的统计特性，建立一个预测模型来描述当前符号与之

前符号之间的关系。常见的预测模型包括自回归（AR）模型、线性预测模型等。

（2）预测误差计算：将当前样本与预测模型产生的预测值进行比较，计算预测误差（残差）。预测误差表示预测模型未能准确预测的信号部分。

（3）量化预测误差：对预测误差进行量化，将其映射到一组离散的量化级别。量化级别可以是均匀间隔的，也可以是非均匀间隔的。量化的目标是减小预测误差的动态范围，以便更有效地进行编码。

（4）编码预测误差：首先使用相同的编码表将编码的预测误差解码为量化级别，然后通过预测模型和解码的预测误差来重构原始信号。编码的目标是尽可能地减少预测误差的表示所需的比特数，同时保证在给定失真限制下的重构质量。

通过预测编码，可以利用信源数据中的统计特性来减少冗余信息，从而实现更高效的数据压缩和传输。常见的预测编码方法包括差分编码、自适应编码和算术编码等。

3. 变换编码

变换编码将信源数据通过某种数学变换映射到一个新的表示空间。在新的表示空间中，希望数据能够具有更好的可压缩性或者更小的相关性，从而实现更高效的编码。变换编码过程可以分为以下几个步骤。

（1）选择合适的变换方法：根据信源数据的特性选择合适的变换方法。常见的变换包括DCT（离散余弦变换）、DWT（离散小波变换）等，选择不同的变换可以根据信源数据的特点来进行优化。

（2）进行信号变换：通过选择的变换方法对信源数据进行变换，得到在新的表示空间中的表示。变换后的数据通常具有更小的相关性或数据冗余量减少。

（3）量化变换系数：由于变换系数的取值范围很大，通过量化过程，可以减小信号的取值范围，从而获得更好的压缩效果。

（4）编码量化后的系数：对量化后的变换系数进行编码，将其表示为一串比特序列。编码的目标是尽可能地减少使用的比特数，同时保证在给定失真限制下的重构质量。

通过变换编码，可以将信源数据从原始的表示空间转换到具有更好可压缩性或相关性的新的表示空间，从而实现更高效的数据压缩和传输。常见的变换编码方法包括 JPEG 图像压缩中使用的 DCT 和 JPEG 2000 中使用的小波变换等。

5.4　语音压缩编码

语音压缩编码是将语音信号进行压缩以减少数据传输或存储所需的比特率的过程。通过语音压缩编码，可以将语音信号的冗余信息去除或减少，以便更有效地利用带宽或存储空间。常见的语音压缩编码算法包括以下几种。

（1）Pulse Code Modulation（PCM）：是一种无损压缩编码算法，将模拟语音信号转换为数字形式。PCM 首先将语音信号进行采样和量化，然后使用固定的比特率进行编码。尽管 PCM 不会对语音信号进行压缩，但它是其他压缩编码算法的基础。

（2）Adaptive Differential Pulse Code Modulation（ADPCM）：是一种有损压缩编码算法，

通过利用语音信号中的冗余信息来减少比特率。它使用差分编码来表示连续采样之间的差异，并根据信号的动态范围自适应地调整量化级别。

（3）Code Excited Linear Prediction（CELP）：是一种广泛使用的有损压缩编码算法。它利用线性预测分析（LPC）模型对语音信号进行建模，并使用代表激励信号的矢量来重构语音。CELP 通过存储和传输激励信号的索引来减少比特率。

（4）Adaptive Multi-Rate（AMR）：是一种针对移动通信的语音压缩编码算法。它采用变速变比特率（VBR）技术，根据语音信号的特性自适应地调整编码速率。AMR 在不同的比特率下提供了多种编码模式，以适应不同的网络条件和语音质量要求。

以上是一些常见的语音压缩编码算法，实际上还有其他许多算法可用于语音压缩编码，每种算法都有其优点和适用场景。选择适当的算法取决于具体的应用需求，包括带宽限制、语音质量要求和计算复杂性等因素。

5.4.1 语音数字编码标准

语音数字编码标准有多种，以下是一些常见的标准。

（1）G.711：是国际电信联盟（ITU）制定的标准之一，也是最常用的语音数字编码标准之一。它定义了两种编码模式：μ 律和 A 律，用于将模拟语音信号转换为 8 位 PCM 数字信号，采样率为 8000 次/秒。

（2）G.722：是 ITU-T 制定的高质量语音数字编码标准。它可以提供宽带语音质量，采样率为 16000 次/秒，比 G.711 更高。G.722 广泛应用于语音会议和语音通信领域。

（3）G.729：是 ITU-T 制定的一种低比特率语音数字编码标准。它在仅使用 8kbit/s 的比特率下提供了较高的语音质量，适用于带宽受限的网络环境，如 VoIP（Voice over IP）通信。

（4）GSM：是移动通信领域的一种语音数字编码标准。它采用全球通用的 13kbit/s 的比特率，广泛应用于 GSM 手机通信系统。

（5）AMR：是一种适应性多速率语音数字编码标准，用于无线通信系统。它提供了多个比特率选项，从 4.75kbit/s 到 12.2kbit/s，以适应不同的网络条件和语音质量需求。

除了上述标准，还有其他一些语音数字编码标准，如 G.723.1、G.726、iLBC 等，每种标准都有其特定的应用领域和优势。选择何种标准取决于具体的应用需求，包括带宽限制、语音质量要求和系统兼容性等因素。

5.4.2 语音压缩编码的分类及压缩指标

语音压缩编码可以按照不同的分类方式进行分类，同时有多个指标用于评估压缩效果。

1. 分类

（1）有损压缩编码和无损压缩编码：有损压缩编码通过去除语音信号中的冗余信息和不可察觉的信号变化来实现数据压缩。无损压缩编码则完全保留了原始语音信号，不引入任何失真。

（2）时域编码和频域编码：时域编码通过对时域信号进行分析和压缩，如脉冲编码调制

（PCM）和差分脉冲编码调制（DPCM）。频域编码将语音信号转换到频域进行分析和压缩，如线性预测编码（LPC）和傅里叶变换编码。

2．评估指标

（1）比特率：是指压缩后的语音信号每秒传输的比特数。较低的比特率表示更高的压缩效率，但可能会引入更多的失真。

（2）信噪比：是指压缩后的语音信号与原始信号之间的信噪比。较高的信噪比表示压缩算法更好地保留了原始语音信号的质量。

（3）语音质量评估：是指通过主观或客观的方法评估压缩后的语音信号的质量。主观评估可以由人工听觉测试（如 MOS 评分）来进行，客观评估可以使用一些测量算法，如感知语音质量评估（Perceptual Evaluation of Speech Quality，PESQ）和意见/听力测试（Opinion/Listening Test）。

（4）延迟：是指传输或处理语音信号所引入的时间延迟。较低的延迟对于实时通信应用（如电话会议）非常重要。

（5）计算复杂性：是指压缩算法的计算资源需求。较低的计算复杂性有助于提高实时应用的性能。

这些分类和评估指标是评估语音压缩编码算法性能和选择适当算法的重要依据。根据具体的应用需求，可以权衡这些指标来选择最合适的语音压缩编码算法。

5.4.3　语音压缩编码的基本原理

语音压缩编码的基本原理是通过去除语音信号中的冗余信息和不可察觉的信号变化来减少数据的表示和传输所需的比特数。这样可以实现有效的数据压缩，同时尽量保持语音质量的可接受程度。语音压缩编码包括以下几个步骤。

（1）信号分析：对语音信号进行分析，了解其特征和结构。常见的分析方法包括时域分析和频域分析。

（2）冗余消除：语音信号中存在许多冗余信息，如时间冗余、频率冗余和空间冗余。语音压缩编码算法通过去除这些冗余信息来减少数据的表示。例如，时间冗余可以通过差分编码和预测编码来去除，频率冗余可以通过傅里叶变换和频谱压缩来去除。

（3）量化和编码：在信号分析和冗余消除之后，语音信号需要进行量化和编码。量化是将连续的语音信号转换为离散的数字表示。编码是将量化后的数字信号用更少的比特数来表示。编码方法可以是固定比特率编码或可变比特率编码。

（4）解码和重构：接收端需要对压缩编码的数据进行解码和重构，以还原出原始的语音信号。解码过程是编码过程的逆过程，包括解码和反量化。重构过程使用解码后的数据和重构滤波器来恢复原始的语音信号。

需要注意的是，语音压缩编码是一种有损压缩技术，意味着在压缩的过程中会引入一定程度的失真。语音压缩编码算法的设计需要在保持语音质量可接受的前提下，尽量减少失真的程度。常见的语音压缩编码算法包括 PCM、ADPCM、CELP 和 AMR 等。这些算法都以不同的方式实现了语音信号的压缩编码，并在不同的场景中得到了广泛应用。

5.5 图像压缩

图像压缩是指将图像数据经过编码处理，以减少图像数据的表示和传输所需的存储空间或带宽的过程。图像压缩的目标是在尽量保持图像质量的前提下，减少图像数据的大小。图像压缩可以分为有损压缩和无损压缩两种类型。

（1）有损压缩：通过去除图像中的冗余信息和不可察觉的细节，以及对图像进行量化和编码来实现数据压缩。这种压缩方法会引入一定的失真，但可以显著减少数据量。常见的有损压缩算法包括 JPEG、JPEG 2000 和 WebP 等。

（2）无损压缩：不会引入任何失真，完全保留了图像的原始数据。它通过利用图像中的冗余和统计特性来实现数据压缩。常见的无损压缩算法包括 PNG、GIF 和无损 JPEG 等。

图像压缩包括以下几个步骤。

（1）预处理：对图像进行预处理，包括调整图像大小、颜色空间转换等。

（2）分析：对图像进行分析，以了解其特征和结构。常见的分析方法包括 DCT 和小波变换。

（3）冗余消除：图像中存在许多冗余信息，包括空间冗余、颜色冗余和统计冗余。图像压缩算法通过去除这些冗余信息来减少数据的表示。例如，空间冗余可以通过图像预测和差分编码来去除，颜色冗余可以通过颜色空间转换和颜色量化来去除，统计冗余可以通过熵编码来去除。

（4）量化和编码：在分析和冗余消除之后，图像数据需要进行量化和编码。量化是将连续的图像数据转换为离散的数字表示。编码是将量化后的数字信号用更少的比特数来表示。编码方法可以是固定比特率编码或可变比特率编码。

（5）解码和重构：接收端需要对压缩编码的数据进行解码和重构，以还原出原始的图像数据。解码过程是编码过程的逆过程，包括解码和反量化。重构过程使用解码后的数据和重构算法来恢复原始的图像数据。

图像压缩技术在数字图像处理、图像传输和存储等领域具有重要的应用价值。通过选择适当的压缩算法和参数，可以在满足应用需求的同时，实现高效的图像压缩。

5.5.1 图像压缩编码标准

图像压缩编码标准是由国际标准化组织（ISO）和国际电信联盟（ITU）等机构制定的，旨在提供统一的压缩标准和互操作性。以下是几个常见的图像压缩编码标准。

（1）JPEG（ISO/IEC 10918）：是最常用的有损图像压缩编码标准。它基于 DCT 和量化技术，通过调整量化表的参数来控制压缩质量。它可以在不同的压缩比下提供较好的图像质量，广泛应用于数字摄影、图像传输和存储等领域。

（2）JPEG 2000（ISO/IEC 15444）：是一种新一代的图像压缩编码标准，提供了更高的压缩性能和更丰富的功能。它使用小波变换和位平面编码技术，可以在不同的压缩比下实现较好的图像质量和渐进式传输。它支持无损压缩和有损压缩，并具有良好的可扩展性和适应性。

（3）PNG（Portable Network Graphics）：是一种无损图像压缩编码标准，广泛应用于网络图像和图形文件。它使用 DEFLATE 算法进行压缩，可以有效地减小图像文件的大小。它支持透明度和多种颜色空间，但对于复杂的照片图像，压缩比可能较低。

（4）GIF（Graphics Interchange Format）：是一种广泛应用于动画和简单图像的无损图像压缩编码标准。它使用 LZW 算法进行压缩，适用于具有较少颜色的图像。它支持透明度和动画功能，但压缩比相对较低。

除了这些标准，还有其他一些特定领域的图像压缩编码标准，如 TIFF（Tagged Image File Format）、BMP（Bitmap）等。此外，还有许多专有的图像压缩编码算法和格式，如 WebP、HEIF（High Efficiency Image Format）等，它们提供了更高的压缩性能和更丰富的功能，但在广泛应用中可能会受到限制。

5.5.2　第一代视频压缩编码标准

视频压缩编码是将视频数据进行压缩和编码的过程，以减少视频数据的存储空间和传输带宽。视频压缩编码旨在在尽量保持视频质量的前提下，减少数据量，以便更高效地传输、存储和处理视频。视频压缩编码通常包括以下几个步骤。

（1）预处理：对视频进行预处理，包括去噪、降低分辨率、颜色空间转换等。预处理可以减少冗余信息和提升压缩效果。

（2）运动估计与补偿：视频中的连续帧之间通常存在相似的内容和运动。运动估计与补偿技术根据帧间的运动关系，通过记录运动矢量和差异信息，来表示当前帧与参考帧之间的差异。这样可以减少数据的表示，而仅保留差异信息。

（3）变换与量化：视频帧通常在空间域表示，可通过变换（如 DCT）将其从空间域转换到频域。然后对变换系数进行量化，将其映射到较少的比特数，以减少数据量。量化是有损压缩过程中引入失真的主要环节。

（4）熵编码：对量化后的数据进行熵编码，以进一步减少数据量。熵编码根据数据的统计特性，将常见的数据模式用较少的比特数表示，而罕见的数据模式用较多的比特数表示。

（5）解码与重构：接收端需要对压缩编码的数据进行解码和重构，以还原出原始的视频数据。解码过程是编码过程的逆过程，包括解码、反量化和逆变换。重构过程使用解码后的数据和重构算法来恢复原始的视频帧。

视频压缩编码标准如 MPEG（Moving Picture Experts Group）系列、H.264/AVC、H.265/HEVC 等提供了一系列的算法和规范，用于实现视频的压缩编码。这些标准在视频通信、数字电视、流媒体、视频存储等领域得到了广泛应用，为高效的视频传输和存储提供了基础。

第一代视频压缩编码标准是在 20 世纪 80 年代至 90 年代初期开发的，主要用于模拟视频传输和存储。以下是几个有代表性的第一代视频压缩编码标准。

（1）H.261：是 ITU 于 1988 年发布的第一个视频压缩编码标准。它主要用于视频通信和视频会议等应用。它使用基于块的运动补偿（Block-based Motion Compensation）和 DCT 来实现压缩。它支持多种分辨率和比特率，但图像质量相对较差。

（2）MPEG-1：是由 ITU 和 ISO 于 1993 年发布的视频压缩编码标准。它是第一个广泛应用于数字视频压缩的标准，主要用于视频 CD（VCD）和早期的互联网视频。它使用运动补偿、DCT 和熵编码等技术进行压缩。它支持多种分辨率和比特率，并提供较好的图像质量。

（3）MPEG-2：是在 MPEG-1 基础上发展起来的视频压缩编码标准，于 1995 年发布。它主要应用于数字电视广播、DVD 和有线电视等领域。它在 MPEG-1 的基础上增加了更高的分辨率和比特率，并引入了更复杂的运动估计和编码技术。它可以提供更好的图像质量和更高的压缩比。

这些第一代视频压缩编码标准为数字视频的传输和存储奠定了基础，为后续的视频压缩编码标准提供了经验和参考。然而，由于技术和带宽的限制，第一代视频压缩编码标准的压缩性能相对较低，无法满足现代高清视频和流媒体应用的需求。随着技术的发展，后续的视频压缩编码标准（如 MPEG-4、H.264 等）逐渐取代了第一代视频压缩编码标准，并在数字视频领域得到了广泛应用。

5.5.3 第二代视频压缩编码标准

第二代视频压缩编码标准是在 21 世纪初开发的，主要用于数字视频传输、存储和广播等应用。以下是几个有代表性的第二代视频压缩编码标准。

（1）MPEG-4 Part 2：也称为 Advanced Simple Profile（ASP），是 MPEG-4 标准的一部分，于 1999 年发布。它提供了更高的压缩效率和更丰富的功能，支持多种应用场景，如视频会议、流媒体和存储。MPEG-4 Part 2 使用了更复杂的运动估计和补偿技术，并引入了形状编码、全局运动补偿等新特性。

（2）H.264/AVC（Advanced Video Coding）：是 ITU-T 和 ISO/IEC 合作开发的视频压缩编码标准，于 2003 年发布。H.264/AVC 使用了先进的压缩技术，如运动估计、变换编码、熵编码等，并引入了新的编码工具，如帧间预测和可变块大小。H.264/AVC 相比于第一代视频压缩编码标准，具有更高的压缩性能和更好的图像质量。

（3）VC-1：是由微软开发的视频压缩编码标准，于 2006 年成为国际标准。它基于 Windows Media Video 9（WMV9）的技术，提供了高质量的视频压缩和广泛的应用支持。它使用了类似于 H.264/AVC 的压缩技术，包括运动估计、变换编码和熵编码等。

这些第二代视频压缩编码标准在压缩效率、图像质量和功能方面相对于第一代视频压缩编码标准有了显著的改进。它们广泛应用于数字电视、高清视频、网络流媒体、蓝光光盘等领域，为高质量视频传输和存储提供了重要的技术支持。此外，这些标准也为后续的视频压缩编码标准（如 H.265/HEVC 和 AV1 等）提供了经验和参考。

5.5.4 新一代视频压缩编码标准

（1）H.265/HEVC：是 ITU-T 和 ISO/IEC 合作开发的视频压缩编码标准，于 2013 年发布。H.265/HEVC 相比于第二代视频压缩编码标准 H.264/AVC，具有更高的压缩效率，可以实现更好的视频质量。它采用了更先进的编码技术，如更强大的变换编码、更精确的运动估计和补偿、更高效的熵编码等，以提供更高的压缩比和更好的图像质量。

（2）AV1：是由联合视频联盟（Alliance for Open Media）开发的开放源代码视频压缩编码标准，于 2018 年发布。AV1 旨在提供比 H.265/HEVC 更高的压缩效率，同时保持良好的图像质量。它使用了一系列创新的编码技术，如可变块大小、深度学习预测、自适应运动补偿等，以实现更高的压缩性能。AV1 得到了广泛的支持，已经在网络流媒体、视频会议和其他应用中得到了应用。

这些新一代视频压缩编码标准在压缩效率和图像质量方面取得了显著的改进，并成为数字视频传输、存储和广播等领域的重要技术。它们能够实现更高质量的视频传输和存储，同时降低对带宽和存储资源的要求，为高清视频、4K、8K 及虚拟现实（VR）等应用提供了更好的支持。

5.6　二值图像的游程编码无损压缩

二值图像的游程编码是一种无损压缩方法，用于将二值（黑白）图像数据进行压缩。在二值图像中，每个像素只有两种可能的取值，通常表示为黑色和白色。游程编码的思想是利用连续出现的相同像素值的重复性，将连续的相同像素序列表示为一个游程。游程编码可以减少重复像素的存储空间，从而实现数据的压缩。

游程编码的基本原理是将连续的相同像素序列表示为一个游程，由游程的起始位置和长度来描述。例如，一段连续的黑色像素可以表示为“黑色，长度为 10 个像素”，即（黑色，10）。这样，原始的连续像素序列就可以用更少的符号来表示，从而实现了数据的压缩。游程编码适用于二值图像中存在较长连续相同像素序列的情况，例如，文本图像中的连续空白区域或连续的黑色线条。对于图像中的其他部分，游程编码可能无法实现较好的压缩效果。

需要注意的是，游程编码是一种无损压缩方法，即在解压缩后能够完全恢复原始图像数据，而不会引入任何失真。这使得游程编码在一些对图像数据完整性要求较高的应用中具有优势，如图像传输、存储和文档图像压缩等领域。

5.7　灰度图像的 DCT 压缩与编码

灰度图像的 DCT 压缩与编码是一种常见的图像压缩方法，用于将灰度图像数据进行压缩。DCT 压缩与编码的基本思想是将图像数据从空间域转换到频域，并通过舍弃高频分量来实现压缩。DCT 是一种常用的频域变换方法，它将图像分解成一系列频率分量，其中低频分量表示图像的整体结构，而高频分量则表示图像的细节和纹理。DCT 压缩与编码通常包括以下几个步骤。

（1）分块：将图像划分为若干大小相等的非重叠块。常见的块大小为 8 像素×8 像素。

（2）块内 DCT 变换：对每个块进行 DCT，将空域的图像数据转换为频域的系数。

（3）量化：对 DCT 系数进行量化，即将系数的值映射到一个离散的值域上。量化过程中通常使用一个量化表，其中定义了不同频率分量的量化步长。通过选择合适的量化表，可以实现不同的压缩比和图像质量。

（4）压缩：对量化后的系数进行编码，通常使用熵编码方法（如哈夫曼编码或算术编码）来进一步压缩数据。熵编码利用统计特性为频繁出现的系数分配较短的编码，从而实现更好的压缩效果。

（5）解码和反量化：对压缩后的数据进行解码和反量化，恢复量化系数的值。

（6）逆 DCT：对反量化的系数进行逆 DCT（IDCT），将频域的系数转换回空域的图像数据。

通过上述步骤，DCT 压缩与编码可以实现对灰度图像数据的压缩。需要注意的是，DCT 压缩与编码是一种有损压缩方法，即在解压缩后无法完全恢复原始图像数据，可能会引入一定的图像质量损失。压缩比和图像质量之间存在着一个权衡关系，选择合适的量化表和编码参数可以平衡压缩比和图像质量的要求。

习　题

5.1　设单符号离散无记忆信源 S 的概率空间为

$$\begin{bmatrix} S \\ P \end{bmatrix} = \begin{bmatrix} s_1 & s_2 & s_3 & s_4 \\ 0.2 & 0.2 & 0.3 & 0.3 \end{bmatrix}$$

分别对其 N=10 和 N=100 的扩展信源 S^N 进行无失真编码，若要求编码效率为 90%，则其译码错误概率能否低于 10^{-5}，为什么？

5.2　设有码 C={10，01，001，1110，00001，11001，11100，01010}，判断该码是否为唯一可译码，是否为即时码。

5.3　设无记忆二元信源，其概率空间为

$$\begin{bmatrix} X \\ P \end{bmatrix} = \begin{bmatrix} 0 & 1 \\ 0.1 & 0.9 \end{bmatrix}$$

若对于 N=100 的信源序列，只考虑对含有 2 个或小于 2 个“0”的 N 长信源序列进行非奇异的定长编码。

（1）求该定长码的最短码长。

（2）求该定长码引起的平均译码错误概率。

5.4　设离散无记忆信源 S 的概率空间为

$$\begin{bmatrix} S \\ P \end{bmatrix} = \begin{bmatrix} s_1 & s_2 & s_3 & s_4 & s_5 & s_6 \\ 0.2 & 0.3 & 0.1 & 0.1 & 0.1 & 0.2 \end{bmatrix}$$

对其 N=10 的扩展信源 S^N 进行变长编码，求原始信源的平均码长的范围。

5.5　一个布袋中有 5 个球，其中 2 个红球、2 个白球、1 个黑球，每次摸取两个球，观察颜色后放回布袋，将每次摸到的两个球的颜色看成一个信源一次发出的符号（不考虑一次摸取中两个球出现的顺序，仅仅考虑颜色）。

（1）请说明该信源的类型，并写出这个信源的数学模型。

（2）如果要将该信源发出的符号通过一个无损二元信道传输，要求信源编码是无失真的，并希望其编码效率至少为 90%，请设计一种信源编码方案并详细说明编码过程。

（3）请问使用（2）中的信源编码后，其实际的信息传输率能否达到无损二元信道的最大值？请分析并说明原因。

5.6　已知信源 S 的概率空间为

$$\begin{bmatrix} S \\ P \end{bmatrix} = \begin{bmatrix} s_1 & s_2 & s_3 & s_4 \\ \dfrac{1}{8} & \dfrac{1}{2} & \dfrac{1}{8} & \dfrac{1}{4} \end{bmatrix}$$

设码符号集合为 $X = \{0,1,2\}$。

（1）当要求码字长度分别为 $n_1 = 1$、$n_2 = 2$、$n_3 = 3$、$n_4 = 4$ 时，是否能构造即时码？若能，请构造该即时码。

（2）对以上信源进行三元哈夫曼编码。该三元哈夫曼编码能否达到最短码长？为什么？

（3）比较以上两种编码的编码效率，并说明要提高编码效率可以采用什么办法？为什么？

5.7　若某个班学生的期中考试成绩分为 A、B、C、D 4 个等级，则发生的概率分别为 $p(\text{A})=1/8$、$p(\text{B})=1/4$、$p(\text{C})=1/2$、$p(\text{D})=1/8$，将学生的成绩当作信源发出的符号。

（1）写出信源的数学模型。

（2）对单个信源符号采用一种二元定长编码，写出编码结果，将采用信源编码后的新信源记为 X，试求 $H(X)$ 及编码效率。

（3）若将采用（2）中的信源编码方式得到的新信源 X 发出的码符号通过一个二元无损信道传输，则信息传输率为多少？信息传输率能否达到最大值？试分析原因，说明其理论依据。

5.8　已知一个信源包含 8 个消息符号，其出现的概率为

$$p(x_i) = \{0.1 \quad 0.18 \quad 0.4 \quad 0.05 \quad 0.06 \quad 0.1 \quad 0.07 \quad 0.04\}$$

（1）该信源在每秒内发出一个符号，求该信源的熵及信息传输率。

（2）分别采用两种信源编码方法对该信源进行二元变长编码，写出相应码字，并比较其编码效率。

5.9　已知一个信源 S 包含 6 个消息符号，信源 S 的概率空间为

$$\begin{bmatrix} S \\ P \end{bmatrix} = \begin{bmatrix} s_1 & s_2 & s_3 & s_4 & s_5 & s_6 \\ 0.25 & 0.35 & 0.05 & 0.05 & 0.1 & 0.2 \end{bmatrix}$$

（1）若对该信源进行三元费诺编码，则该三元费诺编码能否达到最短码长？为什么？计算其编码效率。

（2）若对该信源的单个信源符号进行无失真的定长编码，则编码效率为多少？若采用定长编码并达到（1）中的编码方式的编码效率，则在满足什么条件时，其译码错误概率才能不大于 10^{-3}？写出计算过程。

5.10　设码符号集合为 $X = \{0,1,2,3\}$，信源的概率空间为

$$\begin{bmatrix} S \\ P \end{bmatrix} = \begin{bmatrix} s_1 & s_2 & s_3 & s_4 & s_5 & s_6 & s_7 & s_8 \\ 0.4 & 0.2 & 0.1 & 0.1 & 0.05 & 0.05 & 0.05 & 0.05 \end{bmatrix}$$

试进行哈夫曼编码，并计算编码效率和码方差。

5.11　设离散无记忆信源的概率空间为

$$\begin{bmatrix} S \\ P \end{bmatrix} = \begin{bmatrix} s_1 & s_2 & s_3 & s_4 & s_5 & s_6 & s_7 & s_8 \\ 0.4 & 0.18 & 0.1 & 0.1 & 0.07 & 0.06 & 0.05 & 0.04 \end{bmatrix}$$

对该信源进行二元定长编码。

（1）当编码的码长为 4 时能否实现无失真编码，此时每个码符号承载的信息量为多少？

（2）要求编码效率 $\eta = 90\%$，允许错误概率 $\delta \leqslant 10^{-6}$，求信源序列长度 N 和编码速率。

（3）对该信源进行二元变长编码，不进行信源扩展时能否达到最短码长？为什么？此时每个码符号承载的信息量为多少？编码效率为多少？

5.12　设离散无记忆信源的概率空间为

$$\begin{bmatrix} S \\ P \end{bmatrix} = \begin{bmatrix} s_1 & s_2 & s_3 & s_4 & s_5 & s_6 & s_7 & s_8 \\ 0.2 & 0.2 & 0.15 & 0.1 & 0.1 & 0.05 & 0.1 & 0.1 \end{bmatrix}$$

试构造两种唯一可译码，其平均码长相同，但具有不同的方差。哪一组更好些，为什么？

5.13　设信道输入符号的概率分布为

$$\begin{bmatrix} X \\ P \end{bmatrix} = \begin{bmatrix} 0 & 1 \\ \dfrac{1}{4} & \dfrac{3}{4} \end{bmatrix}$$

失真矩阵为 $\boldsymbol{D} = \begin{bmatrix} 0 & 1 & 0.5 \\ 1 & 0 & 0.5 \end{bmatrix}$，求 $D_{\min}$、$D_{\max}$、$R(D_{\min})$、$R(D_{\max})$ 及相应的试验信道传递概率矩阵。

5.14　设二元信源的概率空间为

$$\begin{bmatrix} X \\ P \end{bmatrix} = \begin{bmatrix} x_1 & x_2 \\ 0.5 & 0.5 \end{bmatrix}$$

失真矩阵为

$$\boldsymbol{D} = \begin{bmatrix} \varepsilon & 1-\varepsilon \\ 1-\varepsilon & \varepsilon \end{bmatrix}$$

求信源的最大平均失真 $D_{\max}$、最小平均失真 $D_{\min}$ 和信息率失真函数 $R(D)$。

5.15　证明离散信源 $R(D_{\min}) = R(0) = H(X)$ 的充分必要条件是失真矩阵 $\boldsymbol{D}$ 的每一行中至少有一个 0，在每一列中至多有一个 0。

5.16　利用信息率失真函数 $R(D)$ 的性质，画出离散无记忆信源的信息率失真函数 $R(D)$ 的一般曲线并说明其物理意义，并说明为什么信息率失真函数 $R(D)$ 是非负且非递增的。

第 6 章

有噪信道编码

从第 5 章的讨论可知，对于无噪信道，在理论上只要对信源的输入进行恰当的编码，总能以接近信道容量 C 的信息传输率实现无失真信息传输。因此，只需要用无噪信道的输入符号集合作为码符号集合，对信源符号进行一一对应的变换，并合理且充分地利用信源统计特性获得尽可能小的平均码长，即可无差错地传输信息。

在实际通信中，信道中总存在噪声或干扰，若把无失真信源编码所得的码字直接输入有噪信道，由于噪声的随机干扰，信道输入、输出之间的关系是统计依赖关系而不是确定关系，信道输出序列唯一地译码成输入序列时将无法避免差错。并且由于采用编码效率高的信源编码，使得其平均码长较小，由随机干扰导致的差错会增多，造成通信可靠性的下降。那么，在有噪信道中如何能使消息通过传输后产生的错误最少？在有噪信道中无错误传输可达到的最大信息传输率是多少？这就是有噪信道编码主要研究的内容。

6.1 有噪信道的编码问题

在通信系统中，信道是重要的组成部分，其主要任务就是传输信息。由于信息是抽象的，因此在通信系统中都是通过信号的传输来实现信息的传递的。在研究信道编码时，一般采用图 6.1 所示的编码信道，信道编码器的输出作为编码信道的输入，而编码信道的输出作为信道译码器的输入。

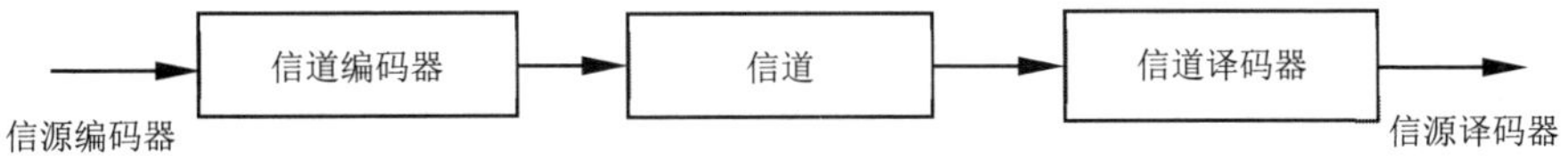

图 6.1 编码信道

由前面章节可知，离散信道的统计特性是用信道传递概率 $p(y|x)$ 来描述的，并由此可确定信道容量 C，只要信道中实际信息传输率 $R<C$，就能实现无失真传输。这时信道的输入一般是经过信源编码后的 M 种码字，为了实现无失真传输，就需要考虑如何合理地使用信道输入符号序列来表示这 M 种码字，才能从信道的输出符号序列中无差错地译码得到这 M 种码字，这就需要进行信道编码。

信道编码的对象是信源编码器输出的码字序列，通常是由二元符号“0”和“1”构成的序列，且符号“0”和“1”是独立等概率的，也称为信息序列。信道编码实际上就是按一定的规则给信息序列人为增加一些冗余码元，变成具有一定规律性的信道码字序列，又称为码序列。在接收端，信道译码器利用预知的编码规则（信息码元与冗余码元之间的相关性）来进行译码，从而检测或纠正接收序列中出现的差错。

有噪信道中的错误概率与信道的统计特性有关，因为随机干扰是造成译码错误的主要因素，同时信道编码方法、译码过程及译码规则也会影响通信的可靠性，本章将分别从这几个角度进行讨论。

6.2 错误概率和译码规则

错误概率与信道的统计特性有关，例如对于图 6.2 所示的二元对称信道，当信道传递概率 $p(y|x)$ 确定后，单个符号正确传递概率 $\overline{p}=1-p$ 和错误传递概率 p 也就确定了。

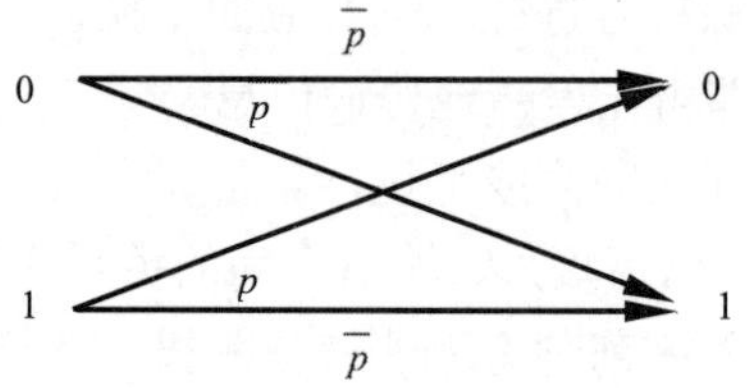

图 6.2 二元对称信道

当信号传递到信道输出端后，还需要对其进行译码后才能传输给信宿。因此，译码过程和译码规则的选择对通信系统的错误概率也有很大的影响。

例 6.1.1 设在图 6.2 所示的二元对称信道中，输入符号等概率分布，且错误传递概率 $p=0.7$。

设计一种译码规则：当接收到符号“0”时，译码器将其译码为发送符号“0”；当接收到符号“1”时，译码器将其译码为发送符号“1”。显然，发送符号为“0”和“1”时，译码后的错误概率为 $p_{\mathrm{e}}(0)=p_{\mathrm{e}}(1)=p=0.7$，由于输入符号等概率分布，即 $p(0)=p(1)=0.5$，所以平均错误概率为

$$P_{\mathrm{E}}=p(0)p_{\mathrm{e}}(0)+p(1)p_{\mathrm{e}}(1)=0.5\times0.7+0.5\times0.7=0.7$$

若选择另一种译码规则：当接收到符号“0”时，译码器将其译码成发送符号“1”；当接收到符号“1”时，译码器将其译码成发送符号“0”。显然，发送符号为“0”和“1”时，译码后的错误概率为 $p_{\mathrm{e}}(0)=p_{\mathrm{e}}(1)=\overline{p}=1-p=0.3$，因此平均错误概率为

$$P_{\mathrm{E}}=p(0)p_{\mathrm{e}}(0)+p(1)p_{\mathrm{e}}(1)=0.5\times0.3+0.5\times0.3=0.3$$

由此可见，错误概率也与译码规则的选择有关。

6.2.1 错误概率

定义 6.2.1 设信道输入符号集合为 $X=\{x_i,\ i=1,2,\cdots,r\}$，输出符号集合为

$Y=\{y_j,\ j=1,2,\cdots,s\}$。若对于每个输出符号 y_j $(j=1,2,\cdots,s)$ 都有一个确定的函数 $F(y_j)$，使 y_j 对应于唯一的输入符号 x_i（$i=1,2,\cdots,r$），则称函数 $F(y_j)$ 为译码规则，记为

$$F(y_j)=x_i,\ i=1,2,\cdots,r;\ j=1,2,\cdots,s \tag{6.2.1}$$

显然，根据译码规则 $F(y_j)=x_i$ 可以将任一输出符号 y_j $(j=1,2,\cdots,s)$ 唯一地译码为一个输入符号 x_i（$i=1,2,\cdots,r$）；若信道有 r 个输入符号和 s 个输出符号，则可以选择的译码规则共有 r^s 种。

例 6.2.1　设一个单符号信道的信道矩阵为

$$\boldsymbol{P}_{Y|X}=\begin{array}{c} \\ x_1 \\ x_2 \end{array}\begin{array}{c} \begin{matrix} y_1 & y_2 & y_3 \end{matrix} \\ \begin{bmatrix} \frac{1}{2} & \frac{1}{4} & \frac{1}{4} \\ \frac{1}{8} & \frac{3}{4} & \frac{1}{8} \end{bmatrix} \end{array}$$

可为其设计译码规则 1：

$$F(y_1)=x_1,\ F(y_2)=x_2,\ \ F(y_3)=x_1$$

也可设计译码规则 2：

$$F(y_1)=x_2,\ F(y_2)=x_1,\ \ F(y_3)=x_2$$

该信道的输入符号个数 $r=2$，输出符号个数 $s=3$，每个输出符号都可译码为 r 个输入符号中的任何一个，因此共有 $r^s=2^3=8$ 种译码规则可以选择，究竟哪种译码规则最优？这就需要分析译码规则对应的平均错误概率。

在选择译码规则 $F(y_j)=x_i,\ i=1,2,\cdots,r;\ j=1,2,\cdots,s$ 后，若信道输出端接收到的符号为 y_j，则译码器必定将其译码为 x_i。如果发送端发送的符号就是 x_i，则为正确译码，因此正确概率为

$$p(F(y_j)\,|\,y_j)=p(x_i\,|\,y_j) \tag{6.2.2}$$

显然，在上述条件下，若发送端发送的符号是 $x_k,\ k\neq i$，则为错误译码，此时错误概率 p_{e} 为

$$p_{\mathrm{e}}=1-p(F(y_j)\,|\,y_j)=1-p(x_i\,|\,y_j) \tag{6.2.3}$$

例如，例 6.2.1 中的译码规则 1，$F(y_1)=x_1$，即 $y_j=y_1$，$x_i=x_1$。因此当接收码元为 y_1，发送码元为 x_1 时，为正确译码，正确概率为

$$p(F(y_j)\,|\,y_j)=p(x_1\,|\,y_1)$$

错误概率为

$$p_{\mathrm{e}}=1-p(F(y_j)\,|\,y_j)=1-p(x_1\,|\,y_1)$$

式（6.2.2）和式（6.2.3）表示的是单个输出符号的正确或错误译码概率，但通常我们更关注的是在信道的输出端每收到一个符号的平均正确译码或平均错误译码的概率，将单个输出符号的错误概率 p_{e} 对输出 Y 取统计平均就可得到平均错误概率 P_{E}，即

$$P_{\mathrm{E}}=\sum_{Y}p(y_j)p_{\mathrm{e}}=\sum_{Y}p(y_j)[1-p(F(y_j)\mid y_j)]$$
$$=\sum_{Y}p(y_j)-\sum_{Y}p(y_j)p(F(y_j)\mid y_j)=1-\sum_{Y}p(F(y_j)y_j) \tag{6.2.4}$$

平均正确概率 $\overline{P}_{\mathrm{E}}$ 为

$$\overline{P}_{\mathrm{E}}=E[p(F(y_j)\mid y_j)]=\sum_{Y}p(y_j)p(F(y_j)\mid y_j)=\sum_{Y}p(F(y_j)y_j) \tag{6.2.5}$$

显然，为了提高系统的可靠性，在设计译码规则时需要寻找合适的译码函数 $F(y_j)=x_i$，$i=1,2,\cdots,r$；$j=1,2,\cdots,s$，使得系统的平均错误概率 P_{E} 最小。

6.2.2 译码规则的选择准则

由式（6.2.4）可知，要使平均错误概率 P_{E} 最小，就要使每项 $p(F(y_j)|y_j)p(y_j)$（$j=1,2,\cdots,s$）为最大。其中信道输出的概率分布 $p(y_j)$（$j=1,2,\cdots,s$）与译码规则的选择无关。因此，若要使 P_{E} 最小，就要使 $p(F(y_j)\mid y_j)$ 为每个输出符号 y_j $(j=1,2,\cdots,s)$ 所对应的 r 个后验概率 $p(x_1\mid y_j)$，$p(x_2\mid y_j)$，…，$p(x_r\mid y_j)$（$j=1,2,\cdots,s$）中的最大者，由此可以得到最大后验概率译码准则。

定义 6.2.2 选择译码函数 $F(y_j)=x^*$，满足

$$p(x^*\mid y_j)\geqslant p(x_i\mid y_j)\text{，对}\forall i \tag{6.2.6}$$

称为最大后验概率译码准则。

最大后验概率译码准则的基本思想是对接收到的每个输出符号 y_j（$j=1,2,\cdots,s$）都要将其译码成后验概率最大的那个发送符号 x^*，根据最大后验概率译码准则选择的译码规则能使信道平均错误概率 P_{E} 达到最小值，因此最大后验概率译码准则是最佳译码准则。

根据概率论知识可知，信道的每个输出符号 y_j $(j=1,2,\cdots,s)$ 的 r 个后验概率 $p(x_i\mid y_j)$（$i=1,2,\cdots,r$）为

$$p(x_i\mid y_j)=\frac{p(x_iy_j)}{p(y_j)}=\frac{p(x_i)p(y_j\mid x_i)}{p(y_j)}$$

可见，平均错误概率 P_{E} 能达到的最小值取决于给定信源和给定信道的统计特性，即当信源分布 $p(x_i)$ 和信道传递概率 $p(y_j\mid x_i)$ 给定后，信道平均错误概率 P_{E} 能达到的最小值就确定了，也就表明此时通信系统能达到的最高可靠性就确定了。而这个最高的可靠性，必须采用最大后验概率译码准则来选择译码规则才能达到。

例 6.2.2 若例 6.2.1 中的信道的输入分布为 $\begin{bmatrix}X\\P\end{bmatrix}=\begin{bmatrix}x_1 & x_2\\ \frac{1}{3} & \frac{2}{3}\end{bmatrix}$，设计一个译码规则并求平均错误概率 P_{E}。

解：由概率论知识求后验概率，得到

$$p(x\mid y)=\frac{p(xy)}{p(y)}=\frac{p(x)p(y\mid x)}{p(y)}$$

先求联合概率分布 $p(xy)$，表示为矩阵形式，即

$$\boldsymbol{P}_{XY}=\begin{bmatrix}\frac{1}{6} & \frac{1}{12} & \frac{1}{12}\\ \frac{1}{12} & \frac{1}{2} & \frac{1}{12}\end{bmatrix}$$

再求输出分布 $p(y)=\sum_X p(xy)$，表示为矩阵形式，即

$$\boldsymbol{P}_{Y}=\begin{bmatrix}\frac{1}{4} & \frac{7}{12} & \frac{1}{6}\end{bmatrix}$$

即可求得后验概率矩阵

$$\boldsymbol{P}_{X|Y}=\begin{bmatrix}\frac{2}{3} & \frac{1}{7} & \frac{1}{2}\\ \frac{1}{3} & \frac{6}{7} & \frac{1}{2}\end{bmatrix}$$

根据后验概率矩阵，采用最大后验概率译码准则，选择译码函数为

$$F(y_1)=x_1,\ F(y_2)=x_2,\quad F(y_3)=x_1$$

其中，由于 $p(x_1\mid y_3)=p(x_2\mid y_3)=1/2$，将符号 y_3 译码为发送符号 x_1 或 x_2 的平均错误概率相同，任选其一即可。

平均正确概率为

$$\overline{P}_{\mathrm{E}}=\sum_Y p(y_j)p(F(y_j)\mid y_j)=\frac{2}{3}\times\frac{1}{4}+\frac{6}{7}\times\frac{7}{12}+\frac{1}{2}\times\frac{1}{6}=\frac{3}{4}$$

平均错误概率为

$$P_{\mathrm{E}}=1-\frac{3}{4}=\frac{1}{4}$$

若选择例 6.2.1 中的译码规则 2：$F(y_1)=x_2$，$F(y_2)=x_1$，$F(y_3)=x_2$，则平均错误概率为

$$P_{\mathrm{E}}=1-\overline{P}_{\mathrm{E}}=1-\sum_Y p(y_j)p(F(y_j)\mid y_j)=1-\left(\frac{1}{3}\times\frac{1}{4}+\frac{1}{7}\times\frac{7}{12}+\frac{1}{2}\times\frac{1}{6}\right)=\frac{3}{4}$$

可见，采用最大后验概率译码准则所得的平均错误概率 P_{E} 会更小。

在实际应用中，后验概率一般难以确定，由于通信系统的设计通常都是针对已知信道的，信道的统计特性是已知的，因此常使用基于信道传递概率的极大似然译码准则。

定义 6.2.3　选择译码函数 $F(y_j)=x^*$，满足

$$p(y_j\mid x^*)\geqslant p(y_j\mid x_i),\ 对\forall i \tag{6.2.7}$$

称为极大似然译码准则。

极大似然译码准则对于接收到的每个输出符号 y_j， $j=1,2,\cdots,s$ ，均将其译码成传递概率 $p(y_j\,|\,x_i)$ 最大的那个发送符号 x^*，传递概率 $p(y_j\,|\,x_i)$ 又称为似然函数，所以将该准则称为极大似然译码准则。

由式（6.2.6）可知，最大后验概率译码准则等价于要求下式成立：

$$p(y_j)p(x^*\,|\,y_j)\geqslant p(y_j)p(x_i\,|\,y_j)\text{ ，对}\forall i$$

即满足

$$p(x^*y_j)\geqslant p(x_iy_j)\text{ ，对}\forall i$$

等价于

$$p(y_j\,|\,x^*)p(x^*)\geqslant p(y_j\,|\,x_i)p(x_i)\text{，对}\forall i \tag{6.2.8}$$

当输入等概率分布时，即 $p(x_i)=p(x^*)$，$i=1,2,\cdots,r$ 时，式（6.2.8）为极大似然译码准则。

由此可知，当输入等概率分布时，极大似然译码准则等价于最大后验概率译码准则，也是最佳译码准则。若输入分布未知时，采用极大似然译码准则就不能保证平均错误概率 $P_{\rm E}$ 最小。但极大似然译码准则不需要知道输入的概率分布，只需要根据信道传递概率 $p(y_j\,|\,x_i)$ 进行译码，因此采用极大似然译码准则较为方便。

根据上述两种译码准则，可将式（6.2.5）定义的平均正确概率 $\overline{P}_{\rm E}$ 表示为

$$\overline{P}_{\rm E}=E[p(F(y_j)\,|\,y_j)]=\sum_Y p(y_j)p(x^*\,|\,y_j)=\sum_Y p(x^*y_j)=\sum_Y p(x^*)p(y_j\,|\,x^*) \tag{6.2.9}$$

其中， $j=1,2,\cdots,s$ 。

同理，平均错误概率 $P_{\rm E}$ 可表示为

$$\begin{aligned}P_{\rm E}&=1-\sum_Y p(x^*)p(y_j\,|\,x^*)=1-\sum_Y p(x^*y_j)\\&=\sum_{XY}p(xy)-\sum_Y p(x^*y_j)=\sum_Y\sum_{X-X^*}p(xy)\\&=\sum_Y\sum_{X-X^*}p(y\,|\,x)p(x)\end{aligned} \tag{6.2.10}$$

其中，$\sum_Y\sum_{X-X^*}p(xy)$ 表示对除 $x=x^*$ 外的所有 $p(x_iy_j)$ 求和。

若输入等概率分布，即 $p(x_i)=\dfrac{1}{r}$， $i=1,2,\cdots,r$ ，则有

$$\overline{P}_{\rm E}=\frac{1}{r}\sum_Y p(y_j\,|\,x^*)$$

$$P_{\rm E}=\sum_Y\sum_{X-X^*}p(y\,|\,x)p(x)=\frac{1}{r}\sum_Y\sum_{X-X^*}p(y\,|\,x)$$

其中，$\sum_Y\sum_{X-X^*}p(y\,|\,x)$ 表示对信道矩阵中除去每列对应于 $F(y_j)=x^*$ 的那一项后的其余元素的求和。

这表明，当信道输入等概率分布时，采用极大似然译码准则选择译码规则所得的平均错

误概率 P_E 的最小值，取决于信道输入符号数 r 和信道传递概率 $p(y_j|x_i)$。因此，当信道输入符号数 r 固定时，若想使平均错误概率 P_E 的最小值进一步降低，则可以通过改变信道的统计特性来实现。

6.2.3　费诺不等式

由上述分析可知，平均错误概率 P_E 与译码规则的选择有关，而译码规则是根据信道的统计特性来确定的。由于信道中的噪声和干扰会导致信道接收端的译码错误，从信息传输的角度来看，在接收到输出符号之后不能完全消除关于信道输入的不确定性，因此平均错误概率 P_E 与信道疑义度 $H(X|Y)$ 之间存在一定的关系。

著名的费诺（Fano）不等式描述了平均错误概率 P_E 与信道疑义度 $H(X|Y)$ 之间的内在联系，即

$$H(X|Y) \leqslant H(P_E) + P_E \log(r-1) \tag{6.2.11}$$

其中，r 为信道输入符号数。

证明：信道疑义度 $H(X|Y)$ 为

$$H(X|Y) = \sum_{X,Y} p(xy)\log\frac{1}{p(x|y)} = \sum_{Y,X-X^*} p(xy)\log\frac{1}{p(x|y)} + \sum_{Y} p(x^* y)\log\frac{1}{p(x^*|y)}$$

由于

$$\begin{aligned} H(P_E) + P_E\log(r-1) &= P_E\log\frac{1}{P_E} + (1-P_E)\log\frac{1}{1-P_E} + P_E\log(r-1) \\ &= P_E\log\frac{r-1}{P_E} + (1-P_E)\log\frac{1}{1-P_E} \end{aligned}$$

即

$$\begin{aligned} H(P_E) + P_E\log(r-1) &= P_E\log\frac{r-1}{P_E} + (1-P_E)\log\frac{1}{1-P_E} \\ &= \sum_{Y,X-X^*} p(xy)\log\frac{r-1}{P_E} + \sum_{Y} p(x^* y)\log\frac{1}{1-P_E} \end{aligned}$$

则有

$$\begin{aligned} H(X|Y) - H(P_E) - P_E\log(r-1) &= \sum_{Y,X-X^*} p(xy)\log\frac{1}{p(x|y)} + \sum_{Y} p(x^* y)\log\frac{1}{p(x^*|y)} - \\ &\quad \sum_{Y,X-X^*} p(xy)\log\frac{r-1}{P_E} - \sum_{Y} p(x^* y)\log\frac{1}{1-P_E} \\ &= \sum_{Y,X-X^*} p(xy)\log\frac{P_E}{p(x|y)(r-1)} + \sum_{Y} p(x^* y)\log\frac{1-P_E}{p(x^*|y)} \end{aligned}$$

应用不等式 $\ln x \leqslant x-1$（$x>0$），可得

$$
\begin{aligned}
&H(X|Y)-H(P_{\mathrm{E}})-P_{\mathrm{E}}\log(r-1)\\
&\leqslant\left[\sum_{Y,X-X^*}p(xy)\left(\frac{P_{\mathrm{E}}}{p(x|y)(r-1)}-1\right)+\sum_{Y}p(x^*y)\left(\frac{1-P_{\mathrm{E}}}{p(x^*|y)}-1\right)\right]\log\mathrm{e}\\
&=\left[\sum_{Y,X-X^*}\frac{p(y)P_{\mathrm{E}}}{(r-1)}-\sum_{Y,X-X^*}p(xy)+\sum_{Y}p(y)(1-P_{\mathrm{E}})-\sum_{Y}p(x^*y)\right]\log\mathrm{e}\\
&=\left[\frac{P_{\mathrm{E}}}{(r-1)}\sum_{Y,X-X^*}p(y)-P_{\mathrm{E}}+(1-P_{\mathrm{E}})-(1-P_{\mathrm{E}})\right]\log\mathrm{e}\\
&=\left[\frac{P_{\mathrm{E}}}{(r-1)}(r-1)-P_{\mathrm{E}}\right]\log\mathrm{e}=(P_{\mathrm{E}}-P_{\mathrm{E}})\log\mathrm{e}=0
\end{aligned}
$$

其中，$\sum_{Y}\sum_{X-X^*}p(y)=r-1$。由于

$$
\sum_{Y}\sum_{X}p(y)=\sum_{Y}\sum_{X}\frac{p(xy)}{p(x|y)}=\sum_{X}\sum_{Y}p(y)=\sum_{X}1=r
$$

$$
\sum_{Y}\sum_{X^*}p(y)=\sum_{X^*}\sum_{Y}p(y)=\sum_{X^*}1=1
$$

因此，可得

$$
\sum_{Y}\sum_{X-X^*}p(y)=r-1
$$

即可证得

$$
H(X|Y)\leqslant H(P_{\mathrm{E}})+P_{\mathrm{E}}\log(r-1)
$$

在费诺不等式的证明过程中并未指定某种译码规则，这说明虽然平均错误概率 P_{E} 与译码规则有关，但费诺不等式对任何译码规则都是成立的。以 $H(X|Y)$ 为纵坐标，P_{E} 为横坐标，函数 $H(P_{\mathrm{E}})+P_{\mathrm{E}}\log(r-1)$ 随 P_{E} 变化的曲线如图 6.3 所示。

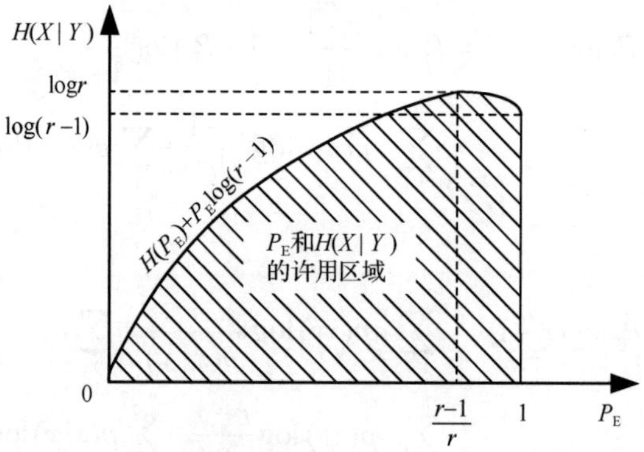

图 6.3　函数 $H(P_{\mathrm{E}})+P_{\mathrm{E}}\log(r-1)$ 随 P_{E} 变化的曲线

对于给定信源、信道及译码规则，信道疑义度

$$
H(X|Y)=H(X)-I(X;Y)
$$

就可以被确定，它是信源熵超过平均互信息量的部分。对于给定的输入分布和信道特性，选

择不同译码规则所对应的平均错误概率 P_E 不同，函数 $H(P_E)+P_E\log(r-1)$ 的值也不同，但无论采用什么译码规则，都满足费诺不等式，即信道疑义度 $H(X|Y)$ 的值给出了平均错误概率 P_E 的下限。

费诺不等式表明，在做一次译码判决后信源还剩余的不确定性可分为两部分：第一部分是接收端按选择的译码规则译码时，是否产生译码错误的平均不确定性 $H(P_E)$；第二部分是当判决是错误的，平均错误概率为 P_E 时，究竟是哪个信源符号被错误译码的最大平均不确定性 $P_E\log(r-1)$，它等于 $r-1$ 个发送符号的最大平均不确定性 $\log(r-1)$ 与 P_E 的乘积。

6.3 错误概率与编码方法

6.2.2 节的讨论表明，当信源分布 $p(x_i)$ 和信道传递概率 $p(y_j|x_i)$ 给定后，信道平均错误概率 P_E 能达到的最小值就确定了，即不可能通过译码规则的选择使平均错误概率 P_E 进一步降低。对于固定的信源而言，若要想使平均错误概率 P_E 的最小值进一步降低，则必须通过信道编码的方法改变信道的统计特性，来进一步提高通信的可靠性。

6.3.1 简单重复编码

根据实际经验，我们知道如果在信道的输入端把信道的输入符号重复发送多次，就能有效降低接收符号的错误概率，从而提高通信的可靠性。这就是我们首先要讨论的简单重复编码。

例 6.3.1 设在图 6.2 所示的二元对称信道中，输入符号等概率分布，且错误传递概率 $p=0.01$，即信道矩阵为 $\boldsymbol{P}=\begin{bmatrix}0.99 & 0.01\\ 0.01 & 0.99\end{bmatrix}$。

根据极大似然译码准则设计的译码规则为

$$F(y_1)=x_1$$
$$F(y_2)=x_2$$

平均错误概率为

$$P_E=\frac{1}{r}\sum_{Y}\sum_{X-X^*}p(y|x)=\frac{1}{2}\times(0.01+0.01)=0.01$$

现在采用简单重复编码。先进行三次重复编码，即若输入符号为“0”，则重复发送三个连续的“0”，若输入符号为“1”，则重复发送三个连续的“1”。这样，离散无记忆信道的输入符号就不再是单个符号“0”和“1”了，而是符号序列 $\alpha_1=000$ 和 $\alpha_8=111$。符号序列 $\alpha_1=000$ 和 $\alpha_8=111$ 是二元信源 X={0,1} 的 $N=3$ 次扩展信源 $\boldsymbol{X}=X_1X_2X_3$ 的 $r^N=2^3=8$ 个消息符号 α_i，$i=1,2,\cdots,r^N$：

$$\alpha_1=000;\quad \alpha_2=001;\quad \alpha_3=010;\quad \alpha_4=011;$$
$$\alpha_5=100;\quad \alpha_6=101;\quad \alpha_7=110;\quad \alpha_8=111$$

中的两个消息符号。在对离散无记忆信道的输入信源进行三次简单重复编码后，信源已经由原来的单符号离散信源 X 变为信源 X 的三次扩展信源 $\boldsymbol{X}=X_1X_2X_3$ 了。

因此，三次简单重复编码可以看作从信源 X 的三次扩展信源 $\boldsymbol{X}=X_1X_2X_3$ 的消息符号 α_i（$i=1,2,\cdots,r^N$）中选择两个消息符号 $\alpha_1=000$ 和 $\alpha_8=111$ 作为码字，分别代表信源 X 的两个符号“0”和“1”。这种信道编码方法有时也称为随机编码，指在 $r^N=2^3$ 个二元码符号序列 α_i（$i=1,2,\cdots,r^N$）中随机选取两个作为码字。经过上述编码后，信道也就转变为单符号离散无记忆信道的三次扩展信道，信道的输出符号也由原来的二元随机变量 Y={0,1} 转变为随机变量序列 $\boldsymbol{Y}=Y_1Y_2Y_3$，输出符号序列的取值为 β_i，$i=1,2,\cdots,r^N$，即

$$
\beta_1=000;\quad \beta_2=001;\quad \beta_3=010;\quad \beta_4=011;
$$
$$
\beta_5=100;\quad \beta_6=101;\quad \beta_7=110;\quad \beta_8=111
$$

因此，简单重复编码导致了信道传递特性的变化。由原来的单符号离散无记忆信道的信道矩阵 $\boldsymbol{P}=\begin{bmatrix}0.99 & 0.01\\ 0.01 & 0.99\end{bmatrix}$，转为单符号离散无记忆信道的三次扩展信道的信道矩阵

$$
\boldsymbol{P}=\begin{matrix} & \begin{matrix}000 & 001 & 010 & 011 & 100 & 101 & 110 & 111\end{matrix}\\ \begin{matrix}\alpha_1=000\\ \\ \alpha_8=111\end{matrix} & \begin{bmatrix}\bar{p}^3 & \bar{p}^2p & \bar{p}^2p & \bar{p}p^2 & \bar{p}^2p & \bar{p}p^2 & \bar{p}p^2 & p^3\\ \\ p^3 & \bar{p}p^2 & \bar{p}p^2 & \bar{p}^2p & \bar{p}p^2 & \bar{p}^2p & \bar{p}^2p & \bar{p}^3\end{bmatrix}\end{matrix}
$$

当信道输入符号“0”和“1”等概率分布时，码字 $\alpha_1=000$ 和 $\alpha_8=111$ 也为等概率分布，即 $p(\alpha_1)=p(\alpha_8)=0.5$。可采用极大似然译码准则得到译码规则

$$
F(\beta_1)=F(\beta_2)=F(\beta_3)=F(\beta_5)=\alpha_1
$$
$$
F(\beta_4)=F(\beta_6)=F(\beta_7)=F(\beta_8)=\alpha_8
$$

平均错误概率为

$$
\begin{aligned}
P_{\mathrm{E}}&=\frac{1}{r}\sum_{Y,X-X^*}p(y\,|\,x)\\
&=\frac{1}{2}(\bar{p}^3+p^2\bar{p}+p^2\bar{p}+p^2\bar{p}+p^2\bar{p}+p^2\bar{p}+p^2\bar{p}+\bar{p}^3)\\
&=\bar{p}^3+3p^2\bar{p}\approx 3\times10^{-4}
\end{aligned}
\tag{6.3.1}
$$

在上述情况下，采用了“择多译码”的译码准则。若信道输出端收到的码符号序列 β_i（$i=1,2,\cdots,r^N$）中“0”的个数多于“1”的个数，则判决为“0”；若“1”的个数多于“0”的个数，则判决为“1”。这样得到的译码规则与采用极大似然译码准则得到的译码规则一样，因此两者的平均错误概率也相同。

当均采用极大似然译码准则时，经过上述三次简单重复编码后的平均错误概率 P_{E} 比不进行信道编码时的平均错误概率 P_{E} 要低 2 个数量级左右，显著提高了通信的可靠性。分析其原因可知，在信道输入等概率分布时采用极大似然译码准则，上述的三次简单重复编码能纠正一位码元错误，从而降低了平均错误概率 P_{E} 的最小值。

采用上述简单重复编码，若进一步增加重复次数 N，可计算出相应的平均错误概率 P_E

$$N=5，P_E \approx 10^{-5}$$
$$N=7，P_E \approx 4\times 10^{-7}$$
$$\vdots$$
$$N=11，P_E \approx 5\times 10^{-10}$$

显然，随着重复次数 N 的增加，平均错误概率 P_E 进一步下降。这是因为输出端收到的 N 长符号序列 $\boldsymbol{Y}=Y_1Y_2Y_3\cdots Y_N$ 的数量为 r^N。当重复次数 N 增加时，接收符号序列的数量以 $r=2$ 的指数增加，这意味着有更多的输出序列被译码成“0”或“1”，即编码的纠错能力随着重复次数 N 的增加不断增强，平均错误概率 P_E 的最小值也随之继续降低，通信的可靠性随之进一步提升。

设信道编码后，信道输入的符号个数为 M（信道编码后的新信源的消息数），N 为信道编码的码长。当信道的 M 个输入符号等概率分布时，信道编码后平均每个码符号所携带的信息量，即码率 R 为

$$R=\frac{H(S)}{\overline{L}}=\frac{\log M}{N}\ \text{bit / 符号} \tag{6.3.2}$$

这表明，信道编码的有效性取决于消息数 M 和码长 N。

因此，当消息数 M 和码长 N 固定时，通过选择不同的码字构成的信道编码都具有相同的有效性。那么此时码字的选择是否会影响平均错误概率的最小值？下面来讨论这个问题。

对于上述的二元对称信道，选择两个消息符号 $\alpha_1=000$ 和 $\alpha_2=001$ 作为码字分别表示信源符号“0”和“1”，此时三次扩展信道的信道矩阵为

$$\boldsymbol{P}=\begin{matrix} & \begin{matrix} 000 & 001 & 010 & 011 & 100 & 101 & 110 & 111 \end{matrix} \\ \begin{matrix} \alpha_1=000 \\ \\ \alpha_8=001 \end{matrix} & \begin{bmatrix} \overline{p}^3 & \overline{p}^2 p & \overline{p}^2 p & \overline{p}^2 p & \overline{p}^2 p & \overline{p}^2 p & \overline{p}^2 p & p^3 \\ & & & & & & & \\ \overline{p}^2 p & \overline{p}^3 & \overline{p}p^2 & \overline{p}^2 p & \overline{p}p^2 & \overline{p}^2 p & p^3 & \overline{p}p^2 \end{bmatrix} \end{matrix}$$

当信道输入符号“0”和“1”等概率分布时，采用极大似然译码准则得到译码规则

$$F(\beta_1)=F(\beta_3)=F(\beta_5)=F(\beta_7)=\alpha_1$$
$$F(\beta_2)=F(\beta_4)=F(\beta_6)=F(\beta_8)=\alpha_2$$

平均错误概率为

$$\begin{aligned} P_E &= \frac{1}{r}\sum_{Y,X-X^*} p(y\,|\,x^*) \\ &= \frac{1}{2}(\overline{p}^2 p+\overline{p}^2 p+p^2\overline{p}+p^2\overline{p}+p^2\overline{p}+p^3+p^2\overline{p}+p^3) \\ &= p^3+\overline{p}^2 p+2p^2\overline{p}\approx 2\times 10^{-3} \end{aligned} \tag{6.3.3}$$

比较式（6.3.1）和式（6.3.3）可知，当选择不同的码字时，平均错误概率的最小值会有所不同。那么当消息数 M 和码长 N 固定时，在信道编码时如何选择码字才能使得平均错误概率

的最小值尽可能小？在下一节中，我们将通过引入汉明距离来讨论这个问题。

例 6.3.2 设一个离散无记忆信道，其信道矩阵 $\boldsymbol{P}$ 为

$$\boldsymbol{P}=\begin{matrix} & y_1 & y_2 & y_3 \\ x_1 & 0.8 & 0.2 & 0 \\ x_2 & 0 & 0.5 & 0.5 \\ x_3 & 0.2 & 0 & 0.8 \end{matrix}$$

试找出一个码长为 2 的重复码，其码率 $R=\frac{\log 3}{2}$，当输入码字等概率分布时，求平均错误概率 P_{E}。

解：要求设计一个码长 $N=2$ 的重复码，且码率 $R=\frac{\log 3}{2}$，即

$$R=\frac{\log M}{N}=\frac{\log 3}{2}$$

可得该重复码的码字总数为 $M=3$。

信道输入端共有 $3^2=9$ 种码符号序列 α_i，$i=1,2,\cdots,3^2$，可选择其中 $M=3$ 种码符号序列作为输入码字，信道输出端共有 9 种输出符号序列 β_j，$j=1,2,\cdots,3^2$。

令选择的 M 个输入码字为

$$\begin{cases}\alpha_1=x_1x_1\\ \alpha_2=x_2x_2\\ \alpha_3=x_3x_3\end{cases}$$

二次扩展信道的信道矩阵为

$$\boldsymbol{P}=\begin{matrix} & y_1y_1 & y_1y_2 & y_1y_3 & y_2y_1 & y_2y_2 & y_2y_3 & y_3y_1 & y_3y_2 & y_3y_3 \\ \alpha_1=x_1x_1 & 0.64 & 0.16 & 0 & 0.16 & 0.04 & 0 & 0 & 0 & 0 \\ \alpha_2=x_2x_2 & 0 & 0 & 0 & 0 & 0.25 & 0.25 & 0 & 0.25 & 0.25 \\ \alpha_3=x_3x_3 & 0.04 & 0 & 0.16 & 0 & 0 & 0 & 0.16 & 0 & 0.64 \end{matrix}$$

信道输入为等概率分布，所以 M 个码字也为等概率分布。根据极大似然译码准则，得到译码规则：

$$F(\beta_1)=F(\beta_2)=F(\beta_4)=\alpha_1$$
$$F(\beta_5)=F(\beta_6)=F(\beta_8)=\alpha_2$$
$$F(\beta_3)=F(\beta_7)=F(\beta_9)=\alpha_3$$

平均错误概率 P_{E} 为

$$P_{\mathrm{E}}=\frac{1}{M}\sum_{X-X^*}p(y\mid x)=\frac{1}{3}\times(0.04+0.04+0.25)=0.11$$

6.3.2 信道编码的编码原则

定义 6.3.1 设 $\alpha_i=a_{i_1}a_{i_2}\cdots a_{i_N}$ 和 $\beta_j=\beta_{j_1}\beta_{j_2}\cdots\beta_{j_N}$ 为两个由二元码符号构成的 N 长码字，

则码字 α_i 和 β_j 之间的汉明距离表示为

$$D(\alpha_i,\beta_j)=\sum_{k=1}^{N}\alpha_{i_k}\oplus\beta_{j_k} \tag{6.3.4}$$

其中，$a_{i_1},a_{i_2},\cdots,a_{i_N}\in\{0,1\}$；$\beta_{j_1},\beta_{j_2},\cdots,\beta_{j_N}\in\{0,1\}$；$\oplus$ 为模 2 和运算。

可见，两个码字之间的汉明距离就是它们在相同位置上不同码符号的个数。汉明距离描述了两个码字的差异程度，汉明距离 $D(\alpha_i,\beta_j)$ 越大，表示码字 α_i 和 β_j 相同位置上不同码符号的个数越多，码字 α_i 和 β_j 的差别越大；反之，汉明距离 $D(\alpha_i,\beta_j)$ 越小，表示码字 α_i 和 β_j 越相似。

例如，两个二元序列 $\alpha_i=10111100$ 和 $\beta_j=11110011$ 的汉明距离为 $D(\alpha_i,\beta_j)=5$。

易证明汉明距离满足以下性质。

（1）非负性，即

$$D(\alpha_i,\beta_j)\geqslant 0 \tag{6.3.5}$$

当且仅当 $\alpha_i=\beta_j$ 时，等号成立。

（2）对称性，即

$$D(\alpha_i,\beta_j)=D(\beta_j,\alpha_i) \tag{6.3.6}$$

（3）三角不等式，即

$$D(\alpha_i,\beta_j)+D(\beta_j,\omega_l)\geqslant D(\alpha_i,\omega_l) \tag{6.3.7}$$

定义 6.3.2　对于二元码 C，定义任意两个不同码字的汉明距离的最小值为码 C 的最小汉明距离 $D_{\min}$，即

$$D_{\min}=\min[D(c_i,c_j)],\quad c_i\neq c_j;\quad c_i,c_j\in C \tag{6.3.8}$$

其中，$c_i,c_j\in C$。

显然，码的最小汉明距离 $D_{\min}$ 描述了码中任意两个码字的最小差异程度。

例如，如下两个码长 $N=3$ 的二元码 C_1 和 C_2：

C_1	C_2
000	000
011	001
101	010
110	100

码 C_1 的最小汉明距离 $D_{\min}=2$，码 C_2 的最小汉明距离 $D_{\min}=1$。

现在，我们将汉明距离引入随机编码。当消息数 M 和码长 N 固定时，信道输入端有 M 个 N 长的码字 $\alpha_i=a_{i_1},a_{i_2},\cdots,a_{i_N}$，$i=1,2,\cdots,M$；信道输出端有 2^N 个 N 长的码符号序列 $\beta_j=\beta_{j_1},\beta_{j_2},\cdots,\beta_{j_N}$，$j=1,2,\cdots,2^N$。经过信道编码后，信道由原来的单符号二元对称信道转变为二元对称信道的 N 次扩展信道，其信道传递概率可表示为

$$p(\beta_j \mid \alpha_i) = p(\beta_{j_1} \mid \alpha_{i_1}) p(\beta_{j_2} \mid \alpha_{i_2}) \cdots p(\beta_{j_N} \mid \alpha_{i_N}) \tag{6.3.9}$$

设码符号的正确传递概率为$\bar{p}$，即表示式（6.3.9）中某个位置k（$k=1,2,\cdots,N$）上的发送符号α_{i_k}与接收符号β_{i_k}相同的概率；码符号的错误传递概率为$p=1-\bar{p}$，即表示某个位置k（$k=1,2,\cdots,N$）上发送符号α_{i_k}与接收符号β_{i_k}不同的概率。

假定发送码字$\alpha_i = a_{i_1}, a_{i_2}, \cdots, a_{i_N}$在传输过程中出现$D$位错误，接收到的码符号序列为$\beta_j = \beta_{j_1}, \beta_{j_2}, \cdots, \beta_{j_N}$，发送码字$\alpha_i$的传递错误的位数$D$可用$\alpha_i$和$\beta_j$之间的汉明距离表示，即

$$D = D(\alpha_i, \beta_j)$$

因此，式（6.3.9）中的信道传递概率可以表示为

$$\begin{aligned} p(\beta_j \mid \alpha_i) &= p(\beta_{j_1} \mid \alpha_{i_1}) p(\beta_{j_2} \mid \alpha_{i_2}) \cdots p(\beta_{j_N} \mid \alpha_{i_N}) \\ &= p^D \bar{p}^{(N-D)} = \left(\frac{p}{\bar{p}}\right)^D \bar{p}^N \end{aligned} \tag{6.3.10}$$

其中，$i=1,2,\cdots,M$，$j=1,2,\cdots,2^N$。

当M个码字等概率分布时，采用极大似然译码准则来选择译码规则。选择译码规则$F(\beta_j)=\alpha^*$，$j=1,2,\cdots,2^N$，使其满足

$$p(\beta_j \mid \alpha^*) = \left(\frac{p}{\bar{p}}\right)^{D(\alpha^*,\beta_j)} \bar{p}^N \geqslant p(\beta_j \mid \alpha_i) = \left(\frac{p}{\bar{p}}\right)^{D(\alpha_i,\beta_j)} \cdot \bar{p}^N ，对\forall i$$

即

$$\left(\frac{p}{\bar{p}}\right)^{D(\alpha^*,\beta_j)} \geqslant \left(\frac{p}{\bar{p}}\right)^{D(\alpha_i,\beta_j)} ，对\forall i \tag{6.3.11}$$

式（6.3.11）就是用汉明距离表示的极大似然译码准则。

由于在一般情况下，$p<\dfrac{1}{2}$，因此式（6.3.11）可以改写为

$$D(\alpha^*,\beta_j) \leqslant D(\alpha_i,\beta_j)，对\forall i \tag{6.3.12}$$

式（6.3.12）又称为最小距离译码准则。

最小距离译码准则的含义是，如果M个信道输入等概率分布，那么当接收到β_j（$j=1,2,\cdots,2^N$）时，要将其译码为与之汉明距离最小的发送码字α^*（要将接收序列β_j译码为与之最相似的发送码字α^*），可使平均错误概率P_{E}最小。

显然，在二元对称无记忆信道中，当输入等概率分布时，最小距离译码准则等于极大似然译码准则；在任意信道中也可采用最小距离译码准则，但它不一定等于极大似然译码准则。

对于输入等概率分布的二元对称信道，当采用极大似然译码准则时，平均错误概率P_{E}可用汉明距离表示为

$$P_E = \frac{1}{M}\sum_{j=1}^{r^N}\sum_{i\neq *} p(\beta_j \mid \alpha_i) = \frac{1}{M}\sum_{j=1}^{r^N}\sum_{i\neq *} p^{D(\alpha_i,\beta_j)}\bar{p}^{[N-D(\alpha_i,\beta_j)]} \tag{6.3.13}$$

或者

$$P_E = 1-\frac{1}{M}\sum_{j=1}^{r^N} p(\beta_j \mid \alpha^*) = 1-\frac{1}{M}\sum_{j=1}^{r^N} p^{D(\alpha^*,\beta_j)}\bar{p}^{[N-D(\alpha^*,\beta_j)]} \tag{6.3.14}$$

式（6.3.13）表明，对于二元对称信道，当 $p<\frac{1}{2}$ 时，$D(\alpha_i,\beta_j)$ 越大，平均错误概率 P_E 就越小。这说明，信道的输出序列 β_j（$j=1,2,\cdots,2^N$）与除了译码函数规定的相应码字 $F(\beta_j)=\alpha^*$ 以外的 $M-1$ 个码字 α_i（$i\neq *$）之间的汉明距离 $D(\alpha_i,\beta_j)$ 越大时，平均错误概率 P_E 越小。

式（6.3.14）表明，$D(\alpha^*,\beta_j)$ 越小，平均错误概率 P_E 越小，即信道的输出码字 β_j（$j=1,2,\cdots,2^N$）与其译码函数规定的相应码字 $F(\beta_j)=\alpha^*$ 之间的汉明距离 $D(\alpha^*,\beta_j)$ 越小，平均错误概率 P_E 越小。

综合考虑以上两方面因素，在从 r^N 个 N 长码符号序列 α_i（$i=1,2,\cdots,r^N$）中选择 M 个发送码字时，一方面选择的每个码字 α^* 都要与某一特定接收序列 β_j 的距离尽可能近，尽可能减小 $D(\alpha^*,\beta_j)$；另一方面还要使其他码字 $\alpha_i\neq\alpha^*$ 与该接收序列 β_j 的距离尽可能远，尽可能增大 $D(\alpha_i,\beta_j)$。为了满足以上两方面的要求，码字选择应遵循的原则为：选择的 M 个码字中任意两个不同码字的距离 $D(x_i,y_j)$ 尽量大，即选择的 M 个码字越不相似越好。

综上所述，在有噪信道编码中，当消息数 M 和码长 N 固定，即要求信道的信息传输率达到

$$R=\frac{\log M}{N}\ \text{bit/符号}$$

同时又要使得平均译码错误概率 P_E 尽可能小时，在从 r^N 个 N 长码符号序列 α_i（$i=1,2,\cdots,r^N$）中选择 M 个码字时，要求采用使码的最小汉明距离尽可能大的编码方法；同时，译码时要求采用将 β_j 译码成与之汉明距离最小的发送码字 α^* 的最小距离译码准则。

6.4　有噪信道编码定理

由前面的讨论可知，对于有噪信道，只要采用合适的编、译码方法，就能在保证信道的信息传输率达到一定水平的条件下，使平均错误概率 P_E 尽可能小。那么信道的信息传输率能达到的最大值是多少？平均错误概率 P_E 究竟能小到什么程度？有噪信道编码定理回答了以上问题。

有噪信道编码定理称为香农第二定理，又称为信息论的基本定理。

定理 6.4.1（有噪信道编码定理）　设一个有 r 个输入符号和 s 个输出符号的离散无记忆平稳信道，信道容量为 C，当信息传输率 $R<C$ 时，总可以找到一种编码，当码长 N 足够大时，使平均错误概率 P_E 任意小。

由于二元对称信道是最常用的信道，现在我们针对二元对称信道来证明该定理。

证明：设有一个图 6.2 所示的二元对称信道，其错误传递概率 $p<1/2$，正确传递概率为 $\overline{p}=1-p$，信道容量为 $C=1-H(p)$。

假定已从 r^N 个 N 长码符号序列中选择 M 个符号序列作为码字构成一组码。

设在发送端发送某个码字 α_i，$i=1,2,\cdots,r^N$，在信道接收端收到的 N 长码符号序列为 β_j，$j=1,2,\cdots,s^N$。二元对称信道的错误传递概率为 p，因此 N 长输入码字 α_i 在传输过程中平均会有 Np 个码符号发生错误。若在接收端收到的 N 长码符号序列为 β_j，则输入码字 α_i 与接收码符号序列 β_j 之间的平均汉明距离可表示为

$$D(\alpha_i,\beta_j)=Np$$

接收端收到某个 N 长码符号序列 β_j（$j=1,2,\cdots,s^N$）后，根据极大似然译码准则，要将其译码为与之汉明距离最小的发送码字 α^*，即要在与 β_j（$j=1,2,\cdots,s^N$）的汉明距离小于或等于平均汉明距离 Np 的码字中去寻找发送码字 α^*。用 N 维空间的几何概念来看，就是要在以 β_j（$j=1,2,\cdots,s^N$）为球心，半径为 Np 的球体中去寻找发送码字 α^*，如图 6.4 所示。

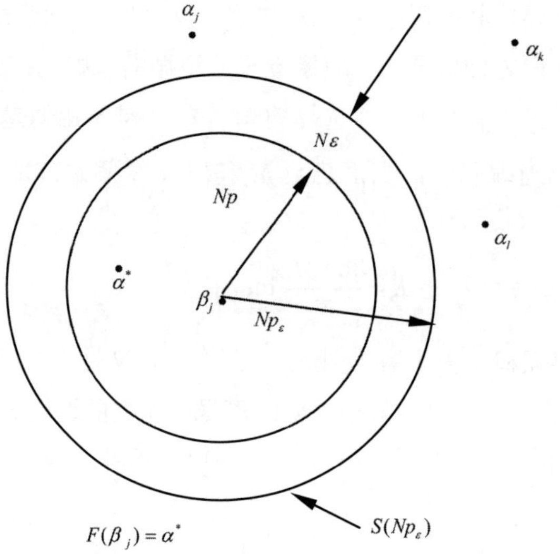

图 6.4　译码规则示意图

以 β_j（$j=1,2,\cdots,s^N$）为球心，画半径为 $Np_\varepsilon=N(p+\varepsilon)$ 的球体 $S(Np_\varepsilon)$，满足 $p_\varepsilon=p+\varepsilon<1/2$，其中，$\varepsilon$ 为任意小的正数。那么发送码字 α^* 会以高概率落在该球体中。

根据极大似然译码准则，只有当球体 $S(Np_\varepsilon)$ 中有唯一的码字且该码字为发送码字 α^* 时，才能正确译码。而除此以外的两种情况都会造成译码错误，一种是发送码字 α^* 未落在球体 $S(Np_\varepsilon)$ 中，另一种是除了发送码字 α^* 落在球体 $S(Np_\varepsilon)$ 中，还至少有一个其他码字 $\alpha_i\neq\alpha^*$ 也落在球体 $S(Np_\varepsilon)$ 中。采用此译码规则时的错误概率为

$$p_{\mathrm{e}}^*=P\{\alpha^*\notin S(Np_\varepsilon)\}+P\{\alpha^*\in S(Np_\varepsilon)\}\cdot P\{\text{至少有一个其他码字}\alpha_i\ (\alpha_i\neq\alpha^*)\in S(Np_\varepsilon)\}$$

由

$$P\{\alpha^* \in S(Np_\varepsilon)\} \leqslant 1$$

可得

$$p_e^* \leqslant P\{\alpha^* \notin S(Np_\varepsilon)\} + P\{至少有一个其他码字\alpha_i（\alpha_i \neq \alpha^*）\in S(Np_\varepsilon)\} \qquad (6.4.1)$$

式（6.4.1）中不等号后边第一项表示接收码符号序列 β_j（$j=1,2,\cdots,s^N$）与发送码字 α^* 之间的汉明距离大于 $N(p+\varepsilon)$ 的概率，即发送码字 α^* 在二元对称信道传输过程中，传输错误的平均码符号个数超过 $N(p+\varepsilon)$ 的概率。N 长输入码字 α_i 在传输过程中发生错误的码符号的平均个数为 Np。显然，N 长输入码字 α_i 通过二元对称信道，总会存在传输错误的码符号个数超过平均个数，而达到等于或大于 $N(p+\varepsilon)$ 的情况。但是，由大数定理可知，随着码字长度 N 的增加，这种可能性会越来越小。对于任意两个正整数 ε 和 δ，必然存在一个正整数 N_0，当 $N > N_0$ 时，N 长码字通过二元对称信道发生传输错误的码符号个数超过其平均值的概率小于 δ，即当 N 足够大时，必存在

$$P\{\alpha^* \notin S(Np_\varepsilon)\} < \delta \qquad (6.4.2)$$

式（6.4.1）中不等号后边第二项表示所有不是发送码字 α^* 的其他码字 α_i（$\alpha_i \neq \alpha^*$）与接收码符号序列 β_j（$j=1,2,\cdots,s^N$）之间的汉明距离小于 $N(p+\varepsilon)$ 的概率，这是一个和事件，可表示为

$$\{至少有一个其他码字\alpha_i（\alpha_i \neq \alpha^*）\in S(Np_\varepsilon)\} = \{\bigcup_k A_k\}$$

其中

事件 A_1 表示某一个不是发送码字 α^* 的其他码字 α_i 落在球体 $S(Np_\varepsilon)$ 中；

事件 A_2 表示另一个不是发送码字 α^* 的其他码字 α_i 落在球体 $S(Np_\varepsilon)$ 中；

$$\vdots$$

因此

$$P\{至少有一个其他码字\alpha_i（\alpha_i \neq \alpha^*）\in S(Np_\varepsilon)\} = P\{\bigcup_k A_k\}$$

由概率论知识可知

$$P\{\bigcup_k A_k\} \leqslant \sum_k P\{A_k\}$$

可得

$$P\{至少有一个其他码字\alpha_i（\alpha_i \neq \alpha^*）\in S(Np_\varepsilon)\} \leqslant \sum_k P\{A_k\} = \sum_{\alpha_i \neq \alpha^*} P\{\alpha_i \in S(Np_\varepsilon)\}$$

因此

$$p_e^* \leqslant \delta + \sum_{\alpha_i \neq \alpha^*} P\{\alpha_i \in S(Np_\varepsilon)\} \qquad (6.4.3)$$

对于式（6.4.3），设 $P\{\alpha_i \in S(Np_\varepsilon\}$ 为 $\sum_{\alpha_i \neq \alpha^*} P\{\alpha_i \in S(Np_\varepsilon\}$ 中所有求和项中概率最大的项，由于共有 M 个输入码字，所以不是发送码字 α^* 的其他码字 α_i（$\alpha_i \neq \alpha^*$）的总数为 $M-1$。因此，式(6.4.3)可以改写为

$$p_{\mathrm{e}}^* \leqslant \delta + (M-1)P\{\alpha_i \in S(Np_\varepsilon)\} \quad (\alpha_i \neq \alpha^*) \tag{6.4.4}$$

其中，由于发送码字 α^* 是从信道输入端的 r^N 个 N 长码符号序列中随机选择出来的某一个码字，具有 $r^N = 2^N$ 种可能性，而要组成由 M 个码字构成的码，必须进行 M 次选择，因此总共能形成 2^{NM} 种具有 M 个码字的码。在随机选择的条件下，每种码出现的概率为 2^{-NM}。对任何一个确定的码，其错误概率 p_{e}^* 均由式（6.4.4）表示。因此，要求得总的平均错误概率 P_{E} 就必须把由式（6.4.4）表示的错误概率 p_{e}^* 对 2^{NM} 种可能的码取统计平均，其中式（6.4.4）中的 δ 为任意小的正数，与选择的码无关。因此，平均错误概率 P_{E} 可表示为

$$\begin{aligned} P_{\mathrm{E}} &\leqslant \delta + (M-1)\{E[P(\alpha_i \in S(Np_\varepsilon)]\} \\ &\leqslant \delta + M\{E[P(\alpha_i \in S(Np_\varepsilon)]\} \qquad (\alpha_i \neq \alpha^*) \end{aligned} \tag{6.4.5}$$

由于码字 α_i 是在 2^N 个 N 长码符号序列中随机选择出来的，所以每个码字 α_i（$\alpha_i \neq \alpha^*$）落在以 β_j（$j=1,2,\cdots,s^N$）为球心，半径为 $N(p+\varepsilon)$ 的球体 $S(Np_\varepsilon)$ 中的概率 $P\{\alpha_i \in S(Np_\varepsilon)\}$ 均为球体 $S(Np_\varepsilon)$ 中的序列数与 N 长码符号序列的总数 2^N 之比。

码字 α_i（$\alpha_i \neq \alpha^*$）落在球体 $S(Np_\varepsilon)$ 中的事件数有以下几种情况。

N 长二元序列发生 1 位错误落入球体 $S(Np_\varepsilon)$ 中的个数为 C_N^1 个；

N 长二元序列发生 2 位错误落入球体 $S(Np_\varepsilon)$ 中的个数为 C_N^2 个；

⋮

N 长二元序列发生 Np_ε 位错误落入球体 $S(Np_\varepsilon)$ 中的个数为 $C_N^{Np_\varepsilon}$ 个。

于是，所有可能落入球体 $S(Np_\varepsilon)$ 中的序列总数为

$$N(Np_\varepsilon) = C_N^1 + C_N^2 + \cdots + C_N^{Np_\varepsilon} = \sum_{k=0}^{Np_\varepsilon} C_N^k \tag{6.4.6}$$

则有

$$E[P(\alpha_i \in S(Np_\varepsilon)] = \frac{N(Np_\varepsilon)}{2^N} = \frac{\sum_{k=0}^{Np_\varepsilon} C_N^k}{2^N} \qquad (\alpha_i \neq \alpha^*) \tag{6.4.7}$$

当 $p_\varepsilon < 1/2$ 时，以下不等式成立：

$$\sum_{k=0}^{Np_\varepsilon} C_N^k \leqslant 2^{NH(p_\varepsilon)} \tag{6.4.8}$$

式（6.4.8）的证明过程请参考相关文献。

根据式（6.4.8）可确定二元对称信道的 $N(Np_\varepsilon)$ 的上界，即

$$N(Np_\varepsilon) \leqslant 2^{NH(p_\varepsilon)} \tag{6.4.9}$$

可得

$$E[P(\alpha_i \in S(Np_\varepsilon)] = \frac{N(Np_\varepsilon)}{2^N} \leqslant \frac{2^{NH(p_\varepsilon)}}{2^N} = 2^{-N[1-H(p_\varepsilon)]} \quad (\alpha_i \neq \alpha^*) \tag{6.4.10}$$

其中

$$\begin{aligned} 1-H(p_\varepsilon) &= 1-H(p+\varepsilon) \\ &= 1-H(p)+H(p)-H(p+\varepsilon) \\ &= C-[H(p+\varepsilon)-H(p)] \end{aligned}$$

由于信源熵 $H(p_\varepsilon)$ 是概率 p 的上凸函数，因此有

$$H(p+\varepsilon) \leqslant H(p)+\varepsilon\frac{\mathrm{d}H(p)}{\mathrm{d}p}$$

且有 $0 < p_\varepsilon < 1/2$，则

$$\frac{\mathrm{d}H(p)}{\mathrm{d}p} = \log\frac{1}{p} - \log\frac{1}{1-p} = \log\frac{1-p}{p} > 0$$

故有

$$1-H(p_\varepsilon) \geqslant C - \varepsilon\log\frac{1-p}{p} = 1-H(p)-\varepsilon\log\frac{1-p}{p}$$

令

$$\varepsilon_1 = \varepsilon\log\frac{1-p}{p} > 0$$

则有

$$1-H(p_\varepsilon) \geqslant C-\varepsilon_1 \tag{6.4.11}$$

将式（6.4.11）代入式（6.4.10）中，可得

$$E[P(\alpha_i \in S(Np_\varepsilon)] \leqslant 2^{-N[1-H(p_\varepsilon)]} \leqslant 2^{-N(C-\varepsilon_1)} \tag{6.4.12}$$

其中，$\alpha_i \neq \alpha^*$ 。

将式（6.4.12）代入式（6.4.5）中，可得

$$P_{\mathrm{E}} \leqslant \delta + M2^{-N(C-\varepsilon_1)} \tag{6.4.13}$$

若消息数 M 满足

$$M \leqslant 2^{N(C-\varepsilon_2)} \tag{6.4.14}$$

则

$$P_{\mathrm{E}} \leqslant \delta + 2^{N(C-\varepsilon_2)} \cdot 2^{-N(C-\varepsilon_1)} = \delta + 2^{-N(\varepsilon_2-\varepsilon_1)} \tag{6.4.15}$$

其中

$$\varepsilon_2-\varepsilon_1 = \varepsilon_2 - \varepsilon\log\frac{1-p}{p} \tag{6.4.16}$$

其中，ε_2为任意小的正数。显然，只要选择ε足够小，就总能保证$\varepsilon_2-\varepsilon_1$为任意小的正数。此时，当编码码长$N$足够大时，平均错误概率$P_E$就可无限接近于零。

由于总的平均错误概率P_E是每个码的平均错误概率p_e^*对所有2^{NM}种随机编码的统计平均，因此在2^{NM}种随机编码中一定有些码的平均错误概率p_e^*小于总的平均错误概率P_E，也就是说，一定存在某种编码，当$N\to\infty$时，$P_E\to 0$，可以在有噪信道中实现可靠的通信。

由有噪信道编码定理的证明过程可知，当从r^N个N长码符号序列中随机选择的$M\leqslant 2^{N(C-\varepsilon)}$（$\varepsilon>0$，是任意小的正数）个码字组成一个码，此时信道的信息传输率为

$$R=\frac{\log M}{N}\leqslant\frac{\log 2^{N(C-\varepsilon)}}{N}=C-\varepsilon$$

即当满足$R<C$时，在有噪信道中，平均错误概率P_E可以为任意小（$P_E<\varepsilon$）；当码长N趋于无穷大时，能以无限接近于信道容量C的信息传输率R，实现无失真信息传输。

有噪信道编码定理是一个存在性定理。它从理论上证明了，在有噪信道中，以无限接近于信道容量C的信息传输率R实现无失真通信的信道编码是存在的。

定理 6.4.2（有噪信道编码定理的逆定理） 设一个有r个输入符号和s个输出符号的离散无记忆平稳信道，信道容量为C，对于任意$\varepsilon>0$，若选用码字总数$M=2^{N(C+\varepsilon)}$，则无论码长N取多少，也找不到一种编码使错误概率任意小。

证明：设选用$M=2^{N(C+\varepsilon)}$个码字组成一个码，且M个码字等概率分布。编码后信道由原来的单符号离散无记忆信道转变为离散无记忆信道的N次扩展信道，此时信道输入的N长序列$X^N=X_1X_2\cdots X_N$的熵为

$$H(X^N)=\log M=N(C+\varepsilon) \tag{6.4.17}$$

而N次扩展信道的平均互信息量为

$$I(X^N;Y^N)=H(X^N)-H(X^N|Y^N)\leqslant NC \tag{6.4.18}$$

由式（6.4.17）和式（6.4.18）可得

$$H(X^N|Y^N)\geqslant N\varepsilon \tag{6.4.19}$$

由费诺不等式可得

$$H(X^N|Y^N)\leqslant H(P_E)+P_E\log(M-1) \tag{6.4.20}$$

其中，$H(P_E)\leqslant 1$且$(M-1)<M=2^{N(C+\varepsilon)}$。由式（6.4.19）和式（6.4.20）可得

$$N\varepsilon\leqslant 1+P_E N(C+\varepsilon)$$

即

$$P_E\geqslant\frac{N\varepsilon-1}{N(C+\varepsilon)}=\frac{\varepsilon-\dfrac{1}{N}}{C+\varepsilon} \tag{6.4.21}$$

由式（6.4.21）可知，当N增大时，平均错误概率P_E不会趋于0，有噪信道编码定理的逆定理得证。

实际上，当选用码字总数 $M = 2^{N(C+\varepsilon)}$ 时，信道的信息传输率为

$$R = \frac{\log M}{N} = \frac{\log 2^{N(C+\varepsilon)}}{N} = \frac{N(C+\varepsilon)}{N} = C+\varepsilon$$

显然，此时 $R > C$ 。这说明要使信息传输率大于信道容量而又能无差错地传输消息是无法实现的。

因此，有噪信道编码定理及其逆定理说明，信道容量是在任何信道中实现可靠传输的最大信息传输率。

6.5　错误概率上限

对于离散无记忆信道（DMC），平均错误概率 P_{E} 满足

$$P_{\mathrm{E}} \leqslant \exp[-NE_r(R)] \tag{6.4.22}$$

其中，N 为编码长度；R 为信息传输率；$E_r(R)$ 称为随机编码指数，又称为可靠性函数或加拉格（Gallager）函数。式（6.4.22）的证明过程请参考相关文献。

式（6.4.22）表明离散无记忆信道的平均错误概率 P_{E} 趋于 0 的速率是与码长呈指数关系的。

可靠性函数 $E_r(R)$ 的表达式为

$$E_r(R) = \max_{0\leqslant\rho\leqslant 1} \max_{p(x)} \{E_0[\rho,\ p(x)] - \rho R\} \tag{6.4.23}$$

其中，$E_0[\rho,\ p(x)]$ 是信道的输入概率分布 $p(x)$ 与修正系数 ρ 的函数。可见 $E_r(R)$ 与输入概率分布 $p(x)$ 有关。

加拉格在 1965 年详细分析了 $E_r(R)$ 的特性，证明在 $0 \leqslant R < C$ 内，$E_r(R) > 0$ 且为 R 的单调递减的下凸函数；当 $R = C$ 时，$E_r(R) = 0$ 。$E_r(R)$ 与 R 的关系曲线如图 6.5 所示，其中 R_{Cr} 为临界速率，其定义请参考相关文献。由图 6.5 可见，当 $0 \leqslant R \leqslant R_{Cr}$ 时，$E_r(R)$ 是 R 的线性函数；当 $R_{Cr} < R < C$ 时，$E_r(R)$ 是 R 的非线性单调递减下凸函数。

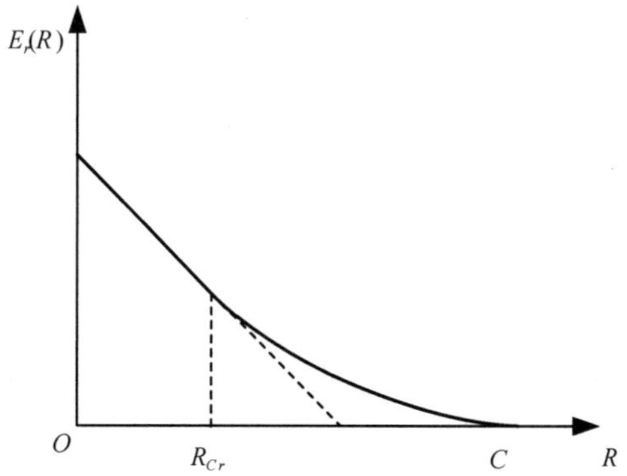

图 6.5　$E_r(R)$ 与 R 的关系曲线

可靠性函数在信道编码中具有十分重要的意义，它表示在编码码长 N 一定的情况下。当

$N \to \infty$ 时，错误概率 P_E 逼近于 0。由于 $E_r(R) > 0$，在 $E_r(R)$ 一定时，P_E 趋于 0 的速率是很大的，所以实际编码的码长 N 不需要选择很大。

在实际通信中，为了达到在某个规定的平均错误概率 P_E（如 $P_E \leqslant 10^{-6}$），可借助可靠性函数 $E_r(R)$ 来选择信息传输率 R 和编码码长 N。

习　　题

6.1　设离散无记忆信源的概率空间为 $\begin{bmatrix} X \\ P \end{bmatrix} = \begin{bmatrix} x_1 & x_2 \\ 1/3 & 2/3 \end{bmatrix}$，通过一个信道，信道传递概率如图 6.6 所示，试进行三次简单重复编码，写出编码后的信道矩阵，选择最小错误概率的译码规则，并计算平均错误概率。

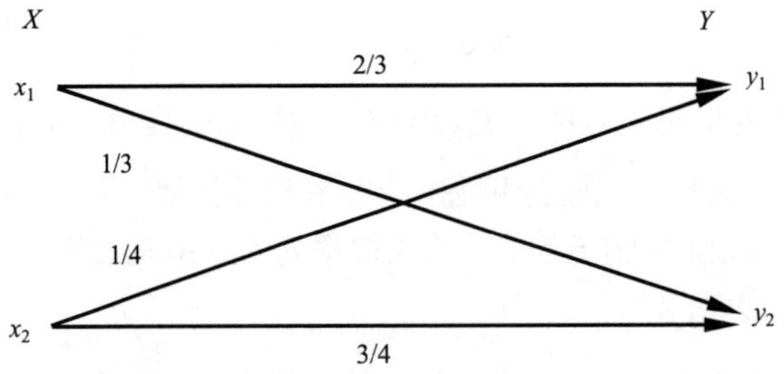

图 6.6　习题 6.1 图

6.2　某信道的输入 X 的符号集合为{0,1}，输出 Y 的符号集合为{0,1,2}，输入分布为 $\begin{bmatrix} X \\ P \end{bmatrix} = \begin{bmatrix} 0 & 1 \\ 0.8 & 0.2 \end{bmatrix}$，信道矩阵为 $\boldsymbol{P} = \begin{bmatrix} 0.8 & 0 & 0.2 \\ 0 & 0.2 & 0.8 \end{bmatrix}$

（1）为该信道设计一个使其平均错误概率最小的译码规则，并计算相应的平均错误概率。

（2）信息传输的可靠性能否进一步提高？如果可以请设计一个方案，写出详细过程并计算相应的平均错误概率，以验证可靠性的提高。

6.3　某分组码输出码字集合为{0000,1001,0110,1010,0101}，试写出各码字的重量，并计算最小汉明距离。

6.4　已知两个离散信道的串联信道如图 6.7 所示，信道 1 和信道 2 的信道矩阵均为 $\boldsymbol{P} = \begin{bmatrix} 5/6 & 1/6 \\ 1/3 & 2/3 \end{bmatrix}$，随机变量 X、Y 和 Z 构成马尔可夫链，如果离散信道的输入 X 等概率分布，试为该串联信道设计一个译码规则使得平均错误概率最小，并求其平均错误概率。

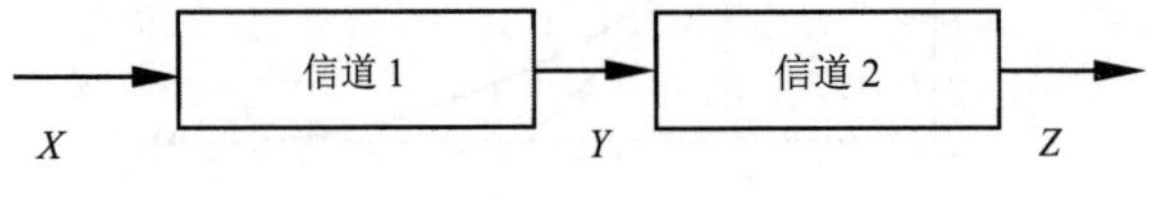

图 6.7　习题 6.4 图

6.5　某信道的输入 X 的符号集合为{0,1/2,1}，输出 Y 的符号集合为{0,1}，信道矩阵为

$\boldsymbol{P}=\begin{bmatrix}1 & 0\\ 1/2 & 1/2\\ 0 & 1\end{bmatrix}$。一个发出 4 个消息的信源通过该信道传输（消息等概率出现），若对信源进行编码，我们选这样一种码：

$$C:\{(x_1 \quad x_2 \quad 1/2 \quad 1/2)\} \quad x_i = 0\text{或}1 \quad (i=1,2)$$

其码长为 $N=4$。并选取这样的译码规则：

$$f(y_1,y_2,y_3,y_4)=(y_1,y_2,1/2,1/2)$$

（1）这样编码后信息传输率等于多少？

（2）证明在选用的译码规则下，对于所有码字 $P_{\mathrm{E}}=0$。

6.6　某离散无记忆信道的信道矩阵为

$$\boldsymbol{P}=\begin{bmatrix}\frac{1}{2} & \frac{1}{3} & \frac{1}{6}\\ \frac{1}{3} & \frac{1}{6} & \frac{1}{2}\\ \frac{1}{6} & \frac{1}{2} & \frac{1}{3}\end{bmatrix}$$

假设信道输入分布为

$$\begin{bmatrix}X\\ P\end{bmatrix}=\begin{bmatrix}x_0 & x_1 & x_2\\ \frac{1}{2} & \frac{1}{4} & \frac{1}{4}\end{bmatrix}$$

分别使用最小后验概率译码准则和极大似然译码准则来确定译码规则，并且计算对应的平均错误概率。

6.7　某二元码集合为{11100,01001,00111,10010}。

（1）计算该码的重量分布和最小汉明距离。

（2）该码能够纠正几个码符号错误？

（3）如果采用最小汉明距离译码准则，则接收序列 11000,01100 应当译码成什么码字？

6.8　对于二元 $(n+1,1)$ 重复码，采用极大似然译码准则，证明其平均错误概率 P_{E} 为

$$P_{\mathrm{E}}=\sum_{i=n+1}^{2n+1}\binom{2n+1}{i}p^i(1-p)^{2n+1-i}$$

其中，p 为二元对称信道的错误传递概率。并计算 $n=6$ 时 P_{E} 的值。

6.9　证明最小码间距离为 $D_{\min}$ 的码用于二元对称信道时，能够纠正所有的小于 $D_{\min}/2$ 位码元的错误。

6.10　设有一离散无记忆信道，假定其输入分布为 $\begin{bmatrix}X\\ P\end{bmatrix}=\begin{bmatrix}x_1 & x_2\\ \frac{2}{3} & \frac{1}{3}\end{bmatrix}$，其信道矩阵为

$$P=\begin{bmatrix}\frac{2}{3} & \frac{1}{3} & 0\\ 0 & \frac{1}{3} & \frac{2}{3}\end{bmatrix}$$

（1）为该信道设计一个使其平均错误概率最小的译码规则，并计算相应的平均错误概率。

（2）为了进一步降低平均错误概率，并且要求信息传输率不低于 0.4bit/码符号。请设计一个编码方案，写出详细的过程并计算相应的平均错误概率以验证系统可靠性的提高。

第 7 章

纠错编码

7.1 纠错编码的基本概念

7.1.1 纠错编码的定义

由于数字通信系统存在干扰和衰落，信号传输过程中会出现差错，即出现误码，因此需要对信号采取纠、检错技术，以增强数据在信道中传输时抵御各种干扰的能力，提高系统的可靠性。对在信道中传输的数字信号进行的纠、检错编码称为纠错编码。

纠错编码的本质是通过纠错编码器和译码器实现的用于提高信道可靠性的理论和方法，具体实现方法为：在发送端，纠错编码器在待发送的信息序列中加入一些多余的码元（监督码元），这些监督码元和信息码元之间以某种确定的规则相互关联，即满足一定的约束关系。在接收端，信道译码器按既定的规则检验信息码元与监督码元之间的约束关系。约束关系被破坏就意味着传输中有差错（检错），借助约束关系还可以纠正错误（纠错）。

在纠错编码中加入的监督码元本身并不携带信息，因此也将监督码元称为冗余码元，假设有 k 位信息码元，编码后位数为 n，监督码元共有 r 位，即 $r=n-k$，定义冗余度 R 和编码效率 η 如下：

$$R=\frac{r}{n}=\frac{n-k}{n} \tag{7.1.1}$$

$$\eta=\frac{k}{n} \tag{7.1.2}$$

下面通过几个例题来说明纠错编码的纠、检错过程，以及纠、检错能力与监督码元数的关系。

例 7.1.1 假设有一个由 2 位二进制数字构成的码组，共有 4 个组合。用其表示不同的天气，如 00 表示晴，01 表示多云，10 表示阴，11 表示雨。这 4 个码组分别表示不同的天气，任一码组在传输中产生一位或两位错码，都会变成另一个信息码组，也就是无法检错和纠错。

本例中编码效率为 $\eta=k/n=2/2=1$，因为没有监督码元，所以冗余度 R 为 0。

例 7.1.2 利用 2 位二进制数的 4 个组合表示 4 种天气，再加 1 位监督码元，编码信息码元和监督码元如表 7.1 所示。

表 7.1　有监督码元的编码示例 1

原始信息	信息码元	监督码元
晴	00	0
阴	01	1
多云	10	1
雨	11	0

根据表 7.1 可得编码结果：晴（000），阴（011），多云（101），雨（110）。当接收端收到的码中 1 的个数为奇数时，如收到 100，则可以判定出一定是错码。

在例 7.1.1 中，4 个组合都是许用码组，没有监督码元，而在例 7.1.2 中，因为监督码元的引入使得 3 位二进制数构成的 8 个组合（000，001，010，011，100，101，110，111）中只有 4 个（000，011，101，110）是许用码组，其余 4 个（001，010，100，111）是禁用码组，因此使得该编码具有检错功能。

本例中编码效率为$\eta = k/n = 2/3$，冗余度为$R = r/n = 1/3$。

例 7.1.3　用 1 位二进制数 0 和 1 分别表示晴和阴，增加 2 位监督码元，如表 7.2 所示。

表 7.2　有监督码元的编码示例 2

原始信息	信息码元	监督码元
晴	0	00
阴	1	11

当接收到码组中有错码，且只有 1 位错码时，如接收到 001，可以纠正为 000，即监督码元的增加使得该纠错编码不仅具有检错能力，还具有纠错能力。本例的编码效率降为$\eta = k/n = 1/3$，冗余度为$R = r/n = 2/3$。

由此可见，纠错编码在提高可靠性的同时，会降低有效性。加入的监督码元越多，信息码元与监督码元之间的联系就越紧密，信号的检错能力与纠错能力就越强，但同时导致信道传输消息时，相同时间内传输有用信息的码元越少，因此编码效率降低。

综上所述，引入纠错编码，将物理上有误码的信道，通过差错控制编码得到无差错的逻辑信道。纠错编码为提高信息传输的可靠性，增加了监督码元，但监督码元的个数要根据实际系统综合考虑有效性的要求进行确定，并不是越多越好。

7.1.2　纠错编码的类型

在实际应用中，纠错编码可以从不同角度分为多种类型。

1．按码的功能分类

纠错编码的目的是进行检错和纠错，根据检错能力和纠错能力，可以将其分为以下三类。

（1）检错码：能够检测出所接收到的码有错误，这时可以要求发送端重新发送一遍。

（2）纠错码：既能够检测出错误，又能够纠正错误，这种码的可靠性最高，通常需要增加的冗余信息也最多，码率较低。

（3）纠删码：当发现不可纠错误时，发出错误指示或简单删除信息码元。

显然，上述三种编码中纠错码可靠性最高，检错码码率最高。

2．按监督码元与信息码元的关系分类

（1）线性码：信息码元与监督码元之间的约束关系是线性关系，即满足一组线性方程。

（2）非线性码：信息码元与监督码元之间的约束关系不是线性关系。

通常，线性关系要比非线性关系更容易译码。

3．按对信息码元的处理方式分类

（1）分组码：将信息序列分成独立的若干组进行编码，监督码元与信息码元之间以码组为单位建立关系，也就是监督码元只与本组的信息码元有关，与其他组的信息码元无关。

（2）卷积码：监督码元不仅与本组的信息码元有关，还与前面若干组的信息码元有关。

这两种类型中，分组码更容易实现编译码，卷积码可靠性更高。

4．按信息码元在编码前后是否相同分类

（1）系统码：编码后的信息序列中包含原始信息码元，信息码元部分的排列结构保持不变。

（2）非系统码：编码后的码组中信息码元部分的排列结构发生了变化，一般无法从编码后的序列中看出信息码元的图样结构。

例如，信息码元为 1011，编码后为 1011010 和 1000010，前者的前 4 位和信息码元一致，属于系统码，后者的前 4 位码元排列结构发生了变化，和信息码元不一致，属于非系统码。

5．按纠检错类型分类

根据错码分布规律的不同，信道可以分为随机信道、突发信道和混合信道三种，对应的纠错编码也有三类。

（1）纠检随机错码，适用于错码随机独立出现的随机信道。

（2）纠检突发错码：适用于错码成串集中出现的突发信道。

（3）混合纠检错码：适用于既有错码随机出现，也有错码集中出现的混合信道。

7.1.3　差错控制方式

1．差错控制方式的类型

如前所述，纠错编码也称为差错控制编码，其控制差错方式主要分为以下三类。

（1）前向纠错（Forward Error Correction，FEC）：发送端发送有一定纠错能力的码，若传输过程中产生的差错数目在码的纠错能力内，则接收端可以纠正。FEC 方式的优点是单向通信（不需要反馈信道），实时性好；缺点是码的构造复杂，译码电路复杂。

（2）自动请求重传（Automatic Repeat-reQuest，ARQ）：发送端发送有一定检错能力的码，接收端译码时若认为正确，则反馈给发送端肯定应答（ACK）；若发现有错，则反馈给发送端

否定应答（NAK）。接收端根据收到的是 ACK 还是 NAK 决定接下来发送哪个码组。ARQ 方式的优点是检错比较简单，码的效率和结构简单，译码电路简单；缺点是需要反馈信道，不能单向通信，实时性差。

ARQ 又有三种不同的类型，分别是停止等待 ARQ、拉后 ARQ 和选择重传 ARQ。

① 停止等待 ARQ：每发送一个码组，接收端反馈相应的信息，若检测正确，则反馈 ACK，发送端接着发送第 2 个码组，以此类推。若检测出错误，则要求发送方重新发送该码组，直至正确才发送第 2 个码组，该过程如图 7.1（a）所示，当接收端检测出第 3 个码组错误时，反馈给发送端 NAK，接下来发送端重新发送第 3 个码组，直至正确再继续发送第 4 个码组、第 5 个码组、…。

② 拉后 ARQ：连续发送码组，接收端连续应答，当收到第 M 个应答是错误应答时，若此时发送端已经发送到第 $M+N$ 个码组，则从第 M 个到第 $M+N$ 个码组重新发送，其过程可用图 7.1（b）描述。假设接收端检测出第 3 个码组错误时，发送端已经发送完第 6 个码组，这时需要从第 3 个码组开始重新发送。这种方式相比停止等待 ARQ 传输效率大大提高。

③ 选择重传 ARQ：连续发送码组，当收到第 M 个应答是错误应答时，仅仅重新发送第 M 个码组，如图 7.1（c）所示，同样是假设接收端检测出第 3 个码组错误时，发送端已经发送完第 6 个码组，这时只需重新发送第 3 个码组，接下来发送第 7、8、9 个码组。显然这比前两种方式的传输效率都要高，但是会破坏码组的顺序，需要在编码时增加更多的冗余。

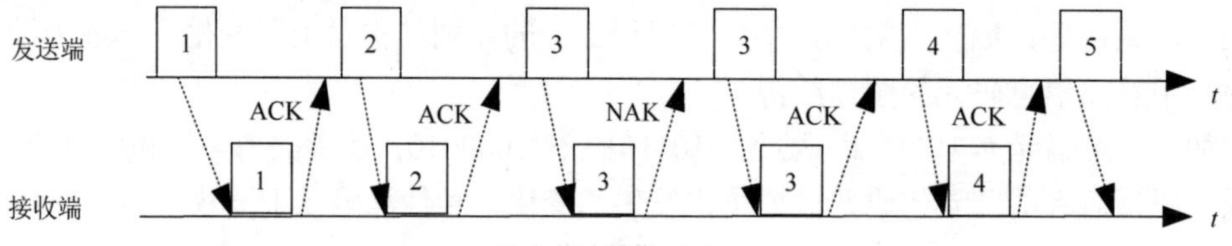

（a）停止等待 ARQ

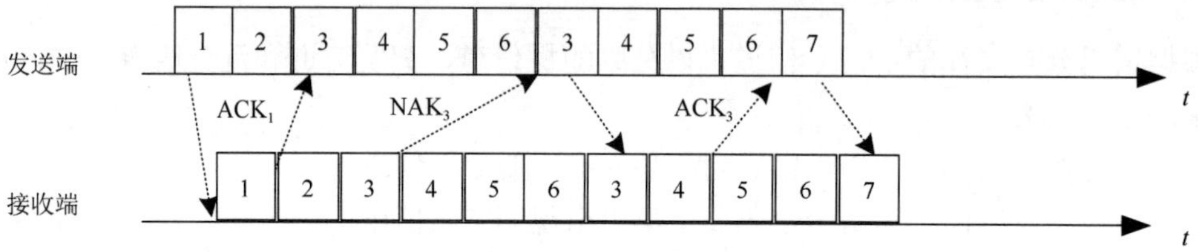

（b）拉后 ARQ

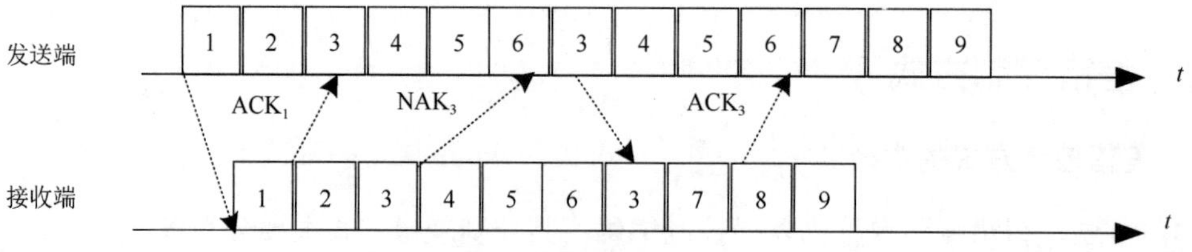

（c）选择重传 ARQ

图 7.1　三种 ARQ 方式对比

（3）混合纠错（Hybrid Error Correction，HEC）：是 FEC 和 ARQ 两种方式的结合。该方式需要反馈信道，实时性和译码复杂性是 FEC 和 ARQ 两种方式的折中。

2. 简单的纠错编码举例

为进一步说明纠错编码的差错控制原理，下面介绍一种简单实用的编码——奇偶监督码。

奇偶监督码是在信息码元基础上增加 1 位监督码元，奇监督就是增加 1 位监督码元后使码组中“1”的个数为奇数，而偶监督则是增加 1 位监督码元后使码组中“1”的个数为偶数。假设 $a_{n-1}a_{n-2}\cdots a_1$ 为信息码元，a_0 为监督码元，奇偶监督码可由以下公式表示：

$$a_{n-1}\oplus a_{n-2}\oplus\cdots\oplus a_1\oplus a_0=1\text{（奇监督）}\tag{7.1.3}$$

$$a_{n-1}\oplus a_{n-2}\oplus\cdots\oplus a_1\oplus a_0=0\text{（偶监督）}\tag{7.1.4}$$

其中，$\oplus$ 为异或运算，也称为模 2 和运算。

该编码的编码效率较高，因为只有 1 位监督码元，所以 $\eta=k/n=1/n$ 。另外，该编码能够检测奇数位错码，不能纠正错码（只能判断对错，不能确定位置），所以适用于随机出现的少量差错。

例 7.1.4　设信息码元为 1011，试按照奇数监督规则构造相应的码字。如果接收到的码字分别为 10100、01110，对它们进行检测判断。

解：根据奇数监督规则 $a_{n-1}\oplus a_{n-2}\oplus\cdots\oplus a_1\oplus a_0=1$，输出的码字应为 10110。

译码规则：对收到的码字按照奇数监督规则进行异或运算，若结果为 1 则认为无错；若结果为 0，则认为有错。

当收到码字为 10100 时，根据判断规则有 $1\oplus0\oplus1\oplus0\oplus0=0$，存在错码；当收到码字为 01110 时，根据判断规则有 $0\oplus1\oplus1\oplus1\oplus0=1$，不存在错码。

可见，奇偶监督码不能检测出偶数个错码。

7.2　线性分组码

7.2.1　线性分组码的基本概念

1. 线性分组码的定义

线性码是按照一组线性方程构成的建立在代数学基础上的编码，每个码字的监督码元是信息码元的线性组合。分组码的含义是每个码组的监督码元仅与本组中的信息码元有关。线性分组码就是指按照一组线性方程构成的分组码。

定义 7.2.1　一个长度为 n 且具有 2^k 个码字的二进制分组码，当且仅当 2^k 个码字在 n 元组的矢量空间形成 k 维的子空间时，称为 (n,k) 线性分组码。

线性分组码记为 (n,k)，其一般表示形式如下。

输入信息码组：$a_0a_1\cdots a_{k-1}$。

监督码元：$b_0b_1\cdots b_r$。

输出编码码组：$c_0c_1\cdots c_{n-1}$。

输出编码码组可用如下线性方程组表示：

$$\begin{cases} c_0 = f_0(a_0 a_1 \cdots a_{k-1}) \\ c_1 = f_1(a_0 a_1 \cdots a_{k-1}) \\ \quad \vdots \\ c_{n-1} = f_{n-1}(a_0 a_1 \cdots a_{k-1}) \end{cases} \tag{7.2.1}$$

2. 线性分组码中的码重与码距

定义 7.2.2 在分组码中，将一个码字中所含“1”的数目定义为码组的重量，简称码重。例如，“10011”码组的码重为 3。

定理 7.2.1 (n,k)线性分组码的最小码距 $d_{\min}$ 与纠检错能力之间满足以下关系。

（1）为检测 e 个错码，要求最小码距 $d_{\min} \geqslant e+1$。

（2）为纠正 t 个错码，要求最小码距 $d_{\min} \geqslant 2t+1$。

（3）为纠正 t 个错码，同时检测 e（$e \geqslant t$）个错码，要求最小码距 $d_{\min} \geqslant e+t+1$。

定理 7.2.1 可以通过图 7.2 直观表示。

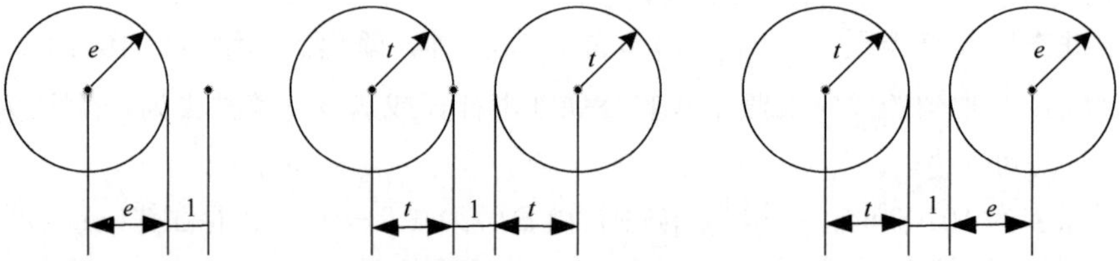

图 7.2 纠检错能力与码距的关系

3. 生成矩阵和监督矩阵

定义 7.2.3 (n,k) 线性分组码可以由 k 个输入信息码元通过一个 k 行 n 列线性变换矩阵 $\boldsymbol{G}$ 产生，$\boldsymbol{G}$ 称为该线性分组码的生成矩阵。

$\boldsymbol{G}$ 可以分解为两个子矩阵 $\boldsymbol{I}_k$ 和 $\boldsymbol{Q}$:

$$\boldsymbol{G} = [\boldsymbol{I}_k \quad \boldsymbol{Q}] \tag{7.2.2}$$

其中，$\boldsymbol{I}_k$ 为 k 阶单位方阵。

生成矩阵 $\boldsymbol{G}$ 具有以下性质。

（1）$\boldsymbol{G}$ 是 $k \times n$ 维矩阵。

（2）线性分组码的编码方法可以完全由 $\boldsymbol{G}$ 确定。

（3）把具有 $[\boldsymbol{I}_k \quad \boldsymbol{Q}]$ 形式的 $\boldsymbol{G}$ 矩阵称为典型生成矩阵，其中，$\boldsymbol{I}_k$ 为 k 阶单位方阵，$\boldsymbol{Q}$ 为 $k \times r$ 维矩阵。

（4）由典型生成矩阵产生的分组码一定是系统码。

（5）$\boldsymbol{G}$ 的各行线性无关。

定义 7.2.4 将生成矩阵 $\boldsymbol{G}$ 表示为 $\boldsymbol{G} = [\boldsymbol{I}_k \quad \boldsymbol{Q}] = [\boldsymbol{I}_k \quad \boldsymbol{P}^{\mathrm{T}}]$，其中，$\boldsymbol{I}_k$ 为 k 阶单位方阵，令 $\boldsymbol{H} = [\boldsymbol{P} \quad \boldsymbol{I}_r] = [\boldsymbol{Q}^{\mathrm{T}} \quad \boldsymbol{I}_r]$，$\boldsymbol{I}_r$ 为 r 阶单位方阵，$\boldsymbol{H}$ 称为监督矩阵。

监督矩阵 $\boldsymbol{H}$ 具有以下性质。

（1）$\boldsymbol{H}$ 是 $r\times n$ 维矩阵。

（2）$\boldsymbol{H}$ 矩阵中每行和其码组集合中的任一码字的内积为 0。

（3）任意一个 (n,k) 线性分组码的 $\boldsymbol{H}$ 矩阵行线性无关。

4．伴随式和错误图样

设 (n,k) 线性分组码的发送码组 $\boldsymbol{A}=\left[a_{n-1}a_{n-2}\cdots a_1a_0\right]$，接收码组为 $\boldsymbol{B}=\left[b_{n-1}b_{n-2}\cdots b_1b_0\right]$，发送码组和接收码组之差为 $\boldsymbol{E}=\left[e_{n-1}e_{n-2}\cdots e_1e_0\right]$，即 $\boldsymbol{E}=\boldsymbol{B}-\boldsymbol{A}$，称 $\boldsymbol{E}$ 为传输过程中由于干扰而叠加在 $\boldsymbol{A}$ 上的错误图样，其中：

$$e_i=\begin{cases}0, & b_i=a_i\\ 1, & b_i\neq a_i\end{cases}\quad（i=0,1,\cdots,n-1）$$

若 $e_i=0$，则表示该接收码元无错误；若 $e_i=1$，则表示该接收码元有错误。接收端计算伴随式的方法为

$$\boldsymbol{S}=\boldsymbol{B}\boldsymbol{H}^{\mathrm{T}}=(\boldsymbol{A}+\boldsymbol{E})\boldsymbol{H}^{\mathrm{T}}=\boldsymbol{E}\boldsymbol{H}^{\mathrm{T}}\tag{7.2.3}$$

可见，错误图样与伴随式之间有确定的关系。式（7.2.3）中，$\boldsymbol{S}$ 只与 $\boldsymbol{E}$ 有关，而与 $\boldsymbol{A}$ 无关，若 $\boldsymbol{S}$ 和 $\boldsymbol{E}$ 之间一一对应，则 $\boldsymbol{S}$ 将代表错码的位置。如果接收码组任意一位有错，则 $\boldsymbol{E}$ 的相应位为 1，其余位为 0，同时由式（7.2.3）可知，$\boldsymbol{S}$ 就是 $\boldsymbol{H}^{\mathrm{T}}$ 矩阵中的相应行，从而可确定相应位出错。

5．线性分组码的性质

（1）封闭性：一种线性分组码中的任意两个许用码组按位模 2 和仍为集合中的一个许用码组。

证明：若 $\boldsymbol{A}_1$ 和 $\boldsymbol{A}_2$ 是两个码组，则有 $\boldsymbol{A}_1\boldsymbol{H}^{\mathrm{T}}=\boldsymbol{0}$ 和 $\boldsymbol{A}_2\boldsymbol{H}^{\mathrm{T}}=\boldsymbol{0}$，将两式相加，则有 $\boldsymbol{A}_1\boldsymbol{H}^{\mathrm{T}}+\boldsymbol{A}_2\boldsymbol{H}^{\mathrm{T}}=(\boldsymbol{A}_1+\boldsymbol{A}_2)\boldsymbol{H}^{\mathrm{T}}=\boldsymbol{0}$。

（2）全零序列是线性分组码中的一个码字。

（3）码组之间的最小码距等于某非零码字的最小码重。

根据码的封闭性可知，两个码组 $\boldsymbol{A}_1$ 和 $\boldsymbol{A}_2$ 之间的距离，即对应位置上不同码元的位数，必定为另一个码组 $\boldsymbol{A}_1+\boldsymbol{A}_2$ 的重量（“1” 的数目）。

6．最小汉明距离译码

线性分组码译码时，在得到伴随式 $\boldsymbol{S}$ 后，应该选择与 $\boldsymbol{S}$ 对应的 2^k 个可能的错误图样中码重最小的错误图样进行译码。假设收到的码字为 $\boldsymbol{Y}$，得到的伴随式为 $\boldsymbol{S}$，若 $\boldsymbol{S}$ 对应的码重最小的错误图样是 $\boldsymbol{E}$，则译码输出为 $\boldsymbol{C}=\boldsymbol{Y}\oplus\boldsymbol{E}$。

例 7.2.1　假设线性分组码生成矩阵为 $\boldsymbol{G}=\begin{bmatrix}1&0&0&1&1&1&0\\0&1&0&0&1&1&1\\0&0&1&1&1&0&1\end{bmatrix}$，试求：

（1）该 (n,k) 码的信息码元位数 k、监督码元位数 r 和码长 n。

（2）对应的监督矩阵 $\boldsymbol{H}$。

（3）如果接收到一个 7 位码 $\boldsymbol{R}_1=(0100110)$，判断其是否正确；如果有错，求出所发的正确码字。

（4）伴随式的个数，并写出该分组码的一半伴随式数目的译码表。

（5）该 (n,k) 码的许用码集中包含的码字个数。

（6）该 (n,k) 码的码距。

解：（1）因为生成矩阵为 3 行 7 列，则信息码元位数 $k=3$，码长 $n=7$，监督码元位数 $r=n-k=4$。

（2）将生成矩阵变换成 $\boldsymbol{G}=\left[\boldsymbol{I}_k \quad \boldsymbol{Q}\right]$ 的形式，利用 $\boldsymbol{H}=\left[\boldsymbol{Q}^{\mathrm{T}}\ \boldsymbol{I}_r\right]$，可得监督矩阵为

$$\boldsymbol{H}=\begin{bmatrix}1&0&1&1&0&0&0\\1&1&1&0&1&0&0\\1&1&0&0&0&1&0\\0&1&1&0&0&0&1\end{bmatrix}$$

（3）因为 $\boldsymbol{R}_1\boldsymbol{H}^{\mathrm{T}}=(0\quad 0\quad 0\quad 1)\neq(0\quad 0\quad 0\quad 0)$，所以 $\boldsymbol{R}_1$ 不正确，正确码字应为 0100111。

（4）伴随式有 $2^r=16$ 个，由 $\boldsymbol{S}=\boldsymbol{E}\boldsymbol{H}^{\mathrm{T}}$ 得到 8 个伴随式的译码表，如表 7.3 所示。

表 7.3　伴随式与错误图样

伴随式 $\boldsymbol{S}_i=(s_1s_2s_3s_4)$	错误图样 $\boldsymbol{E}_i=(e_1e_2e_3e_4e_5e_6e_7)$
$\boldsymbol{S}_1$=(0000)	$\boldsymbol{E}_1$=(0000000)
$\boldsymbol{S}_2$=(0001)	$\boldsymbol{E}_2$=(0000001)
$\boldsymbol{S}_3$=(0010)	$\boldsymbol{E}_3$=(0000010)
$\boldsymbol{S}_4$=(0011)	$\boldsymbol{E}_4$=(0000100)
$\boldsymbol{S}_5$=(0100)	$\boldsymbol{E}_5$=(0001000)
$\boldsymbol{S}_6$=(0101)	$\boldsymbol{E}_6$=(0010000)
$\boldsymbol{S}_7$=(0110)	$\boldsymbol{E}_7$=(0100000)
$\boldsymbol{S}_8$=(0111)	$\boldsymbol{E}_8$=(1000000)

（5）该 (n,k) 码的许用码集中包含 8 个码字，由 $\boldsymbol{C}=\boldsymbol{M}\boldsymbol{G}$ 可得线性分组码的码字，如表 7.4 所示。

表 7.4　信息序列与线性分组码的码字

信息序列 $\boldsymbol{M}=(m_1m_2m_3)$	线性分组码的码字 $\boldsymbol{C}=(c_1c_2c_3c_4c_5c_6c_7)$	信息序列 $\boldsymbol{M}=(m_1m_2m_3)$	线性分组码的码字 $\boldsymbol{C}=(c_1c_2c_3c_4c_5c_6c_7)$
000	0000000	100	0111010
001	0011101	101	1010011
010	0100111	110	1101001
011	1001110	111	1110100

（6）由表 7.4 中的 8 个码字可以得出，最小码距 $d_{\min}=4$。

7.2.2　汉明码

定义 7.2.5　对于(n,k)线性分组码，若希望通过用$r=n-k$个监督码元构造出r个监督关系式来指出一位错码的n种可能位置，则r必须满足$2^r-1\geqslant n$或$2^r\geqslant k+r+1$，当“=”成立时构成的线性分组码称为汉明码（Hamming Code）。

汉明码是能够纠正 1 位错码的高效线性分组码，下面以(7,4)汉明码为例来说明其编译码规则。

假设(7,4)汉明码用$a_6a_5a_4a_3a_2a_1a_0$表示 7 个码元，其中，$a_6a_5a_4a_3$为信息码元，$a_2a_1a_0$为监督码元，用s_1、s_2和s_3表示 3 个监督关系式对应的校正子，并假设校正子的值与错码位置的对应关系如表 7.5 所示。

表 7.5　校正子的值与错码位置的对应关系

$\boldsymbol{S}=s_1s_2s_3$	错码位置	$\boldsymbol{S}=s_1s_2s_3$	错码位置
001	a_0	101	a_4
010	a_1	110	a_5
100	a_2	111	a_6
011	a_3	000	无错码

由表 7.5 可知，仅当一位错码的位置在a_2、a_4、a_5和a_6时，校正子s_1为 1，否则s_1为 0，即a_2、a_4、a_5和a_6构成偶监督关系，同理可得校正子s_2和s_3对应的监督关系，将s_1、s_2和s_3表示为

$$\begin{cases}s_1=a_6\oplus a_5\oplus a_4\oplus a_2\\ s_2=a_6\oplus a_5\oplus a_3\oplus a_1\\ s_3=a_6\oplus a_4\oplus a_3\oplus a_0\end{cases} \tag{7.2.4}$$

监督码元a_2、a_1和a_0的取值应使上述表达式中s_1、s_2和s_3的值为 0，即无错码，于是有

$$\begin{cases}a_6\oplus a_5\oplus a_4\oplus a_2=0\\ a_6\oplus a_5\oplus a_3\oplus a_1=0\\ a_6\oplus a_4\oplus a_3\oplus a_0=0\end{cases} \tag{7.2.5}$$

对式（7.2.5）进行移项运算，得出监督码元a_2、a_1和a_0的表达式如下：

$$\begin{cases}a_2=a_6\oplus a_5\oplus a_4\\ a_1=a_6\oplus a_5\oplus a_3\\ a_0=a_6\oplus a_4\oplus a_3\end{cases} \tag{7.2.6}$$

根据式（7.2.6）构成的(7,4)汉明码编码器原理如图 7.3 所示。

由式（7.2.6）可以得出按偶监督原则进行运算的信息码元与监督码元的对应关系，如表 7.6 所示。

译码时，接收端收到每个码组后，先按式（7.2.4）计算s_1、s_2和s_3的值，再按表 7.5 判断

错码情况。例如，接收码组为 0000011，计算可得：$s_1=0$，$s_2=1$，$s_3=1$，查表可知，在 a_3 位有一位错码，于是将 a_3 位取反，接收码组被纠正为 0001011。

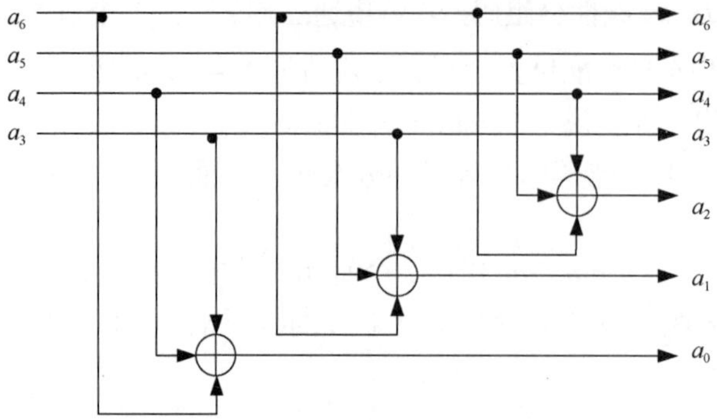

图 7.3 (7,4)汉明码编码器原理

表 7.6 (7,4)汉明码信息码元和监督码元的对应关系

信息码元 $a_6\sim a_3$	监督码元 $a_2a_1a_0$	信息码元 $a_6\sim a_3$	监督码元 $a_2a_1a_0$
0000	000	0000	111
0001	011	0001	100
0010	101	0010	010
0011	110	0011	001
0100	110	0100	001
0101	101	0101	010
0110	011	0110	100
0111	000	0111	111

例 7.2.2 根据(7,4)汉明码的编译码规则（按偶监督原则配置）：

（1）对信息 1001 进行汉明码编码。

（2）已知接收到的汉明码为 0110101，试问传送过程是否出错？如果出错，请问欲传送的正确信息应该是什么？

解：（1）信息码元为 1001，且为偶监督关系，代入表 7.6，得监督码元为 100，则按汉明码编码规则进行编码后为 1001100。

（2）接收到的汉明码为 $a_6a_5a_4a_3a_2a_1a_0=0110101$，代入式（7.2.4）中得 $s_1s_2s_0=110$，查表 7.5 可知有错码，错码位置为 a_5，因此正确信息码元为 0010101。

7.2.3 循环码

1. 循环码的定义

循环码也是 (n,k) 线性分组码的一种，是指任一许用码组经过任意位的循环移位（右移或左移）后得到的码组仍为许用码组。例如，下面码组 1 为循环码，而码组 2 不是循环码，因为码组 2 中的第 2 个码字循环右移 1 位后为 001，而 001 不是码组 2 的许用码。

码组 1：{000,110,101,011}

码组 2：{000,010,101,111}

定义 7.2.6　设 $\boldsymbol{C}=(c_{n-1},c_{n-2},\cdots,c_0)$ 是 (n,k) 线性分组码的一个码字，它向左循环一位后为 $\boldsymbol{C}^{(1)}=(c_{n-2},\cdots,c_0,c_{n-1})$；它向左循环 i 位后为 $\boldsymbol{C}^{(i)}=(c_{n-i-1},\cdots,c_0,c_{n-1}\cdots c_{n-i})$；向左循环 $n-1$ 位后为 $\boldsymbol{C}^{(n-1)}=(c_0,c_{n-1},\cdots,c_1)$；若 $\boldsymbol{C}^{(i)}$（$i=1,2,\cdots,n-1$）均为该 (n,k) 线性分组码的一个合法码字，则称该 (n,k) 码为循环码。

循环码的码字可以用多项式描述，一个 n 元码字可以用 $n-1$ 次多项式唯一表示，例如，码字 $\boldsymbol{A}=(a_{n-1},a_{n-2},\cdots,a_0)$ 可以表示为

$$A(x)=a_{n-1}x^{n-1}+a_{n-2}x^{n-2}+\cdots+a_1x+a_0 \tag{7.2.7}$$

其中，多项式系数 $a_{n-1},a_{n-2},\cdots,a_0$ 就是码字中的各码元；x 是码元的位置标记。

例如，当 $n=7$，码字为 1100101 时，码字多项式可以表示为

$$A(x)=1\cdot x^6+1\cdot x^5+0\cdot x^4+0\cdot x^3+1\cdot x^2+0\cdot x+1 \tag{7.2.8}$$

即 $A(X)=x^6+x^5+x^2+1$。

在循环码中，若多项式 $A(x)$ 为一个长为 n 的许用码，则满足式（7.2.9）的 $A'(x)$ 也是该码组中的一个许用码。

$$A'(x)=x^iA(x) \quad \mathrm{mod}(x^n+1) \tag{7.2.9}$$

这是因为，$A'(x)$ 是 $A(x)$ 代表的码组向左循环移位 i 次的结果。

例如，码字多项式 $A(x)=x^6+x^5+x^2+1$，码长为 7，当 $i=3$ 时，则有

$$\begin{aligned}x^3A(x)&=x^3(x^6+x^5+x^2+1)\\&=x^9+x^8+x^5+x^3\end{aligned} \tag{7.2.10}$$

$$x^9+x^8+x^5+x^3=x^5+x^3+x^2+x \quad \mathrm{mod}(x^7+1) \tag{7.2.11}$$

多项式 $A(x)=x^6+x^5+x^2+1$ 对应的码字为 1100101，循环左移 3 位得 0101110，其对应的多项式为 $A'(x)=x^5+x^3+x^2+x$。

2．生成多项式和生成矩阵

定理 7.2.2　循环码中除全 0 码组外必然有一个且仅有一个前 $k-1$ 位均为 0 的码组，且其最后一位为 1。

证明：（1）存在性：循环码属于线性分组码，必定可以变换为一个系统码；系统码的信息码元可以有 $k-1$ 位为 0。不存在前 k 位均为 0 的非全 0 码，因为若前 k 位输入信息码元为 0，则编码后必定是全 0 码。

（2）唯一性：如果有两个码组满足此条件，那么由线性分组码对运算的封闭性可知，两个码组相加前 k 位为 0。此码组最后一位为 1，因为若最后一位为 0，则移位后会成为前 k 位为 0 的非全 0 码组。

根据定理 7.2.2，在 (n,k) 循环码的码组中选出一个前 $k-1$ 位都是 0 的码组，用 $g(x)$ 表示，将 $g(x)$ 依次循环移动直到 $(k-1)$ 位，得到 $xg(x)$，$x^2g(x),\cdots,x^{k-1}g(x)$ 与 $g(x)$ 一起作为矩阵的 k 行，可得

$$\boldsymbol{G}(x)=\begin{bmatrix} x^{k-1}g(x) \\ \vdots \\ x^2g(x) \\ xg(x) \\ g(x) \end{bmatrix} \tag{7.2.12}$$

其中，$g(x)$ 称为循环码的生成多项式；$\boldsymbol{G}(x)$ 称为循环码的生成矩阵。

任一循环码多项式 $A(x)$ 都是 $g(x)$ 的倍式，可以表示为

$$A(x)=h(x)g(x) \tag{7.2.13}$$

其中，k 次多项式 $h(x)=\sum_{i=1}^{k+1}h_i x^{k-i+1}$ 称为循环码的校验多项式。

生成多项式 $g(x)$ 本身也是一个码组，根据式（7.2.9）可知，将 $x^k A'(x)$ 进行 $\bmod(x^n+1)$ 运算，其结果也是一个许用码组，故可以表示为

$$\frac{x^k A'(x)}{x^n+1}=Q(x)+\frac{A(x)}{x^n+1} \tag{7.2.14}$$

令 $Q(x)=1$，则式（7.2.14）可以表示为

$$x^k A'(x)=(x^n+1)+A(x) \tag{7.2.15}$$

将 $A'(x)=g(x)$ 和式（7.2.13）代入式（7.2.15）中，化简后可得

$$x^n+1=g(x)[x^k+h(x)] \tag{7.2.16}$$

由此可知，循环码的生成多项式 $g(x)$ 是 x^n+1 的一个 $(n-k)$ 次因子。可以用这种方法求得循环码的生成多项式。

下面介绍多项式模 (x^n+1) 运算。

例如，多项式$(x^5+x^4+x)\bmod(x^3+1)$ 运算。x^5+x^4+x 对应的二进制序列为 $\boldsymbol{A}=110010$，x^3+1 对应的相同位数多项式为 $\boldsymbol{B}=1001$，运算结果余数为 10，即（x^5+x^4+x）mod（x^3+1）的结果为 $x+1$。

例 7.2.3 求(7,4)循环码的生成多项式 $g(x)$。

解：根据式（7.2.15）可知，(7,4)循环码的生成多项式 $g(x)$ 应该是 x^7+1 的一个 $7-4=3$ 次因子。将 x^7+1 因式分解可得：$x^7+1=(x+1)(x^3+x^2+1)(x^3+x+1)$。

于是有

$$x^7+1=(x^3+x^2+1)(x^4+x^3+x^2+1) \text{ 或 } x^7+1=(x^3+x+1)(x^4+x^2+x+1)$$

可见，这里有两个 3 次因子 (x^3+x^2+1) 和 (x^3+x+1)，都可以作为(7,4)循环码的生成多项式 $g(x)$，选用的 $g(x)$ 不同，产生的循环码码组也就不同。

3．循环码的编译码方法

设信息码元 $(a_{n-1}a_{n-2}\cdots a_{n-k})$ 多项式为 $m(x)=a_{n-1}x^{k-1}a_{n-2}x^{k-2}\cdots a_{n-k}$，则循环码多项式可表示为

$$A(x)=[a_{n-1}a_{n-2}\cdots a_{n-k}]\boldsymbol{G}(x)=[a_{n-1}a_{n-2}\cdots a_{n-k}]\begin{bmatrix}x^{k-1}g(x)\\x^{k-2}g(x)\\\vdots\\xg(x)\\g(x)\end{bmatrix}\tag{7.2.17}$$

循环码编码步骤如下。

（1）将信息码元左移 $n-k$ 位，附上 $n-k$ 位 0，预留监督码元，即求 $x^{n-k}m(x)$ 的表达式。

（2）求式（7.2.18），得 $\dfrac{m(x)}{g(x)}$ 的余式，记为 $r(x)$，作为监督码元。

$$\frac{x^{n-k}m(x)}{g(x)}=Q(x)+\frac{m(x)}{g(x)}\tag{7.2.18}$$

（3）求循环码多项式 $A(x)=x^{n-k}m(x)+r(x)$，根据该多项式进行编码得到对应的循环码。

例 7.2.4　已知有 (7,4) 循环码生成多项式为 $g(x)=x^2+1$，信息码元为 1011，试对其进行循环码编码。

解：根据已知条件，循环码 $n=7$， $k=4$。

由信息码元为 1011，可知其对应的多项式为 $m(x)=x^3+x+1$，则有

$$x^{n-k}m(x)=x^3(x^3+x+1)=x^6+x^4+x^3$$

对应码组为 1011000。

求 $\dfrac{x^{n-k}m(x)}{g(x)}=\dfrac{x^6+x^4+x^3}{x^2+1}=(x^4+x)+\dfrac{x}{x^2+1}$，即余式为 $r(x)=x$，则对应监督码元为 010，求得循环码为 1011010。

循环码译码即进行纠检错。设接收码组为 $B(X)$，求 $B(X)/g(x)$ 得余式，若余式为 0，则无错；若余式不为 0，则可以通过以下步骤完成纠检错。

（1）求 $B(X)/g(x)$ 得余式，即循环码的校正子多项式 $S(X)$。

（2）由 $S(X)$ 得到错误图样 $E(X)$，确定错码位置。

（3）从 $B(X)$ 中减去 $E(X)$，纠正成原发送码组 $A(X)=B(X)-E(X)$。

7.2.4　BCH 码和 RS 码

1. BCH 码

BCH（Bose-Chaudhuri-Hocquenghem）码是一类重要的线性循环纠错码。1959 年，Hocquenghem 首先提出这一类码字，Bose 和 Chaudhuri 于 1960 年也独立发现了该类码字。BCH 码可以进行多个随机错误的纠正，具有优良的译码性能，结构简单，构造方便。

BCH 码把信号源待发的信息进行分组，按照给定的位数 k 将信号序列分为以 k 位为一组的多组信号，再将每组信号进行编码变换，此时可以给定一个符合编码规则的数 n（$n>k$）作为每组二进制信号进行变换后的信号序列长度值。

对于任意一个正整数 m（$m \geqslant 3$）和 t（$t < 2^{m-1}$），均可构造出一个有下列参数的二进制 BCH 码：码长 $n = 2^m - 1$，一致校验位数目 $n-k \leqslant mt$，最小距离 $d_{\min} \geqslant d = 2t+1$，$d_{\min}$ 是所构造的码要达到的码间距离。如此构造出的能纠正 t 个或更少随机差错的码记作 $\mathrm{BCH}(n,k,d)$ 码。该码的生成多项式由它的取自有限域 $\mathrm{GF}(2^m)$ 中的根来确定，若码以 $\alpha, \alpha^3, \cdots, \alpha^{2t-1}$ 为根，则生成多项式可以表示为

$$g(x) = \mathrm{LCM}(m_1(x), m_3(x), \cdots, m_{2t-1}(x)) \tag{7.2.19}$$

其中，LCM（Least Common Multiple）代表最小公倍式；t 为纠错个数；$m_i(x)$ 为 a^i 的最小多项式。

BCH 码分为本原 BCH 码和非本原 BCH 码，本原 BCH 码的生成多项式中含有最高次数为 m 的本原多项式，且码长为 $n = 2^m - 1$（$m > 3$，为正整数）。非本原 BCH 码的生成多项式中不含有这种本原多项式，且码长 n 是 $(2^m - 1)$ 的一个因子，即码长 n 一定能除尽 $(2^m - 1)$。

在工程设计中，一般不需要用计算方法去寻找生成多项式 $g(x)$。可以用查表法找到所需的生成多项式，表 7.7 给出了码长常用的二进制本原 BCH 码生成多项式。

表 7.7　码长常用的二进制本原 BCH 码生成多项式

n	本原多项式		n	本原多项式	
	代数式	八进制表示		代数式	八进制表示
2	x^2+x+1	7	13	$x^{13}+x^4+x^3+x+1$	20033
3	x^3+x+1	13	14	$x^{14}+x^{10}+x^6+x+1$	42103
4	x^4+x+1	23	15	$x^{15}+x+1$	1000003
5	x^5+x+1	45	16	$x^{16}+x^{12}+x^3+x+1$	210013
6	x^6+x+1	103	17	$x^{17}+x^3+1$	400011
7	x^7+x^3+1	211	18	$x^{18}+x^7+1$	1000201
8	$x^8+x^4+x^3+x^2+1$	435	19	$x^{19}+x^5+x^2+x+1$	2000047
9	x^9+x^4+1	1021	20	$x^{20}+x^3+1$	4000011
10	$x^{10}+x^3+1$	2011	21	$x^{21}+x^2+1$	10000005
11	$x^{11}+x^2+1$	4005	22	$x^{22}+x+1$	20000003
12	$x^{12}+x^6+x^4+x+1$	10123	23	$x^{23}+x^5+1$	100000207

根据码长 n 可以求得 m，其中 m 用于表征本原多项式中的阶数，通过查表可知 $m(x)$，从而确定生成多项式 $g(x)$。

编码算法如下。

（1）将 $m(x)$ 右移 r 位，用 x_{n-k} 乘以 $m(x)$ 得到 $x_{n-k}m(x)$。

（2）用 $x_{n-k}m(x)$ 除以 $g(x)$，得到商 $q(x)$ 和余数 $r(x)$，即

$$x_{n-k}m(x) = q(x)g(x) + r(x) \tag{7.2.20}$$

（3）最后求得码元多项式。

校验多项式表示为

$$r(x) = x_{n-k}m(x) \bmod g(x) = r_0 + r_1 x + \cdots + r_{r-1}x^{r-1} \tag{7.2.21}$$

因此，码元多项式为

$$c(x)=x_{n-k}m(x)+r(x)=c_0+c_1x+\cdots+c_{n-1}x^{n-1} \tag{7.2.22}$$

设 $y_1,y_2,\cdots,y_w$ 为生成多项式 $g(x)$ 在有限域 $\mathrm{GF}(p^m)$ 上的根，即 $g(y_i)=0$，因此 $c(y_i)=0$，可得接收多项式为

$$r(y_i)=c(y_i)+e(y_i)=e_{y_i},\quad i=1,2,\cdots,2^m-2 \tag{7.2.23}$$

其中，$c(x)$ 为发送码元多项式；$e(x)$ 为错误多项式；$r(x)$ 为接收多项式。

考虑错误多项式为 $e(x)=e_{n-1}x^{n-1}+e_{n-2}x^{n-2}+\cdots+e_1x^1+e_0$，其中最多有 t 个非零的系数，假设实际有 v 个码元的错误，则错误多项式为

$$e(x)=e_{i_1}x^{i_1}+e_{i_2}x^{i_2}+\cdots+e_{i_v}x^{i_v} \tag{7.2.24}$$

其中，e_{i_k} 表示第 k 个错误的大小。对于二元码，$e_{i_k}=1$，i_j 表示错误发生在第 j 个位置上，$j=1,2,\cdots,v$。

2. RS 码

RS 码是一种非二进制 BCH 码，编码的单位由 m 个二进制码元组成，即 2^m 进制。在 (n,k) RS 码中，输入信号每 kq 比特一组，即每组包含 k 个多进制符号，每个符号由 q 比特码元组成。

RS 码具有较强的纠错能力，纠正 t 个符号错误的 RS 码的参数如下。

（1）码长 $n=2^m-1$ 个符号，即 $m(2^m-1)$ 比特。

（2）信息码元数 $k=n-2t$ 个符号，即 $m(n-2t)$ 比特。

（3）监督码元数为 $2t$ 个符号，即 $2mt$ 比特。

（3）最小码距 $d_{\min}=2t+1$ 个符号，即 $m(2t+1)$ 比特。

RS 码的生成多项式为

$$g(x)=(x+a)(x+a^2)\cdots(x+a^{2t}) \tag{7.2.25}$$

其中，a 是有限 $\mathrm{GF}(2^q)$ 中的本原元素。

RS 码能够纠正 t 个 m 进制错码，即能纠正码组中 t 个不超过 q 位连续的二进制错码，因此 RS 码特别适用于存在突发错误的信道（如移动通信网等衰落信道）中。此外，因为 RS 码是多进制纠错编码，所以它特别适合应用于多进制调制的场合。

7.2.5 CRC 码

CRC（Cyclic Redundancy Check，循环冗余校验）码也是循环码的一种。因为 CRC 码具有代数结构清晰、编译码简单和易于实现等优点，成为数字通信中最常用的一种差错控制方式。根据应用环境与习惯的不同，CRC 码又可分为 CRC-4 码、CRC-8 码、CRC-16 码和 CRC-24 码等。

在编码开始时，CRC 寄存器的每位都预置为 1，将 CRC 寄存器与数据进行异或操作，对寄存器从高到低进行移位，最高位补零，若最低位为 1，则寄存器与预定义的多项式码进行异

或操作；若最低位为 0，则无须进行操作。

重复上述操作，由高至低进行移位，且移位次数与信息码元长度相同。第一组数据处理完毕，用 CRC 寄存器的值与下一组数据进行重复操作直至所有的字符处理完成，此时 CRC 寄存器内的值为最终的 CRC 码。CRC 码部分生成多项式对应表如表 7.8 所示。

表 7.8　CRC 码部分生成多项式对应表

序号	编码标准	生成多项式	位数
1	CRC-24	$x^{24}+x^{23}+x^{14}+x^{12}+x^{8}+1$	24
2	CRC-16	$x^{16}+x^{15}+x^{2}+1$	16
3	CRC-8	$x^{8}+x^{7}+x^{6}+x^{4}+x^{2}+1$	8
4	CRC-4	$x^{4}+x^{3}+x^{2}+x+1$	4

CRC 译码是利用除法及余数的原理进行错误检测。在实际应用中，发送装置计算出 CRC 并随数据一同发送给接收装置，接收装置对收到的数据重新计算出 CRC 码并与收到的 CRC 码相比较，若两个 CRC 码不同，则说明数据通信出现错误。

将收到的 CRC 码用约定的生成多项式 $G(x)$ 进行除法操作，若码字无误，则余数应为 0；若有某一位出错，则余数不为 0，且余数与错误位的对应关系是不变的，通过查阅出错模式对应表可获取对应的错误位从而进行纠错。

CRC 码检错能力强，实现简单，在数据通信和移动通信中被广泛使用。

7.3　卷积码

卷积码是一种差错控制编码，与分组码不同，卷积码的编码器具有记忆性，即编码器的当前输出不仅与当前输入有关，还与以前时刻的输入有关。通常在系统条件相同的情况下，在达到相同译码性能时，卷积码的信息块长度和码字长度都要比分组码的信息块长度和码字长度小，相应译码复杂性也低一些。

7.3.1　卷积码编码

卷积码是一种有记忆的纠错码，编码是将 k 个信息码元输入编码器，输出 n 个码元的过程。编码后的 n 个码元不仅与当前输入的 k 个信息码元有关，也与之前的 $N-1$ 组信息码元有关，其结构如图 7.4 所示。

卷积码一般可采用 (n,k,N) 来表示，其中 k 为输入码元数，n 为输出码元数，而 N 为编码的约束度，nN 为编码的约束长度，编码效率为 $R=k/n$ 。需要说明的是，有些参考文献用 $N+1$ 表示约束长度，本书中采用 N 表示约束度。常见卷积码的 n 和 k 的值较小，且 $k \leqslant n$，N 的值可以比较大，常取为 5～10，从而获得简单且性能较高的卷积码。

(n,k,N) 卷积码编码器由 N 个 k 级输入移位寄存器（$N\times k$ 位寄存器）、n 位输出移位寄存器和 n 个模 2 和加法器构成，每位输出移位寄存器有一个模 2 和加法器与其对应，每个模 2 和加法器输入端的数目不一定相同。图 7.4（a）所示为 (n,k,N) 卷积码编码器原理图。

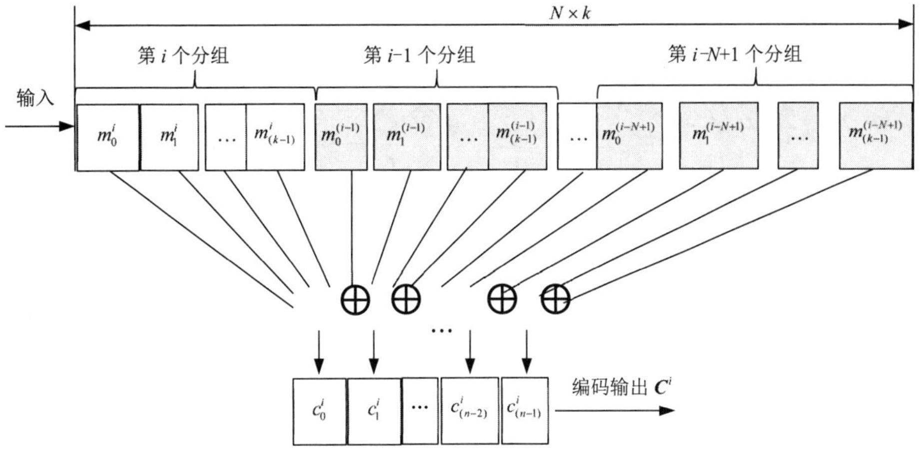

（a）（n,k,N）卷积码编码器原理图

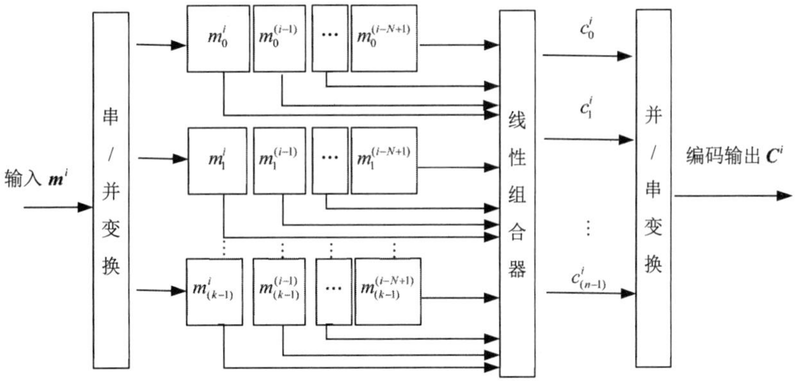

（b）卷积码编码器一般结构

图 7.4 (n,k,N)卷积码编码器原理和结构图

由图 7.4（b）可知，卷积码将信息序列串/并变换后存入由 k 个 N 级移位寄存器构成的 $k\times N$ 阵列中，其中最左列存放当前输入的信息组，后面各列分别是前$1,2,\cdots,N-1$时刻的输入。按一定规则对阵列中的数据进行线性组合，编出当前时刻的各码元c_j^i，$j=0,1,2,\cdots,n-1$，最后经过并/串转化形成码字并输出。二进制码线性组合的系数为“0”或“1”，若系数为“1”，则表示该位参与线性组合运算，连接图上就有连接线将数据从该存储单元送到线性组合器，若系数为“0”，则表示该位不参与线性组合运算，连接图上就没有从该存储单元到线性组合器的连接线。每个码元都需要有$k\times N$个系数来描述组合规则，n个输出码元则需要$k\times N\times n$个系数来描述卷积码。

下面通过例题来具体说明卷积码的矩阵表示和图形化表示。

1．卷积码的矩阵表示

例 7.3.1 某二进制(3,2,2)卷积码编码器如图 7.5 所示。若当前时刻$i=0$的输入信息是$\boldsymbol{m}^0=(m_0^0,m_1^0)=(01)$，上一时刻的输入是$\boldsymbol{m}^1=(m_0^1,m_1^1)=(10)$，其中上标 1 表示延迟 1。试用矩阵表示该编码器，并计算输出码字。

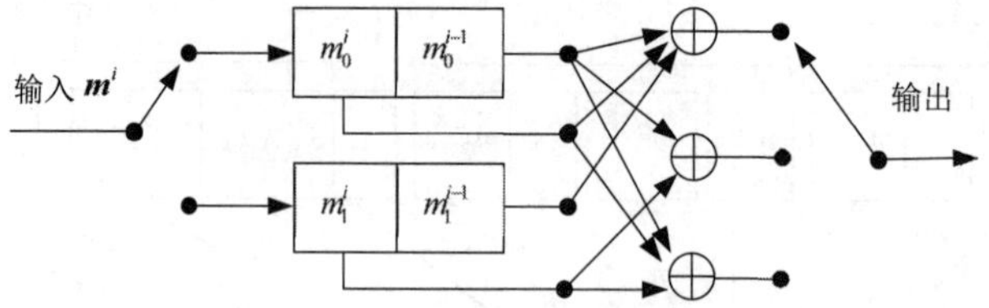

图 7.5　某二进制(3,2,2)卷积码编码器

该编码器存储器阵列为 $k=2$ 行、$N=2$ 列、编码输出 $n=3$ 个码元。用 g_{pq}^l 表示第 p 个存储器（$p=0,1$）的第 l 个单元（$l=0,1$）对第 q 个（$q=0,1,2$）码元的影响。$g_{pq}^l=1$ 表示该位接入模 2 和加法器，否则 $g_{pq}^l=0$。由图 7.5 中的接线可以得到 $n\times k\times N=3\times2\times2=12$ 个系数。

第 0 个存储器中第 0 个码元 m_0^0 与输出第 0、1、2 个码元 c_0^0、c_1^0、c_2^0 之间的系数 g_{0q}^0 为 g_{00}^0=1，g_{01}^0=0，g_{02}^0=1。同理有

$$m_0^1\text{对应的系数：}\ g_{00}^1=1,\ g_{01}^1=1,\ g_{02}^1=1$$

$$m_1^0\text{对应的系数：}\ g_{10}^0=0,\ g_{11}^0=1,\ g_{12}^0=1$$

$$m_1^1\text{对应的系数：}\ g_{10}^1=1,\ g_{11}^1=0,\ g_{12}^1=1$$

由题意，参考图 7.4（b）中存储矩阵的每列表示某一时刻的输入，则本时刻（定义为 0 时刻）的输入为 $\boldsymbol{m}^0=(m_0^0,m_1^0)=(01)$，上一时刻的输入为 $\boldsymbol{m}^1=(m_0^1,m_1^1)=(10)$，用系数矩阵 $\boldsymbol{G}^0$ 和 $\boldsymbol{G}^1$ 分别描述本时刻和上一时刻的输入对编码输出的影响，从而得到本时刻编码输出。

$$\boldsymbol{G}^0=\begin{bmatrix} g_{00}^0 & g_{01}^0 & g_{02}^0 \\ g_{10}^0 & g_{11}^0 & g_{12}^0 \end{bmatrix}=\begin{bmatrix} 1 & 0 & 1 \\ 0 & 1 & 1 \end{bmatrix}$$

$$\boldsymbol{G}^1=\begin{bmatrix} g_{00}^1 & g_{01}^1 & g_{02}^1 \\ g_{10}^1 & g_{11}^1 & g_{12}^1 \end{bmatrix}=\begin{bmatrix} 1 & 1 & 1 \\ 1 & 0 & 0 \end{bmatrix}$$

本时刻编码输出 $\boldsymbol{C}^0$ 为

$$\boldsymbol{C}^0=(c_0^0,c_1^0,c_2^0)=\boldsymbol{m}^0\boldsymbol{G}^0+\boldsymbol{m}^1\boldsymbol{G}^1=\begin{pmatrix}0 & 1\end{pmatrix}\begin{bmatrix} 1 & 0 & 1 \\ 0 & 1 & 1 \end{bmatrix}+\begin{pmatrix}1 & 0\end{pmatrix}\begin{bmatrix} 1 & 1 & 1 \\ 1 & 0 & 0 \end{bmatrix}=\begin{pmatrix}1 & 0 & 0\end{pmatrix}$$

例 7.3.1 中的系数矩阵 $\boldsymbol{G}^0$ 和 $\boldsymbol{G}^1$ 也具有一般性，对于任意一个 (n,k,N) 卷积码，在时刻 i，将时刻 i 之前的第 l（$l=0,1,\cdots,N-1$）个信息组 $\boldsymbol{m}^l=(m_0^{i-l},m_1^{i-l},\cdots,m_{k-1}^{i-l})$，对时刻 i 的输出码字 $\boldsymbol{C}^i$ 的影响用一个 $k\times n$ 维的生成子矩阵 $\boldsymbol{G}^l$ 来表示，即

$$\boldsymbol{G}^l=\begin{bmatrix} g_{00}^l & g_{01}^l & \cdots & g_{0(n-1)}^l \\ g_{10}^l & g_{11}^l & \cdots & g_{1(n-1)}^l \\ \vdots & \vdots & & \vdots \\ g_{(k-1)0}^l & g_{(k-1)1}^l & \cdots & g_{(k-1)(n-1)}^l \end{bmatrix} \tag{7.3.1}$$

其中，矩阵元素 $g_{pq}^{l} \in (0,1)$ 表示存储器阵列第 p 个输入行（$p=1,2,\cdots,k-1$），在时刻 l（$l=1,2,\cdots,N-1$）对第 q（$q=1,2,\cdots,n-1$）个输出码元的影响，如图 7.4（b）所示。

若 (n,k,N) 卷积码的初始状态为零（存储器初始值为 0），随着时刻 i 的递推和 k 比特信息组（$\boldsymbol{m}^0,\boldsymbol{m}^1,\cdots,\boldsymbol{m}^{N-1},\boldsymbol{m}^N,\cdots$）的连续输入，码字（$\boldsymbol{C}^0,\boldsymbol{C}^1,\cdots,\boldsymbol{C}^{N-1},\boldsymbol{C}^N,\cdots$）连续输出。

在 $i=0$ 时刻 $\boldsymbol{C}^0=\boldsymbol{m}^0\boldsymbol{G}^0$

在 $i=1$ 时刻 $\boldsymbol{C}^1=\boldsymbol{m}^1\boldsymbol{G}^0+\boldsymbol{m}^0\boldsymbol{G}^1$

$\vdots$

在 $i=N-1$ 时刻 $\boldsymbol{C}^{N-1}=\boldsymbol{m}^{N-1}\boldsymbol{G}^0+\boldsymbol{m}^{N-2}\boldsymbol{G}^1+\cdots+\boldsymbol{m}^0\boldsymbol{G}^{N-1}$

在 $i=N$ 时刻 $\boldsymbol{C}^N=\boldsymbol{m}^N\boldsymbol{G}^0+\boldsymbol{m}^{N-1}\boldsymbol{G}^1+\cdots+\boldsymbol{m}^1\boldsymbol{G}^{N-1}$

在 $i=N+1$ 时刻 $\boldsymbol{C}^{N+1}=\boldsymbol{m}^{N+1}\boldsymbol{G}^0+\boldsymbol{m}^N\boldsymbol{G}^1+\cdots+\boldsymbol{m}^2\boldsymbol{G}^{N-1}$

$\vdots$

或者写为等效的单边无限矩阵的形式，即

$$\boldsymbol{C}=\boldsymbol{m}\boldsymbol{G}_\infty=\boldsymbol{m}\begin{bmatrix} \boldsymbol{G}^0 & \boldsymbol{G}^1 & \cdots & \boldsymbol{G}^{N-1} & 0 & 0 & 0 & 0 \\ 0 & \boldsymbol{G}^0 & \boldsymbol{G}^1 & \cdots & \boldsymbol{G}^{N-1} & 0 & 0 & 0 \\ 0 & 0 & \boldsymbol{G}^0 & \boldsymbol{G}^1 & \cdots & \boldsymbol{G}^{N-1} & 0 & 0 \\ 0 & 0 & 0 & \cdots & \cdots & \cdots & \cdots & \cdots \end{bmatrix}$$

定义 $\boldsymbol{G}_\infty$ 为卷积码的生成矩阵，输入的信息序列是半无限的，因此生成矩阵也是半无限的。因此，任意时刻 i 的输出码字可用式（7.3.2）表示。

$$\boldsymbol{C}^i=\sum_{m=0}^{N-1}\boldsymbol{m}^{i-l}\boldsymbol{G}^l \tag{7.3.2}$$

该公式与无限长矩阵序列 $\boldsymbol{m}^i$ 和无限长矩阵序列 $\boldsymbol{G}^l$ 的卷积运算 $\boldsymbol{m}^i * \boldsymbol{G}^l$ 相同，这也是卷积码名字的由来。

式（7.3.2）中的 N 个子矩阵 $\boldsymbol{G}^l$ 实质上是 $\boldsymbol{G}$ 在时间轴上的展开，前后各个子矩阵 $\boldsymbol{G}^l$ 和 $\boldsymbol{G}^{l+1}$ 在同一位置上的两个系数 g_{pq}^{l} 和 g_{pq}^{l+1} 分别表示 l 和 $l+1$ 时刻第 p 个存储器（输入行）对第 q 个输出码元的影响，两个时刻的时间差为一个时延 D，完全可以用多项式 $g_{pq}^{l}D^l+g_{pq}^{l+1}D^{l+1}$ 的形式来表达。同理，可以用 D 的多项式代替时间轴，而把 N 个子矩阵 $\boldsymbol{G}^l$ 合并成一个矩阵 $\boldsymbol{G}(D)$，即

$$\boldsymbol{G}(D)=\boldsymbol{G}^0+\boldsymbol{G}^0D+\cdots+\boldsymbol{G}^0D^{N-1}=\boldsymbol{G}^0\begin{bmatrix} g_{00}(D) & g_{01}(D) & \cdots & g_{0(n-1)}(D) \\ g_{10}(D) & g_{11}(D) & \cdots & g_{1(n-1)}(D) \\ \vdots & \vdots & & \vdots \\ g_{(k-1)0}(D) & g_{(k-1)1}(D) & \cdots & g_{(k-1)(n-1)}(D) \end{bmatrix} \tag{7.3.3}$$

$\boldsymbol{G}(D)$ 的每个元素都是多项式，一般表达式为

$$g_{pq}(D)=g_{pq}^{0}D^0+g_{pq}^{1}D^1+g_{pq}^{2}D^2+\cdots+g_{pq}^{N-1}D^{N-1}=\sum_{i=0}^{N-1}g_{pq}^{i}D^i \tag{7.3.4}$$

(n,k) 卷积码编码器可看作连续单比特输入、n 输出的多端口网络，$k\times n$ 多项式矩阵 $\boldsymbol{G}(D)$

的第 p 行第 q 列元素 $g_{pq}(D)$ 描述了第 p 行输入对第 q 个输出码元的影响，类似于多端口网络中第 p 个输入端对第 q 个输出端的影响，称为转移函数。通常把 $\boldsymbol{G}(D)$ 定义为转移函数矩阵。

卷积码编码器结构确定后，对应的转移函数矩阵 $\boldsymbol{G}(D)$ 也就确定了，比如例 7.3.1 中转移函数矩阵为 $\boldsymbol{G}(D)=\begin{bmatrix}1+D & D & 1+D \\ D & 1 & 1\end{bmatrix}$；反之，转移函数矩阵 $\boldsymbol{G}(D)$ 确定后，对应的卷积码编码器结构也就确定了。

例 7.3.2 某二进制(3,1,3)卷积码的转移函数矩阵 $\boldsymbol{G}(D)=\begin{bmatrix}1 & 1+D & 1+D+D^2\end{bmatrix}$，试画出卷积码编码器结构图。

解：根据转移函数矩阵，可知

$$g_{00}(D)=g_{00}^0+g_{00}^1D+g_{00}^2D^2=1$$
$$g_{01}(D)=g_{01}^0+g_{01}^1D+g_{01}^2D^2=1+D$$
$$g_{02}(D)=g_{02}^0+g_{02}^1D+g_{02}^2D^2=1+D+D^2$$

因此

$$g_{00}^0=1,\ g_{00}^1=0,\ g_{00}^2=0$$
$$g_{01}^0=1,\ g_{01}^1=1,\ g_{01}^2=0$$
$$g_{02}^0=1,\ g_{02}^1=1,\ g_{02}^2=1$$

该卷积码编码器的结构式为 $k=1,\ N=3$，即 1 行 3 列的存储器，如图 7.6 所示。

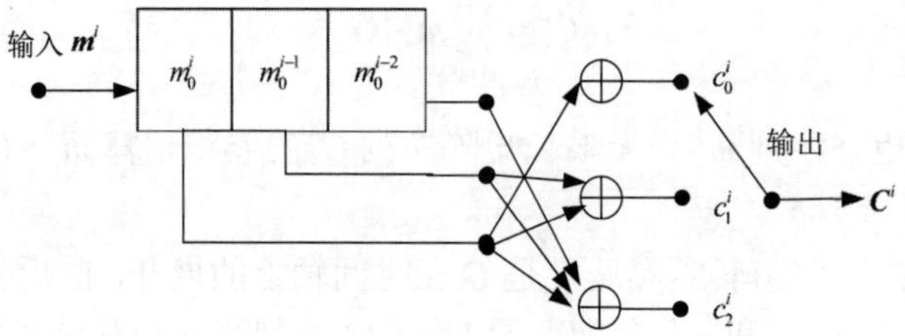

图 7.6 (3,1,3)卷积码编码器

2. 卷积码的图形化表示

转移函数矩阵 $\boldsymbol{G}(D)$ 能够将矩阵、多项式和编码器的结构关系描述得较为清晰，但是还没能将卷积码的内在特性描述出来，状态图和网格图提供了较好的补充。

卷积码编码在 i 时刻输出的码字，不仅取决于 i 时刻的输入信息组 $\boldsymbol{m}^i$，还取决于 i 时刻之前存入存储器的 N-1 个信息组，则存储器中的内容称为编码器状态，与输出之间的函数表达式为

$$\boldsymbol{C}^i=f(\boldsymbol{m}^i,\boldsymbol{m}^{i-1},\cdots,\boldsymbol{m}^{i-N+1})=f(\boldsymbol{m}^i,S_i) \tag{7.3.5}$$

其中，$S_i=h(\boldsymbol{m}^i,\boldsymbol{m}^{i-1},\cdots,\boldsymbol{m}^{i-N+1})$ 表示 i 时刻的状态。式（7.3.5）说明，i 时刻的输入信息组 $\boldsymbol{m}^i$ 和编码器状态 S_i 共同决定了编码输出 $\boldsymbol{C}^i$ 和下一个状态 $S_{i+1}=h(\boldsymbol{m}^{i+1},\boldsymbol{m}^i,\cdots,\boldsymbol{m}^{i-N+2})$。

由于编码器状态和信息组的组合都是有限的，所以可以用一个信息组 $\boldsymbol{m}$ 触发的状态转移

图来描述一个卷积码。

例 7.3.3　若(3,1,3)卷积码的转移函数矩阵$\boldsymbol{G}(D)=[1,1+D,1+D+D^2]$，试用状态图描述该卷积码，若输入信息序列为 10110…，试计算输出的码字。

解：可知该卷积码的$n=3$，$k=1$，$N=3$，存储器为 1 行 3 列，结构如图 7.6 所示，则第一列表示当前时刻的输入，第 2、3 列$\boldsymbol{m}^{i-1}$和$\boldsymbol{m}^{i-2}$表示前面时刻的输入。$\boldsymbol{m}^{i-1}$和$\boldsymbol{m}^{i-2}$的 4 种组合决定了编码器的 4 种状态，输入和状态决定了编码输出和下一个状态，所有的状态如表 7.9 所示。

表 7.9　编码器状态定义

状态	S_0	S_1	S_2	S_3
$\boldsymbol{m}^{i-1}$ $\boldsymbol{m}^{i-2}$	00	01	10	11

不同状态下输入与次态的对应关系如表 7.10 所示。

表 7.10　不同状态下输入与次态的对应关系

状态	输入	
	$\boldsymbol{m}^i=0$ /输出	$\boldsymbol{m}^i=1$ /输出
S_0	S_0/000	S_2/111
S_1	S_0/001	S_2/110
S_2	S_1/011	S_3/100
S_3	S_1/010	S_3/101

现态与次态的对应关系也可以用编码矩阵来表示，编码矩阵$\boldsymbol{C}$描述了状态转移过程中对应的输出信息序列。编码矩阵第i行、第j列的元素，表示由状态S_i转移到状态S_j时输出的码字，若不存在转移关系，则用*表示。因此，该卷积码的编码矩阵为

$$\boldsymbol{C}=\begin{matrix} & S_0 & S_1 & S_2 & S_3 \\ S_0 & 000 & * & 111 & * \\ S_1 & 001 & * & 110 & * \\ S_2 & * & 011 & * & 100 \\ S_3 & * & 010 & * & 101 \end{matrix}$$

(3,1,3)卷积码状态转移图如图 7.7 所示，图中用圆圈代表状态，箭头代表转移，箭头上的标注为“输入信息/输出码字”，如 0/000，表示输入信息 0 时输出码字 000。输入分为 0、1 两种情况，因此每个状态都有两个箭头指向下一个状态。

若输入信息序列为 1100101…，则从状态转移图中可以找到当前状态和输入信息/输出码字的转移情况。从初始状态S_0触发，根据转移箭头方向，得到转移后的状态及输出码字，如图 7.8 所示。

状态转移图虽然能够显示状态转移的规律，但是缺乏时间维度，不能在时间轴上显示状态转移的轨迹。网格图（或称格栅图、篱笆图等）弥补了这一缺点。网格图的纵轴为状态，横轴为时间，状态转移沿时间轴展开，能够显示编码过程。网格图有助于发现卷积码的性能特征，有助于理解译码算法，并有利于借助计算机进行分析。

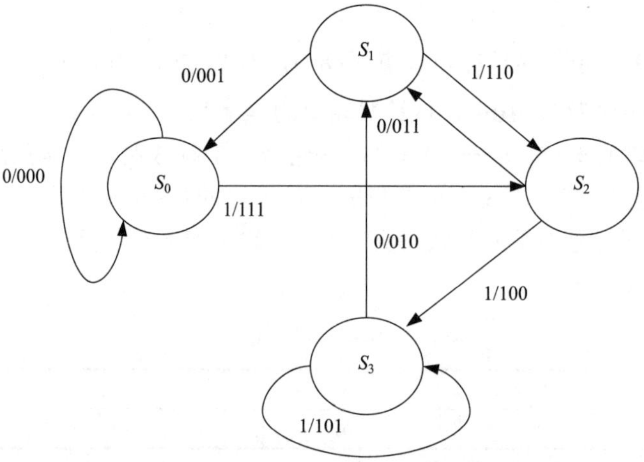

图 7.7 (3,1,3)卷积码状态转移图

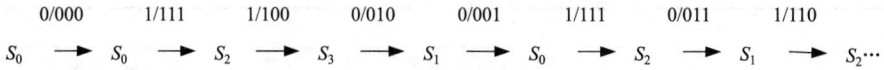

$$S_0 \xrightarrow{0/000} S_0 \xrightarrow{1/111} S_2 \xrightarrow{1/100} S_3 \xrightarrow{0/010} S_1 \xrightarrow{0/001} S_0 \xrightarrow{1/111} S_2 \xrightarrow{0/011} S_1 \xrightarrow{1/110} S_2 \cdots$$

图 7.8 状态转移和输出

网格图分成两部分：一部分是对编码器的描述，表示从本时刻的各状态可以转移到下一时刻的哪些状态，伴随转移的输入信息/输出码字是什么；另一部分是对编码过程的记录，一根半无限的水平线，纵轴上的常数表示某一个状态，一个箭头代表一次转移，每隔时间 T（移存器的一位时延 D）转移一次，转移的轨迹称为路径。这两部分可以画在一起，也可单独来画。例如，在描述卷积码编码器本身而并不涉及具体编码时，只需第一部分网格图就够了。当状态很多、转移线很密集时，网格图上难以标全伴随所有转移的输入信息/输出码字信息，此时，对照编码矩阵可以表示得更清楚。

当输入信息 10110 时，卷积码网格图如图 7.9 所示。由图 7.9 可知，输出码字和状态转移如图 7.10 所示。

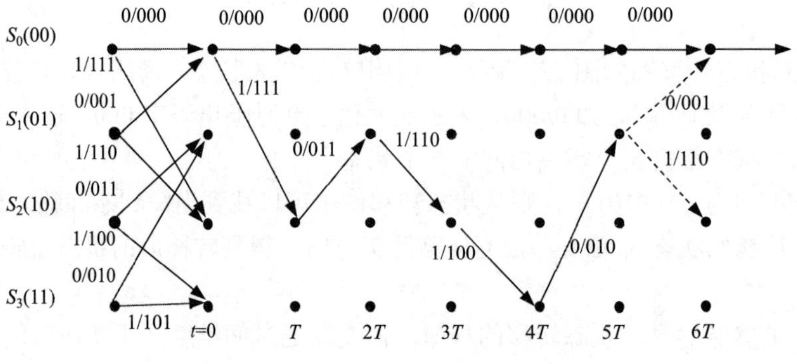

图 7.9 卷积码网格图

$$S_0 \xrightarrow{1/111} S_2 \xrightarrow{0/011} S_1 \xrightarrow{1/110} S_2 \xrightarrow{1/100} S_3 \xrightarrow{0/010} S_1$$

图 7.10　输出码字和状态转移

如果继续输入第 6 位信息，信息为 0 或 1，状态将分别转移到 S_0 或 S_2，而不可能转移到 S_1 或 S_3。网格图顶部的一条路径代表输入全 0 信息/输出全 0 码字时的路径，这条路径在卷积码分析时常被用作参考路径。

在例 7.3.3 中，从某一状态出发，次态有 4 个状态，但是网格图中的编码路径并不是随意的，只能转移到 4 个状态中的 2 个，可能进入每个状态的分支也只有两条。可推广为一般结论：从 (n,k) 卷积码网格图中每个状态发出的转移路径可有 2^k 条。

对于无限长的信息序列，每个 k 位信息组会产生一个 n 位的码字，与分组码一样。但对于有限长的信息（如单个数据帧的信息），情况就不同了。假设信息序列长度为 M 个 k 位信息组，由于记忆效应，编码器在输出 M 个码字后将继续输出 L 个码字才能将记忆阵列中的内容完全移出，因此会导致卷积码编码效率 R_e 下降。

$$R_e = \frac{kM}{n(M+L)} \tag{7.3.6}$$

由式(7.3.6)可知，卷积码约束长度 $L+1$ 越长，信息组数 M 越小，编码效率越低，而当 $M \to \infty$ 时，编码效率 $R_e = k/n$。从这个角度而言，对于短的突发信息，卷积码约束长度也应设计得短些。

7.3.2　卷积码译码

卷积码的性能取决于卷积码距离特性和译码算法，其中距离特性是卷积码自身本质的属性，它决定了该码潜在的纠错能力，而译码算法决定了能在多大程度上将潜在的纠错能力转化为实际纠错能力。

描述距离特性的最好方法是利用网格图。设序列 $\boldsymbol{C}^{(1)}$ 和 $\boldsymbol{C}^{(2)}$ 是同一时刻从同一状态出发的任意两个不同的二进制码字序列。假设 0 时刻从 0 状态出发。

序列距离定义为两个序列 $\boldsymbol{C}^{(1)}$ 和 $\boldsymbol{C}^{(2)}$ 在对应时刻的码字的汉明距离之和，即两个序列模 2 和后的重量。由于线性卷积码的封闭性，若 $\boldsymbol{C}^{(1)} \oplus \boldsymbol{C}^{(2)} = \boldsymbol{C}$，则 $\boldsymbol{C}$ 也是一个码字序列。因此，有以下关系式：

$$d(\boldsymbol{C}^{(1)},\boldsymbol{C}^{(2)}) = W(\boldsymbol{C}^{(1)} \oplus \boldsymbol{C}^{(2)}) = W(\boldsymbol{C}) = W(\boldsymbol{C} \oplus 0) = d(\boldsymbol{C},0) \tag{7.3.7}$$

式（7.3.7）的含义是：任意两个序列间的距离等于将它们模 2 和后所得序列的汉明重量，又一定等于某一序列与全零序列的距离，也等于该序列的重量。因此与研究分组码距离特性一样，可以通过研究序列重量来研究卷积码距离特性，序列之间的最小距离正是重量最小序列的重量。

序列距离还与序列的长度有关。一个码字长度的两个序列间的距离不可能超过码长 n；两个码字长度的两个序列间的距离不可能超过 $2n$；而当序列长度趋于无穷大时，两个序列间的距离可能趋于无穷大。为此，定义 l 个码字长度的任意两个序列之间的最小距离为 l 阶列距离，记为 $d_c(l)$，即

$$d_c(l) = \min\{d(\boldsymbol{C}^{(1)}, \boldsymbol{C}^{(2)})_l, \boldsymbol{C}^{(1)} \neq \boldsymbol{C}^{(2)}\} = \min\{W(\boldsymbol{C})_l, \boldsymbol{C} \neq \boldsymbol{0}\} \tag{7.3.8}$$

其中，下标 l 表示序列长度。

当 $l \to \infty$时，任意两个序列之间的最小距离称为自由距离，记为 d_{f}，即

$$d_{\mathrm{f}} = \lim_{l\to\infty} d_c(l) = \min\{d(\boldsymbol{C}^{(1)}, \boldsymbol{C}^{(2)})_\infty, \boldsymbol{C}^{(1)} \neq \boldsymbol{C}^{(2)}\} = \min\{W(\boldsymbol{C})_\infty, \boldsymbol{C} \neq \boldsymbol{0}\} \tag{7.3.9}$$

有时也将自由距离称为最小距离，记为 d_{m}。根据定义，自由距离在网格图上就是 0 时刻从 0 状态与全零路径分叉（$\boldsymbol{C} \neq \boldsymbol{0}$）出发，经若干分支后又回到全零路径（与全零序列距离不再继续增大）的所有路径中，重量最小（与全零序列距离最近）的那条路径的重量。

例 7.3.4　(3,1,2)卷积码编码器结构参照前面卷积码的一般结构。试计算该码的自由距离 d_{f}。

解：分析 0 时刻从 0 状态与全零路径分叉，又回到全零路径的所有可能的路径，其中伴随每个转移所标的数字是对应码字与全零码的距离，如图 7.11 所示。

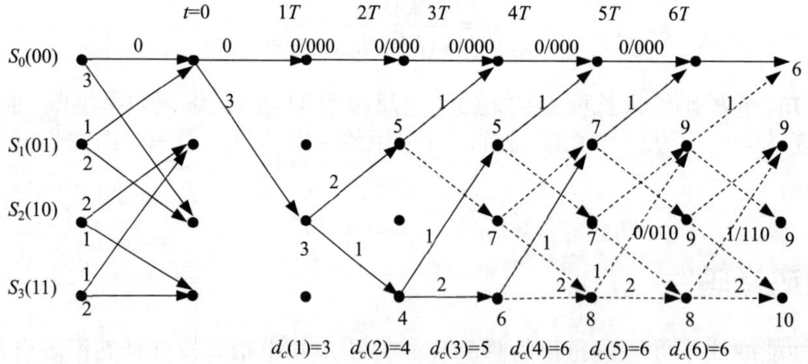

图 7.11　(3,1,2)卷积码的自由距离 d_{f}

图 7.11 中 0 时刻分叉后的第一次转移只有一条非零分支，列距离 $d_c(1) = 3$。第二次转移后（在时刻 $2T$）有 $S_0S_2S_1$ 和 $S_0S_2S_3$ 两条路径，两条路径重量分别是 $d\left[(111011),(000000)\right] = 5$ 和 $d\left[(111100),(000000)\right] = 4$，选其中小者为列距离，得 $d_c(2) = 4$。以此类推，可得各阶列距离，如图 7.11 底部所示。比较各值，发现 l 在 $[4,\infty]$ 范围内列距离不变，即得自由距离 $d_{\mathrm{f}} = \lim_{l\to\infty} d_c(l) = 6$，而具有该自由距离的路径有以下两条。

第一条：$S_0S_2S_1S_0S_0\cdots$，$\lim_{l\to\infty} d_c(l) = 6 = W(111,011,001,000,000,\cdots) = 6$

第二条：$S_0S_2S_3S_1S_0S_0$，$\lim_{l\to\infty} d_c(l) = 6 = W(111,100,010,001,000,\cdots) = 6$

列距离不再增加的原因是序列一旦重新与全零序列汇合，后面重合部分与全零序列的距离永远为零，整个序列的重量也就不再增加。

分组码的纠错能力取决于码的最小距离，分组码的最大似然译码实际上就是最小距离译码，这些准则同样也适用于卷积码，不同之处仅在于分组码考虑的是孤立码字之间的距离，而卷积码考虑的是码字序列间的距离。既然序列距离决定卷积码性能，衡量序列距离最主要

的参数——自由距离 d_f 就成了卷积码的主要性能指标。卷积码自由距离 d_f 的计算方法有很多，简单的卷积码（如例 7.3.4）可以直接在网格图上推得；复杂一些的卷积码可采用信号流图法，它也最具理论价值，而最实用的方法还是采用计算机搜索。

信号流图可用来计算任何一个以支路为基础线性累积的物理量。如果希望这个量不是以“积”而是以“和”的形式累积，可将这个物理量写作某个基底的幂次。状态流图实际上就是一种信号流图，一个状态对应一个节点，一次转移对应一条支路，两个状态间一条路径的重量对应于信号流图两个节点间一条路径的增益，而两个节点间的生成函数（或称为转移函数）$T(D)$ 代表所有路径增益之和。解信号流图可以利用梅森（Mason）的增益公式，也可根据有向图列出线性状态方程，从而把解图转化为解方程，还可通过图论中的等效变化解图。若由信号流图法解得生成函数 $T(D)$，则不但可以知道自由距离 d_f，而且有助于从理论上分析卷积码的差错控制能力。下面举例说明生成函数 $T(D)$ 和自由距离 d_f 的关系，求解生成函数 $T(D)$ 的详细方法请见相关的参考资料。

例 7.3.5 设某一(3,1,3)卷积码，其信号流图如图 7.12 所示。试用信号流图法计算生成函数 $T(D)$，并得出该码的自由距离 d_f。

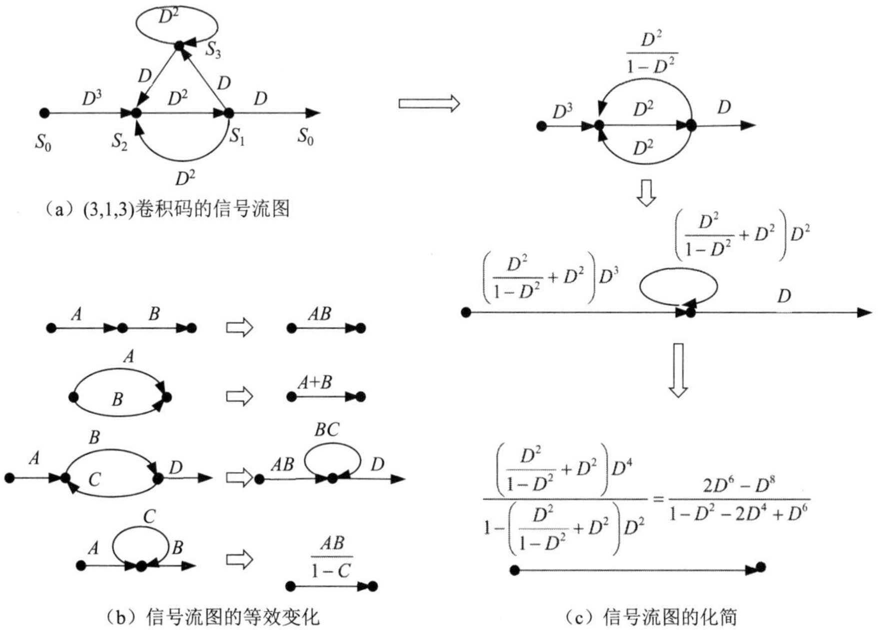

图 7.12 用信号流图法计算生成函数 $T(D)$

解：由于自由距离是由零状态出发又回到零状态的重量最小序列的重量，把零状态拆成两个节点，一个为发点，一个为收点，如图 7.12（a）所示。将每次转移的码重作为分支增益放在 D 的指数上以便以“和”而非“积”的方式累积。比如从状态 S_0 转移到 S_2 所对应码字(111)的重量为 3，就把分支增益定为 D^3，以此类推。这样，沿着任意一条由发点到收点的路径都有一个对应的路径增益，增益最小的路径就是重量最小路径，生成函数 $T(D)$ 就是所有路径增益之和。利用图 7.12（b）所示的等效变化，将图 7.12（a）所示的信号流图变为最简形式

后求得生成函数$T(D)$，如图 7.12（c）所示。根据化简的结果，得生成函数$T(D)$，再用长除法将其展开，则

$$T(D)=(2D^6-D^8)/(1-D^2-2D^4+D^6)=2D^6+D^8+5D^{10}+\cdots$$

生成函数$T(D)$的每一项对应网格图上的一条非零路径，项的幂次则是对应非零路径的重量。因此本题的生成函数$T(D)$说明，从零状态出发又回到零状态的非零路径有无数条，其中有两条重量为 6 的路径，1 条重量为 8 的路径，5 条重量为 10 的路径。显然，最低幂次 6 就是自由距离d_{f}，最低幂次项的系数就是重量等于d_{f}的路径的条数。对照图 7.12，可知计算结果是正确的。

例 7.3.5 中的生成函数$T(D)$虽然是针对具体问题计算的，但其结果具有一般性。

对于给定的信号流图，解出的生成函数$T(D)$均可表示为

$$T(D)=\sum_{d=d_{\mathrm{f}}}^{\infty}A_d\ D^d$$

其中，d次项系数A_d代表重量为d、从零状态出发又回到零状态的非零路径的条数。例如，例 7.3.5 中$A_6=2$，$A_8=1$，$A_{10}=5$，… 。

有些卷积码存在恶性差错传播的性质。当具有这种特性的卷积码用于二元对称信道时，有限数量的信道差错有可能引起无限数量的译码差错。这种卷积码可以通过状态图找出来。若状态图中含有一条从某个非零状态返回同一状态的零距离路径，这意味着可以沿着这条零距离路径环绕无限多次，而与全零路径之间的距离并不增加。如果这条自环传送“1”，则译码器将产生无穷多个差错。因此，在实际应用中应注意识别和避免恶性卷积码。系统卷积码一定是非恶性的，但系统卷积码通常并不是性能最好的码。

对于编码器编出的任何码字序列，在网格图上一定可以找到一条连续的路径与之对应。在译码端，一旦传输、存储过程中出现差错，接收码字在网格图上就找不出一条对应的连续路径，只有非连续的路径可供译码参考。而译码输出的码字流必须对应一条连续路径，否则肯定为译码错误。

卷积码最小距离译码的思路：以断续的接收码流为基础，逐个计算它与其他所有可能出现的、连续的网格图路径的距离，选出距离最小者作为译码估值输出。在二进制硬判决译码情况下，最小距离就是最小汉明距离；在二维调制（PSK、QAM）和软判决情况下，最小距离一般指最小欧氏（Euclidean）距离。这种以序列为基础的译码称为序列译码，在编码理论发展过程中曾出现过多种序列译码方法，如沃森克拉夫特（J.M.Wozencraft）提出的序列译码算法、范诺算法和堆栈算法等，但这些都不是最佳译码。

卷积码本质上是一个有限状态机，它的最佳译码器应该与有记忆信号的最佳解调器类似，是一个最大似然序列估计器。卷积码的译码就是搜遍网格图找出最可能的序列。根据译码器之前的解调器执行的是软判决还是硬判决，搜寻网格图时所用的相似性量度可以是汉明距离，也可以是欧氏距离，这种最小距离准则的译码算法称为卷积码的最大似然译码。在加性高斯白噪声、错误传递概率$p\ll 1/2$的二元对称信道中，这种算法的错误概率最小，因此也是最佳译码。

目前，最流行的卷积码译码算法是维特比（Viterbi）算法，就是卷积码的最大似然译码。

由于维特比算法具有最优的译码性能和相对适中的复杂度，因此它在 $K \leqslant 10$ 的卷积码译码中成为人们普遍采用的算法。下面结合具体例子来说明维特比算法的译码过程。

例 7.3.6　(3,1,2) 卷积码网格图如图 7.13 所示。设发送的码字序列是 $\boldsymbol{C}=(000,111,011,001,000,000\cdots)$，传输时发生两位差错，接收的码字序列是 $\boldsymbol{R}=(100,111,011,001,000,000,\cdots)$，试用维特比算法译码。

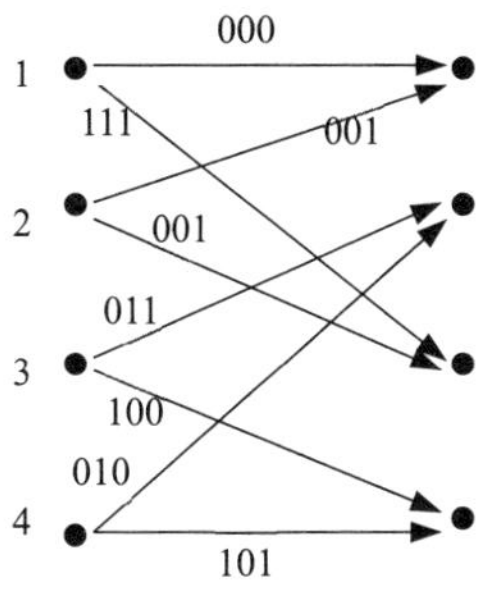

图 7.13　(3,1,2)卷积码网格图

解：

Step1：为了便于编程实现，用数组描述网格图结构。用 1、2、3、4 分别表示 4 个状态，可得

$$p(1,1)=1, \boldsymbol{C}(1,1)=000;\ p(1,2)=2, \boldsymbol{C}(1,2)=001$$
$$p(2,1)=3, \boldsymbol{C}(2,1)=011;\ p(3,2)=4, \boldsymbol{C}(2,2)=010$$
$$p(3,1)=1, \boldsymbol{C}(3,1)=111;\ p(3,2)=2, \boldsymbol{C}(3,2)=110$$
$$p(4,1)=3, \boldsymbol{C}(4,1)=100;\ p(4,2)=4, \boldsymbol{C}(4,2)=101$$

其中，$p(4,1)=3$，$p(4,2)=4$ 表示到达状态 4 的第 1、2 个前状态（predecessor）分别是状态 3 和 4，对应的码字分别是 $\boldsymbol{C}(4,1)=100$ 和 $\boldsymbol{C}(4,2)=101$，其他类推。

Step2：计算时刻 l 的接收码 R_l，相对于各码字的相似度[分支量度（Branch Metric，BM）]。在软判决情况下，BM 一般指欧氏距离。在二进制硬判决情况下，BM 为汉明距离：

$$\mathrm{BM}^l(i,j)=W[\boldsymbol{C}(i,j)\oplus R_l]\mathrm{BM}^l$$

其中，$\mathrm{BM}^l(i,j)$ 表示时刻 l 的接收码 R_l 与到达状态 i 的第 j 个转移所对应的码字的距离。

本题 $R_1=110$，$R_2=111$，$R_3=011$，$R_4=001$，$R_5=000$，$\cdots$，时刻 3 的分支量度分别为

$$\mathrm{BM}^3(1,1)=W[\boldsymbol{C}(1,1)\oplus R_3]=W[000\oplus 011]=2$$
$$\mathrm{BM}^3(1,2)=1,\ \mathrm{BM}^3(2,1)=0,\ \mathrm{BM}^3(2,2)=1,\ \mathrm{BM}^3(3,1)=1$$
$$\mathrm{BM}^3(3,2)=2,\ \mathrm{BM}^3(4,1)=3,\ \mathrm{BM}^3(4,2)=2$$

Step3：计算时刻 l 到达状态 i 的最大似然路径的相似度[路径量度（Path Metric，PM）]，$\mathrm{PM}^l(i)$ 是将上一时刻的路径量度 $\mathrm{PM}^{l-1}(i)$ 与本时刻分支量度 BM 累加后选择其中相似度最大的一个，如式（7.3.10）所示。对于二进制硬判决就是选汉明距离最小的一个路径。

$$\mathrm{PM}^l(i)=\min_j\{\mathrm{PM}^{l-1}[p(i,j)]+\mathrm{BM}^l(i,j)\} \tag{7.3.10}$$

初始时，除全零状态的 $\text{PM}^0(1)=0$ 外，其余状态的 $\text{PM}^0(i)$（$i\neq 0$）均置为 1。时刻 3 到达状态 1 的路径可以来自状态 1 和 2 两处，该两处以前时刻的路径量度分别是 $\text{PM}^2(1)=5$ 和 $\text{PM}^2(2)=2$，本时刻的分支量度分别是 $\text{BM}^3(1,1)=2$ 和 $\text{BM}^3(1,2)=1$。因此，时刻 3 到达状态 1 的路径量度为

$$\text{PM}^3(1)=\min\{\text{PM}^2[p(1,1)]+\text{BM}^3(1,1),\text{PM}^2[p(1,2)]+\text{BM}^3(1,2)\}=\min\{5+5,2+1\}=3$$

以上计算路径量度的过程实际上就是挑选到达状态 1 的最大似然路径的过程。我们看到有两条路径可达，一条与接收码的汉明距离为 5+5，另一条与接收码的汉明距离为 2+1，距离越小，似然度越大，所以取 $\text{PM}^3(1)=3$，即选择路径 $S_1\to S_3\to S_2\to S_1$ 为到达状态 1 的最大似然路径。同理，到达其他各状态的最大似然路径的 PM 分别为

$$\text{PM}^3(2)=\min\{2+0,3+1\}=2$$
$$\text{PM}^3(3)=\min\{5+1,2+2\}=4$$
$$\text{PM}^3(4)=\min\{2+3,3+2\}=5$$

再将时刻 3 各状态的 PM 进行比较，显然到达状态 2 的路径最大似然。

Step4：译码输出并且更新时刻 l、状态 i 对应的留存路径 $S^l(i)$。留存路径是与最大似然路径对应的码字序列，每个状态具有一个留存路径，长度为 D。留存路径每时刻按以下步骤更新一次。

① 设到达状态 i 的最大似然路径的前状态是 j，则令状态 j 前一时刻的留存路径作为本时刻本状态 i 的留存路径，即 $S^l(i)=S^{l-1}(j)$。

② 选择具有最小（最大似然）PM 那个状态的留存路径最左边（时刻 D 之前进入）的码字作为译码输出。

③ 将各状态留存路径最左边的码字从各移位寄存器移出，各移位寄存器整体左移 1 位，再将到达各状态的最大似然路径在时刻 l 所对应的码字从右面移入留存路径 $S^l(i)$。

本例中，时刻 $l=3$ 到达状态 2 的最大似然路径来自状态 3，而前一时刻状态 3 的留存路径是 $S^2(3)=000,000,000,111$（长度 $D=4$）。比较各状态的 $\text{PM}^3(i)$ 发现状态 2 是最大似然路径，其前一时刻在状态 3，于是取 $S^2(3)$ 最左边的码字 000 作为译码输出。接着，将 $S^2(2)$ 最左边的码字 000 移出，将时刻 3 到达状态 2 的转移所对应的码字 011 分别从右边移入对应的移位寄存器，得到更新后状态 2 的留存路径 $S^3(2)=000,000,111,011$。同理可得 $S^3(1)$、$S^3(3)$、$S^3(4)$。

重复步骤 Step2～Step4，将维特比算法持续下去，译码结果为

发码：000，111，011，001，000，000，…

收码：110，111，011，001，000，000，…

译码：000，000，000，000，000，111，011，001，000，000，…

可见，经时延 $D=4$ 后，维特比译码纠正了接收码序列中一个码字的差错，实现了正确译码输出。

由例 7.3.6 可知：

（1）每个状态都有自己的留存路径和路径量度，但最后只有其中一个被采纳作为译码估

值序列的输出。在硬判决时，BM 表示一次转移的差错数，PM 表示一条路径上的累计差错数，而留存路径是到达该状态时，累计差错数最少的那条路径所对应的码字序列片段（长度 D）。

（2）引入适当时延能提高译码器的纠错能力。网格图上正确路径只有一条，它和其他的 PM 虽然都在持续增大，但造成增大的原因不同，统计特性也不同。正确路径的 PM 是由于码字差错造成的，增大速度取决于错误概率；而其他路径是由于路径差异造成的，PM 持续增大且上升速度快。当信道中产生突发差错时，会导致正确路径的 PM 突然增大而暂时超过其他路径，但只要突发差错长度在一定限度之内，经过一段时间后正确路径的 PM 就会恢复为最小。因此，引入时延就是按统计特性而不是逐码字去判决，可提高译码正确率。时延 D 的长度一般取为卷积码状态数的 5 倍。

（3）各状态的留存路径有合并为一条的趋势。在时刻 $l=0$ 到 $l=4$ 的留存路径已合并为一条，这不是偶然的，但需要一定条件，那就是时延足够大。

（4）PM 是单调增大的，如果不处理总会趋于无穷，所以要定期处理，比如各状态 PM 同时减去一个常数。由于最大似然译码仅对各状态 PM 的相对大小进行比较，所以减去同一常数对算法不会造成影响。

一般来说，若用维特比算法对具有 2^M 个状态的 (n,k) 卷积码进行译码，就有 2^M 个 PM 和 2^M 条留存路径。在网格图每个时刻的每个节点，有 2^k 条路径汇合于该点，其中每条路径都要计算其量度并比较其大小，因此每个节点要计算 2^k 个量度。这样，在执行每级的译码中，计算量将随 k 和 M 呈指数地增加，这就将维特比算法的应用局限于 k 和 M 的值较小的场合。

例 7.3.6 是硬判决维特比算法的举例。软判决维特比算法的步骤与硬判决维特比算法的步骤完全一样，不同点只是 BM 的定义。例 7.3.6 中的 BM 是汉明距离，而软判决维特比算法的 BM 是欧氏距离。

7.4 TCM 码

纠错编码可以在不增加功率的条件下降低误码率，但是付出的代价是占用的带宽增加了。如何才能同时节省功率和带宽，是人们长久追求的目标。将纠错编码和调制相结合的网格编码调制（Trellis Coded Modulation，TCM）就是解决这个问题的途径之一。

1982 年，Ungerboeck 在期刊 *IEEE Transactions on Information Theory* 上发表了题为“Channel coding with multilevel/phase signals”的论文，正式宣布了调制与编码相结合的 TCM 技术的诞生。该技术将编码与调制技术有效地结合在一起，以增大编码符号之间的最小欧氏距离，这种调制在保持信息传输速率和带宽不变的条件下能够获得 3～6dB 的功率增益，因此得到了广泛的关注和应用。

TCM 技术利用编码效率为 $n/(n+1)$ 的卷积码，并将每个码段映射为 2^{n+1} 个调制信号集中的一个信号，在接收端信号解调后经反映射变换为卷积码，再送入维特比译码器译码，其状态转移图呈网络状。因为调制信号和卷积码都可以看作网格码，因此这种调制就称为网格编码调制。

TCM 有两个基本特点。

一是在信号空间中的信号点数目比无编码的调制情况下对应的信号点数目要多，这些增加的信号点使编码有了冗余，而不牺牲带宽。

二是采用卷积码的编码规则，使信号点之间引入相互依赖关系。仅有某些信号点图样或序列是允许用的信号序列，并可模型化成为网络状结构，因此又称为“格状”编码。

本节仅讨论 TCM 的基本原理，以及在实际中应用较多的卷积码与正交调幅和连续相位调制相结合的方式。

将调制与编码作为一个整体的系统模型，如图 7.14 所示。

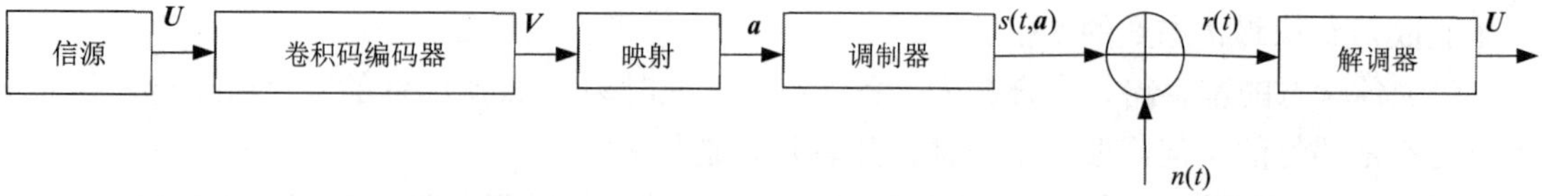

图 7.14　TCM 通信模型

信源输出的是二进制随机序列 $\boldsymbol{U}=(\boldsymbol{u}_0,\boldsymbol{u}_1,\boldsymbol{u}_2,\cdots)$，其中，$\boldsymbol{u}_i=(u_i^0,u_i^1,u_i^2,\cdots)$ 是信源输送到编码器的信息组。码率为 R 的 (n_0,k_0,m) 卷积码编码器输出的二进制码序列可以表示为 $\boldsymbol{V}=(\boldsymbol{v}_0,\boldsymbol{v}_1,\boldsymbol{v}_2,\cdots)$，其中，$\boldsymbol{v}_i=(v_i^0,v_i^1,v_i^2,\cdots)$ 是卷积码编码器输出的子码或子组。

映射部分是把二进制码序列映射成后面调制器所需要的多电平序列 $\boldsymbol{a}=(a_0,a_1,a_2,\cdots)$。使用不同的映射方法（如二进制映射、格雷码映射等）对系统的性能会有不同的影响。

系统最后一级是解调器，其输出是信号 $s(t,\boldsymbol{a})$。若信号通过 AWGN 信道，则接收端收到的信号表示为

$$r(t)=s(t,\boldsymbol{a})+n(t) \tag{7.4.1}$$

其中，$n(t)$ 是均值为 0，单边功率谱密度为 N_0 的高斯白噪声。

若在接收端采用最大似然序列检测（MLSE），则解调器输出的错误概率为

$$P(\varepsilon)=\frac{1}{S}\sum_{i=v}^{S}P(\varepsilon\,|\,s_i)\leqslant\frac{1}{S}\sum_{i=0}^{S-1}\sum_{j=0}^{S-1}Q(\sqrt{d_{ij}^2\frac{E_\text{b}}{N_0}}) \tag{7.4.2}$$

其中，S 是发送端输出的信号总数（信号点数目）；d_{ij} 是信号空间中信号点 i 和 j 之间的欧氏距离，也就是信号星座中信号点之间的几何距离；E_b/N_0 是信噪比；$Q(x)$ 如式（7.4.3）所示。

$$Q(x)=\frac{1}{\sqrt{2\pi}}\int_x^\infty \mathrm{e}^{-\frac{t^2}{2}\mathrm{d}t} \tag{7.4.3}$$

当 E_b/N_0 很大时，$P(\varepsilon)\approx CQ(\sqrt{d_{\text{f min}}^2E_\text{b}/N_0})$，其中，$C$ 是与欧氏距离无关的常数；$d_{\text{f min}}^2$ 是归一化自由欧氏距离。

两个信号序列 $\boldsymbol{\alpha}$、$\boldsymbol{\beta}$ 之间的归一化自由欧氏距离定义为

$$d_{\text{f min}}^2=\min_{U_\alpha,U_\beta}\frac{1}{2E_\text{b}}\int_0^\infty[s(t,\boldsymbol{\alpha})-s(t,\boldsymbol{\beta})]^2\,\mathrm{d}t \tag{7.4.4}$$

其中，$\boldsymbol{U}_{\boldsymbol{\alpha}}=(\cdots,u_{\alpha 0},u_{\alpha 1},u_{\alpha 2},\cdots)$，$\boldsymbol{U}_{\boldsymbol{\beta}}=(\cdots,u_{\beta 0},u_{\beta 1},u_{\beta 2},\cdots)$ 分别是输入纠错编码器的不同信息序列。

$P(\varepsilon)$ 的近似表达式表明，系统的误码率取决于信号序列之间的归一化自由欧氏距离 $d_{\mathrm{f\,min}}^2$，而编码的作用就是使 $d_{\mathrm{f\,min}}^2$ 增加，从而改善误码率。因此如何针对不同的调制方式和映射规则寻找有最大 $d_{\mathrm{f\,min}}^2$ 的卷积码，是结合编码与调制的一个最关键的问题。由于用分析的方法寻找 $d_{\mathrm{f\,min}}^2$ 十分困难，因此目前都是采用计算机搜索的方法来寻找。

任何一个 (n_0,k_0,m) 卷积码编码器都可以用其网格图上的一条路径表示编码器的输出码序列。同样，从调制器输出的信号序列也可以用其信号网格图上的一条路径描述。(2,1,2)系统卷积码编码器与 2PSK（二进制移相调制）相结合的框图如图 7.15 所示，图中 D 表示 1 位存储器。在图 7.16 和图 7.17 中分别给出了编码器的网格图和调制器的信号网格图。

图 7.16 中的粗线表示输入信息序列 $\boldsymbol{u}_\alpha=(000)$、$\boldsymbol{u}_\beta=(110)$ 时，卷积码编码器输出的码序列分别为 $\boldsymbol{v}_\alpha=(00,00,00)$、$\boldsymbol{v}_\beta=(01,11,10)$。

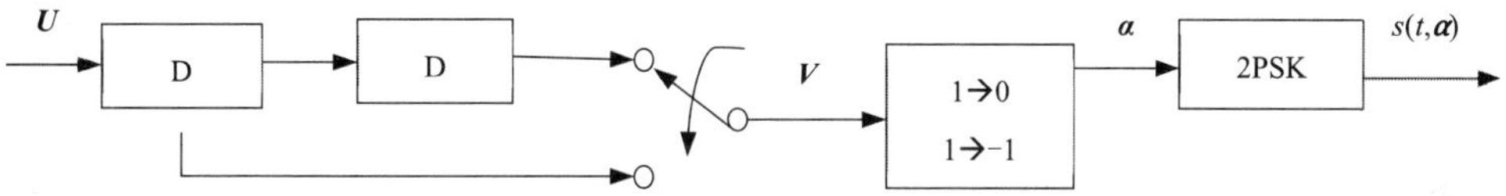

图 7.15　(2,1,2)系统卷积码编码器与 2PSK 相结合的框图

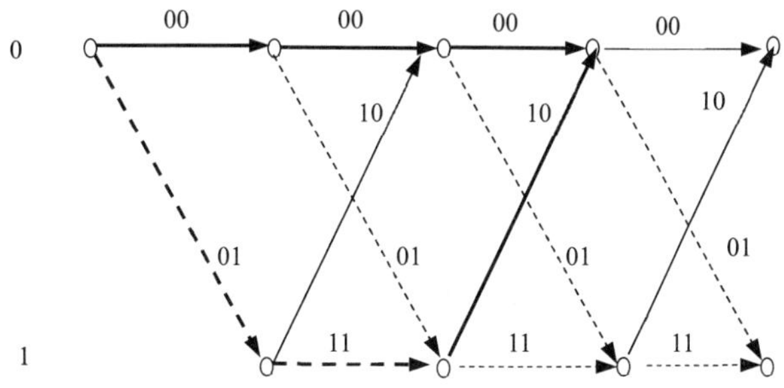

图 7.16　编码器的网格图

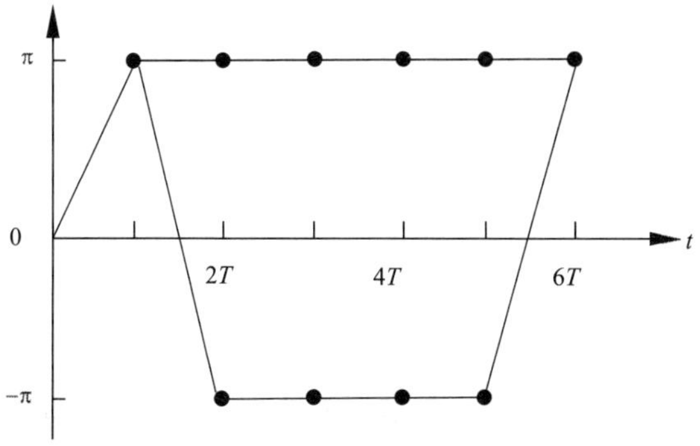

图 7.17　调制器的信号网格图

图 7.17 所示的调制器的信号网格图中的两条折线分别为 $\boldsymbol{v}_\alpha$、$\boldsymbol{v}_\beta$ 的信号路径，对应于图 7.16 所示的编码器的网格图中的两条路径，它们在第 3 个编码时间单位的 0 状态重合。在调制器

的信号网格图中，两条信号路径也对应地在第 6 个信道码元时间单位的 π 状态重合。由图 7.16 和图 7.17 可知，两条信号路径之间的欧氏距离与信号序列从开始到重合时路径中的分支数有关。不重合的分支数称为跨度，如本例的跨度为 3。

如果不经过编码，则 $\boldsymbol{u}_\alpha=(000)$、$\boldsymbol{u}_\beta=(110)$ 在信号网格图上的两条路径如图 7.18 所示。

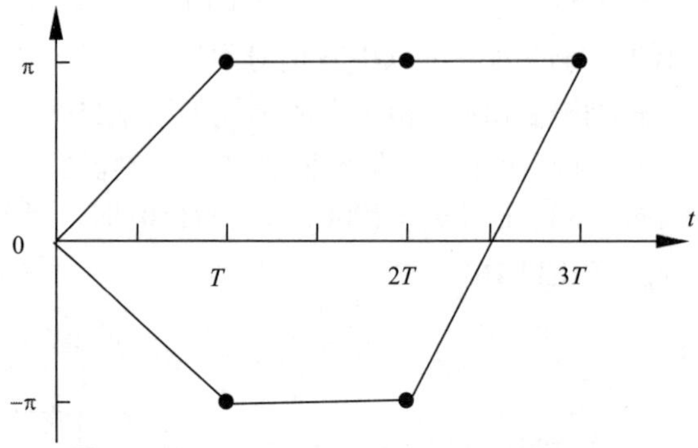

图 7.18　信号网格图上的两条不同路径

可见，无编码时两个信号序列之间的欧氏距离仅为 2，编码后欧氏距离增加到 4。所以编码的作用就是使信号网格图中信号序列之间的欧氏距离增加。TCM 设计的一个主要目标就是寻找与各种调制方式相对应的卷积码，当卷积码的每个分支与信号点映射后，会使得每条信号路径之间有最大的欧氏距离。

7.5　级联码

理论上，只要增加码长，达到加大随机化的效果，所有的码就都可以无限逼近香农极限。在很多实际通信的信道中，出现的差错既不是单纯随机独立差错，也不是明显的单个突发差错，而是混合型差错。为了应对这类混合型差错，采用仅能纠正随机独立差错或纠正单个突发差错的码都不太合适，因此设计一类既能纠正随机独立差错，又能纠正单个或多个突发差错的码成为一种广泛的需求，交错码、乘积码、级联码都属于这类纠错码。其中性能最好、最为有效，也最常采用的是级联码。级联码不仅有极强的纠正突发差错和随机差错的能力，更重要的是能接近纠错编码的理论极限。级联码在无线通信、移动通信等通信系统中被广泛应用。

纠错码理论上的难度集中在编码的设计上，而在工程实现上译码算法的实现难度较大，编码的实现相对容易。对于 (n,k) 分组码，其复杂度与码长呈线性关系，记为 $O(k)$ 或 $O(n-k)$；而最佳译码或最大似然译码的工程实现的计算量与码长呈指数关系，记为 $O(2^k)$或 $O(2^{n-k})$。因此，可以用短码拼接成长码，以达到兼具短码复杂度和长码性能的目的。级联码是由范尼（Forney）于 1966 年提出的，用这种方法构造出的长码，不像一般长码那样需要复杂的译码设备。

本节仅介绍串行级联码，并行级联码请参考 Turbo 编码。串行级联码就是用两个短码串接构成一个长码，其结构如图 7.19 所示。

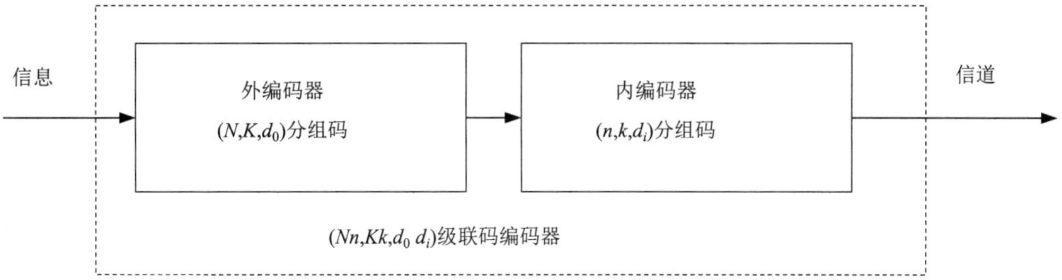

图 7.19 串行级联码编码器

串行级联码在发送端是两级编码，接收端是两级译码，属于两级纠错。连接信源部分的称为外编码器，连通信道部分的称为内编码器。若外码是码率为 R_0 的 (N,K) 分组码，内码是码率为 R_i 的 (n,k) 分组码，则两者级联起来相当于码长为 Nn 、信息码元为 Kk 且码率为 $R_c = R_0 R_i$ 的分组长码。

维特比最大似然译码算法适合于约束度较小的卷积码，级联码的内码常采用卷积码，外码采用分组码（如 RS 码、BCH 码等）。维比特译码是序列译码，一旦出错就是一个序列差错，也就是一个突发差错，因此常选择具有良好的纠正突发差错能力的 RS 码。如果内码采用 (n,k,N) 卷积码，外码采用有限域 GF(q) 上的 (N,K,d) RS 码，其中，$q = 2^J$，根据 RS 码的特点，必有 $N = 2^J - 1$，$K = 2^J - 1 - 2t$，$d = 2t + 1$。卷积码最可能的差错序列长为 $L + 1$，而 RS 二进制衍生码纠突发差错的能力是 $(t-1)J + 1$，因此一般来说，$(t-1)J + 1 \geqslant L + 1$，使卷积码译码差错在大多数情况下能被 RS 码纠正。符合这种关系的卷积码内码与 RS 码外码是最佳的搭配。

卷积码属于纠随机差错码，以卷积码为内码的级联码用于高斯白噪声信道。当卷积码加分组码模式的级联码用于突发差错信道时，需要采取附加措施。简单有效的方法是在编码器与调制器之间安装交织器，如图 7.20 所示。

交织器和扰码器是有区别的，扰码在于数据形式的随机化。交织分为周期交织和伪随机交织两种，级联码所用的交织器通常是伪随机交织器，即对 N 位的数据块做伪随机的置换。为了分析方便，我们用理想的均匀交织器作为交织器的模型，理想的均匀交织器定义为如下一种装置：能把重量为 ω 的输入码字以等概率 $1/\binom{N}{\omega}$ 映射为全部 $\binom{N}{\omega}$ 不同的置换体之一。

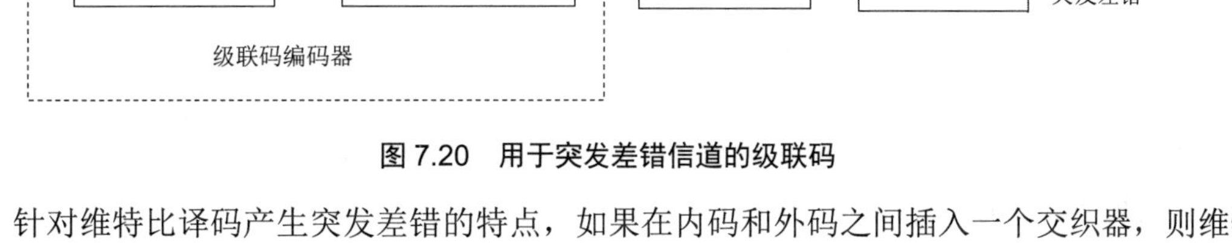

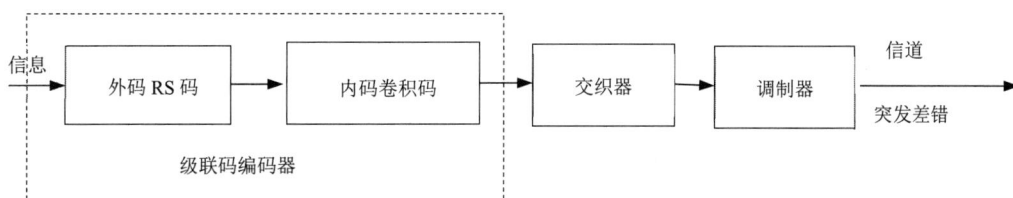

图 7.20 用于突发差错信道的级联码

针对维特比译码产生突发差错的特点，如果在内码和外码之间插入一个交织器，则维特比译码产生的突发差错通过交织作用而随机化。外码面对的将是随机差错，可以不采用针对突发差错的 RS 码等，而改用一般分组码或 BCH 码，如图 7.21 所示。插在中间的交织器不仅使差错随机化，还使数据随机化，起着增加码长的作用。1984 年，美国国家航空航天局（NASA）给出了一种用于空间飞行数据网的级联码编码方案，以后被人们称为标准级联码系统，它采用(2,1,7)卷积码作为内码，(255, 223)RS 码作为外码，并加上交织器和解交织器。该级联码应用于 AWGN 信道的深空通信中。

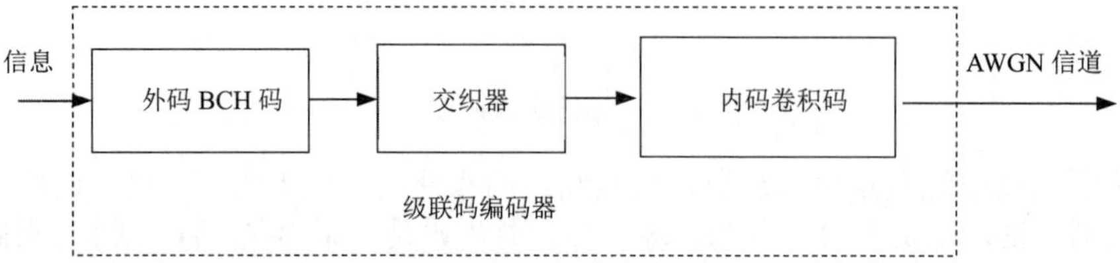

图 7.21　级联码与交织码的组合

图 7.22 所示为带交织器的串行级联分组码（SCBC），外码、内码分别采用 (p,k) 和 (n,p) 二进制线性系统码，块交织的长度选为 $N=mp$（m 是交织块包含的外码码字数）。编码时，mk 位信息经过 (p,k) 线性分组外编码器变为 $N=mp$ 位信息后送入块交织器，按块交织器的置换算法以不同的顺序读出。交织后的 mp 位信息被分隔成 m 组长度为 p 位的组送入(n,p)线性分组内编码器，产生 m 个长度为 n 位的码字。总体上看，mk 位信息被串行级联分组码编码成了 mn 个码块，是 (mn,nk) 分组码，其码率 $R=(k/p)\times(p/n)=k/n$，码长为 mn 位。由于 m 可以选得较大，这种码比不使用交织器的一般级联码的等效码长要大得多。

图 7.22　带交织器的串行级联分组码（SCBC）

7.6　接近香农极限的编码

7.6.1　Turbo 码

香农信道编码定理指出，如果采用足够长的随机编码，信道容量就能逼近香农信道容量。但是传统的编码都有规则的代数结构，由于随机性和码长的限制，在纠错编码性能、信道容量方面与理想情况之间都有较大的差距。1993 年，两名法国工程师提出了逼近香农极限的 Turbo 码。随着 Turbo 编码技术的发展，进一步推动了移动通信 4G 系统的发展和应用。

Turbo 码又称为并行级联卷积码（PCCC），它将卷积码和随机交织器结合在一起，在实现随机编码思想的同时，通过交织器实现了由短码构造长码的方法，并采用软输出迭代译码来逼近最大似然译码。Turbo 码充分利用了香农信道编码定理的基本条件，因此得到了接近香农极限的性能。仿真结果表明，在一定参数条件下，Turbo 码可以达到距香农极限仅差 0.7dB 的优异性能。

1. Turbo 码编码器

Turbo 码编码器由两个分量码编码器通过交织器并行级联在一起而构成，编码后的校验位经过删余矩阵，从而产生不同码率的码字，如图 7.23 所示。

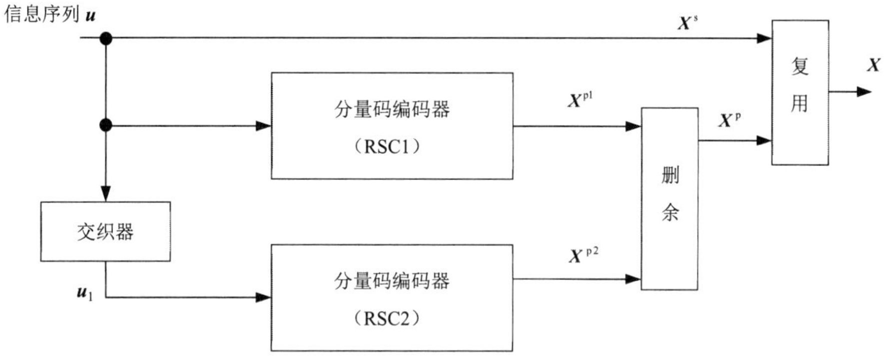

图 7.23　Turbo 码编码器结构框图

（1）输入信息序列 $\boldsymbol{u}=\{u_1,u_2,\cdots,u_N\}$ 先送入第一个编码器，再经过一个 N 位交织器后送入第二个编码器，形成一个新序列 $\boldsymbol{u}_1=\{u_1',u_2',\cdots,u_N'\}$，新序列仅对比特位置进行了重新排列，序列的长度与内容没有发生变化。

（2）$\boldsymbol{u}$和$\boldsymbol{u}_1$ 分别送到两个分量码编码器，生成校验序列 $\boldsymbol{X}^{\mathrm{p}1}$和$\boldsymbol{X}^{\mathrm{p}2}$。通常，这两个分量码编码器结构相同。

（3）为了提高码率，序列 $\boldsymbol{X}^{\mathrm{p}1}$和$\boldsymbol{X}^{\mathrm{p}2}$ 需要经过删余矩阵，采用删余技术从这两个校验序列中周期性地删除一些校验位，形成校验位序列 $\boldsymbol{X}^{\mathrm{p}}$。

（4）$\boldsymbol{X}^{\mathrm{p}}$ 与未编码序列 $\boldsymbol{u}$ 经过复用调制后，生成 Turbo 码序列 $\boldsymbol{X}$。

Turbo 码的主要特点是在两个编码器之间采用了交织器，交织器在信息序列进入第二个编码器之前对它进行置换，以减小分量码编码器输出的校验序列的相关性并提高码重。这样，即使分量码是性能较差的码，产生的 Turbo 码也可能具有很好的性能，这就是 Turbo 码的“交织增益”。

图 7.24 给出了一个具体的 Turbo 码的例子，码率为 1/3，图中 D 表示 1 位存储器。图 7.24 中两个递归系统卷积码（RSC）的生成多项式都是 $G_1(D)=1+D^4$，也可表示为二进制数 $g_1=(10001)_2=(21)_8$。反馈多项式都是 $G_0(D)=1+D+D^2+D^3+D^4$，也可表示为二进制数 $g_0=(11111)_2=(37)_8$，移位寄存器长度 m 为 4，其生成矩阵可以写为 $G(D)=\left(1,\dfrac{1+D^4}{1+D+D^2+D^3+D^4}\right)$，或者写为 $\boldsymbol{G}=[g_0,g_1]=[37,21]$。

假设输入序列为 $\boldsymbol{u}=(1011001)_2$，则第一个分量码编码器输出的校验序列为 $\boldsymbol{c}_0=(1011001)_2$，$\boldsymbol{c}_1=(1110001)_2$。假设经过交织器后信息序列变为 $\boldsymbol{u}_1=(1101010)_2$，第二个分量码编码器输出的校验序列为 $\boldsymbol{c}_2=(1000000)_2$，则得到 Turbo 码序列为 $\boldsymbol{c}=(111, 010, 110, 100, 000, 000, 110)_2$。若要

将码率提高到 1/2，则可采用一个删余矩阵，如 $\boldsymbol{P}=\begin{bmatrix}1 & 0\\ 0 & 1\end{bmatrix}$，删余矩阵的作用是提高编码码率，其元素取自集合{0,1}。矩阵中每行分别与两个分量码编码器相对应，其中，“0”表示相应位置上的校验比特被删除，而“1”则表示保留相应位置上的校验比特。与系统输出 $\boldsymbol{u}$ 复接后得到的 Turbo 码序列为 $\boldsymbol{c}=(11,00,11,10,00,00,11)_2$。同样，也可以通过在码字中增加校验比特的比率来提高 Turbo 码的性能。

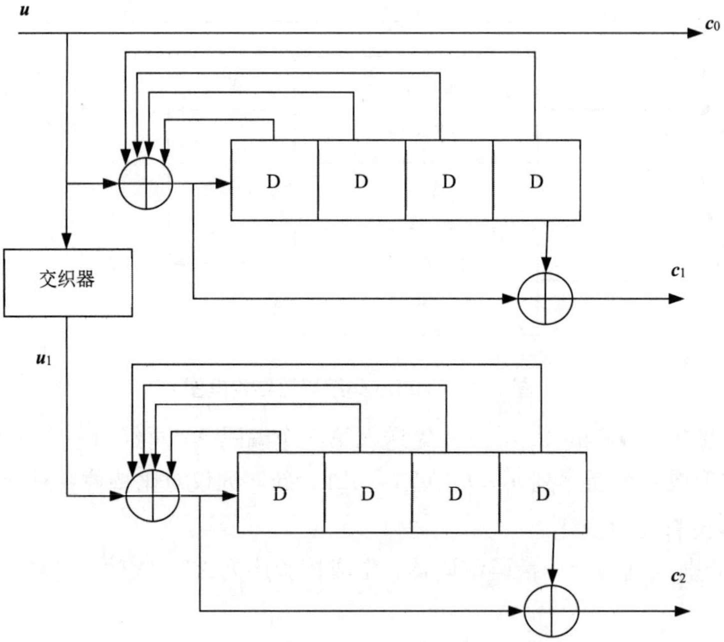

图 7.24　码率为 1/3 的 Turbo 码编码器

2．Turbo 码译码器

Turbo 码译码的基本思想是把接收到的复杂长码的译码过程分成若干步，并通过分量码译码器之间软信息的交换来提高译码性能。一个由两个分量码构成的 Turbo 码的译码器是由两个译码单元、交织器与解交织器组成的，将一个译码单元的软输出信息作为下一个译码单元的输入，为了获得更好的译码性能，将此过程迭代数次。Turbo 码译码器的基本结构如图 7.25 所示。它由两个软输入软输出（SISO）译码器 DEC1 和 DEC2 串行级联组成，交织器与编码器中所使用的交织器相同，解交织器的作用与交织器的作用相反。译码器 DEC1 对分量码 RSC1 进行最佳译码，产生关于信息序列中每个比特的似然比信息，并将其中的“外信息”经过交织送给译码器 DEC2，译码器 DEC2 将此信息作为先验信息，对分量码 RSC2 进行最佳译码，产生交织后信息序列中每个比特的似然比信息，然后将其中的“外信息”经过解交织后送给译码器 DEC1，进行下一次译码。这样的过程持续进行就形成了 Turbo 码的迭代译码。

Turbo 码的每个软输入软输出译码器产生一个后验概率，并把这个后验概率作为先验概率送给下一级译码器，因此也称这样的译码器为后验概率译码器。

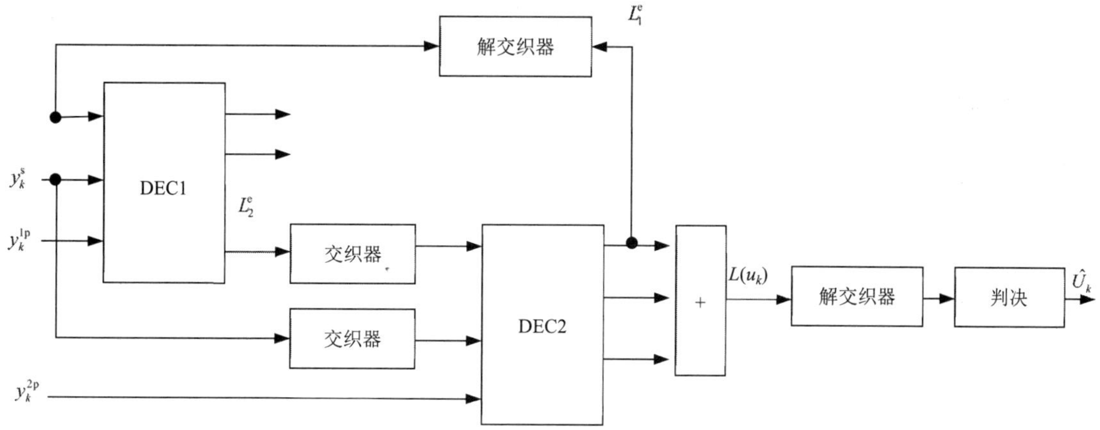

图 7.25　Turbo 码译码器的基本结构

假定 Turbo 码译码器的接收序列 $\boldsymbol{y}=(y^s,y^p)$，冗余信息经解复用后，分别送给 DEC1 和 DEC2。于是，两个软输入软输出译码器的输入序列分别为 $\boldsymbol{y}_1=(y^s,y^{1p})$和$\boldsymbol{y}_2=(y^s,y^{2p})$。为了使译码后的比特错误概率最小，由最大后验概率译码准则，根据接收序列 $\boldsymbol{y}$ 计算后验概率 $p(u_k)=p(u_k\mid\boldsymbol{y}_1,\boldsymbol{y}_2)$，但对于稍长一点的码计算复杂度太高。

在 Turbo 码译码方案中，巧妙地采用了一种次优的译码规则，将 $\boldsymbol{y}_1$ 和 $\boldsymbol{y}_2$ 分开考虑，首先由两个分量码译码器分别计算后验概率 $p(u_k)=p(u_k\mid\boldsymbol{y}_1,L_1^e)$ 和 $p(u_k)=p(u_k\mid\boldsymbol{y}_2,L_2^e)$，然后通过 DEC1 和 DEC2 之间的多次迭代，使它们收敛于最大后验概率（MAP）译码的 $p(u_k\mid\boldsymbol{y}_1,\boldsymbol{y}_2)$，从而达到接近香农极限的性能。其中，$L_1^e$ 由 DEC2 提供，在 DEC1 中用作先验信息；L_2^e 由 DEC1 提供，在 DEC2 中用作先验信息。对于 $p(u_k)=p(u_k\mid\boldsymbol{y}_1,L_1^e)$ 和 $p(u_k)=p(u_k\mid\boldsymbol{y}_2,L_2^e)$ 的求解，不同的译码算法，求解的方式不同。

下面讨论 Turbo 码译码算法。

Turbo 码译码是一个迭代过程，需要软输出算法，如 MAP 算法和软输出维特比算法（Soft Output Viterbi Algorithm，SOVA）。本节仅介绍 MAP 算法。

图 7.26 所示的软输入软输出译码器能为每个译码比特提供对数似然比（LLR）输出。

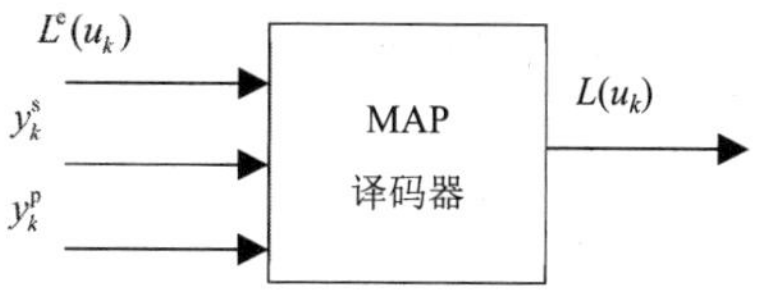

图 7.26　软输入软输出译码器

图 7.26 中，MAP 译码器的输入序列为

$$\boldsymbol{Y}=y_1^N=(y_1,y_2,\cdots,y_k,\cdots,y_N)$$

其中，$y_k=(y_k^s,y_k^p)$。

$L^e(u_k)$ 为关于 u_k 的先验信息，即

$$L^{\mathrm{e}}(u_k)=\ln\frac{p(u_k=1)}{p(u_k=0)} \tag{7.6.1}$$

$L\,(u_k)$ 为关于 u_k 的对数似然比，即

$$L(u_k)=\ln\frac{p(u_k=1\,|\,y_1^N)}{p(u_k=0\,|\,y_1^N)} \tag{7.6.2}$$

利用 MAP 译码器的软输出值的正、负符号，可进行硬判决译码，即当 $L(u_k)\geqslant 0$ 时，判决 $u_k=1$；否则判决 $u_k=0$。

利用 Bayes 规则，由式（7.6.1）和式（7.6.2）可得

$$L(u_k)=\ln\frac{p(u_k=1\,|\,y_1^N)}{p(u_k=0\,|\,y_1^N)}=\ln\frac{p(y_1^N\,|\,u_k=1)}{p(y_1^N\,|\,u_k=0)}+\ln\frac{p(u_k=1)}{p(u_k=0)}=\frac{p(y_1^N\,|\,u_k=1)}{p(y_1^N\,|\,u_k=0)}+L^{\mathrm{e}}(u_k) \tag{7.6.3}$$

其中，$L^{\mathrm{e}}(u_k)$是关于 u_k 的先验信息。

在以往的译码方案中，通常认为先验概率为等概率分布，因而 $L^{\mathrm{e}}(u_k)=0$。而在迭代译码方案中，$L^{\mathrm{e}}(u_k)$是前一级译码器作为外信息给出的。为了能使迭代继续进行，当前译码器应从式（7.6.3）的第一项中提取出新的外信息并提供给下一级译码器，作为下一级译码器接收的先验信息，则

$$L^{\mathrm{e}}(u_k)=\ln\frac{p(u_k=1)}{p(u_k=0)}=\ln\frac{p(u_k=1)}{1-p(u_k=1)}$$

可得

$$p(u_k)=A_k\exp[u_kL^{\mathrm{e}}(u_k)/2] \tag{7.6.4}$$

其中，$A_k=\dfrac{1}{1+\exp[L^{\mathrm{e}}(u_k)]}$ 为常量。

对于 $p(y_k\,|\,u_k)$，根据 $y_k=(y_k^{\mathrm{s}},y_k^{\mathrm{p}}),x_k=(x_k^{\mathrm{s}},x_k^{\mathrm{p}})=(u_k,x_k^{\mathrm{p}})$，可得

$$\begin{aligned}p(y_k\,|\,u_k)&\propto\exp\left[-\frac{(y_k^{\mathrm{s}}-u_k)^2-(y_k^{\mathrm{p}}-x_k^{\mathrm{p}})^2}{2\sigma^2}\right]\\&=\exp\left[-\frac{(y_k^{\mathrm{s}})^2+u_k^2+(y_k^{\mathrm{p}})^2+(x_k^{\mathrm{p}})^2}{2\sigma^2}\right]\cdot\exp\left[\frac{y_k^{\mathrm{s}}u_k+y_k^{\mathrm{p}}x_k^{\mathrm{p}}}{\sigma^2}\right]\\&=B_k\exp\left[\frac{y_k^{\mathrm{s}}u_k+y_k^{\mathrm{p}}x_k^{\mathrm{p}}}{\sigma^2}\right]\end{aligned}$$

结合式（7.6.4）中 $p(u_k)$ 定义，可得

$$\gamma_k(s',s)\propto A_kB_k\exp[u_kL^{\mathrm{e}}(u_k)/2]\cdot\exp\left[\frac{u_ky_k^{\mathrm{s}}+x_k^{\mathrm{p}}y_k^{\mathrm{p}}}{\sigma^2}\right] \tag{7.6.5}$$

其中，$\gamma_k(s',s)\equiv p(S_k=s,y_k\,|\,S_{k-1}=s')$ 为 s' 和 s 之间的分支传递概率。

若定义 $\gamma_{\mathrm{e}}^k(s',s)=\exp[L_{\mathrm{c}}y_k^{\mathrm{p}}x_k^{\mathrm{p}}/2]$，定义信道可靠性值 $L_{\mathrm{c}}\equiv 4\alpha E_{\mathrm{s}}/N_0$。对于 AWGN 信道上

的 QPSK 传输，$L \equiv N_0/4$，$\sigma^2 \equiv N_0/2$，则式（7.6.5）可以表示为

$$\gamma_k(s',s) \propto \exp\left[\frac{1}{2}u_k(L^{\mathrm{e}}(u_k)+L_{\mathrm{c}}y_k^{\mathrm{s}})+\frac{1}{2}L_{\mathrm{c}}x_k^{\mathrm{p}}y_k^{\mathrm{p}}\right]=\exp\left[\frac{1}{2}u_k(L^{\mathrm{e}}(u_k)+L_{\mathrm{c}}y_k^{\mathrm{s}})\right]\cdot\gamma_{\mathrm{e}}^k(s',s) \tag{7.6.6}$$

根据 BCJR 算法，$L(u_k)$ 可按照下式计算：

$$L(u_k)=\ln\frac{\sum\limits_{\substack{(s'=s)\\u_k=1}}\alpha_{k-1}(s')\cdot\gamma_k(s',s)\cdot\beta_k(s)}{\sum\limits_{\substack{(s'=s)\\u_k=0}}\alpha_{k-1}(s')\cdot\gamma_k(s',s)\cdot\beta_k(s)} \tag{7.6.7}$$

其中，$\alpha_k(s)\equiv p(S_k=s,y_1^k)$为前向递推；$\beta_k(s)\equiv p(y_{k+1}^N\mid S_k=s)$为后向递推。将式（7.6.7）代入上面的 MAP 算法中，可得

$$L(u_k)=L_{\mathrm{c}}y_k^{\mathrm{s}}+L^{\mathrm{e}}(u_k)+\ln\frac{\sum\limits_{s+}\widetilde{\alpha}_{k-1}(s')\cdot\gamma_k(s',s)\cdot\widetilde{\beta}(s)}{\sum\limits_{s-}\widetilde{\alpha}_{k-1}(s')\cdot\gamma_k(s',s)\cdot\widetilde{\beta}(s)}$$

其中，等号右边第一项称为信道值；第二项代表的是前一个译码器为后一个译码器所提供的关于 u_k 的先验信息；第三项代表的是可送给后续译码器的外信息。

若图 7.25 中的分量码译码器 DEC1 和 DEC2 均采用上述 MAP 算法，则它们在第 i 次迭代的软输出，分别如式（7.6.8）和式（7.6.9）所示。

$$\text{DEC1：}\quad L_1^{(i)}(u_k)=L_{\mathrm{c}}y_k^{\mathrm{s}}+[L_{21}^{\mathrm{e}}(u_k)]^{(i-1)}+[L_{12}^{\mathrm{e}}(u_k)]^{(i)} \tag{7.6.8}$$

$$\text{DEC2：}\quad L_2^{(i)}(u_k)=L_{\mathrm{c}}y_{Ik}^{\mathrm{s}}+[L_{12}^{\mathrm{e}}(u_{Ik})]^{(i)}+[L_{21}^{\mathrm{e}}(u_{Ik})]^{(i)} \tag{7.6.9}$$

其中，$L_{21}^{\mathrm{e}}(u_k)$是前一次迭代中 DEC2 给出的外信息 $L_{21}^{\mathrm{e}}(u_{Ik})$ 经解交织后的信息，在本次迭代中被 DEC1 用作先验信息；$L_{12}^{\mathrm{e}}(u_k)$是 DEC1 新产生的外信息；$L_{21}^{\mathrm{e}}(u_{Ik})$为经交织的从 DEC1 到 DEC2 的外信息。整个迭代中软信息的转移过程为，DEC1 到 DEC2，DEC2 到 DEC1，DEC1 到 DEC2，循环往复。

MAP 算法的引入使组成 Turbo 码的两个编码器均可采用性能优异的卷积码，同时采用了反馈译码结构，实现了软输入软输出，递推迭代译码，使编译码过程实现了伪随机化，并简化了最大似然译码算法，使其性能逼近香农极限。但 MAP 算法存在几个难以克服的缺点。

（1）译码延迟很大。

（2）计算时既要有前向迭代又要有后向迭代。

（3）与接收一组序列（交织器的大小）成正比的存储量等。

Log-MAP 算法是 MAP 算法的一种简化形式，实现比较简单。在 Log-MAP 算法的基础上，又衍生出 Max-Log-MAP 算法。由于进行了简化，Max-Log-MAP 算法性能较 MAP 算法要差一些，Log-MAP 算法性能介于二者之间。另一类算法是 SOVA 算法及其改进算法，它是维特比算法的改进，该算法运算量较小，适合工程应用，但是性能会有所降低。

7.6.2 LDPC 码

LDPC（Low-Density Parity-Check，低密度奇偶校验）码是一种分组码，其校验矩阵只含有很少量的非零元素。正是校验矩阵的这种稀疏性，保证了译码复杂度和最小码距都只随码长呈线性增加。对于LDPC码而言，校验矩阵的选取十分关键，不仅影响LDPC码的纠错性能力，也影响LDPC编译码的复杂度及硬件实现的复杂度。准循环LDPC（Quasi-Cycle，QC-LDPC）码是LDPC码中重要的一类，是指一个码字右移或左移固定位数的符号位后得到的仍是一个码字。QC-LDPC码的校验矩阵是由循环子矩阵的阵列组成的，相对于其他类型的LDPC码，QC-LDPC码在编码和解码的硬件实现上具有许多优点。编码可以通过反馈移位寄存器有效实现，采用串行算法，编码的复杂度与校验比特数成正比，而采用并行算法，编码复杂度与码字长度成正比。对于解码的硬件实现，由于准循环的结构简化了消息传递的路径，可以部分并行解码，从而实现了解码复杂度和速率的折中。这些优点，使得QC-LDPC码成为在未来通信和存储系统中应用的最主要的LDPC码。

译码算法是LDPC码与经典的分组码之间的最大区别。经典的分组码一般是用ML类的译码算法进行译码的，所以它们一般码长较小，并通过代数设计以降低译码工作的复杂度。但是LDPC码码长较大，由于LDPC码校验矩阵的稀疏性，其译码复杂度与码长呈线性关系，因此LDPC码的码长会很大，可以达到几千到几万甚至更大，这样带来的一个好处是：一个码字内各比特之间的关联长度比较大，一般通过迭代译码算法进行译码，充分利用码字内各比特的关联性以提高译码准确度，并且还充分利用了信道的特征。

本节主要讨论的译码算法为BP（Belief Propagation，置信传播）算法，BP算法是基于Tanner图的迭代译码算法。在迭代过程中，可靠性信息，即“消息”通过Tanner图上的边在比特节点和校验节点中来回传递，经多次迭代后趋于稳定值，然后据此进行最佳判决，BP算法有着非常好的译码性能。

1. Tanner 图

LDPC码常常通过图来表示，而Tanner图所表示的其实是LDPC码的校验矩阵。Tanner图包含以下两类顶点。

（1）n 个码字比特顶点，称为比特节点，分别与校验矩阵的各列对应。

（2）m 个校验方程顶点，称为校验节点，分别与校验矩阵的各行对应。

校验矩阵的每行代表一个校验方程，每列代表一个码字比特。所以如果一个码字比特包含在相应的校验方程中，那么就用一条连线将所涉及的比特节点和校验节点连起来，所以Tanner图中的连线数与校验矩阵中的1的个数相同。图7.27中，比特节点用圆形节点表示，校验节点用方形节点表示，粗黑线显示的是一个6循环。Tanner图中的循环是由图中的一群相互连接在一起的顶点所组成的，循环以这群顶点中的一个顶点同时作为起点和终点，且只经过每个顶点一次。循环的长度定义为它所包含的连线的数量，而图形的围长，也可叫作图形的尺寸，定义为图中最小的循环长度。图7.27中图形的尺寸，即围长为6。

$$H=\begin{bmatrix}1&1&0&1&0&0\\0&1&1&0&1&0\\1&0&0&0&1&1\\0&0&1&1&0&1\end{bmatrix}$$

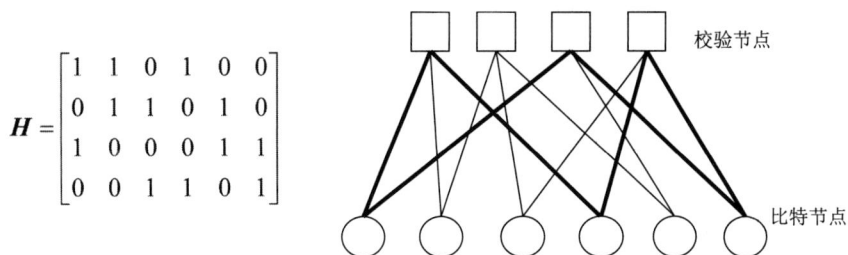

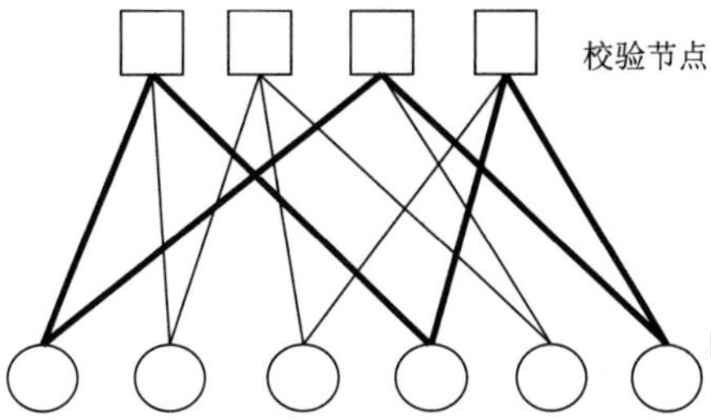

图 7.27　LDPC 码的校验矩阵和 Tanner 图

2．LDPC 编码

首先推导出根据校验矩阵直接编码的等式。将尺寸为(m,n)的校验矩阵写成$\boldsymbol{H}=\begin{bmatrix}\boldsymbol{H}_1 & \boldsymbol{H}_2\end{bmatrix}$，其中，$\boldsymbol{H}_1$为$m\times k$维矩阵，$\boldsymbol{H}_2$为$m\times m$维矩阵。设编码后的码字行矢量为$\boldsymbol{c}$，它是一个$n$维矢量，将其写成如下形式：

$$\boldsymbol{c}=\begin{bmatrix}\boldsymbol{s} & \boldsymbol{p}\end{bmatrix}$$

其中，$\boldsymbol{s}$是信息码元的行矢量，为k维矢量；$\boldsymbol{p}$是检验行矢量，为m维矢量。

根据校验公式$\boldsymbol{H}\boldsymbol{c}^{\mathrm{T}}=\boldsymbol{0}$，并考虑到运算是在有限域 GF(2) 中进行的，展开后表达式为

$$\begin{bmatrix}\boldsymbol{H}_1 & \boldsymbol{H}_2\end{bmatrix}\begin{bmatrix}\boldsymbol{s}^{\mathrm{T}}\\ \boldsymbol{p}^{\mathrm{T}}\end{bmatrix}=\boldsymbol{0}$$

则

$$\boldsymbol{p}\boldsymbol{H}_2^{\mathrm{T}}=\boldsymbol{s}\boldsymbol{H}_1^{\mathrm{T}}$$

若校验矩阵$\boldsymbol{H}$是非奇异的，则满秩。所以有

$$\boldsymbol{p}=\boldsymbol{s}\boldsymbol{H}_1^{\mathrm{T}}\boldsymbol{H}_2^{-\mathrm{T}}$$

这样即可计算出码字的校验位。该方法需要保证$\boldsymbol{H}_2$是可逆的，而 QC-LDPC 码因其结构化的特点可以保证满足该条件。

3．LDPC 译码

LDPC 译码算法分为硬判决译码算法和软判决译码算法两种。经过不断发展，如今的硬判决译码算法已在加拉格（Gallager）算法的基础上改进了很多，包含许多种加权比特翻转算法及其改进形式。硬判决译码算法和软判决译码算法各有优劣，可以适用于不同的应用场合。

1）比特翻转（Bit Flipping，BF）算法

硬判决译码算法最早是加拉格在提出 LDPC 码软判决译码算法时的一种补充。硬判决译码算法的基本假设是当校验方程不成立时，说明此时必定有比特位发生了错误，而所有可能发生错误的比特中不满足校验方程的个数最多的比特发生错误的概率最大。在每次迭代时均翻转发生错误概率最大的比特并用更新之后的码字重新进行译码。BF 算法的理论假设是若某个比特不满足校验方程的个数最多，则此比特是最有可能出错的比特，因此选择这个比特进行翻转。BF 算法舍弃了每个比特位的可靠度信息，单纯地对码字进行硬判决，理论最为简单，

实现起来最容易，但是性能也最差。当连续两次迭代翻转函数判断同一个比特位为最易出错的比特时，BF 算法会陷入死循环，这大大降低了译码性能。

2）BP 算法

BP 算法是消息传递（Message Passing，MP）算法在 LDPC 译码中的运用。MP 算法是一个算法类，最初应用于人工智能领域，后来人们将其应用到 LDPC 码译码算法中，提出了 LDPC 码的 BP 算法。

LDPC 码的译码较为复杂，下面以 BP 算法为例来说明 LDPC 码的译码过程。假设发送码字 $\boldsymbol{C}=(C_9,C_8,C_7,C_6,C_5,C_4,C_3,C_2,C_1)$，其监督矩阵 $\boldsymbol{H}$ 为

$$\boldsymbol{H}=\begin{bmatrix}0&0&0&0&0&0&1&1&1&1\\0&0&0&1&1&1&0&0&0&1\\0&1&1&0&0&1&0&0&1&0\\1&0&1&0&1&0&0&1&0&0\\1&1&0&1&0&0&1&0&0&0\end{bmatrix}$$

则 $\boldsymbol{C}$ 必然满足线性方程组 $\boldsymbol{HC}^{\mathrm{T}}=\boldsymbol{0}$，即

$$\begin{cases}C_0+C_1+C_2+C_3=0\\C_0+C_4+C_5+C_6=0\\C_1+C_4+C_7+C_8=0\\C_2+C_5+C_7+C_9=0\\C_3+C_6+C_8+C_9=0\end{cases}$$

通过信道后接收到的码字 $\boldsymbol{Y}=(Y_0,Y_1,Y_2,Y_3,Y_4,Y_5,Y_6,Y_7,Y_8,Y_9)$ 可能包含错误，因此伴随式 $\boldsymbol{S}=\boldsymbol{HY}^{\mathrm{T}}\neq\boldsymbol{0}$。将此线性方程组用图 7.28 所示的 Tanner 图来表示。

图 7.28 中的 $X_0,X_1,\cdots,X_9$ 称为比特节点，代表 10 个比特 $C_0,C_1,C_2,\cdots,C_9$，它们是译码器待求解的未知变量。图 7.28 中的□称为校验节点，代表线性方程组中的每个校验方程，连线就代表方程中此变量的系数为 1。

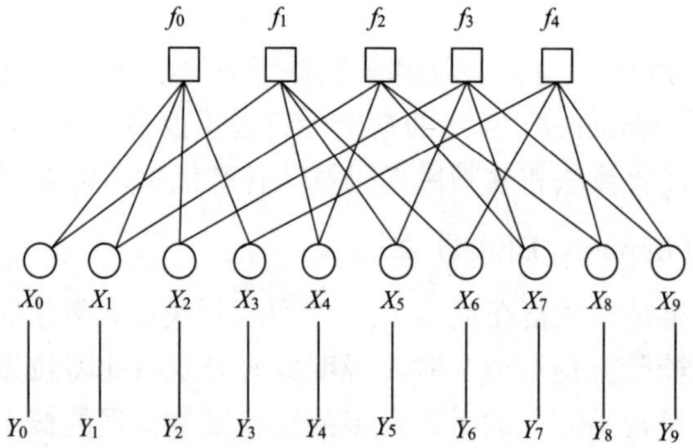

图 7.28　LDPC 码 Tanner 图

译码过程是指在比特节点和校验节点之间传递信息。每个比特节点告诉它所连接的校验

节点“我认为该变量是什么”，而校验节点告诉它所连接的比特节点“我认为该变量应该是什么”。经过反复的消息传递后，比特节点和校验节点不断改变自己对各变量是什么的看法，最终能形成一个满足校验方程的码字，这就是译码的结果。如果经过充分地迭代后仍然不能形成一个满足校验方程的码字，则译码器宣布它无法译出这个码字，即译码失败。

BP 算法的基本流程如下。

在迭代前，译码器接收到信道传送过来的序列 $\boldsymbol{y}=(y_1,y_2,\cdots,y_n)$，所有比特节点接收到对应的接收值 y_i。

（1）第一次迭代：每个比特节点给所有与之相邻的校验节点传送一个可靠性消息，这个可靠性消息就是信道传送过来的值；每个校验节点接收到比特节点传送过来的可靠性消息之后，进行处理，然后返回一个新的可靠性消息给与其相邻的比特节点，这样就完成了第一次迭代。此时可以进行判决，如果满足校验方程，则不需要再迭代，直接输出判决结果，否则进行第二次迭代。

（2）第二次迭代：每个比特节点处理第一次迭代完成时校验节点传送过来的可靠性消息，处理完成后将新的可靠性消息发送给校验节点，同理，校验节点处理完后将新的可靠性消息返回给比特节点，这样就完成了第二次迭代。完成后同样进行判决，如果满足校验方程，则结束译码，否则如此反复多次迭代，每次都进行判决，若达到设定的最大迭代次数还没有满足校验方程，则译码失败。在每次迭代过程中，无论是比特节点传送给校验节点的消息或者校验节点传送给比特节点的消息，都不应该包括前次迭代中接收方发送给发送方的消息，这样是为了保证发送的消息与接收节点已得到的信息相互对立。

7.6.3　Polar 码

Polar（极化）码是由土耳其的艾尔肯（E.Arikan）于 2008 年基于信道极化现象而提出的一类线性分组码，是首个可理论证明能达到任意二元输入离散无记忆对称信道的信道容量的纠错编码，并且具有较低的编译码复杂度和确定性的构造而备受关注。

Polar 理论可达香农极限，并且具有编译码算法简单等优点迅速成为编码界的研究热点。Polar 码的原理基础是信道极化，译码算法主要有 SC 算法、SCL 算法、CA-SCL 算法、BP 算法、SCAN 算法，以及各种算法的简化版本。其中，SC 算法最初由艾尔肯提出，但其在码长有限长的情形下，性能一般。SCL 算法是 SC 算法性能提升的改进版本，原理是在 SC 算法的基础上提供了多条路径；而 CA-SCL 算法是在 SCL 算法的基础上对信息比特进行了循环冗余校验。它通过简单的校验就可以带来性能的极大提升。目前，基于 CA-SCL 算法，Polar 码的性能已经优于 LDPC 码的性能。SC 算法、SCL 算法及 CA-SCL 算法均是硬输出算法，即最终输出的是 0、1 比特序列而不是对应的 LLR 值。

1．信道极化原理

Polar 码的基本原理是信道极化。艾尔肯指出，如果对二元对称信道进行特定的“组合”和“拆分”，则拆分后的“比特信道”将呈现极化现象：一部分“比特信道”的对称信道容量趋近于 1，而其余部分“比特信道”的对称信道容量趋近于 0。如果发送端将源信息比特放置在“好的比特信道上”，而在“坏的比特信道上”放置固定比特（如 0），同时在接收端采用连续消除译码算法，则该码字的信息传输率 R 在码长 $N\to\infty$ 时将达到信道容量。

2. 信道组合

所谓的信道组合其实并不是指将实际的物理信道组合起来。在实际通信系统中，信源端发送的符号将经过一个特定的物理信道，如果信源端无记忆，而实际物理信道在一段时间内保持不变并且也是无记忆的话，则在某一个物理信道 $W(y|x)$ 上连续发送 N 个符号将等效于发送的 N 个符号经过了信道 $W^N(y_0^{N-1}|x_0^{N-1})=\prod_{i=0}^{N}W(y_i|x_i)$。如果我们在发送端对这 N 个符号进行特定方式的组合，则这 N 个符号将等效于信道 W 的组合，如图 7.29 所示。

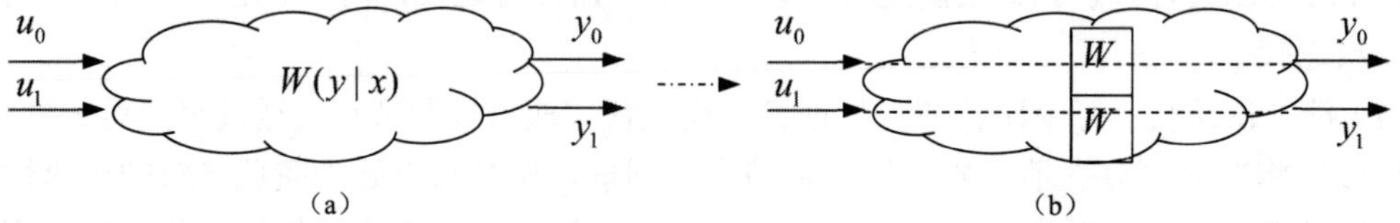

图 7.29　信道示例

图 7.29（a）所示为发送端发送两个符号至对称无记忆信道的情景。由于信源独立，并且信道也是无记忆的，因此 $W(y_0,y_1|u_0,u_1)=W(y_0|u_0)W(y_1|u_1)$，此时信道可以表示为图 7.29（b），即等效为两个独立对称无记忆信道。

3. 信道拆分

信道组合不是物理意义上的组合，同样，信道拆分也不是物理意义上的拆分。考虑发送端发送信源信息 $u_0^{N-1}=(u_0,u_1,\cdots,u_{N-1})$，接收端接收符号为 $y_0^{N-1}=(y_0,y_1,\cdots,y_{N-1})$。如果按照极大似然估计译码，则译码信息为 $\arg\max\{W_N(y_0^{N-1}|\hat{u}_0^{N-1})\}$。显然，当 N 较大时，译码复杂度将不可承受。为此考虑连续串行消除译码算法，艾尔肯证明其译码复杂度为 $O(N\log N)$，即先根据 $W_N(y_0^N|u_0)$ 译码 u_0，然后在假设 u_0 完全译码准确的基础上，根据 $W_N(y_0^N|u_1)$ 译码 u_1，以此类推，最后在假设 u_0^{N-2} 译码正确的基础上，根据 $W_N(y_0^N,u_0^{N-2}|u_{N-1})$ 译码 u_{N-1}。

此时称信道 $W_N(y_0^N|u_0)$、$W_N(y_0^N,u_0|u_1)$、$W_N(y_0^N,u_0^{N-2}|u_{N-1})$ 为拆分后的比特信道。定义拆分后的比特信道为 $W_N^{(i)}:X\to Y^N\times X^{i-1}$，$1\leqslant i\leqslant N$，则

$$W_N^{(i)}(y_0^{N-1},u_0^{i-2}|u_{i-1})\triangleq\sum_{u_i^{N-1}\in X^{N-1}}\frac{1}{2^{N-1}}W_N(y_0^{N-1}|u_0^{N-1})\qquad(7.6.10)$$

可见，拆分后的比特信道实际上就是连续串行消除译码时对应的各个逻辑信道。

4. 信道极化定理

艾尔肯指出拆分后的比特信道 $\{W_N^{(i)}\}$ 将呈现极化趋势，一部分比特信道变好，另一部分比特信道变差，并且随着 N 的增大，极化趋势将更明显。

定理 7.6.1（信道极化定理）　给定任意二元离散无记忆信道 W^N，其比特信道

$\left\{W_N^i, 1 \leqslant i \leqslant N\right\}$ 将随着 N 的增大而呈现极化特性，当 $N \to \infty$ 时：

（1）对于任意 $\delta \in (0,1)$，有 $\dfrac{I\left\{W_N^{(i)} \in (1-\delta, 1]\right\}}{N} \to I(W)$；

（2）对于任意 $\delta \in (0,1)$，有 $\dfrac{\#\left\{W_N^{(i)} \in [0, \delta)\right\}}{N} \to 1 - I(W)$，其中 $\#\{\cdot\}$ 表示数目；

（3）$\sum_{i=1}^{N} I(W_N^i) = NI(W)$，其中，$I(W_N^i)$ 为对称信道容量。

由于 Polar 码选择在比特信道容量为 1 的比特信道上发送信源信息（在比特信道容量为 0 的比特信道上发送固定信息，如 0），当码长为 N 并且 $N \to \infty$ 时，比特信道容量为 1 的比特信道数量有 $NI(W)$ 个，因此该码字所对应的信息量为 $NI(W)$。平均每个码元对应的信息量就为 $I(W)$。故 Polar 码是第一个能在理论上证明达到信道容量的编码。

习　　题

7.1　已知某(n,k)线性分组码的生成矩阵为

$$\boldsymbol{G} = \begin{bmatrix} 1 & 1 & 0 & 0 & 1 \\ 0 & 1 & 1 & 0 & 1 \\ 0 & 0 & 1 & 1 & 1 \end{bmatrix}$$

（1）求 n 和 k 的值。

（2）构造该码的标准校验矩阵。

（3）求该码的最小汉明距离，并说明其纠检错能力。

（4）列出该系统码的所有码字。

（5）当接收序列为 1110100111 时，分析其译码过程。

7.2　考虑一个线性分组码，其校验位由以下线性方程得到：

$$\begin{cases} c_5 = c_1 \oplus c_2 \oplus c_4 \\ c_6 = c_1 \oplus c_3 \oplus c_4 \\ c_7 = c_1 \oplus c_2 \oplus c_3 \\ c_8 = c_2 \oplus c_3 \oplus c_4 \end{cases}$$

其中，$\oplus$ 为模 2 和。

（1）求编码后的信息传输率 R。

（2）写出码的生成矩阵和校验矩阵。

（3）求该码的最小汉明距离。

（4）10001110 是否是一个合法码字？

（5）当该码作为纠错码使用时，若某接收序列的伴随式为 $\boldsymbol{S} = [1\quad 0\quad 1\quad 1]$，求其错误图样 $\boldsymbol{E}$，并说明能否正确译码。

7.3　采用(5,2)线性分组码编码后，得到一个信息序列 011011101010111，通过一个二元对

称信道传输，在信道接收端收到的信息序列为010011101010011。

（1）构造该码的标准生成矩阵。

（2）构造该码的标准校验矩阵。

（3）该码是否是一个完备码？为什么？

（4）译码器能否对接收到的信息序列正确译码？请写出详细分析过程。

7.4　下面是某(n,k)线性分组码的全部码字

$$\boldsymbol{C}_1=000000\quad \boldsymbol{C}_2=000111\quad \boldsymbol{C}_3=011001\quad \boldsymbol{C}_4=011110$$
$$\boldsymbol{C}_5=101011\quad \boldsymbol{C}_6=101100\quad \boldsymbol{C}_7=110010\quad \boldsymbol{C}_8=110101$$

（1）求n和k的值。

（2）构造该码的生成矩阵。

（3）构造该码的标准校验矩阵。

（4）由（3）中的标准校验矩阵来构造该码的前置系统码。

（5）当采用（4）中的前置系统码时，当接收到序列为100011000001时，能否正确译码？请写出详细分析过程。

7.5　设一个分组码具有以下校验矩阵：

$$\boldsymbol{H}=\begin{bmatrix}1&0&0&1&0&1\\0&1&0&0&1&1\\0&0&1&1&1&1\end{bmatrix}$$

（1）求这个分组码的n和k的值。该分组码共有多少个码字？

（2）求此分组码的生成矩阵。

（3）101010是否是一个合法码字？为什么？

（4）设发送码字为001111，但接收到的序列为000010，求其伴随式$\boldsymbol{S}$。对接收的码字能否纠错？试分析原因。

7.6　证明：一个最小距离$d_{\min}\geqslant e+t+1$的线性分组码能纠正t个错码，同时检测e个错码。

7.7　试设计一个信息码元数为5，能纠正2个错码的线性分组码。

7.8　设某(7,3)循环码的生成多项式是$g(x)=x^4+x^3+x^2+1$，利用移位寄存器实现该码的编码。

7.9　已知某循环码的生成多项式为$g(x)=x^8+x^4+x^3+x^2+1$，试求其生成矩阵和校验矩阵，并分析该循环码的纠错能力。

7.10　设某二进制卷积码的转移函数矩阵为

$$\boldsymbol{G}(D)=[1+D^2\quad 1+D+D^2+D^3]$$

（1）画出该卷积码编码器的结构图和网格图。

（2）画出该卷积码编码器的状态图。

（3）求该卷积码的自由距离。

7.11　已知一个二进制卷积码$\boldsymbol{G}^0=[1\quad 0\quad 0]$，$\boldsymbol{G}^1=[1\quad 0\quad 1]$，$\boldsymbol{G}^2=[1\quad 1\quad 1]$。

（1）画出该卷积码编码器的结构图。

（2）画出该卷积码编码器的状态图。

（3）求该卷积码的自由距离和转移函数矩阵。

7.12　已知某二进制卷积码编码器框图如图 7.30 所示。

（1）画出该卷积码编码器的状态图。

（2）若接收端的接收码字序列为{110,110,110,111,010,101,101}，试用维特比算法进行译码，写出最大似然的发送信息序列。

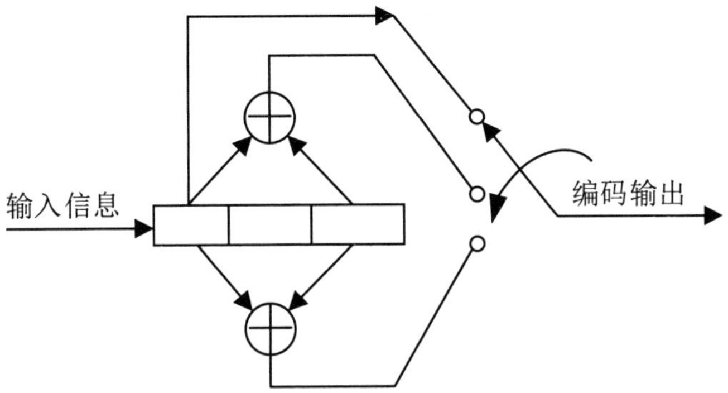

图 7.30　习题 7.12 图

参考文献

[1] 周荫清．信息理论基础[M]．5 版．北京：北京航空航天大学出版社，2020．
[2] 傅祖芸．信息论与编码[M]．3 版．北京：电子工业出版社，2023．
[3] 姜丹．信息论与编码[M]．4 版．合肥：中国科学技术大学出版社，2019．
[4] 王育民．信息论与编码理论[M]．2 版．北京：高等教育出版社，2013．
[5] ROBERT J M． The theory of information and coding(second edition)[M]． Cambridge Cambridge University Press，2002．
[6] ASH R． Information theory[M]．John Willey and Son，1965．
[7] Thomas M.Cover．信息论基础[M]．2 版．阮吉寿，张华，译．北京：机械工业出版社，2008．
[8] 孟庆生．信息论[M]．西安：西安交通大学出版社，1986．
[9] 邓家先．信息论与编码[M]．3 版．西安：西安电子科技大学出版社，2016．
[10] 孙海欣．信息论与编码基础教程[M]．2 版．北京：清华大学出版社，2017．
[11] 曹雪虹．信息论与编码[M]．3 版．北京：清华大学出版社，2016．
[12] RICHARD D．随机过程基础[M]．2 版．张景肖，李贞贞，译．北京：机械工业出版社，2008．
[13] 马克•凯尔伯特．信息论与编码理论：剑桥大学真题精解[M]．高晖，吕铁军，译．北京：机械工业出版社，2017．
[14] 陈瑞．信息论与编码习题解答与实验指导[M]．3 版．北京：清华大学出版社，2021．
[15] 傅祖芸．信息论与编码学习辅导及习题详解[M]．北京：电子工业出版社，2010．
[16] 张永光．信道编码及其识别分析[M]．北京：电子工业出版社，2010．
[17] 张宗橙．纠错编码原理和应用[M]．北京：电子工业出版社，2003．
[18] 俞越．差错控制编码[M]．北京：清华大学出版社，2004．
[19] 林舒．差错控制编码[M]．2 版．北京：机械工业出版社，2007．
[20] 白宝明．信道编码：经典与现代[M]．北京：电子工业出版社，2017．
[21] 樊昌信．通信原理[M]．7 版．北京：国防工业出版社，2013．
[22] 刘东华．信道编码与 MATLAB 仿真[M]．北京：电子工业出版社，2014．
[23] 宋鹏．信息论与编码[M]．西安：西安电子科技大学出版社，2018．
[24] 王勇．信息论与编码[M]．2 版．北京：清华大学出版社，2022．
[25] 宋铁成．通信原理[M]．北京：人民邮电出版社，2023．
[26] 张祖凡．通信原理[M]．北京：电子工业出版社，2018．

反侵权盗版声明